林业有害生物

防治历 一

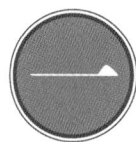

国家林业局森林病虫害防治总站　编著

中国林业出版社

内容提要

　　《林业有害生物防治历》以我国发生面积较大、危害较严重的200种林业有害生物为编写对象，提供了大量具有明显特征的照片，并按照林业有害生物发育进度和时间变化列出了防治方法，体现了简单易懂，方便查阅的编写目标。全书文字通俗简练，图片清晰明了，防治方法科学实用，可供基层林业有害生物防治工作者、森林管护人员、森林经营者和林农等使用，也可用作新农村建设的科普教材、大专院校的教学参考书，希望广大读者广泛应用。

图书在版编目（CIP）数据

主要林业有害生物防治历 / 国家林业局森林病虫害防治总站编著. — 北京：中国林业出版社，2010.3
ISBN 978-7-5038-5786-7

Ⅰ.①主… Ⅱ.①国… Ⅲ.①林木－病虫害防治方法 Ⅳ.①S763

中国版本图书馆CIP数据核字(2010)第022831号

出　　版：中国林业出版社（100009　北京西城区德内大街刘海胡同7号）
网　　址：http://lycb.foresty.gov.cn
电　　话：（010）83143519
发　　行：新华书店北京发行所
制　　版：北京美光制版有限公司
印　　刷：北京中科印刷有限公司
版　　次：2010年3月第1版
印　　次：2015年5月第2次
开　　本：787mm×1092mm　　1/16
印　　张：28
印　　数：4001-7000册
定　　价：146.00元

编辑委员会

序 PREFACE

　　我国是世界上林业有害生物发生和危害最为严重的国家之一。据统计，全国有林业有害生物8000余种，能够造成较大危害的种类近300种，近几年全国林业有害生物年均发生面积达1000多万公顷，直接经济损失和生态服务价值损失超过1000亿元。林业有害生物的严重发生，给我国林业建设造成严重损失，对森林资源和国土生态安全构成巨大威胁。因此，做好林业有害生物防治工作显得十分重要和迫切。

　　林业有害生物防治工作要贯彻落实"预防为主，科学防控，依法治理，促进健康"的防治方针，最大限度地减少有害生物造成的损失，实现林业有害生物的可持续控制。坚持预防为主，就是要坚持科学的发展观和正确的政绩观，克服急功近利思想和短期行为，把有害生物防治工作贯穿到林业生产的各个环节，强化监测预报、检疫监管、生物防治等预防性工作，实现由重除治向重预防的战略性转移；坚持科学防控，就是要准确把握有害生物发生发展和有效防控的规律，以科学的态度处理有害生物、寄主与环境的关系，用科学的方法进行防治；坚持依法治理，就是要突出防治工作的法制性，依靠法律手段，强化人们依法防治的责任意识，履行好防治义务；促进森林健康，就是要树立森林健康理念，通过采取针对森林生态系统的综合措施，积极应用以生物防治为主的无公害防治技术，恢复我国森林生态系统的健康水平，提高森林抵御有害生物侵袭的能力，实现有害生物可持续控制的目标。

　　为了更好地服务基层、服务社会、适应集体林权制度改革后广大林农的实际需求，国家林业局森林病虫害防治总站组织编写了《林业有害生物防治历》一书。该书按照林业有害生物发育进度和时间变化列出各种林业有害生物不同时期的防治方法和技术要点，简单易懂、方便查阅、注重实用，适于基层森防工作者、护林员和广大林农使用。

《林业有害生物防治历》既是一本实用的工作手册，也是一本较好的科普读物，是普及林业有害生物防治知识，推广先进防治技术的有效载体，希望林业有害生物防治工作者认真学习和使用好这本书，做好林业有害生物防治工作，为保护和发展森林资源，促进现代林业又好又快发展做出贡献。

2009年12月于北京

前言 FOREWORD

由林业有害生物引发的森林生物灾害被称为"不冒烟的森林火灾"，它不像火灾、水灾、地震等灾害发生的那样突然，对人们的感官刺激和心理冲击也没有那样剧烈，往往容易被人忽视。但是，它也和其他灾害一样能够造成巨大的经济损失，也会危及人类健康，甚至会对森林生态系统造成极大的破坏。

我国林业有害生物发生形势严峻，表现出发生面积居高不下、外来林业有害生物入侵危害加剧、本土重大有害生物发生依然严重、突发性有害生物种类增多、经济林有害生物发生面积加大、灌木林和荒漠植被有害生物危害日显突出等特点。造成我国林业有害生物严重发生的原因是多方面的，有森林质量不高、抵御有害生物的能力较差的问题；有气候异常，诱发有害生物发生的因子增多的问题；有经贸活动频繁，有害生物入侵和扩散几率增加的问题；更有社会认知程度不高，防治投入不足，技术手段落后的问题。目前，气候变暖、极端天气事件增多已成趋势，贸易频繁、外来有害生物入侵风险加大是客观现实，生态环境恶化在短时期内难以有根本性扭转，森林生态系统在短期内不可能根本改善。这些有利于有害生物发生的客观因素长期存在，决定了未来一段时间内如果不采取有效措施，我国林业有害生物发生和危害将继续呈加重的态势。这就要求林业有害生物防治必须转变工作思路，改变工作方法，在客观因素不利情况下，充分发挥人的主观能动性，用体制、机制创新，用防治知识普及，动员和调动社会各方面防治积极性，提升全社会林业有害生物防治能力和水平，形成群防群控、联防联治的良好氛围，全面扭转林业有害生物严重发生的被动局面，为提高森林质量、改善生态环境、建设秀美山川、繁荣生态文化、发展国民经济、促进农民增收做出更大贡献。这也是我们编写《林业有害生物防治历》的初衷。

为了方便读者查阅和使用，本书初次尝试使用历期的编写形式，按照林业有害生物发育进度和四季变化时序，列出每种有害生物不同时期的防治方法和防治中应注意的关键事项，以期能够更贴近实际，更好地指导生产实践。同时，我们还收集了大量的林业有害生物照片，对每一种有害生物都提供了清晰的危害特征或症状、形态特征等照片，期望读者通过照片与实物的比对，即能判断林木罹患何种有害生物，做到"对症下药"。书中编写的200种有害生物是从全国能够造成较大危害的近300种林业有害生物中筛选的发生面积较大、危害较严重的种类。

《林业有害生物防治历》一书共分三部分。第一部分为林业有害生物防治概述，分析了我国林业有害生物发生形势、成灾原因，提出了林业有害生物治理策略，并简要介绍了林业有害生物防治方法。第二部分为林业有害生物各论部分，以"防治历"的形式编写了31种林木病害、157种林木虫害、6种森林鼠（兔）害和6种有害植物的防治方法。第三部分为全书的索引部分，通过中文名称—拉丁学名、拉丁学名—中文名称和寄主—有害生物3种形式的索引，方便读者查阅。

《林业有害生物防治历》一书是在全国各级林业有害生物防治检疫站（局）的共同努力下完成的，很多同志参与了本书文字编写和图片拍摄工作，徐公天教授、徐天森教授、王焱教授级高级工程师、孙玉剑高级工程师提供了部分照片，韩国升教授级高工参与了书稿审阅，刘家玲编辑付出了辛勤的劳动，在此一并表示诚挚的谢意！

由于时间仓促，水平有限，加之防治历的编写形式又是第一次尝试，书中难免存在不足之处，欢迎读者批评指正。

编　者
2009年12月

目录 CONTENTS

第一篇

概　述

林业有害生物灾害是我国重要自然灾害之一，它和其它灾害一样能够造成巨大的经济损失，也会危及人类健康，甚至会对森林生态系统造成极大的破坏。引发林业有害生物灾害的灾害源很多，包括真菌、细菌、病毒等病原微生物和害虫、害鼠等有害动物及有害植物等生物因子，其受灾体种类也非常广泛，涉及到整个陆地生态系统。林业有害生物的严重发生，对我国森林资源和国土生态安全构成巨大威胁，严重制约生态建设步伐。

本篇主要介绍了我国林业有害生物发生现状、特点及成因，林业有害生物防治策略，林业有害生物防治技术。

一、我国林业有害生物发生现状、特点及成因

据统计，目前我国有林业有害生物8000余种，其中害虫5000多种，病原物近3000种，害鼠（兔）160种，有害植物150种。能够造成一定危害的300种林业有害生物中，从国（境）外传入34种，本土260余种，危害严重的约150种。其中：害虫85种，病原物18种，有害植物37种，害鼠（兔）12种。全国年均林业有害生物发生面积1000多万公顷，直接经济损失和生态服务价值损失达1000亿元，是世界上林业有害生物灾害损失最严重的国家之一。

（一）不同地区发生的主要林业有害生物

东北天然林和防护林有害生物发生区。位于我国东北部，包括黑龙江、吉林、辽宁和内蒙古东部的呼伦贝尔盟、兴安盟、通辽市和赤峰市等地区。该区森林面积约占全国的1/4，主要森林植物种类有红松、落叶松、樟子松、云杉、冷杉和椴、桦、栎、杨、柳、榆、槐等落叶阔叶树种。分布的林业有害生物主要有落叶松毛虫、油松毛虫、赤松毛虫、松瘿小卷蛾、黄褐天幕毛虫、杨扇舟蛾、分月扇舟蛾、舞毒蛾、杨毒蛾、柳毒蛾、落叶松鞘蛾、松梢螟、白杨透翅蛾、落叶松球蚜、落叶松八齿小蠹、云杉八齿小蠹、青杨楔天牛、青杨脊虎天牛、栗山天牛、杨干象、落叶松枯梢病、落叶松早期落叶病、樟子松红斑病、五针松疱锈病、杨树烂皮病、杨树溃疡病、杨灰斑病、大林姬鼠、红背䶄、棕背䶄、东方田鼠等。在东北天然林或天然次生林区，生物多样性保持相对较好，天敌种类多，经常保持有虫不成灾的状态。近年来，由于人为干预和气候异常等原因，落叶松毛虫、落叶松鞘蛾、黄褐天幕毛虫、舞毒蛾等食叶性害虫时有暴发成灾。

华北平原生态林和用材林有害生物发生区。包括北京、天津、山东全部，河北、河南、山西大部和江苏、安徽淮北等地区。该区主要的森林植物种类有油松、赤松、侧柏、麻栎、栓皮栎、毛白杨、旱柳、榆等，分布的主要林业有害生物包括油松毛虫、赤松毛虫、杨扇舟蛾、杨小舟蛾、春尺蠖、舞毒蛾、白杨透翅蛾、杨干透翅蛾、落叶松叶蜂、光肩星天牛、桑天牛、青杨楔天牛、锈色粒肩天牛、双条杉天牛、红脂大小蠹、杨树溃疡病、杨树腐烂病、冠瘿病等。由于连年干旱等原因，该区食叶类害虫危害严重，造成严重灾害的种类有油松毛虫、落叶松叶蜂、杨扇舟蛾、春尺蠖、国槐尺蠖、舞毒蛾等。

西北防护林有害生物发生区。位于我国西北部，包括新疆全部和内蒙古、宁夏、甘肃、陕西、青海、山西以及河北的部分地区。本区主要的森林植物有松、杉、柏、椴、桦、栎、杨、柳、榆等。主要有害生物有光肩星天牛、青杨楔天牛、华山松大小蠹、云杉大小蠹、云杉八齿小蠹、纵坑切梢小蠹、落叶松叶蜂、松阿扁叶蜂、油松毛虫、白杨透翅蛾、杨干透翅蛾、春尺蠖、柳毒蛾、沙棘木蠹蛾、沙柳木蠹蛾、核桃举肢蛾、杨树溃疡病、板栗疫病、高原鼢鼠、大沙鼠、达乌尔鼠兔等。在西北地区对杨树造成严重危害的蛀

干性害虫主要有光肩星天牛、杨干透翅蛾等；以春尺蠖、杨毒蛾、杨蓝叶甲为主的杨树食叶性害虫在新疆危害严重；鼠（兔）害在新疆、青海、甘肃、陕西、内蒙古的发生面积均超过6.67万公顷，严重降低了造林成活率。

中南、西南丘陵生态林和用材林有害生物发生区。位于秦岭以南，包括贵州、西藏全部，四川、重庆、云南大部和陕西、甘肃、河南、湖南、湖北部分地区。该区植物群落组成复杂，物种丰富，主要有害生物种类有马尾松毛虫、云南松毛虫、思茅松毛虫、德昌松毛虫、文山松毛虫、蜀柏毒蛾、舞毒蛾、萧氏松茎象、云南木蠹象、华山松木蠹象、栗实象、松褐天牛、云斑天牛、粗鞘双条杉天牛、纵坑切梢小蠹、中华松梢蚧、黄脊竹蝗、板栗瘿蜂、马尾松赤枯病、云杉落针病、油桐枯萎病等。云南松毛虫在云南、贵州、四川局部地区危害严重，蜀柏毒蛾在四川、重庆经常成灾，松赤枯病和云杉落针病在四川危害明显加重。

东南生态林和用材林有害生物发生区。位于我国东南部，包括江西、浙江、上海的全部和河南、安徽、江苏、湖北、湖南、福建、广东、广西的大部或部分地区。该区主要树种有马尾松、杉木、杨树、桉树、木麻黄、竹子等，主要林业有害生物有马尾松毛虫、松褐天牛、萧氏松茎象、松茸毒蛾、松梢螟、松梢枯病、马尾松赤枯病、双条杉天牛、杉木炭疽病、侧柏毒蛾、杨扇舟蛾、杨小舟蛾、油茶毒蛾、桃蛀螟、银杏大蚕蛾、桑天牛、云斑天牛、栗实象、铜绿金龟子、黑翅土白蚁、桉树焦枯病、木麻黄拟木蠹蛾、木麻黄毒蛾、木麻黄青枯病、油茶炭疽病、油茶软腐病、板栗疫病、板栗溃疡病、柑橘溃疡病、柑橘炭疽病、黄脊竹蝗、竹瘿广肩小蜂、竹卵圆蝽、板栗瘿蜂、毛竹枯梢病、毛竹丛枝病等。在该区，马尾松毛虫是危害最为严重的食叶性害虫，其分布范围广，危害面积大；萧氏松茎象属危害严重的种类，目前在福建、湖南、广西、江西、广东均有分布；杨树病虫害对发展杨树产业构成严重威胁；竹类病虫上升趋势明显，竹蝗在江西、湖南等省严重发生；此外，随着板栗、核桃、柑橘、油茶等在低山丘陵区栽培面积的扩大，经济林病虫害明显上升。

（二）我国林业有害生物发生危害特点

一是发生面积长期居高不下。自20世纪50年代以来，我国林业有害生物发生面积呈逐年上升的态势。近年来，受气候变暖等综合因素影响，林业有害生物灾害发生面积居高不下，危害损失逐年上升。据统计，林业有害生物发生面积从1996年的700万公顷上升到2007年的1200万公顷，造成的直接经济损失从1996年的78亿元上升到2001年的140亿元，近几年的损失更为巨大。

二是外来林业有害生物入侵不断加剧。截至2008年，境外传入并形成较大危害的林业有害生物共有34种，年均发生面积达130万公顷。其中，1980年以前入侵的外来有害生物16种，包括苹果绵蚜、双钩异翅长蠹、美国白蛾、苹果蠹蛾、日本松干蚧、温室白粉虱、松针褐斑病、杨树花叶病毒、松疱锈病、落叶松枯梢病、紫茎泽兰、飞机草、加拿大一枝黄花、薇甘菊、大米草、水葫芦；1980年后入侵的18种，包括西花蓟马、刺桐姬小蜂、红火蚁、椰心叶甲、松材线虫、曲纹紫灰蝶、红脂大小蠹、松突圆蚧、美洲斑潜蝇、水椰八角铁甲、蔗扁蛾、湿地松粉蚧、红棕象甲、茶藨子透翅蛾、褐纹甘蔗象、刺槐叶瘿蚊、枣实蝇、桉树枝瘿姬小蜂。几种主要外来有害生物造成的损失占林业有害生物灾害总损失的30%。外来有害生物在我国呈入侵频次增加、种类增多、危害面积逐年扩大的趋势，对国土生态安全构成了严重威胁。

三是本土重大有害生物发生危害依然严重。松毛虫一直是我国历史上第一大害虫，发生面积最高达到300多万公顷，占全国总发生面积的近1/2。20世纪80年代以后在一些地区得到了较好控制，但近年来灾情出现反弹，年均发生面积在140万公顷以上，很多地方仍周期性地暴发成灾。光肩星天牛等杨树蛀干害虫自20世纪90年代开始在陕西、甘肃、宁夏、内蒙古、山西等西部省（自治区）严重发生，虽经大规模治理，但发生面积至今未减，灾害损失依然严重。据统计，2005～2007年全国杨树蛀干害虫发生面积分别达71万公顷、84万公顷、89万公顷，对三北地区以农田防护林为主的杨、柳、榆、槐等阔叶树种造成极大危害。以鼢鼠、野兔为主的鼠（兔）在三北地区新植林地危害猖獗，对未成林造林地林木构成严重威胁，近年来鼠（兔）害年均发生100万公顷，占全国林业生物灾害发生总面积的10%。

四是突发性食叶害虫种类增多，次要害虫上升为主要害虫。春尺蠖、舟蛾类等杨树食叶害虫是常见的突发性害虫，2005～2007年全国杨树食叶害虫发生面积分别为88万公顷、114万公顷、142万公顷，呈逐年上升趋势，其中以华北、黄淮、江淮危害最为严重，连续多点暴发，致使绿色通道景观被毁，杨树产业损失巨大。随着气候变化和天然林卫生状况的改变，一些次要有害生物上升为主要危害种类，如栗山天牛、云杉八齿小蠹、切梢小蠹等历史上很少有严重成灾的种类，近年来相继暴发，危害严重。

五是经济林、竹林有害生物危害种类增多，发生面积加大。随着经济林、竹林面积的快速增加，其生物灾害的发生种类也不断增多。目前，造成较严重危害的经济林有害生物包括板栗疫病、苹果蠹蛾、冠瘿病、枣疯病、肉桂枯枝病、杏仁蜂、枣大球蚧、梨圆蚧、板栗剪枝象、栗实象、枣尺蠖、枣食心虫、核桃举肢蛾、油茶尺蠖等；危害竹林的常见害虫有竹螟、竹蝗、竹青虫、竹斑蛾、蚜虫、介壳虫、竹螨、金龟子、地老虎、蝼蛄、蟋蟀、刺蛾、笋夜蛾、笋泉蝇、笋象鼻虫等；常见病害主要有竹丛枝病、竹杆锈病和毛竹枯梢病等。

六是灌木林和荒漠植被有害生物危害日显突出。我国东北、西北和西南等地广泛分布，并具有重要生态价值的灌木林和荒漠植被遭受林业生物灾害的严重危害，给本来就很脆弱的生态系统带来了严重的生态灾难。2003年以来，年均发生面积达200万公顷以上。沙棘木蠹蛾、梭梭尺蠖、灰斑古毒蛾、大沙鼠等对东北、西北广大灌木林和荒漠植被的危害日益突出，并在局部地区多点暴发成灾。

（三）我国林业有害生物灾害成因分析

一是森林质量不高，抵御灾害能力较差。昆虫、病原物和啮齿动物取食或侵袭树木是一种自然现象，在稳定的生态条件下，它们不会对森林造成重大的经济损失。但长期以来，由于我国森林长期遭受各种人为因素（乱砍滥伐、营造大面积人工纯林、大量施用化学农药等）和自然因素（气候条件、林火）的严重干扰，森林生态系统失衡严重，森林健康状况下降，为有害生物的过度繁衍创造了有利条件。目前，在我国现有森林中，幼龄林、中龄林、近熟林、成过熟林各龄组面积比例分别为33%、35%、14%、18%，全国中幼龄林占森林面积的68%；全国人工林面积中，杉木、马尾松、杨树等3个树种面积所占比例达59.41%，针叶林达到了70.69%，人工林树种单一的问题比较突出。如，青海、新疆、内蒙古、江苏等省（自治区）人工林面积的60%以上是杨树，广西、安徽、广东、重庆、湖北等省（直辖市）人工林面积的60%以上是杉木和马尾松，湖南、浙江、贵州、江西和福建等省人工林面积的50%以上是杉木，黑龙江、吉林人工林面积的50%以上是落叶松，海南人工林面积的50%以上是桉树。由于这些林分树种单一、林龄偏小、结构简单、生物多样性程度低、地力衰退严重、抗逆性和抵御有害生物侵害的能力差，极易受到有害生物的侵袭和严重危害。

二是气候异常，有害生物发生诱因增多。由有害生物引发的生物灾害问题在很大程度上是一个生态问题。近几十年来，由于全球气候变暖，森林生态环境原有的平衡被打破，林业有害生物特别是那些以环境逆境为诱因的有害生物发生日趋严重。据统计，近20年来，全球气温平均增高了0.6℃。暖冬、高温等异常气候和干旱、洪涝等灾害在我国频繁发生，导致森林健康水平下降和有害生物的发生加剧。

三是经贸活动日趋频繁，有害生物入侵增加。随着全球贸易的发展、旅游业的兴起和运输业的发展，交通四通八达，物流与日俱增，林产品运输数量急剧上升，有害生物被有意无意地带到世界各地，导致了危险性林业有害生物的入侵和扩散蔓延。我国现在严重发生的一些检疫性林业有害生物，如松材线虫、松突圆蚧、美国白蛾、椰心叶甲、蔗扁蛾、红棕象甲、刺桐姬小蜂等等就是由于贸易往来从国外传入，国内松材线虫的跳跃式扩散和杨树天牛的远距离传播也都是由带疫木材及其制品的调运所致。我国口岸检验检疫部门2002年截获各类有害生物1 310种22 448批次，2003年截获有害生物1 900多种48 139批，且在逐年增加。

此外，社会认知程度不高、防治基础薄弱、资金投入不足、技术手段落后等问题，也是导致林业生物灾害严重发生的重要因素。

二、林业有害生物防治策略

林业有害生物灾害是"不冒烟的森林火灾"，不仅具有自然灾害的共性，还具有生物灾害的特殊性和复杂性，以及治理的长期性和艰巨性。必须高度重视并全面加强林业有害生物防治，这是遏制我国林业有害生物严重发生局面的迫切需要，是维护公共安全、建设生态文明的必然选择，是推进社会主义新农村建设、保护农民利益的重要保障，是维护国家利益、促进经贸发展的战略措施。我国林业有害生物防治，要全面落实科学发展观，坚持"预防为主，科学防控，依法治理，促进健康"的方针，实行"政府主导，部门协作，社会参与，市场运作"的管理模式，树立森林健康理念，强化体系建设，实施分类管理，推行工程防治，为保护森林资源、维护生态安全、促进生态建设、实现林业又好又快发展提供有力保障。

（一）树立森林健康理念，把森林健康措施贯穿于林业生产全过程

森林健康是指通过对森林的科学营造和经营，实现森林生态系统的稳定性、生物多样性，增强森林自身抵抗各种自然灾害的能力，满足现在和将来人类所期望的多目标、多价值、多用途、多产品和多服务的需要。推行森林健康理念，有利于提高我国的森林经营水平，使森林经营从粗放型向集约型转变，由数量型向质量型转变；推行森林健康理念，有利于转变经营方式，提高森林质量，形成稳定的森林生态系统；推行森林健康理念，有利于增加生物多样性，提高林地生产力和林分的抗逆性，减轻包括林业生物灾害在内的各种自然灾害，真正实现"青山常在，永续利用"。要从种苗选育开始，将林业生物灾害防治的各项措施贯穿于林业生产各个环节，对新培育的森林从开始就落实森林健康理念保持健康，对不健康的森林采取改造的措施恢复健康，对健康的森林运用科学的管理维护健康。

在苗木选育环节，要选育抗性品种。在造林绿化树种的筛选、培育、引进、推广过程中，要把抗病虫性状作为重要指标，选取抗性强的树木品种，科学培育苗木。要强化抗性育种工作，培育适合不同环境条件的优良抗病虫品种，以适应不同立地条件的造林绿化需要。要谨慎对待新品种引进，包括国内不同生态区，对引进的新品种要经过严格的隔离试种，经驯化确认后方可推广栽植。

在森林营造环节，要实行科学规划，营造健康森林。在全面分析所在区域的气候、立地条件、植被类型和森林生群落演化规律的基础上，尽可能地模仿当地森林群落结构进行森林植被的营造和恢复，推广先进适用的林业生态治理模式。

在改造和恢复环节，要逐步改善森林群落结构，促进森林健康。针对人工林树种单一、结构简单、林龄一致、树种配置不合理、生物多样性不高等问题，以人工改造为主，封改结合，多措并举，逐步改善森林结构，培育健康的森林。要提倡以乡土树种为主，推行乔、灌、藤、草合理混交的模式，营造树种丰富多样、结构科学合理、不同品种混交、生物多样性高、符合可持续发展规律的复层异龄林，以提高其抵御林业有害生物的能力。

在防范外来生物入侵环节，要强化检疫监管，保持森林生态系统的稳定和安全。要建立外来林业有害生物风险评估体系，全面开展引种风险分析，严格履行引进物种的审批，强化引进林木种苗的隔离试种和检疫监管。坚持预防和除治并重的原则，一方面坚决防范外来有害生物入侵，严格限制包括有经济价值的乔木、灌木、草本及其他低等植物的长驱直入；一方面采取一切有效措施对入侵定殖的有害生物予以封锁扑灭，确保不再扩散蔓延。

在林业有害生物治理环节，要实施无公害防治，提高森林生态系统的免疫功能。要加强森林生态系统内植物、动物、微生物等所有生物的种群管理，保持植物、野生动物和微生物之间的平衡，维护生态系统的能量、生物量和营养之间的平衡。要在对森林生物多样

性和安全不构成危害的前提下，采取以生物防治为主的无公害措施，对有害生物进行适度干预，逐步恢复森林自身对有害生物的可持续控制。

在其他灾害源控制环节，要预防空气污染和森林火灾，减少环境因素对森林生态系统的破坏。要注意预防影响森林生长的光辐射、温度、水分、土壤、风和火等各种环境因素对森林潜在的影响，特别要注意人类不合理的经营活动造成的空气污染、森林火灾和水土流失等强烈的干扰因子对森林健康的影响。

（二）强化体系建设，进一步提高林业有害生物防治水平

要进一步加强林业有害生物防治能力建设，建立健全林业有害生物监测预警体系，及时掌握林业有害生物发生动态，分析判断其发展趋势，为科学防治提供依据；建立健全检疫御灾体系，防止危险性林业有害生物传播；建立健全防治减灾体系，增强应对能力，提高防治效率，减轻灾害损失，实现林业有害生物灾害可持续控制。

监测预报是林业有害生物防治工作的基础，必须加强监测预警体系建设。要健全国家级、省级、市级和县级预测预报机构，建立以国家级预测预报中心为龙头、省级测报中心和地级测报站为枢纽、国家级中心测报点为骨干、县级测报站点为支撑的较为完善的监测预报网络。要加强各级监测站点特别是县级基层监测站点基础设施和能力建设，进一步提高建站标准，配备先进设备，应用成熟技术，稳定专业队伍，实现林业有害生物监测数据的规范采集、网络传输、智能处理，做到准确预报、及时预警和科学决策。

林业植物检疫是阻止外来林业有害生物入侵、控制危险性林业有害生物传播扩散的关键措施和有效手段，必须强化检疫御灾体系建设。要进一步完善有关林业植物检疫的法律法规，形成齐全的、细致的、可操作的法律法规体系。要进一步加强包括检疫隔离试种苗圃、检疫检查站、检疫除害设施、远程诊断系统等基础设施建设，提高防范危险性有害生物入侵、传播和扩散的能力。要定期进行疫情调查，积极开展风险评估，为植物检疫工作提供有力支持。要进一步加强行业间、部门间、区域间的密切协作，实现产地检疫、调运检疫和复检的全程监管。

防治减灾是利用多种措施预防和控制林业有害生物灾害，避免或降低灾害损失的一系列活动，是林业有害生物灾害治理的重要环节，要完成日益繁重的资源保护任务，必须进一步加大林业有害生物防治减灾体系建设力度。要健全各级林业有害生物防治机构，建立国家、省、市、县四级指挥管理系统。要加强基层防治能力建设，配备防治设备，提供技术手段，健全管理制度，不断提高对林业有害生物灾害的救治能力，并通过建立有效的引导、鼓励和支持政策，积极吸纳不同所有制的专业公司、专业队、专业户、森林医院、树木医生等组织以承包防治和业务咨询等形式进入防治作业市场，形成多元化的防治作业系统。要加强防治物资储备，建立区域性应急物资储备库，构建物资保障系统，提高林业有害生物灾害救治能力。要加强林业有害生物防治机制创新，建立林业有害生物防治评估监理、损失救助系统，全面推进防治市场化进程，提升防治管理能力，提高防治减灾效率，

最大限度地降低灾害损失，为我国生态建设、生态安全提供强有力保障。

（三）实行分类防治，全面遏制有害生物严重发生局面

根据我国林业有害生物发生特点、森林资源分布现状和生态建设任务，林业有害生物防治要突出对重大危险性有害生物种类的防治，要突出对全国主要造林树种的保护，要突出对重点生态区域的防护，实行"分级管理、因害施策，分类管理、因林施策，分区管理、因地施策"防治治理。

分级管理，因害施策。根据林业有害生物危险性分析结果，划分为4个等级：一级有害生物为极度危险的林业有害生物，二级有害生物为高度危险的林业有害生物，三级有害生物为中度危险的林业有害生物，四级有害生物为一般危险的林业有害生物。对于一级有害生物，应纳入国家林业有害生物灾害管理范围，对新入侵的要及时封锁疫点，采取有力措施根除；对已发生的要严密封锁疫情，每年下达指令性除治任务，开展全面监测，加大治理力度，坚决控制其传播和扩散。对于二级有害生物，应由有关省进行重点管理，要加强监测预警，严格检疫封锁，积极开展除治，做好防灾减灾工作。对于三级有害生物，应以市级管理为主，要根据具体情况增列为补充检疫性有害生物或主要治理对象，制定防治预案，加大资金投入，加快治理步伐，切实减轻危害，减少损失，防止危害加重。对于四级有害生物，主要以县级管理为主。要加强监测，开展风险评估，积极开展预防，防止暴发成灾。

分类管理，因林施策。要根据不同森林类型的林业有害生物，选择采用不同的防治策略。防护林有害生物防治要与生态建设任务相结合，因地制宜、因时制宜地强化林分改造、树种搭配和受害木清理，全面监测，严格检疫，积极治理，实行动态管理。用材林有害生物防治要围绕人工林健康经营，增强林木自身调控能力，强化预防性措施的运用，重点抓好枝干病害和叶部虫害的防治。经济林有害生物防治要围绕保证产量和质量开展防治工作，把预防措施贯穿于经济林栽培管理的各个环节，开展无公害防治，推进林果业发展。薪炭林（能源林）有害生物防治要围绕能源林开发利用，以健康培育和健康经营为手段，把林业有害生物管理渗透到能源林建设的各个环节，为产业发展保驾护航，确保林油一体化健康发展。特种用途林有害生物防治要健全管理机制、落实管理责任和各项技术措施，抓好预防和控制，保护珍贵树种和生物多样性。

分区管理，因地施策。应重点抓好林业重点工程区、著名风景名胜区、重要口岸和主要中心城市的林业生物灾害防治。构建以重要口岸和中心城市为主体，辐射周围若干城镇的"点"状防治区；构建以大江大河、海岸线、主要公路铁路两侧为主体，纵贯不同行政区域或生态区的"线"状防治区；构建以环京津生态圈、长江黄河两大流域、西北生态脆弱区、东北和南方商品林区、大江大河流域或山脉、自然保护区、风景名胜区、自然（文化）遗产涉及区为主体的"块"状防治区。

三、林业有害生物防治技术

林业有害生物防治的概念有"大防治"和"小防治"之分。"大防治"的内涵包括了有害生物检疫、监测、治理等所有控制林业有害生物的措施。而"小防治"则只是指对林业有害生物的治理，其包括两个方面，一方面是对已经发生的有害生物灾害进行治理，另一方面是采取营林等预防性措施，防止有害生物成灾。以下所说的都是"小防治"的概念，并仅简要介绍有害生物治理中经常使用的生物防治、物理防治和化学防治3种措施。

（一）生物防治

生物防治（biological control）是利用有益生物及其产物控制有害生物种群数量的一种防治技术。从保护生态环境和可持续发展的角度讲，生物防治是最好的有害生物防治方法之一。首先，生物防治对人、畜安全，对环境影响极小。尤其是利用有益生物活体防治有害生物，由于有益生物活体的寄主专化性，不仅对人、畜安全，而且也不存在残留和环境污染问题。第二，有益生物活体防治对有害生物可以达到长期控制的目的，且不易产生抗性问题，可以收到"一劳永逸"的控制效果。第三，生物防治的自然资源丰富，易于开发。此外，生物防治成本相对较低。但目前生物防治仍具有很大的局限性，尚无法满足林业生产和有害生物治理的需要，一是生物防治的作用效果慢，在有害生物大发生后常无法控制；二是生物防治受气候和地域生态环境的限制，防治效果不稳定；三是目前可用于生产使用的有益生物种类还太少，通过生物防治达到有效控制的有害生物数量仍有限；四是生物防治通常只能将有害生物控制在一定的危害水平，对于一些防治要求高的有害生物，较难实施种群整体治理。

利用生物防治措施控制有害生物发生的途径主要包括保护有益生物、引进有益生物、人工繁殖与释放有益生物，以及开发利用有益生物产物等。

1. 保护有益生物

自然界有益生物种类尽管很多，但由于受不良环境以及人为影响，常不能维持较高的种群数量。要充分发挥其对有害生物的控制作用，常需采取一定的措施加以保护，促使它们更快更多地繁殖起来。保护有益生物可以分为直接保护、利用营林措施保护和用药保护。

直接保护：是指专门为保护有益生物而采取的措施。如在栗瘿蜂防治上，摘取板栗树上的栗瘿蜂虫瘿，干燥保存，次年春将枯瘿放回栗园中，让寄生在其中的斑翅长尾小蜂 *Megastigmus maculipennis*、黄腹长尾小蜂 *Torymaus geranii*、跳小蜂 *Eupelmus spongiportus* 等寄生蜂羽化飞出，再行寄生。

营林措施保护：主要是结合营林管护措施进行保护。如在果园中种植藿香蓟、紫苏、大豆、丝瓜等植物能为捕食螨提供食料和栖息场所。通过翻耕、施肥促进植物根际拮抗微生物的繁殖，也是生产上推广应用的有效措施。

用药保护：主要是在防治有害生物时，应注意合理用药，避免大量杀伤天敌等有益生物。如利用对有益生物毒性小的选择性农药防治，选择对有益生物较安全的时期施药，选择适当的施药剂量和施药方式防治等。

保护措施主要是为有益生物提供必要的食物资源和栖息场所，帮助有益生物度过不良环境，避免农药对有益生物的大量杀伤，维持其较高的种群数量。自然界有益生物资源丰富，因地制宜地保护利用，一般不需要增加费用和花费很多人工，且方法简单，效果明显。

2. 引进有益生物

引进有益生物包括引进、移殖、助迁3种形式。

引进有益生物防治有害生物已成为生物防治中的一项十分重要的工作，尤其对外来有害生物，从其原产地引进有益生物进行防治，常可取得惊人的效果。这在国际、国内已有许多成功的先例。最著名的是1888~1889年，美国从大洋洲引进了澳洲瓢虫 Rodolia cardinalis 防治柑橘吹绵蚧，5年后原来危害严重的吹绵蚧就得到了有效的控制。我国林业对天敌引进工作也一直相当重视，并取得了一定成效，引进的椰甲截脉姬小蜂 Asecodes hispinarum 和椰心叶甲啮小蜂 Tetrastichus brontispae 两种天敌，对一度在海南危害严重的外来有害生物——椰心叶甲 Brontispa longissima，起到了较好的控制效果。引进有益生物应作充分的调查研究和安全评估，以免引进失败或演变成有害生物。首先，要考虑从目标有害生物原产地的轻发生地区搜寻，更有可能引进到有效的有益生物。第二，要考虑引入地的气候和生态环境是否适合被引入的有益生物，以提高引进后定殖的成功率。第三，采用适宜的包装运输工具，防止运输途中死亡。第四，采取必要的检疫措施，防止携带危险性病虫害。第五，要考虑生物的寄主专化性和繁殖能力，必要时进行隔离培养，一方面进行繁殖驯化，保证引进生物能在当地定殖；另一方面对其他生物或生态环境的影响进行安全评估，防止盲目引进后演化成有害生物。

移殖和助迁有益生物是一种较为便捷的生物防治措施。在自然条件下，某一地区的森林生态系统内有其特定的有益生物群落，这些有益生物一般极少进入另一地区。为了利用有益生物控制有害生物，可将某一地区的有益生物移殖或助迁到另一地区，使它们在新地区定殖下来并发挥作用，如大红瓢虫 Rodolia rufopilosa 在我国一些省际间移殖防治吹绵蚧就获得了良好的成效。

3. 人工繁殖与释放有益生物

有益生物，尤其是寄主范围较窄的天敌生物，对有害生物常表现为跟随效应，即要在有害生物大发生后才大量出现。人工繁殖与释放可以增加自然种群数量，使有害生物在大发生之前得到有效的控制。在这方面林业已有很多成功的事例，如繁殖释放赤眼蜂防治鳞翅目害虫，繁殖释放周氏啮小蜂防治美国白蛾，繁殖释放大唼蜡甲防治红脂大小蠹，繁殖核型多角体病毒防治春尺蠖等。人工繁殖和释放有益生物要取得良好的效果，一般要选择高效适宜的有益生物种类，以提高投入效益；选择适宜的寄主或培养材料，以减少繁殖成本，避免有益生物生活力的退化；选择适当的释放时期、方法和释放量，以帮助其建立野外种群，保证对有害生物的控制作用。

4.开发利用有益生物产物

有益生物体内产生的次生代谢物质、信号化合物、激素、毒素等天然产物，由于对有害生物具有较高的活性、选择性强、对生态环境影响小、无明显的残留毒性问题，均可被开发用于有害生物的防治。在这一领域最早使用的是含有杀虫杀菌活性的植物，如巴豆、鱼藤、烟草、除虫菊等。随着生物科学的发展，更多的天然化合物被以不同的方式开发利用。如害虫的性外激素被用于诱捕害虫，或迷向干扰害虫交配；害虫激素被用于干扰其正常生长发育；微生物的拮抗物质及内毒素被开发为生物农药；一些信号化合物被开发用于刺激植物启动免疫防卫系统。生物产物已成为植物保护资源开发的宝库，它不仅可以直接用于有害生物的防治，还可以作为母体化合物，进行人工模拟、改造，用于开发新农药；性信息素诱杀；在人工合成的性引诱剂中加入农药等诱杀害虫。已经开发成功并进行商业化生产的性诱剂有云杉八齿小蠹、舞毒蛾、白杨透翅蛾、美国白蛾、松毛虫和日本松干蚧等害虫的性引诱剂。

（二）物理防治

物理防治（physical control）是指利用各种物理因子、人工和器械等防治有害生物的措施。它主要依据有害生物对环境条件中各种物理因素如温度、湿度、光、电、声、色等的反应和要求，制定相应的防治措施。物理防治见效快，常可把害虫消灭在盛发期前，也可作为害虫大量发生时的一种应急措施。这种技术通常比较费工，效率较低，一般作为辅助防治措施，但对于一些用其他方法难以防治的有害生物，尤其是当有害生物大发生时，往往是一种有效的应急防治手段。常用方法有人工和机械捕杀、诱集与诱杀、阻隔分离、温度控制、微波辐射等。

1.人工和机械防治

人工和机械防治就是利用人工和简单机械，通过汰选或捕杀等手段防治有害生物。播种造林前对种子的筛选、水选或风选可以汰除一些带病虫的种子，减少有害生物传播危害。对于害虫防治常使用捕捉、震落、网捕、摘除虫枝虫果、刮树皮等人工和机械方法。如利用夜间危害后就近入土的习性，人工捕捉防治小地老虎高龄幼虫；利用细钢钩勾杀树干中的天牛幼虫；有时利用害虫的假死行为，将其震落消灭，如在春尺蠖大发生时，利用震落法，在树下以塑料薄膜收集，一人一日可捕虫数千克；还有人工轧卵、网目捕捉等。对于病害防治常使用剪除病枝、刮除病斑、清理病叶等方法。对于鼠害则有捕鼠器捕鼠、地弓地箭灭鼠等防治技术。

2.诱集与诱杀

诱杀法主要是利用动物的趋性，配合一定的物理装置、化学毒剂或人工处理来防治害虫和害鼠的一类方法。通常包括灯光诱杀、食饵诱杀和潜所诱杀、性信息素诱杀、颜色诱杀等。

灯光诱杀：是利用害虫对光的趋性，采用黑光灯、双色灯或高压汞灯结合诱集箱、水坑或高压电网诱杀害虫。灯光诱杀的缺点是在诱杀目标害虫的同时，也诱杀了非目标昆虫，甚至害虫的天敌。

食饵诱杀：是利用害虫和害鼠对食物的趋性，通过配制适当的食饵来诱集或诱杀害虫和害鼠。如配制糖醋液可以诱杀小地老虎和黏虫成虫，利用新鲜马粪诱杀蝼蛄等，利用多聚乙醛诱杀蜗牛和蛞蝓，在林内用饵木诱引小蠹虫，在竹林内放置加药的尿液诱杀竹蝗等。

潜所诱杀：是利用害虫的潜伏习性，造成各种适合场所，引诱害虫来潜伏或越冬，而后及时予以杀死。如苗圃管理过程中经常利用树叶和菜叶设置潜所诱引地老虎等幼虫；在树干基部束扎稻草或麦秸诱引美国白蛾和松毛虫等蛾类幼虫，在害虫越冬或化蛹时集中杀灭。

颜色诱杀：是利用某些昆虫的视觉趋性制作不同颜色的胶板，粘附并杀灭害虫。很多鳞翅目昆虫都有趋向黄色的习性，如可以在林中设置黄色胶纸板诱捕刚羽化的落叶松球果花蝇成虫等。

3. 阻隔分离

阻隔分离法是根据有害生物的侵害和扩散行为，设置物理性障碍，阻止有害生物危害或扩散的措施，常用方法有套袋、涂胶、绑塑料环、刷白和填塞等。只有充分了解有害生物的生物学习性，才能设计和实施有效的阻隔分离防治技术。如，果园果实套袋，可以阻止多种食心虫在果实上产卵；春尺蠖、梨尺蠖和枣尺蠖羽化的雌成虫无翅，必须从地面爬到树上才能产卵，所以可以通过在树干上涂胶、绑塑料薄膜带设置障碍，阻止其上树危害；松毛虫、草履蚧也可以用涂胶、绑塑料薄膜带方法防治；在幼树根部绑缚铁丝网、芦苇、麦秸、草绳等可以有效防止鼠、兔啃食树皮，起到很好的保护作用。

4. 温度控制

有害生物对环境温度均有一个适应范围，过高或过低都会导致有害生物的死亡或失活。依据植物和有害生物对温度敏感性的不同，利用高温或低温即可控制或杀死有害生物。例如，可利用高频电波杀灭害虫、用热水浸种消灭某些种实象甲和病原菌、用火烧落叶防治落叶松落叶病等。利用该方法常需严格掌握处理温度和时间，以避免对植物造成伤害。

此外，物理防治还包括缺氧窒息、辐射处理等多种方法。

（三）化学防治

化学防治（chemical control）是指利用化学药剂防治有害生物的一种防治技术。主要是通过开发适宜的农药品种，并加工成适当的剂型，利用适当的机械和方法处理林木、种子、土壤等，杀死有害生物或阻止其侵袭危害。化学防治在有害生物综合治理中占有重要的地位，它使用方法简便、效率高、见效快，可以用于各种有害生物的防治，特别在有害生物大发生时，能及时控制危害，是其他防治措施无法比拟的。但是，化学防治也存在一些明显的缺点，一是长期使用化学农药，会造成某些有害生物产生不同程度的抗药性，致使常规用药量无效；二是杀伤天敌，破坏生态系统中有害生物的自然控制能力，打乱了自然种群平衡，造成有害生物的再猖獗或次要有害生物上升危害；三是残留污染环境，有些农药由于性质较稳定，不易分解，在施药植物中残留，以及飘移流失进入大气、水体和土壤后，就会污染环境，直接或通过食物链生物浓缩后间接对人、畜和有益生物的健康安全造成威胁。因此，使用化学农药必须注意发挥其优点，克服缺点，才能达到化学保护的目的，并对有害生物进行持续有效的控制。

1. 农药分类

农药是植物化学保护上使用的化学药剂的总称。广义的农药除包括可以用来防治农林业有害生物的各种无机和有机化合物外，还包括植物生长调节剂、家畜体外寄生虫和人类公共卫生有害生物的防治剂。其来源除人工合成外，还包括生物或其他天然的物质，但一般不包括活体生物。农药可按其用途、成分、防治对象或作用方式、机理等进行分类。

农药按原料的来源及成分分为无机农药、有机农药、生物农药三类。

无机农药，又叫矿物性农药，主要是由天然矿物原料加工、配制而成的农药。其有效成分是无机化合物质。无机杀虫剂包括砷酸钙、砷酸铝、亚砷酸和氟化钠等，由于其残留毒性高，防效较低，目前已较少使用。无机杀菌剂包括石灰、硫磺、硫酸铜等，其中较常用的有石硫合剂、波尔多液。无机杀鼠剂有磷化锌等。

有机农药，又叫有机合成农药，主要是由碳氢元素构成的一类农药，且大多可用有机化学合成方法制得。目前所用的农药绝大多数属于这一类。通常又根据来源和性质将有机农药分为植物性农药、矿物油农药（石油乳剂）、微生物农药（农用抗生素）及人工化学合成的有机农药。有机杀虫剂按其来源又分为天然有机杀虫剂和人工合成的有机杀虫剂。天然有机杀虫剂包括植物性（鱼藤、除虫菊、烟草等）和矿物性（如矿物油等）两类，它们分别来源于天然植物和矿物，目前开发的品种较少。人工合成有机杀虫剂种类繁多，按其化学成分又可以分为有机氯类杀虫剂、有机磷类杀虫剂、氨基甲酸酯类杀虫剂、拟除虫菊酯类杀虫剂、沙蚕毒素类杀虫剂和有机氮类杀虫剂等。有机杀菌剂包括有机硫杀菌剂、有机砷杀菌剂、有机磷杀菌剂、取代苯类杀菌剂、有机杂环类杀菌剂、抗生素类杀菌剂等。有机除草剂包括苯氧羧酸类、二苯醚类、酰胺类、均三氮苯类、取代脲类、苯甲酸类、二硝基苯胺类、氨基甲酸酯类、有机磷类、磺酰脲类、杂环类等。其中有些种类的农药我国已禁止或限制使用。

生物农药，就是生物防治措施使用的有益生物活体及其代谢物，但不包括天敌昆虫、鸟、兽等。这类农药包括：微生物农药，主要有细菌、真菌、病毒、原生动物、线虫等。在生产中应用的主要有苏云金芽孢杆菌、青虫菌、金龟子芽孢杆菌、白僵菌、绿僵菌、蜡蚧轮枝菌、小卷蛾斯氏线虫、夜蛾斯氏线虫、格氏斯氏线虫、微孢子虫等；植物源农药，是以植物源成分制作而成的杀虫剂，有效成分主要是生物碱（如烟草中的烟碱、百部中的百部碱等）和配糖体，这些物质在昆虫体内经过化学作用变为有毒物质，从而起到杀灭害虫的作用，商品化的植物源农药主要有烟碱、除虫菊素、鱼藤酮、印楝素、鱼尼丁、苦皮藤素等；微生物源农药，是利用微生物的代谢物生产的防治有害生物的农药，又叫农用抗生素，商品化的主要有阿维菌素、橘霉素、华光霉素、多杀霉素、春雷霉素等；信息素，昆虫信息素是由昆虫体内释放到体外，可引起同种其他个体某种行为或生理反应的微量挥发性物质，包括性信息素、聚集素、报警信息素、追踪素；仿生农药，又称生物化学农药，也被称为昆虫生长调节剂、特异性昆虫控制剂等，目前防治中常用的灭幼脲、除虫脲、氟啶脲等均属于这类农药。

农药按用途分为杀虫剂、杀螨剂、杀菌剂、除草剂、杀鼠剂、生长调节剂6类。

按农药对防治对象的作用方式，杀虫剂和杀螨剂又可分为9类：①胃毒剂，当害虫取食这类药剂后，随同食物进入害虫消化器官，被肠壁细胞吸收后进入虫体内引起中毒死亡；②触杀剂，这类药剂与虫体接触后，通过穿透作用经体壁进入体内或封闭昆虫的气门，使昆虫中毒或窒息死亡；③熏蒸剂，这类药剂由液体或固体气化为气体，以气体状态通过害虫呼吸系统进入虫体，使之中毒死亡；④内吸剂，这类药剂施到植物上或土壤里，可被植物枝叶或根部吸收，传导至植株的各部分，害虫（主要是刺吸式口器害虫）取食后即中毒死亡；⑤拒食剂，这类药剂被取食后可影响昆虫的味觉器官，使其厌食、拒食，最后因饥饿、失水而逐渐死亡，或因摄取营养不足而不能正常发育；⑥忌避剂，这类药剂依靠其物理、化学作用（如颜色、气味等）可使害虫忌避或发生转移、潜逃现象，从而达到保护寄主植物或特殊场所的目的；⑦引诱剂，这类药剂能吸引害虫前来接近，通过取食引诱、产卵引诱或性引诱，将害虫诱集而予以歼灭；⑧不育剂，这类药剂可通过破坏生殖系统，形成雄性、雌性或雌雄两性不育而使害虫失去正常繁殖能力；⑨生长调节剂，这类药剂主要是阻碍或抑制害虫的正常生长发育，使之失去危害能力，甚至死亡。

杀菌剂分为3类：保护性杀菌剂，这类药剂在病害流行前（即当病原菌接触寄主或侵入寄主之前）使用于植物体可能受害的部位，以保护植物不受侵染；治疗性杀菌剂，这类药剂在植物感病后，能直接杀死病原菌，或者通过内渗作用渗透到植物组织内部而杀死病原菌，或者通过内吸作用直接进入植物体内并随着植物体液运输传导而起到治疗作用；铲除性杀菌剂，这类药剂在植物生长期施用时，植物常不能忍受，故一般只用于种前土壤处理、植物休眠期或种苗处理期。

除草剂分为两类：输导型除草剂，这类药剂施用后通过内吸作用传至杂草的敏感部位或整个植株，使之中毒死亡；触杀型除草剂，这类药剂只能杀死所接触到的植物组织，而不能在植株体内传导移动。习惯上，按其对植物作用的性质分为选择性除草剂和灭生性除草剂。前者在一定浓度和剂量范围内杀死或抑制部分植物，而对另外一些植物是安全的；后者在常用剂量下可以杀死所有接触到的绿色植物体。

杀鼠剂则按其作用速度分为急性杀鼠剂和慢性杀鼠剂两大类。急性杀鼠剂毒杀作用快，潜伏期短，仅1~2天，甚至几小时内，即可引起中毒死亡。这类杀鼠剂大面积使用，害鼠一次取食即可死亡，毒饵用量少，容易显效。但此类药剂对人、畜毒性大，使用不安全，而且容易出现害鼠拒食现象。如磷化锌、毒鼠磷和灭鼠优等。慢性杀鼠剂主要是抗凝血杀鼠剂，其毒性作用慢，潜伏期长，一般2~3天后才引起中毒。这类药剂适口性好，能让害鼠反复取食，可以充分发挥药效。同时由于作用慢，症状轻，不会引起鼠类警觉拒食，灭效高。

2.农药的剂型

工厂生产出来未经加工的工业品称为原药（原粉或原油）。因大多数原药不溶于水，在单位面积上使用的量又很少，所以，必须在原药中加入一定量的助剂（如填充剂、湿润剂、溶剂、乳化剂等）加工成含有一定有效成分、一定规格的剂型。农药剂型种类很多，包括干制剂、液制剂和其他制剂，其中乳油、粉剂、可湿性粉剂和粒剂是目前生产中使用的主要农药剂型，占农药加工制剂产量的90%。但其他一些剂型，如可溶性粉剂、悬浮剂、缓释剂、超低量喷雾剂、种衣剂、烟雾剂和热雾剂等，因其特殊的用途，以及环保优势等，也具有一定的用量和广阔的发展前景。

粉剂：是由原粉与填充剂（如高岭土、瓷土、陶土等惰性粉）按一定比例混合，经机械粉碎至一定细度而制成的。根据粉剂的有效成分含量和粉粒细度又可分为含量大于10%的浓粉剂，含量小于10%的田间浓度粉剂；粉粒平均直径为20～25微米的低飘移粉剂，10～12微米的一般粉剂和小于5微米的微粉剂。低浓度粉剂可直接喷粉使用，高浓度粉剂可供拌种、配制毒饵或作土壤处理等使用。粉剂具有使用方便，药粒细、分布较均匀，撒布效率高、节省劳动力、加工费用低等优点，特别适用于供水困难地区和防治暴发性病虫害。但粉剂用量大，有效成分分布的均匀性和药效的发挥不如液态制剂，而且飘移污染严重。因此，目前这类剂型制剂的使用已受到很大限制。

可湿性粉剂：是由原粉加填充剂和湿润剂按一定比例混合，经机械粉碎至很细而制成的。可湿性粉剂兑水后能被湿润，成为悬浮液，主要供喷雾使用。可湿性粉剂是一种农药有效成分含量较高的干制剂，其形态类似于粉剂，使用上类似于乳油，在某种程度上克服了这两种剂型的缺点。由于它是干制剂，包装低廉，便于贮运，生产过程中粉尘较少，又可以进行低容量喷雾。但可湿性粉剂对加工技术和设备要求较高，尤其是粉粒细度、悬浮性和湿润性。此外，可湿性粉剂一般不宜用于喷粉，因为喷粉时分散性差，且有效成分浓度高，分散不均匀，容易产生药害，价格也比粉剂高。

乳油：是由原药与乳化剂按一定比例溶解在有机溶剂（甲苯、二甲苯等）中制成的一种透明油状液体。乳油加水稀释后成为均匀一致、稳定的乳状液，喷洒在植物和虫体上，具有很好的湿润展布和黏着性，适用于喷雾、泼浇、涂茎、拌种、撒毒土等。这类剂型的制剂有效成分含量高，贮存稳定性好，使用方便，防治效果好，加工工艺简单，设备要求不高，在整个加工过程中基本无"三废"。但由于其含有相当量的易燃有机溶剂，如管理不严易发生事故，使用不当易发生药害。此外，乳油产品的包装价格较贵，乳油中的有机溶剂在大量喷施时也会造成环境污染。

粒剂：是用农药原药、辅助剂和载体制成的松散颗粒状制剂，一般按其颗粒大小分为颗粒直径范围在5～9毫米的大粒剂、297～1680微米的颗粒剂和74～297微米的微粒剂。选用适宜的载体（如陶土、细砂、煤渣等）、辅助剂和加工方法，制成遇水迅速崩解释放的解体性或不崩解而缓慢释放的非解体性颗粒，以满足不同的需要。施用粒剂可以避免撒布时微粉飞扬，污染周围环境，减少操作人员吸入微粉造成人身中毒。制成粒剂还可以使高毒农药低毒化，并能控制有效成分的释放速度。粒剂撒施方向性强，可以使药剂到达所需要的部位。粒剂一般不黏附于植物的茎叶上，可以避免造成植物药害或对茎叶过多的污染。但解体性粒剂贮运过程中易破碎，从而失去粒剂的特点。此外，粒剂有效成分含量低，用量较大，贮运不太方便。

可溶性粉剂：又称水溶性粉剂，是将水溶性农药原药、填料和适量的助剂混合制成的可溶解于水的粉状制剂，有效成分含量多在50%以上，供加水稀释后使用。这种剂型的制剂具有使用方便、分解损失小、包装和贮运经济安全、无有机溶剂污染环境等优点。

悬浮剂：俗称胶悬剂，是将不溶于水的固体或不混溶的液体原药、辅助剂，在水或油中经湿法超微粉碎后制成的分散体，是一种具有流动性的糊状制剂，使用前用水稀释混合形成稳定的悬浮液。悬浮剂兼有可湿性粉剂和乳油的优点，并为不溶于水和有机溶剂的农药提供了广阔的开发应用前景。

缓释剂：是利用控制释放技术，通过物理化学方法，将农药贮存于农药的加工品之中，制成可使有效成分控制释放的制剂。控制释放包括缓慢释放、持续释放和定时释放，但农药制剂通常为缓慢释放，故称为缓释剂。缓释剂可以减少农药的分解以及挥发流失，使农药持效期延长，减少农药施用次数。还可以降低农药毒性。使液体农药固形化，便于包装、贮运和使用，减少飘移对环境的污染。

超低量喷雾剂：一般是含农药有效成分20%～50%的油剂，有的制剂中需要加入少量助溶剂，以提高原药的溶解度，有的需加入一些化学稳定剂或降低对植物药害的物质等。超低量喷雾剂不需稀释即可以直接喷洒，因此，需要选择高效、低毒、低残留、相溶性好、挥发性低、比重大、黏度小、闪点高的原药和溶剂，以提高药效和使用安全度，减少环境污染。

种衣剂：泛指用于种子包衣的各种制剂处理种子后，在其表面形成具有一定包覆强度的保护层，用以防治有害生物、提供营养、调节种子周围小环境、调节植物生长、调节种子形状以便于播种操作等。防治有害生物的种衣剂是将农药或肥料和植物生长调节剂，与黏合剂按一定比例混合配制而成。种衣剂直接用于处理植物种子，由于黏合剂对农药有固定和缓释作用，因而具有高效、经济、安全、持效期长等特点。

烟剂：又称烟雾剂，是用农药原药和定量的助燃剂、氧化剂和发烟剂等均匀混合配制成的粉状制剂，点燃时药剂受热气化，在空气中凝结成固体微粒。烟剂颗粒细小，扩散性能好，能深入到极小的空隙中，充分发挥药效。但受风和气流的影响较大，一般只适用于森林、仓库和温室大棚里的有害生物防治。在喷烟机械发展的基础上开发出来的热雾剂，与烟雾剂具有相似的特点。它是将油溶性药剂溶解在具有适当闪点和黏度的溶剂中，再添加辅助剂加工成的制剂，使用时借助烟雾机将制剂定量送至烟化管，与高温高速气流混合喷射，使药剂形成烟雾。

3. 农药的使用方法

利用农药防治有害生物主要是通过茎叶处理、种子处理，和土壤处理保护植物并使有害生物接触农药而中毒。为把农药施用到植物上或目标场所，所采用的各种施药技术措施称为施药方法。施药方法种类很多，主要依据农药的特性、剂型特点、防治对象和保护对象的生物学特性以及环境条件而定，目的是提高施药效率和农药的使用效率、减少浪费、飘移污染以及对非靶标生物的毒害。按农药的剂型和处理方式可以分为喷雾法、喷粉法、撒施或泼浇法、拌种和浸种法、种苗浸渍法、毒饵法和熏蒸法等主要类型。

喷雾法：是将液态农药用机械喷撒成雾状分散体系的施药方法。乳油、可湿性粉剂、可溶性粉剂悬浮剂以及水剂等加水稀释后，或超低量喷雾剂均可用喷雾法施药。喷雾法主要用于植物茎叶处理和土壤表面处理，其施药工作效率高，但有一定的飘移污染和浪费，随喷雾机械和雾化方式不同，以及产生的雾滴大小而异。农药的雾化主要采用压力喷雾、弥雾和旋转离心雾化法。压力喷雾主要使用预压式和背囊压杆式手动喷雾器，产生的雾滴较大，雾滴分布广，一般用于保护性杀菌剂、触杀性除草剂和杀虫剂针对性的高容量喷洒，喷药周到，防治效果好，飘移少，但用药量大。弥雾法主要使用机动弥雾喷粉机，产生的雾滴相对较小，一般用于小容量飘移喷洒，喷幅宽，工作效率高，但植物上部沉积药量多，下部少，易受阵风和上升气流影响，往往会出现漏喷现象。旋转离心雾化法主要使用电动手持超低容量喷雾器，产生的雾滴极细，形成的雾浪随气流弥散。该法施药分散性好，用药量很少，可以减轻劳动强度，提高工作效率，但施药受气流影响较大。为了减少雾滴飘移，有时采用静电喷雾，即利用静电高压发生器使喷出的雾滴带电，以增加药液在植物表面的有效沉积。

喷粉法：是利用鼓风机械所产生的气流把农药粉剂吹散后沉积到植物上或土壤表面的施药方法。由于较常量喷雾的工效高，速度快，往往可以及时控制有害生物大面积的暴发危害。喷粉防治效果受施药器械、环境因素和粉剂质量影响较大。一般来说，手动喷粉器由于不能保证恒定的风速和进药量，喷撒效果较差，因而常使用东方红—18型背负机动弥雾喷粉机。气流、露和雨水会影响药粉的沉积，一般风力超过1米/秒时不宜喷粉。粉剂不耐雨水冲洗，施药后24小时内如有降雨应补喷。露水有利于药粉沉积，但叶面过湿，会使药粉分布不均匀，容易造成药害。

撒施或泼浇法：是指将农药拌成毒土撒施或兑水泼浇的人工施药方法，一般是利用具有一定内吸渗透性或熏蒸性的药剂防治在浓密植物层下部栖息危害的有害生物。

拌种和种苗浸渍法：是处理种子的施药方法。通常用铅剂、种衣剂或毒土拌种，或用可用水稀释的药剂兑水浸种，可以防治种子携带的有害生物、地下害虫、土传病害、害鼠等苗期病虫害。该类方法用药集中，工作效率高，效果好，基本无飘移污染。但施药效果与用药浓度、浸渍时间和温度有密切关系，要适当掌握。

毒饵法：是用有害动物喜食的食物为饵料，加入适口性较好的农药配制成毒饵，让有害动物取食中毒的防治方法。此法用药集中，相对浓度高，对环境污染少，常用于一些其他方法较难防治的有害动物，如害鼠、软体动物和一些地下害虫。

熏蒸法：是利用药剂熏蒸防治有害生物的方法。主要是利用具有熏蒸作用的农药，如烟雾剂防治仓库、温室大棚、森林、茂密植物层或密闭容器里的有害生物。

此外，农药的施用还有不少根据药剂特性和有害生物习性设计的针对性防治方法，如利用高浓度农药在树干上制造药环防治爬行上树的有害动物，利用除草剂制成防治草害的含药地膜等，这些都是常用的施药方法。

4. 农药的合理使用

科学合理的使用农药是植物化学保护成功的关键。结合林业生产实践和自然环境进行综合分析，灵活使用不同农药品种、剂型、施药技术和用药策略，可以有效地提高防治效果，避免药害以及残留污染对非靶标生物和环境的损害，并可以延缓抗药性的发生发展。

药剂种类的选择：各种农药的防治对象均具有一定的范围，且常表现出对种的毒力差异，甚至同种农药对不同地区和环境里的同一种有害生物也会表现出不同的防治效果，尤其是因不同地区的用药差异形成的抗药性种群，药效差异更大。因此，必须根据有关资料和当地的田间药效试验结果来选择有效的防治药剂品种。

药剂剂型的选择：农药不同的剂型均具有其最优的使用场合，根据具体情况选择适宜的剂型，可以有效地提高防治效果。

适期用药：各种有害生物在其生长和发育过程中，均存在易受农药攻击的薄弱环节，适期用药不仅可以提高防治效果，同时还可以避免药害和对天敌及其他非靶标生物的影响，减少农药残留。

采用适宜的施药方法：不同的防治对象和保护对象需要不同的施药方法进行处理，选择适宜的施药方法，既可以得到满意的效果，又可以减少农药用量和飘移污染。一般来说，在可能的情况下，应尽量选择减少飘移污染的集中施药技术。如可以通过种苗处理防治的病虫害，尽量不要在苗期喷药防治，这不仅省工、高效、无飘移污染，而且对天敌生物和非靶标生物影响小，有利于建立良好的生态环境。

注意环境因素的影响：合理用药必须考虑温度、湿度、雨水、光照、风、土壤性质和植物长势等环境因素。温度影响药剂毒力、挥发性、持效期、有害生物的活动和代谢等；湿度影响药剂的附着、吸收、植物的抗性、微生物的活动等；雨水造成对农药的稀释、冲洗和流失等；光照影响农药的活性、分解和持效期等；风影响农药的使用操作、飘移污染等；土壤性质影响农药的稳定性和药效的发挥等；而植物长势则主要影响农药接近有害生物。一般通过选择适当的农药剂型、施药方法、施药时间来避免环境因素的不利影响，以发挥其有利的一面，达到合理用药的目的。

充分利用农药的选择性：合理用药必须充分利用农药的选择性，减少对非靶标生物和环境的危害。包括利用农药的选择毒性和时差、位差等生态选择性。如使用除草剂时常利用选择性除草剂（药剂的选择性）、芽前处理（时差选择）、定向喷雾（位差选择）等，避免植物药害。使用杀虫剂也常利用其选择性，避免过多地杀伤天敌及授粉昆虫等有益生物。如利用内吸性杀虫剂进行根区施药。在果园避免花期施药，不采用喷粉的方法施药，在不影响药效的情况下添加适量的石炭酸或煤焦油等蜜蜂的驱避剂，可以减少对蜜蜂的毒害。在桑园内或附近禁止喷施沙蚕毒素类和拟除虫菊酯类杀虫剂，桑园内防治害虫采用对家蚕毒性小、残效短的农药，桑园附近农田采用无飘移的大粒剂撒施或液体剂兑水泼浇等，避免对桑、蚕的毒害。在鱼塘、水源地应选择对鱼低毒的农药，避免对鱼的毒害。使用杀鼠剂则应特别注意避免对人、畜、禽的毒害。

防止产生抗药性：合理用药要采取适当用药策略延缓抗药性的发生发展，主要是尽量减少连续使用单一药剂防治，如采用无交互抗性农药轮换使用或混用，采用多种药剂搭配使用，避免长期连续单一使用一种农药；利用其他防治措施或选择最佳防治适期，以提高防治效果，控制农药使用次数，减轻选择压力；实施镶嵌式施药，为敏感生物提供庇护所等。

合理用药还必须与其他综合防治措施配套，充分发挥其他措施的作用，以便有效控制农药的使用量，减少使用农药造成的残留污染、有害生物抗药性和再猖獗等问题。此外，合理用药还包括用药安全。农药是一类生物毒剂，绝大多数对高等动物具有一定毒性，管理和使用不当，就可能造成人、畜中毒。贮运和使用农药必须严格遵守有关规定，按照安全操作规程用药，妥善处理农药残液、废瓶和机具的洗刷液，以避免发生中毒事故。

（曲　涛）

第二篇

防治历

我 国林业有害生物防治应从种苗选育和营林开始，将林业有害生物防治的各项措施贯穿于林业生产各个环节，要实施无公害防治，提高森林生态系统的免疫功能，在对森林多样性和安全不构成危害的前提下，采用以生物防治为主的无公害措施，逐步提高森林自身对有害生物的可持续控制。

本篇包括虫害、病害、鼠（兔）害、有害植物4个部分，以防治历的形式介绍了200种有害生物的分布与危害、寄主、主要形态特征、生物学特性和具体防治技术等，每种都附有彩色生态图片，便于掌握和识别。

松材线虫病

Bursaphelenchus xylophilus (Steiner et Buhrer) Nickle

分布与危害 松材线虫病是目前世界上最危险的林业有害生物，也是目前我国最具危险性的森林病害。在自然状态下，单株松科植物感染该病后2～3月即可死亡，成片松林感病后3～5年即可毁灭。该病自1982年首次在南京东郊发现以来，目前已扩散蔓延至江苏、浙江、安徽、福建、江西、山东、河南、湖北、湖南、广东、广西、重庆、四川、贵州、云南等15个省（自治区、直辖市）。累计毁灭松林逾33万公顷，造成经济损失数千亿元。

寄　　主 黑松、琉球松、马尾松、红松、赤松、华南五针松、华山松、台湾果松、白皮松、樟子松、台湾五针松、日本五针松、云南松、思茅松、黄山松、油松、湿地松、海南五针松、黄松、火炬松等松属植物。

症　　状 针叶黄褐色或红褐色，萎蔫下垂，树脂分泌停止，在树干上可观察到天牛侵入孔或产卵痕迹，病树整株干枯死亡，木材蓝变。

生物学特性 主要通过媒介昆虫松褐天牛补充营养时造成的伤口进入木质部，寄生在树脂道中，每只松褐天牛可携带上万条线虫，最多可达25万～30万条。松材线虫在大量繁殖的同时在松树体内移动，逐渐遍及全株，并导致树脂道薄壁细胞和上皮细胞的破坏和死亡，造成植株失水，蒸腾作用降低，树脂分泌急剧减少和停止。所表现出来的外部症状是针叶陆续变为黄褐色乃至红褐色，萎蔫，最后整株枯死。松材线虫幼虫4龄。雌、雄成虫交尾后产卵，一般12天完成1代，由卵孵化的幼虫在卵内即蜕皮1次，孵出的幼虫为2龄幼虫，再经3次蜕皮发育为成虫，成虫形成后1天之内即可产卵，每条雌虫可产卵100多粒。世代重叠明显。

松材线虫病传媒昆虫松褐天牛

松材线虫病病死木横切面蓝变

松材线虫病防治历　　　　　(以长江流域为例)

时间	虫态	防治方法	要点说明
1～4月，11～12月	病死树上传播媒介越冬幼虫至蛹期，病势稳定	伐除病死树、疑似感病木、衰弱木。对发生严重松林，可实施局部皆伐。砍伐病死木用磷化铝（20克/立方米）塑料薄膜帐幕封闭熏杀。伐除木除害处理可参照国家标准《松材线虫病疫木处理技术规范》（GB/T 23477－2009）执行。	伐除时，不残留直径1厘米以上松树枝桠。伐除木的伐根尽可能要刨除，或用虫线清等化学药剂进行喷淋后罩塑料薄膜再覆土，或投放磷化铝1～2粒后罩塑料薄膜覆土进行熏蒸处理。
5～10月	传播媒介羽化—幼虫，病害开始传播、发病，病死树逐渐出现	天牛成虫期，采用地面树冠喷洒或飞机喷洒8%氯氰菊酯微囊悬浮剂750～1200毫升/公顷（300～400倍液）进行防治。	每年5～6月喷药1～2次，间隔期约20天。松褐天牛幼龄幼虫期采用树干喷洒虫线清乳油80倍液，喷药量为2～3毫升/株。
		用衰弱或较小的松树作为诱饵木引诱松褐天牛集中产卵，每0.7公顷（10亩）设置1株。松褐天牛羽化初期（5月上旬），在诱木基部离地面30～40厘米处的3个方向侧面，用刀砍3～4刀（小树可少些），刀口深入木质部约1～2厘米，刀口与树干大致成30度角。用注射器把引诱剂注入刀口内。	诱木引诱剂使用浓度为1：3（1份引诱剂原液用3倍清水稀释）。施药量（毫升）大致与诱木树干基部直径（厘米）相当。于每年秋季将诱饵木伐除并进行除害处理，杀死其中所诱天牛。
		在松褐天牛成虫期，在发病林分每隔100米设置1个诱捕器，诱杀成虫	诱捕器下端应离地面1.5米左右。诱捕时，每隔20天往诱芯添加140毫升引诱剂。
		在树干基部打孔，孔内注入松线光进行防治。	该方法适用于有特殊意义的名松古树的保护。
		释放管氏肿腿蜂防治松褐天牛幼虫。	在松褐天牛幼虫幼龄期，每年放蜂1次。每0.7公顷（10亩）设1个放蜂点，每点放蜂1万头左右。

松材线虫病危害状

松材线虫病病死木

参考文献

[1] 国家林业局植树造林司, 国家林业局森林病虫害防治总站. 中国林业检疫性有害生物及检疫技术操作办法 [M]. 北京: 中国林业出版社, 2005.

[2] 杨宝君, 潘宏阳, 汤坚, 等. 松材线虫病 [M]. 北京: 中国林业出版社, 2003.

[3] 杨宝君. 中国松材线虫病的流行与治理 [M]. 北京: 中国林业出版社, 1995.

[4] 郝燕湘. 松材线虫病工程治理及对策 [J]. 中国林业, 2000(5): 14.

[5] 潘宏阳. 当前我国松材线虫病的治理对策 [J]. 森林病虫通讯, 2000, 19(6): 44-47.

（胡学兵）

松针褐斑病

分布与危害	分布于浙江、安徽、福建、江西、河南、湖南、广东、广西等省（自治区）。1970年以来，该病在我国南方各省陆续发生和流行，受害严重林分造成毁灭性损失。
寄 主	湿地松、火炬松、黑松、黄山松、马尾松、萌芽松、赤松、长叶松、加勒比松、砂松等松属植物。湿地松、火炬松和黑松感病较重。
症 状	该病原在寄主针叶上感病，最初产生褪色小斑点，多为圆形或近圆形，随后病斑变为褐色，并稍有扩大，有时2~3个病斑连接而成褐色段斑。在病害的适生季节，产生子实体。子实体针头大小，黑色，黑色分生孢子堆自裂缝中挤出。当针叶枯死后，无病斑的死组织也能产生子实体。典型的病叶明显分3段：上段褐色枯死，中段褐色段斑与绿色健康组织相间，下段仍保持绿色。病害自树冠基部开始发病，逐渐向上部扩展，受害严重的仅在树冠顶部2、3轮枝条梢部保存部分绿叶，不久整株枯死。
病 原	无性阶段为松针座盘孢菌 *Lecanosticta acicola* (Thum.) Sydow.。有性阶段为狄氏小球腔菌 *Mycosphaerella dearnessii* Barr.在我国至今尚未发现。
发病规律	子实体及病斑组织中的菌丝体可在树上病叶或落叶上越冬。在发病林分中，终年可见活孢子存在，侵染在整个季节都可能发生。分生孢子在雨水中释放，并借助雨水的溅落传播。分生孢子在水中萌发，芽管自气孔侵入，潜育期为20天以上。在初发病的林分中，常形成明显的发病中心，病害自中心病株逐渐扩展。病害在1年的4~6月和9~10月有两次发病高峰。

松针褐斑病针叶上的段斑

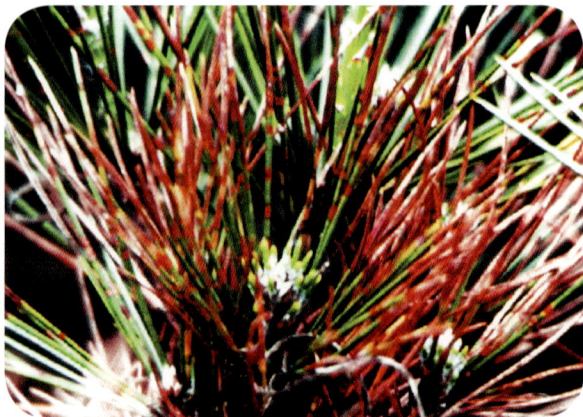

松针褐斑病感病松针

松针褐斑病防治历 (以南方为例)

时间	发病阶段	防治方法	要点说明
1～3月	未显症	严格检疫，防止苗木、接穗带病调出和调入。在病害发生区内伐除病株，剪除病枝，集中烧毁。	不要在松针褐斑病主要流行区营造易感病松林。造林用苗木，根系用25%多菌灵10倍液的泥浆打浆。
4～6月	发病盛期	喷洒或施放杀菌剂。	低矮的幼林主要用25%多菌灵可湿性粉剂800倍液或50%甲基托布津胶悬剂600倍液喷雾；树高、郁闭度大的林分施放百菌清、多菌灵等烟剂进行熏杀，15千克／公顷施药，2～3次，每次间隔为10～15天。
7～8月	病势缓和	在病害发生区内伐除病株，剪除病枝，减少病源。	对发病中心范围内的病株进行择伐，对其余轻度感病病株的下部病枝进行剪枝，将病树病枝清除林外集中烧毁；对重病林分实行皆伐，重新营造其他树种。
9～10月	发病盛期	喷洒或施放杀菌剂。	药剂同4～6月，防治1～2次。
11～12月	未显症	在病害发生区内伐除病株，剪除病枝，清除圃地、林地上的病叶，集中烧毁（方法同7～8月）。	

参考文献

[1] 国家林业局森林病虫害防治总站. 中国林业有害生物概况 [M]. 北京: 中国林业出版社, 2008.
[2] 袁嗣令, 等. 中国乔、灌木病害 [M]. 北京: 科学出版社, 1997: 17-20.
[3] 林业部野生动物和森林植物保护司, 林业部森林病虫害防治总站. 中国森林植物检疫对象 [M]. 北京: 中国林业出版社, 1996: 123-129.
[4] 王明旭. 松针褐斑病病原、抗病机制和综合治理技术研究 [J]. 植物检疫, 2001, 15(4): 193-197.
[5] 张珠河. 福州市松针褐斑病的发生现状及防治措施探讨 [J]. 福建林业科技, 2003, 30(2): 68-73.

(李 娟 王明旭)

松针褐斑病感病松树

松疱锈病

分布与危害	又称五针松疱锈病，是世界性的危险病害。分布于辽宁、吉林、黑龙江、山西、内蒙古、安徽、山东、河南、湖北、湖南、四川、重庆、云南、陕西、新疆、甘肃等省（自治区、直辖市）。该病在东北许多地区的红松人工林区和西南华山松林区流行，病情逐年加重。从幼苗到成过熟林木均可染病。病害发生于松树的针叶和枝干部皮层，不危害木质。病树因生理机能衰退而死亡。从幼龄幼苗到成熟林分均可感病，以20年生以下的中幼林感病最重。
寄　　主	病原菌的性孢子器和锈孢子器阶段寄生在红松、华山松、新疆五针松（西伯利亚红松）、乔松和偃松上。夏孢子堆、冬孢子堆和担孢子阶段茶藨子专化型寄生在茶藨子属的东北茶藨子、黑茶藨子、狭萼茶藨子、冰川茶藨子上；马先蒿专化型寄生在马先蒿属中的返顾马先蒿、穗花马先蒿等上。
症　　状	针叶受侵染后，先期出现褪绿斑点，后逐渐变为红褐色。一般先在侧枝基部发病，然后向干部扩展，发病部位多在地上200厘米以内的树干或树冠下层枝梢基部，少数植株可整株发病。发病初期病部皮层略微肿胀，变松软，成条状或块状隆起，偶尔有松脂外溢。4月上、中旬，发病部位（多为枝干连接处或大小侧枝分叉处)皮层呈梭形肿胀；5月，病部皮层陆续破裂，露出扁平柱状或不规则的枕状疱囊（锈孢子器），初为乳白色，后呈橘黄色，突于皮层外，5月中旬被膜破裂并散出黄色粉末（即锈孢子）；6月中旬锈孢子散放结束。病皮开裂、干枯、下陷、萎缩凹陷呈粗糙的溃疡状。部分病斑周围皮层大量流脂后，常生1层黑色的煤污菌。连年发病的枝干，其病斑不断扩展，树势逐渐衰弱，新梢很短，针叶萎蔫，被害主干和侧枝上方均出现丛生小枝。当病斑绕枝干1周时，则整枝或整株枯死。8月末至9月初，在锈子器发生处附近皮层流出初为乳白色后变成橘黄色、尝之具甜味的"蜜滴"（性孢子与蜜液的混合物），数日后干枯，剥开树皮时可见"血迹状斑"。
病　　原	病原是担子菌亚门 Basidiomycotina 冬孢菌纲 Teliomycetes 锈菌目 Uredinales 栅锈科 Melampsoraceae 柱锈属 *Cronartium* 茶藨生柱锈菌 *Cronartium ribicola* J. C. Fischer ex Rabenhorst。
发病规律	7月下旬至9月，冬孢子成熟后不经过休眠即萌发产生担子和担孢子。担孢子主要借风力传播，接触到松针后即萌发产生芽管，大多数芽管自针叶气孔、少数从韧皮部直接侵入松针。侵入后15天左右即在针叶上出现很小的褪色斑点，在叶肉中产生初生菌丝并越冬。翌年春天随气温升高，初生菌丝继续生长蔓延，从针叶逐步扩展到细枝、侧枝直至主干皮层。

松疱锈病致松树流脂

松疱锈病危害状

松疱锈病局部症状

松疱锈病防治历　　（以北方地区为例）

时间	发病阶段	防治方法	要点说明
4～5月	松树感病初期	对发病轻松树，下层枝梢实施人工修枝。发病率在10%以下的要适时进行间伐，发病率在40%以上幼林要进行皆伐改造。	大树发病修除病枝，运出林外销毁处理。病原木必须经溴甲烷熏蒸处理（用药量为200克/立方米），或去皮，或在林区搁置1年以后方可调出疫区。
		北方可用松焦油或煤焦油，南方可选用2%粉锈宁液、0.5%的多菌宁硫磺胶悬液、柴油原液或粉锈宁与多硫胶剂的混合液（1.5%粉锈宁：1%多菌宁硫磺胶悬剂为1：1）涂药。	涂药范围为病斑及其上下10厘米，左右5～6厘米（菌丝集中分布区）的皮层，施药前用钉刷刺破周围皮层或用刀以45度角砍伤病部皮层（有利于药剂充分渗入病斑韧皮部），再用毛刷将药剂涂于病部。连续涂药2～3年。
5～7月	病害盛发期	杜绝带病苗木上山造林，禁止从疫区调运苗木和幼树。发现病苗和可疑苗木要清除深埋或烧毁。	禁止将带菌茶藨子等转主寄生植物调入非疫区。
		用莠去津、杀草丹除草。	冬孢子产生之前灭除林间及周围100米范围内的转主寄主以切断病菌侵染循环。
8月末	松苗感病期	对1～3年生的苗圃幼苗，喷洒1：1：20的波尔多液或300～500微升/升的敌菌灵乳剂，以防止担孢子侵染。	

参考文献

[1]　国家林业局森林病虫害防治总站. 中国林业有害生物概况 [M]. 北京: 中国林业出版社, 2008: 16-17, 149.

[2]　徐梅卿, 何平勋. 中国木本植物病源总汇 [M]. 哈尔滨: 东北林业大学出版社, 2008: 272-275.

[3]　曾大鹏. 中国进境森林植物检疫对象及危险性病虫 [M]. 北京: 中国林业出版社, 1998: 1-3.

[4]　张星耀, 骆有庆. 中国森林重大生物灾害 [M]. 北京: 中国林业出版社, 2003: 277-291.

[5]　田呈明. 中国松干锈病研究概况 [J]. 西北林学院学报, 1998, 13(3): 92-97.

（赵　俊　姚文生）

马尾松赤枯病

分布与危害	贵州、四川、广西、广东、云南、湖南、湖北、浙江、江西、福建、江苏、河南、陕西等省（自治区）。主要危害幼林新叶及少数老叶。严重危害的造成整株树枯黄，形如火烧。
寄　　主	马尾松、云南松、黑松、黄山松、油松、华山松、火炬松、湿地松，及杉木、柳杉、金钱松等针叶树，其中马尾松、湿地松、火炬松、云南松受害最重。
病　　原	枯斑多毛孢 *Pestalotiopsis funerea* Desm.。
症　　状	受害针叶初期显黄色段斑，病斑和健康组织交界处常有一暗红色的环圈。病斑可出现在针叶不同部位，病状多分为叶尖枯、段斑枯、叶基枯、全叶枯和针叶断落等现象，后期在病斑上有明显的黑色椭圆形小颗粒，在黑色小颗粒上有墨汁状的分生孢子角。
发病规律	病菌以分生孢子和菌丝体在树上病叶中越冬。孢子借雨水和风力传播，可从自然气孔口或伤口侵入针叶。潜伏期7～10天，可以重复多次侵染。5月平均温度16℃以上时，分生孢子开始散放，月平均气温达19℃时开始发病，月平均气温达20～25℃时发病快，6～9月为发病盛期。在后期7～8月高温干旱，可加剧病害的发展。月平均气温降到12℃以下时，病害基本停止发生。

马尾松赤枯病感病松针

马尾松赤枯病防治历

（以南方地区为例）

时间	发病阶段	防治方法	要点说明
1～3月	未显症状	清除病死株及感病枝条。	集中烧毁。
5月上旬	发病初期	严禁病苗上山。适地适树，合理密植。选用抗性树种，营造混交林。间伐过密的松树，保持林内通风透光。	营造以湿地松为主的针阔混交林或在林中补植木荷、香樟、枫香、油桐等阔叶树。
		施硫酸钾，100克/株。	增强树势，提高抗性。
5～6月	松苗感病期	在郁闭度大的林分，施放"621"或"百菌清"烟剂，每公顷15千克，每隔10天放1次，连续放2次。	最好选在气流较稳定的早晨或傍晚作业。
		用石灰和草木灰（9∶1）或石灰∶草木灰∶硫磺粉（8∶1∶1）防治，选在早晨露水未干时撒到松针上。	适于地形复杂、水源紧张的地方。
		70%的百菌清700倍液、40%禾枯灵500倍液、80%多菌灵500倍液等喷雾防治。	隔7～10天喷1次，连续3次。
8～9月		清理严重感病枝条和砍除严重发病的植株。	
11～12月	病菌停止发展		

参考文献

[1] 梁秋霞, 潘锋英, 李端兴. 马尾松赤枯病发生规律及其防治技术 [J]. 浙江林业科技, 2002, 22(4): 64-65.

[2] 袁嗣令, 邵力平, 李传道, 等. 中国乔、灌木病害 [M]. 北京: 科学出版社, 1997: 22-23.

[3] 张琼珊, 郑宏. 马尾松赤枯病大面积防治试验 [J]. 森林病虫通讯, 1996(1): 19-20.

（杨静莉）

马尾松赤枯病感病松树

落叶松枯梢病

分布与危害	黑龙江、吉林、辽宁、山东等省。从幼苗到30年生大树的枝梢均能受害，尤其对6~15年生落叶松危害最重。受害新梢枯萎，树冠变形，甚至枯死。严重影响高生长。
寄　　主	兴安落叶松、华北落叶松、黄花落叶松、朝鲜落叶松、日本落叶松等。
症　　状	初病期茎部褪绿，渐发展呈烟草棕色，凋萎变细，顶部弯曲下垂呈钩状。发病晚期，新梢木质化病梢常直立枯死而不弯曲，针叶全部脱落。病梢常溢出松脂呈块状。如连续几年发病，病树顶部常呈丛枝状。新梢病后十余天，在顶梢残留叶上或弯曲茎部可见有散生的近圆形小黑点，是病原菌的分生孢子器。
病　　原	有性阶段为落叶松葡萄座腔菌 *Botryosphaeria laricina* (Sawada) Shang，无性阶段为大茎点属 *Macrophoma* sp.。
发 病 规 律	在东北地区一般6月下旬或7月初始见发病，7月中下旬症状急剧显现，8月中旬至9月上旬症状最为明显。病菌以菌丝及未成熟的座囊腔，或残存的分生孢子器，在病梢及顶梢残叶上越冬。翌年6月以后，座囊腔成熟产生子囊和子囊孢子。子囊孢子借风传播，侵染带伤新梢，成为当年的主要侵染源。该病孢子飞散期为6~8月，6月下旬至7月中、下旬为孢子飞散盛期，此间如遇连雨天孢子飞散数量迅速增加，出现飞散高峰，几次高峰亦可连续出现，形成高峰期。

落叶松枯梢病危害松苗状

落叶松枯梢病危害状

落叶松枯梢病感病松树

落叶松枯梢病防治历 （以东北地区为例）

时间	发病阶段	防治方法	要点说明
1～5月	未见症状	清除病死株。加强产地检疫和调运检疫，严禁感病苗木出圃。适地适树，营造混交林。	苗木出圃须进行检疫，疫苗集中烧毁。
6月	发病初期	加强监测预报工作。	准确掌握病情动态。
		70%托布津1000倍液，10%百菌清800倍液，65%代森锌300倍液树冠喷雾。亦可用多菌灵烟剂，每公顷用药7.5千克。	郁闭度大成片林地可施放烟剂。
7～8月	发病盛期	清除感病苗木及重病幼树。	
		喷施药剂，方法同6月初。	

参考文献

[1] 中国林业科学研究院.中国森林病害 [M].北京:中国林业出版社,1984: 47-48.
[2] 姜达石,姜丰秋.落叶松枯梢病形态特征及防治 [J].林业勘查设计,2009(1): 79-81.

（聂雪冰）

雪松枯梢病

分布与危害　分布于上海、江苏、浙江、江西等地。针叶、树梢均可发病，严重时可导致全部针叶变黄、枯死。病害由针叶束蔓延到嫩梢或直接危害嫩梢后，导致梢头枯死。

寄　　　主　雪松。

症　　　状　大多发生在当年春梢的针叶束上。开始是个别针叶在近基部处产生淡黄色小圆点，后扩展成段斑并向针叶束座蔓延，引起全束基部变黄萎缩，进而向叶尖端扩展，使针叶变褐黄色，全部枯死。在连续阴雨天气，病叶束基部出现灰白色霉状物，即病原菌菌丝体和分生孢子。病菌也可直接危害嫩梢，产生淡褐色小斑，以后扩大成凹陷、水渍状、略缢缩的段斑，引起梢头变褐，弯曲死亡。病害停止发展，病斑周围产生隆起的愈伤组织，在小枝上留下溃疡斑。

病　　　原　珠形葡萄孢菌 *Botrytis latebricola* Jaap.

发病规律　在浙江杭州，病原菌在小枝溃疡斑和病落叶上越冬，翌年3月气温达10℃以上时开始活动，4~5月雪松新梢和针叶萌发期，也是发病高峰期，此时若低温多雨，阴雨期长，就加速病害发生与发展。6月上旬以后随着气温升高，病害停止发展。

雪松枯梢病被害梢-1

雪松枯梢病防治历

(以华东地区为例)

时间	发病阶段	防治方法	要点说明
冬季	未显症状	冬季结合修剪，清除病枝病梢。	集中烧毁。
3月	发病初期	增施有机肥，促进树木生长，增强抗病能力。	加强管理。
4～5月	发病盛期	选择70%甲基托布津500～1000倍液、1%波尔多液、77%可杀得可湿性粉剂500倍液喷雾防治。	每隔10～15天喷1次，连喷3次。
6月上旬以后	病害停止发展		

雪松枯梢病被害梢-2

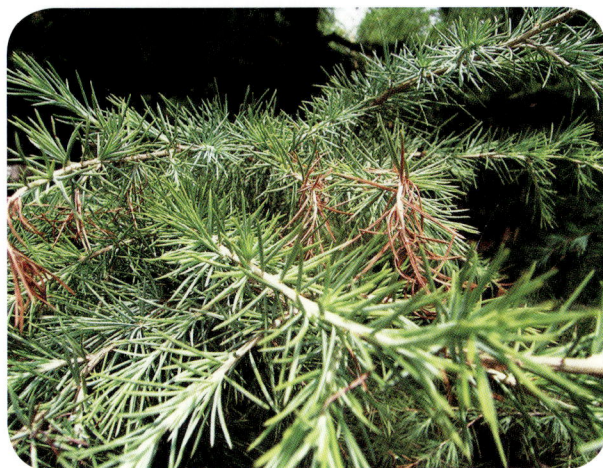

雪松枯梢病被害梢-3

参考文献

[1] 袁嗣令,邵力平,李传道,等.中国乔、灌木病害 [M].北京:科学出版社,1997: 74.

[2] 王焱,马凤林,吴时英.上海林业病虫 [M].上海:上海科学技术出版社,2007: 311-312.

(杨静莉)

圆柏叶枯病

分布与危害	分布于北京、陕西、湖北等地。该病菌危害各龄柏科植物鳞叶、针叶及嫩梢，发病严重时树冠布满枯黄的病叶，连年发生可致树冠稀疏，生长势弱，降低观赏性。小树发病严重。
寄　　　主	圆柏、塔柏、刺柏、侧柏、中山柏等柏科植物，也可引起马尾松苗猝倒，柑橘、苹果等的果实腐烂。
症　　　状	发病初期，鳞叶、针叶由深绿变为黄绿色，无光泽，最后变成枯黄色，引起针叶早落。针叶上的病斑向下蔓延可危害嫩枝。嫩梢发病褪绿，变成黄绿色，最后成为枯黄色，不易脱落，次年春天被风吹落，重病树冠成为黄绿色。
病　　　原	细链格孢 *Alternaria tenuis* Nees。
发 病 规 律	病菌以菌丝体在病株残体上越冬，翌年春季条件适宜时产生分生孢子，借风雨传播侵染。远距离靠苗木携带病原菌进行传播。新病斑上产生大量分生孢子，经气流传播，反复侵染。地势低洼积水、排水不良、土壤潮湿、含水量大，易发病；高温、高湿、多雨有利于病害的发展流行。北京地区始发期为5～6月，盛发期为7～9月，东北一般7～8月为发病盛期，直到9月上中旬。病菌发育的适宜温度为23～27℃，相对湿度90%以上。

圆柏叶枯病危害状-1

圆柏叶枯病防治历　　　　　（以湖北地区为例）

时间	发病阶段	防治方法	要点说明
4～5月	造林期	严禁从疫区或疫情发生区调入寄主苗木。	发现染疫苗木应及时销毁。
5～6月	发病前期	1%等量式波尔多液喷雾。加强肥水管理，增强树势，尤其是古圆柏更要增施有机肥，早春要灌足底水。	发病前喷洒。
7～9月	发病盛期	50%多菌灵800～1000倍液、50%托布津可湿性粉剂800～1000倍液、50%代森锌1000倍液、75%百菌清可湿性粉剂600倍液喷雾防治。	发病后喷洒，7～10天1次，连续防治2～3次。
		增施有机肥，早春要灌足底水。	
秋末至春初	休眠期	清除枯枝落叶，尤其是树冠上残留的染病枯枝落叶。	对收集的枯枝、落叶应进行烧毁处理。

圆柏叶枯病危害状-2

圆柏叶枯病危害状-3

参考文献

[1] 闵水发,陶惠萍.湖北省补充林业检疫性有害生物及防治措施 [J].湖北林业科技,2006(4): 63-66.

[2] 北京林学院.林木病理学 [M].北京:中国林业出版社,1981: 67.

[3] 邵力平,沈瑞祥,张素轩,等.真菌分类学 [M].北京:中国林业出版社,1984: 317.

（赵　俊）

杨树烂皮病

分布与危害	在黑龙江、吉林、辽宁、内蒙古、河北、河南、山东、山西、陕西、新疆、青海等地发生较为普遍。危害树木主干和枝条，表现出干腐和枯梢两种类型。发病初期病部呈暗褐色水肿状斑，皮层组织腐烂变软；病斑失水后树皮干缩下陷，有时龟裂。被害树木树势衰弱，甚至枯死，常造成大片杨、柳树死亡，是杨、柳树毁灭性病害。
寄　　主	杨树、柳树及械树、樱桃、接骨木、花椒、桑树、木槿等木本植物。
症　　状	① 干腐型：主要发生于主干、大枝及分杈处。发病初期病斑呈暗褐色、水渍状，略为肿胀，皮层组织腐烂变软，手压有水渗出，后失水下陷。有时病部树皮龟裂，甚至变为丝状。病斑有明显的黑褐色边缘，但无固定形状。病斑在粗皮树种上表现不明显。发病后期在病斑上长出许多针头状黑色小突起，即病原菌的分生孢子器。② 枯枝型：主要发生在苗木、幼树及大树的枝条上。发病初期病斑呈暗灰色，病部迅速扩展，环绕1周后，上部枝条即枯死。此后，在枯枝上散生许多黑色小点，即为病原菌的分生孢子器。在老树干及伐根上有时也发生杨树烂皮病，但症状不明显，只有当树皮裂缝中出现分生孢子角时才能发现。
病　　原	有性阶段为污黑腐皮壳菌 *Valsa sordida* Nit.；无性阶段为金黄壳囊孢菌 *Cytospora chrysosperma* (Pers.) Fr.。
发病规律	杨树烂皮病4～9月均可发生，分生孢子角于4月初始现，5月中旬大量出现，雨后或潮湿天气下更多，7月后病势逐渐缓和，8～9月又出现发病高峰，9月后停止发展。有性世代在东北6月份出现。分生孢子和子囊孢子借风、雨、昆虫等传播，多由伤口或死组织侵入。病菌生长温度范围为4～35℃，平均气温10～15℃有利于发病。该病菌是一种弱寄生菌，衰弱、有伤口的树木、幼树、嫩枝较易感病。杨树烂皮病在一年中的春、秋季两次发病高峰中，春季危害较重。发病后期病斑上生出许多针头状黑色小突起，在潮湿情况下可从中挤出橘红色卷须状分生孢子角。

杨树烂皮病分生孢子角　　　　　杨树烂皮病病斑　　　　　杨树烂皮病症状-1

杨树烂皮病症状-2(曹江峰提供)

杨树烂皮病症状-3(曹江峰提供)

杨树烂皮病防治历　(以东北地区为例)

时间	发病阶段	防治方法	要点说明
1~3月	未显症	清除病死株及感病枝条，集中烧毁。秋末或春初在树干距地面1米以下涂白、绑草把（或草绳）或在树干基部培土，以防冻害和日灼。	涂白剂配方：10份生石灰、2份硫磺粉、1份盐、40份水，也可加入适量杀虫、杀菌剂。
4~5月	发病初期	造林前，尽量避免苗木水分流失。适地适树，选用抗性树种，营造混交林。	起苗、打包、运输过程中尽量减少创伤。抗性由大到小依次为：美洲黑杨>欧美杨>黑杨派与青杨派的杂交种>青杨派品种。
		药剂喷涂感病树干。	20%果复康15倍液，70%甲基托布津50倍液，5波美度石硫合剂、50%多菌灵100倍液、10%碱水等。
5~6月	春季发病盛期	病斑横向长度大于树干周皮1/2的重病株及时伐除。	
		对病斑横向长度小于树干周皮1/2的，可以采取刮涂法对病斑进行处理。	用小刀或刮刀将病斑刺破，刮去，一直刮到病斑与健康交界处再涂药。涂腐烂敌、腐必清药后，再涂以50~100毫克/千克赤霉素，以利于伤口的愈合。对发病较轻，病斑小于树干周皮1/3的刮皮后可涂抹10%碱水。
7~8月	病势渐趋缓和	加强水肥管理。	
8~9月	秋季发病盛期	方法同5~6月。	

参考文献

[1]　中国林业科学院.中国森林病害 [M].北京:中国林业出版社.1984: 77-78.
[2]　周仲铭.林木病理学 [M].北京:中国林业出版社.1987: 164-167.
[3]　高瑞歧,赵惠萍.杨树烂皮病发生原因与防治对策 [J].河北林业科技,2006(4): 21.
[4]　王敏慧.辽阳地区突发杨树烂皮病原因分析及防治策略 [J].中国林副特产,2006(6): 47-48.
[5]　孙雪峰.江苏沛县杨树烂皮病的发病原因及防治方法 [J].防护林科技,2000(3): 112.
[6]　黄卓.杨树烂皮病防治技术 [J].林业勘查设计,2006(4): 58-59.

（聂雪冰　于海英　李有忠）

杨树溃疡病

分布与危害	分布于北京、黑龙江、辽宁、天津、内蒙古、山东、山西、河北、河南、安徽、江苏、湖北、湖南、江西、陕西、甘肃、宁夏、贵州和西藏等19个省（自治区、直辖市）。本病为树木枝干部位的重要病害，苗木、大树均危害。严重受害的树木病疤密集连成一片，形成较大病斑，导致养分不能输送，植株逐渐死亡。
寄　　主	杨树、柳树、刺槐、油桐、核桃、雪松、苹果、杏、梅、海棠等树木。
症　　状	别名杨树水泡型溃疡病主要发生在主干和大枝上。在皮孔的边缘形成水泡状溃疡斑，初为圆形，极小，不易识别，其后水泡变大。泡内充满褐色黏液，水泡破裂流出褐色液体，遇空气变为黑褐色，病斑周围也呈黑褐色，之后病斑干缩下陷，中央纵裂。
病　　原	水泡型溃疡病有性阶段为葡萄座腔菌 *Botryosphaeria dothidea* (Moug. ex Fr.) Ces. & de Not.，无性阶段为小穴壳菌 *Dothiorella gregaria* Sacc.。
发病规律	以菌丝、分生孢子、子囊腔在老病疤上越冬，翌年春孢子成熟，靠风雨传播，多由伤口和皮孔侵入，次年春还可在老伤疤处发病。分生孢子可反复侵染。皮层腐烂变黑，到春季病斑出现黑粒——分生孢子器。后期病斑周围形成隆起愈伤组织，此时中央开裂，形成典型溃疡症状。粗皮杨树发病不呈水泡状，发病处树皮流出赤褐色液体。秋季老病斑出现粗黑点为病菌有性阶段。辽宁一般在4月发病，5月为高峰期，8月又发生，9月为高峰期。

杨树溃疡病症状-1

杨树溃疡病症状-2

杨树溃疡病症状-3

杨树溃疡病症状-4

杨树溃疡病防治历

(以东北地区为例)

时间	发病阶段	防治方法	要点说明
1～3月	未显症	清除病死株及感病枝条，集中烧毁。秋末或春初在树干距地面1米以下涂白，或0.5波美度石硫合剂或1:1:160波尔多液喷干。	涂白剂配方：10份生石灰、2份硫磺粉、1份盐、40份水，也可加入适量杀虫、杀菌剂。
4～5月	发病初期	造林前，尽量避免苗木水分流失。适地适树，选用抗性树种，营造混交林。	起苗、打包、运输过程中尽量减少创伤。
		50%多菌灵可湿性粉剂500倍液、75%百菌清可湿性粉剂800倍液、50%福美双+80%炭疽福美可湿性粉剂1500～2000倍的混合液喷涂感病树干。	发病前喷淋或浇灌，控制病害蔓延。
5～6月	春季发病盛期	发病高峰期前，用1%溃腐灵50～80倍液，涂抹病斑或用注射器直接注射在病斑处，或用70%甲基托布津100倍液、50%多菌灵100倍液、50%退菌特100倍液、20%农抗120水剂10倍液、菌毒清80倍液喷洒主干和大枝。	处理要周到，阻止病菌侵入。
7～8月	病势渐趋缓和	加强水肥管理，增强抗性。	
8～9月	秋季发病盛期	防治方法同5～6月。	

参考文献

[1] 中国林业科学研究院.中国森林病害 [M].北京: 中国林业出版社,1984: 79-80.

(聂雪冰　李有忠)

杨锈病

分布与危害   又称落叶松—杨锈病或青杨锈病。分布于辽宁、吉林、黑龙江、北京、内蒙古、河北、福建和云南等地。主要危害杨树叶片，从小苗到成年大树都能发病，但以小苗和幼树受害较为严重，降低光合作用强度，影响生长，严重时可提前1～3个月落叶，是杨树中分布最广、危害最大的一种病害。兴安落叶松和长白落叶松转主发病，但危害不严重。

寄　　主   病原菌性孢子器和锈孢子器阶段寄生落叶松，夏孢子堆、冬孢子堆阶段寄生青杨。

症　　状   在落叶松起初针叶上出现短段状淡绿斑，病斑渐变淡黄绿色，并有肿起的小疱。叶斑下表面长出黄色粉堆。严重时针叶死亡。在杨树叶片背面初生淡绿色小斑点，很快便出现橘黄色小疱，疱破后散出黄粉。秋初于叶正面出现多角形的锈红色斑，有时锈斑连结成片。病害一般是由下部叶片先发病，逐渐向上蔓延。

病　　原   病原是松杨栅锈菌 *Melampsora larici-populina* Kleb.，属转主寄生菌。性孢子和锈孢子阶段在落叶松上，夏孢子和冬孢子阶段在杨树上。

发病规律   病菌以冬孢子在杨林落叶中越冬。翌年4月上旬，冬孢子遇水或潮气萌发，产生担孢子，并由气流传播到落叶松叶上，芽管由气孔侵入。经7～8天潜育后，在叶背面产生黄色锈孢子堆，6月上旬为落叶松发病盛期，叶片病斑相连成片，6月底逐渐干枯。锈孢子由气流传播到转主寄主杨树叶上萌发，由气孔侵入叶内，经7～14天潜育后，在叶正面产生黄绿色斑点，然后在叶背形成黄色夏孢子堆。夏孢子可以反复多次侵染杨树。故7、8月锈病往往非常猖獗，进入第二次发病盛期。到8月中旬以后，杨树病叶上便形成冬孢子堆。幼嫩叶片易发病。

杨锈病病菌夏孢子堆

杨锈病林分被害状

杨锈病单叶被害状

杨锈病防治历 　　　　(以北方地区为例)

时间	发病阶段	防治方法	要点说明
早春	潜伏期	清除林地病落叶，减少越冬菌源数量。	清除操作时避免孢子飞散，否则将达不到预期效果。
4~5月	落叶松发病初期	不宜营造落叶松与杨树的混交林。选择抗病杨树品种。	抗锈病由大到小排列顺序为黑杨派＞黑×青＞青杨派，青杨派一般表现为高度感病性。
		0.5波美度石硫合剂、15%粉锈宁、25%敌锈钠等喷洒树冠。	
6月	落叶松发病盛期	用15%粉锈宁600倍液或25%粉锈宁800倍液喷洒树冠。	
7~8月	杨树发病期	用15%粉锈宁600倍液或25%粉锈宁800倍液喷雾。	

参考文献

[1] 国家林业局森林病虫害防治总站.中国林业有害生物概况 [M].北京:中国林业出版社,2008: 155-156.
[2] 徐梅卿,何平勋.中国木本植物病原总汇 [M].哈尔滨:东北林业大学出版社,2008: 243-244.
[3] 邵力平,沈瑞祥,张素轩,等.真菌分类学 [M].北京:中国林业出版社,1984: 181.
[4] 北京林学院.林木病理学 [M].北京:中国林业出版社,1981: 85-86.
[5] 陈建珍,曹支敏,樊军锋.杨树叶锈病寄主抗性调查 [J].西北林学院学报,2005, 20(1): 153-155.

(赵　俊　杨启青　祁承德)

杨树黑斑病

分布与危害	分布于吉林、辽宁、安徽、河南、陕西、河北、湖北、江苏、云南、新疆等地。叶片、叶柄、嫩梢和果穗都能感病，严重时叶面病斑累累，甚至全叶变黑枯死，提前落叶。
寄　　主	杨树、柳树。
症　　状	叶片发病后，首先在叶背出现针刺状凹陷发亮的小点，后变红褐色至黑褐色，1毫米左右，病斑稍突起，5～6天后出现灰白小点（分生孢子堆）。病斑可发展成圆斑或角斑，连片后整个叶子变黑，提前2个月脱落。在嫩梢及果穗上症状相似，但在嫩梢上条斑大，长2～6毫米不等，宽2～3毫米，稍突起。后期出现略带红色的分生孢子堆，在果穗上病斑小，孢子堆不带红色。*M.castagnei*在叶面上形成直径1～6毫米的近圆形、暗褐色病斑。空气潮湿时，在病斑上产生1至多个乳白色小点，病斑数量多时，可连成不规则斑块。在嫩梢上病斑初为梭形，黑褐色，长2～5毫米，后隆起，可见孢子盘。嫩梢木质化后，病斑中间开裂成溃疡斑。
病　　原	杨生褐盘二孢菌 *Marssonina brunnea* (Ell. et Ev.) Sacc.；白杨盘二孢菌 *M. castagnei* (Desm. et Mont.) Magn.。
发病规律	4月开始发病，6～8月为发病盛期，10月停止发病。病菌以菌丝体、分生孢子盘和分生孢子在病落叶或1年生枝梢的病斑中越冬。越冬菌丝于翌年4月初产生分生孢子，成为初侵染源。潜伏期3～7天。分生孢子借风、雨、云、雾等传播。当出现持续1周以上的高温无雨干旱天气,病害明显受到抑制,而当出现降雨、温度下降时，病情迅速扩展，病害加重。加杨、沙兰杨、214杨、北京杨等高度感病。新疆杨、银白杨、山杨、毛白杨、胡杨均受 *M. castagnei* 的侵染，黑杨派和青杨派树种抗病。

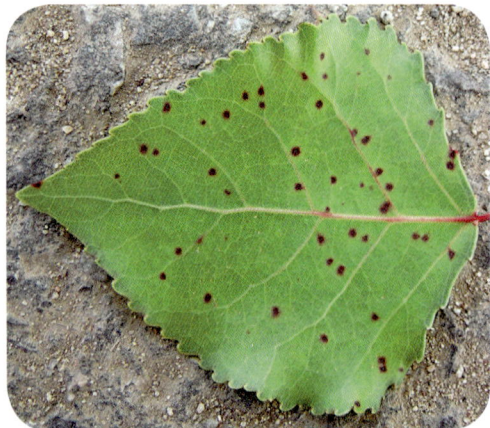

杨树黑斑病侵染初期

杨树黑斑病叶片正面

杨树黑斑病叶片感病后期

杨树黑斑病防治历 （以安徽地区为例）

时间	发病阶段	防治方法	要点说明
1~5月	越冬期	人工扫尽树下落叶，集中烧毁。	是减轻病原的主要措施。
5~6月	发病初期	造林前，选择排水良好的苗圃地，避免连作。适地适树，选用抗性树种，营造混交林。合理密植，改善通风透光条件。	意大利I~69杨、I~63杨、I~72杨对黑斑病是高度抗病的无性系，69杨、72杨、西玛杨是M.brunnea多芽管专化型的高抗品种，白杨派树种免疫。黑杨派和青杨派树种抗M.castagnei的侵染。
		在病菌初侵染之前，采用70%代森锰锌或12%的速保利800~1000倍液喷雾，10天喷1次，连续喷3~4次。 用烟雾机在发病前期交替施用2.5%氟硅唑和8%百菌清热雾剂4次，相隔10天。	用烟雾机，第一次施药在发病前尚未出现症状时。
7~9月	发病盛期	用烟雾机交替施用2.5%氟硅唑和8%百菌清热雾剂4次，相隔10天。	多喷1次效果更好。

参考文献

[1] 徐梅卿,何平勋.中国木本植物病原总汇[M].哈尔滨:东北林业大学出版社,2008:619-621.
[2] 李斌.几种杨树病害发生规律与防治方法[J].安徽林业科技,2006(3):44-45.
[3] 吴秀水.安徽沿江地区杨树黑斑病流行规律的调查[J].安徽农业科学,2008,36(1):227-228.
[4] 郭瑞,祁建华,秦志强,等.应用6HYB-25B型烟雾机防治杨树黑斑病试验[J].中国森林病虫,2009,28(5):36-37.

（杨静莉）

杨树灰斑病

分布与危害　杨树灰斑病在叶部为灰斑病，在顶梢为黑脖子病，在茎干皮部产生肿茎溃疡病。分布于河北、山东、辽宁、吉林、黑龙江、陕西、新疆等地。在东北三省发病率较高，从小苗到大树均可发病，以幼苗、幼树受害严重。发病后叶片提早脱落，嫩梢枯顶。

寄　　　主　杨树。

症　　　状　主要发生在杨树的叶片和嫩梢上。在叶片上先生出水渍状病斑，病斑的色泽因树种而异，有绿褐色、灰褐色和锈褐色等。后期病斑上生出黑绿色突起的小毛点，有时连片，这是病菌的分生孢子盘。幼苗顶梢和幼嫩枝梢感病后死亡变黑，失去支撑力而下垂，致使上部叶片全部死亡，病部风折后形成无顶苗。

病　　　原　有性阶段为东北球腔菌 *Mycosphaerella mandshurica* M. Miura，无性阶段为杨棒盘孢菌 *Coryneum populinum* Bres.。

发病规律　杨树灰斑病一年可发病多次，该病潜育期5～10天，发病后2天即可形成新的分生孢子，这些孢子成熟后可再次侵染。病原菌随落叶在地表越冬，翌年春季，当温、湿度适宜时侵染新的叶片和嫩枝梢。某些地区每年可有两次发病高峰，第一次在5月下旬，第二次在7月初，部分地区发病较晚，8月末发病，9月末基本停止。苗圃中1年生苗发病最重，2～3年苗受害中等，老龄杨树亦可发病但危害不大。病害发生与降雨、空气湿度关系密切，空气湿度增大，6～8天后发病率随即增高。一般在北方7月多雨时节大量发病。

杨树灰斑病危害状

杨树灰斑病防治历 (以东北地区为例)

时间	发病阶段	防治方法	要点说明
1～4月	未见症状	清除病死株和林地枯枝落叶。	集中销毁、铲除病原菌繁育基地。
5～6月	发病初期	①苗圃育苗不宜过密，当叶片过密时打去底叶3～5片，以便通风透光。②选育抗性树种，营造混交林。	新疆杨、银白杨不感病；加杨较抗病；黑杨、大青杨次之；小叶杨、小青杨、钻天杨、箭杆杨、中东杨、山杨易感病。
		每隔10天喷施1∶1∶125～170波尔多液1次。	预防感病。
		杀菌剂喷施感病植株叶、梢。可用50%多菌灵可湿性粉剂400倍液、50%托布津可湿性粉剂500倍液、10%百菌清油剂800倍液等。	
7～9月	发病盛期	清除感病苗木及重病幼树。	
		喷施药剂，方法同5～6月。	
10～12月	病情停止发展		

参考文献

[1] 中国林业科学研究院.中国森林病害 [M].北京:中国林业出版社,1984: 60-61.
[2] 魏淑艳,汪太振,等.小黑杨灰斑病发病规律及防治的研究报告 [J].防护林科技,1985(3): 42-50.

(聂雪冰　徐志华)

杨角斑病

分布与危害	又称杨斑点病。分布于江苏、河南、河北、北京、山东、宁夏、陕西、安徽等地。危害杨树的叶片和嫩梢。可造成叶片早落，削弱树势。
寄　　主	杨树。
症　　状	病斑主要发生在叶片上，其形状和颜色常因杨树品种不同而异。在山杨和毛白杨叶上，发病初期叶面上生针头状黄绿色水渍状斑，后病斑扩大多受叶脉限制呈不规则形，或略呈圆形，初为紫红色，很快变为褐色，边缘呈黑褐色，中央有深褐色点。严重时，一个叶片上有几十个病斑，许多病斑可相连成大枯斑。病斑上有不甚明显的小黑点，小黑点放出粉红色分生孢子，即为病原菌的分生孢子堆，高温多湿时呈白色霉状。嫩梢被害后生有条状斑，后期斑上亦生出小黑点。
病　　原	杨尾孢菌 *Cercospora populina* Ell.。
发病规律	病原菌的菌丝体在病叶上或树上病梢越冬，翌年产生分生孢子，为初侵染源，随风雨传播，飘落在新生叶片或嫩梢上，产生芽管，由气孔或表皮侵入，在适宜的温度下，潜伏3～5天出现病斑。一般6月初开始发病，7～8月危害最重，10月上旬停止发病。高温多雨、雨季高湿利于发病，向阳高燥处病害较少。

杨角斑病叶片感病初期

杨角斑病防治历 (以东北地区为例)

时间	发病阶段	防治方法	要点说明
11月至翌年4月	病原越冬	合理确定造林密度，保持林内通风透光，避免密度过大。	
		秋后彻底清扫林内落叶。	集中高温沤肥或深埋。
6~7月	发病初期	可选用1：1：100波尔多液、30%王铜悬浮剂、50%退菌特可湿性粉剂1000倍液、45%扑霉灵乳油等，每10~15天喷雾1次，视病情连喷2~3天。	发病初期及时处理。
7~8月	发病盛期	可选用1：1：100波尔多液、30%王铜悬浮剂、50%退菌特可湿性粉剂1000倍液、45%扑霉灵乳油等防治。	每10~15天喷雾1次，视病情连喷2~3天。
9~10月	病害趋于停止		

杨角斑病叶片感病后期

参考文献

[1] 薛煜, 刘雪峰. 中国林木种苗病害及防治 [M]. 哈尔滨: 东北林业大学出版社, 1998: 123.

[2] 国家林业局森林病虫害防治总站. 中国林业有害生物概况 [M]. 北京: 中国林业出版社. 2008: 145-146.

[3] 王焱. 上海市林业病虫 [M]. 上海: 上海科学技术出版社, 2007: 385.

(徐志华　李海燕)

杨皱叶病

分布与危害	分布于北京、河北、河南、山西、山东、陕西、甘肃、安徽、新疆等地均有发生。从苗木到大树均可受害,造成叶片早期大量脱落,影响树木正常生长。
寄　　主	毛白杨、山杨、青杨等。
症　　状	新吐出的幼叶皱缩变形,肿胀变厚,卷曲成团,初呈紫红色,似鸡冠状。后随树叶长大,皱叶不断增大,形成"绣球"状的病瘿球,直至6月后,病叶逐渐干枯,悬挂在树上,遇风雨后瘿球脱落,叶片或整个瘿球呈黑色。一个芽中几乎所有的叶片都受害,展叶后即表现症状。通常病芽比健芽展叶早。
病　　原	节肢动物门瘿螨属四足螨 *Eriophyes dispar* Nal.。
发 病 规 律	以成螨在冬芽鳞片间越冬,主要在枝条顶端的1～11芽内,以5～8个芽内最为集中。绝大多数枝条为1个芽受害,少数枝条为2～3个芽受害。翌年发芽展叶后即开始发病。病害主要随苗木的调运作远距离传播。当年受害重的树,翌年发病往往较重。毛白杨雄株受害重,而雌株很少受害。发芽迟,枝条细长或弯曲的植株受害严重。一旦发现皱叶即可见越冬的成螨,5月上中旬可见大量四足螨,肉眼观察到病叶上有一层土黄色的粉状物。

杨皱叶病新梢被害状

杨皱叶病叶片被害状

杨皱叶病防治历 （以北方地区为例）

时间	发病阶段	防治方法	要点说明
4月前	未显症	5波美度石硫合剂，或5%尼索朗乳油2000倍液、1.8%虫螨克星3000倍液、20%螨克乳油1500倍液等，每10天喷1次，共喷1～3次。	对面积较大且发病严重的幼林、幼树或成林，于杨树发芽前喷洒药剂。
4～5月	发病初期	在发病初期（展叶后表现症状时）人工摘除病芽、病叶。	集中烧毁、深埋或高温沤肥。
5～6月	发病盛期	当四足螨大量出现时，向枝条上喷施1.8%阿维菌素3000～6000倍液、50%溴螨酯乳油1000倍液或0.2波美度石硫合剂。	为增加药液与叶片的粘着性，需加0.1%～0.3%的合成洗衣粉、豆浆、明胶等。喷药应从苗木展叶时开始，10～15天1次，连喷2～3次。
严格植物检疫，对越冬带有四足螨卵的苗木严禁外调和用于造林，禁用受四足螨危害的枝条作接穗和插条繁殖苗。			控制人为传播、扩散。

参考文献

[1] 束庆龙,陈超燕,等.安徽杨树病害种类及其危害特征研究 [J].安徽农业科学,2005, 33(7): 1193-1195.

[2] 薛煜,刘雪峰.中国林木种苗病害及防治 [M].哈尔滨:东北林业大学出版社,1998.

[3] 景燿.中国森林病害 [M].北京:中国林业出版社,1982.

（于海英　徐志华）

杨叶霉斑病

分布与危害	分布于北京、河北、河南、山西、陕西等地。危害幼林和大树的叶片，可引起叶片早期脱落，使树势衰弱，影响苗木生长和木质化及苗木质量。
寄　　主	多种杨树苗木。
症　　状	病叶上生有1个至数个直径1~3厘米的病斑，近圆形，边缘明显。叶正面病斑，初期为浅绿色，后期为淡褐色，上面密生蝇粪状的小黑点，即为病原菌的分生孢子器。叶背面病斑呈沙土色，有时也有蝇粪状小黑点。降雨后或连续大雾天气湿度大时，从小黑点上溢出灰白色粉状物，含有大量病菌的分生孢子。
病　　原	细盾壳菌 *Leptothyrium* sp.。
发病规律	病菌以分生孢子器、分生孢子在落叶上越冬。越冬的分生孢子和越冬分生孢子器产生的分生孢子是翌年主要初侵染源。在河北北部山区，6月中旬孢子借风和昆虫等传播，8月上中旬为发病高峰。在山西6月中旬扩散分生孢子，8月中旬杨苗发病，9月中下旬为发病高峰，10月中旬基本停止发展。不同的杨树品种，感病程度不同，小叶杨为母本的杂交种感病最重，黑杨派及欧美杨派感病轻，白杨派基本不发病。

杨叶霉斑病初期危害状

杨叶霉斑病防治历　　　（以河北地区为例）

时间	发病阶段	防治方法	要点说明
10月至翌年3月	病害停止发展病原越冬	选栽抗病杨树良种。	加龙杨、哈佛杨、鲁克斯杨不发病；小黑杨、小山杨中等受害；加杨、沙兰杨、小叶杨受害严重。
		杨树发芽前彻底清扫苗圃内及林地内的落叶枯枝，集中高温沤肥或深埋。	清除病叶，减少侵染来源。
4～5月	分生孢子飞散前	杨树发芽时，地面喷洒65%代森锌可湿性粉剂100倍液，5波美度石硫合剂，每7～10天喷1次，连喷2次。	地面喷洒保护剂、杀菌剂，消灭侵染源。
6～7月	发病初期	叶片发病初期开始喷洒靠山56%水分散粒剂、30%王铜悬浮剂、1:1:100波尔多液等，每7～10天喷1次，视病情连喷2～3次。	叶面喷洒杀菌剂防治。
8～9月	发病盛期	叶面喷洒杀菌剂防治，方法同6～7月。	

杨叶霉斑病后期危害状

参考文献

[1]　徐梅卿,何平勋.中国木本植物病原总汇 [M].哈尔滨:东北林业大学出版社,2008: 611.

[2]　中国林业科学研究院.中国林业病害 [M],北京:中国林业出版社,1984: 62.

[3]　徐志华.果树林木病害生态图鉴 [M].北京:中国林业出版社,2000: 298-299.

[4]　薛煜,刘雪峰.中国林木种苗病害及防治 [M].哈尔滨：东北林业大学出版社,1998: 122.

[5]　马德兰,等.杨叶霉斑病研究初报 [J].山西林业科技,1980(1): 23-24.

（徐志华　李海燕）

杨白粉病

分布与危害	分布于北京、河北、内蒙古、辽宁、吉林、黑龙江、江苏、安徽、山东、河南、湖北、湖南、广西、四川、贵州、云南、陕西、甘肃、新疆等省（自治区、直辖市）。幼树受害后，叶面布满白粉，叶片褪绿变薄，有的扭曲变形。苗圃苗木严重侵染造成提前落叶，甚至枯死，影响苗木生长和质量。大树受害也严重影响正常生长。
寄　　主	响叶杨、青杨、山杨、辽杨、小青杨、欧洲山杨、苦杨、小叶杨、云南白杨、黑杨、加拿大杨、箭杆杨、毛白杨等。
症　　状	植株被侵染后在叶的两面形成大小不等的白色粉斑，有的扩展到全叶，有时绿色枝条上生白粉。不同的杨树品种被不同的病原菌侵染后表现的症状常略有不同。到秋初，在白粉斑中产生黄褐色到深褐色的小黑点，即为病原菌的子囊壳。有的杨白粉病，在出现小黑点后，白粉层消失。
病　　原	3个属7个种2个变种。钩状钩丝壳 *Uncinula abunca* (Wallr.Fr.) Lev.var. *adunca*、东北钩状钩丝壳 *U. adunca* var. *mandshurica* Zheng & Chen、易断钩丝壳 *U.fragilis* Zheng & Chen、长孢钩丝壳 *U. longispora* Zheng & Chen、小长孢钩丝壳 *U. longispora* var. *minor* Zheng & Chen、假香椿钩丝壳 *U. pseudocedrelae* Zheng & Chen、薄囊钩丝壳 *U. tenuitunicata* Zheng & Chen、杨球针壳 *Phyllactinia populi* (Jacz.) Yu、杨生半内生钩丝壳 *Pleochaeta populicola* Zhang。
发病规律	在北方地区，病原菌以子囊壳在落叶或枝条上越冬，翌年杨树放叶期，子囊壳释放出子囊孢子进行初次侵染。在相对湿度85%～90%，气温10～15℃的条件下，子囊孢子很快萌发侵入寄主，1周后在叶上出现白粉（菌丝体），菌丝体生出分生孢子梗，在整个生长季节产生大量分生孢子，多次进行再侵染，扩大病情。气温5～30℃的情况下，分生孢子均可萌发，适温为15～25℃，在春秋两季常发病迅速、严重。造成树提早落叶。

杨白粉病叶面白色菌丝

杨白粉病叶背面黑色闭囊壳

杨白粉病危害状

杨白粉病防治历 (以东北地区为例)

时间	发病阶段	防治方法	要点说明
1～3月	未显症	剪去病梢，清除落叶集中烧毁。因地制宜选择抗病品种，避免密植，通风透光，合理施肥	加龙杨、哈佛杨、鲁克斯杨不发病；小黑杨、小山杨中等受害；加杨、沙兰杨、小叶杨受害严重。
4～5月	春季发病	喷洒1∶1∶100波尔多液、0.3～0.5波美度石硫合剂、50%甲基托布津800～1000倍液、15%粉锈宁可湿性粉剂300～400倍液等。	上述药剂任选1种，每月2次，共喷2～3次。
6～8月	病势缓和	加强水肥管理，增强树体抗性。	
8～9月	秋季发病	视发病轻重程度，选择药剂防治。同4～5月。	
10～12月	病菌停止发展	清除林地内的落叶，集中深埋或高温沤肥；秋季翻地、冬灌，提高抗病性。	

参考文献

[1] 袁嗣令,等.中国乔、灌木病害 [M].北京:科学出版社,1997: 120-122.
[2] 杨旺.森林病理学 [M].北京:中国林业出版社,1996: 25-27.
[3] 王向霞,郑平,王梅,等.巴盟杨树白粉菌分类研究 [J].内蒙古林业科技,2001(2): 29-31.
[4] 桂炳中,黄晓燕.园林植物白粉病的发生和防治 [J].中国花卉园艺,2008(22): 46-47.
[5] 周益林,段霞瑜,盛宝钦.植物白粉病的化学防治进展 [J].农药学报,2001(2): 12-18.

(李　娟　徐志华)

杨树冠瘿病

分布与危害	又名杨树根癌病。分布在河北、辽宁、吉林、山东、山西、浙江、福建和河南等省，以河北、山西、河南等省较重。杨树苗木、幼树、大树均可发病，主要发生于根颈处，有时也发生在主根、侧根、主干、枝条上。受害处形成大小不等、形状各异的瘤。当瘤环树干1周、表皮龟裂变褐色时，植株上部死亡。
寄　　　主	寄主范围广，除危害杨属植物外，还可侵染李属、蔷薇属、猕猴桃属、葡萄属、柳属等300多属600多种果树、林木、花卉，甚至瓜类均可受害。绝大多数为双子叶植物。
症　　　状	初生的小瘤，呈灰白色或浅黄色，质地柔软，表面光滑，后渐变成褐色至深褐色，质地坚硬，表面粗糙并龟裂，瘤的内部组织紊乱，后期肿瘤开放式破裂，坏死，不能愈合。受害株上的瘤数多少不一。
病　　　原	根癌农杆菌 *Agrobacterium tumefaciens* (Smith et Towns) Conn.。
发 病 规 律	病原细菌在癌瘤组织的皮层内或土壤中越冬，在土壤中存活2年以下。主要从伤口侵入寄主组织，潜育期数周至1年以上。借灌溉水、雨水、嫁接工具、机具、地下害虫等传播，苗木调运是远距离传播的主要途径。苗木重茬时发病重。

杨树冠瘿病根部被害状

杨树冠瘿病根茎被害状

杨树冠瘿病苗干被害中期

杨树冠瘿病防治历　　　　　　　　(以河北地区为例)

时间	防治方法	要点说明
2~3月	严格苗木检疫，发现病苗立即烧毁。	可疑病苗用0.1%高锰酸钾溶液或1%硫酸铜溶液浸10分钟后用水冲洗干净后栽植。
	已发生过根癌病的地块不能作为育苗地。起苗后清除土壤内病根。从无病母树上采接穗并适当提高采穗部位。嫁接尽量用芽接法，嫁接工具在75%酒精中浸15分钟消毒。	如圃地已被污染，用不感病树种轮作3年以上或用硫酸亚铁、硫磺粉75~225千克/公顷土壤消毒。
3~5月	栽植前用药剂浸种、浸根、浸插条，以保护伤口，促进伤口愈合，预防根癌病的发生。	浸渍药剂有根癌宁生物农药30倍稀释液或106个/毫升非致病菌株 *Agrobacterium radiobacter* K84制剂。
	及时防治地下害虫及线虫。	5%辛硫磷颗粒均匀撒施地面后翻耙；黑光灯诱杀地老虎、金龟子、蝼蛄成虫。
	中耕时防止伤根；碱性土壤适当施用酸性肥料和增施有机肥料，使土壤pH值降至微酸性。	
5月以后	早期发现癌瘤后，用利刀将其切除，切除病瘤的根上贴敷吸足30倍根癌宁的药棉；或用80%的402乳剂50倍液、农用链霉素2000倍液等涂抹切口消毒，再涂波尔多液或843康复剂保护；切下的癌瘤集中烧毁。	
	用甲醇、冰醋酸、碘片50∶25∶12混合液或木醇、二硝基邻甲酚钠80∶20的混合液涂抹肿瘤数次，瘤可消除。	
	病株周围的土壤用402抗菌剂2000倍液灌注。	

杨树冠瘿病枝梢被害状

杨树冠瘿病危害状

参考文献

[1] 陶玉华.植物根癌病防治研究进展[J].广西植保,2004,17(2):25-27.
[2] 张建国.果树根癌病的症状、危害与防治[J].烟台果树,2002(2):5-6.
[3] 段保灵,陈秀玉,何银玲,等.果树冠瘿病的发生规律与综合防治技术[J].河南林业科技,2005,25(1):30
[4] 高贵如,李淑芝,刘玉祥.月季根癌病防治技术[J].植物保护,2007(7):196.

（于海英　屈金亮　徐志华）

杨破腹病

分布与危害　又名冻癌。分布河北、北京、天津、内蒙古、山东、辽宁、吉林、黑龙江、河南、新疆等地。主要危害树干，也可危害主枝。非生物性病害，树干受阳光灼伤、早春、晚秋日夜温差大所致。常自树干平滑处及皮孔处开裂，皮层先裂，裂缝可深达木质部。可诱发烂皮病、白腐病、红心病，严重影响林木生长和木材工艺价值。

寄　　　主　　杨树、柳树、槭树、苹果等多种树木。

症　　　状　　病害树主干基部或离地面几十厘米以上树皮腐烂，造成沿树干纵裂。受害轻的裂口边缘能够愈合，形成长条裂缝，树木不会死亡；受害严重的从裂缝开始，两边树皮坏死、腐烂，韧皮部变黑，当烂皮环绕树干近1周时，树木生长逐渐衰退枯死。

发病规律　　晚秋或早春天气骤然变冷变暖，昼夜温差大时易发病。常发生在树干西南面、南面。秋季土壤水分过多，树木生长过快，木质部含水量高时易发生。在同一林分或同一段行道树，裂缝常发生在同一方位。受害程度还与品种的抗寒性和立地条件有关，一般生长健康的本地树种，受害较轻。新引种的对土壤、气候条件不适应的受害往往较重。

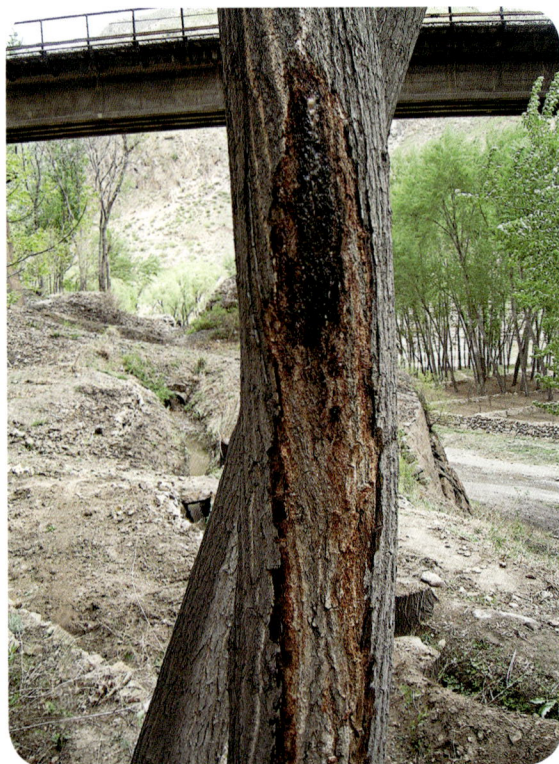

杨破腹病危害状

杨破腹病防治历　　　(以东北地区为例)

时间	发病阶段	防治方法	要点说明
10月至封冻前	休眠期	在树干1.5～2.0米高以下涂白或用草包裹，防止温差过大。 林地及时排水，防止积水。	加龙杨、哈佛杨、鲁克斯杨不发病，而小黑杨、小山杨中等受害，加杨、沙兰杨、小叶杨受害严重。中涡一号比较抗破腹病，107、108、2025、山哈杨易发病。
4～5月	萌动期	用多菌灵或甲基托布津200倍液涂抹病斑。涂药后5天，再用50～100倍赤霉素涂于病斑周围，可促进产生愈合组织，防治病斑复发。	涂药前若用小刀将病组织划破或刮除病斑老皮再涂药，可提高防治效果。
		营造混交林，相互庇护。选栽适于当地生长的抗寒杨树品种。	品种北移时考虑其适生范围和耐寒性。对于杨树来说，不同的品种间对破腹病的抗性差异显著。

杨破腹病危害状(开放型)

杨破腹病后期

参考文献

[1]　庄凯勋,陈新,张雪梅.大兴安岭地区小黑杨破腹病初步调查 [J].森林病虫通讯,1990(2): 25.

　　　　　　　　　　　　　　　（赵　俊　屈金亮　徐志华）

杨树花叶病毒病

分布与危害 杨树花叶病毒病是一种世界性病害，在种植杨树的国家广为流行。在我国主要分布于北京、山东、江苏、湖北、湖南、河南、陕西、甘肃、青海、宁夏等省（自治区、直辖市）。严重发病的植株，枝条变形，枝丫分叉处产生枯枝，树木生长显著不良，木材比重和硬度明显降低。连续几年整株枯死。

寄　　主 多种杨树，其中以黑杨派和青杨派为主，在细齿杨、美洲黑杨上发生尤为严重。

症　　状 感病植株出现花叶，叶片呈现褪绿斑，许多小斑常聚集在一起，形成不规则的黄绿色花斑，叶片边缘褪色发焦，沿叶脉呈现出星状或长条形红晕，叶脉透明，叶面发皱、变厚、变硬、变小、甚至畸形。主脉或侧脉及叶柄出现紫红色坏死斑，叶柄基部隆起，有褐色坏死斑，叶片皱缩提早落叶，叶柄上经常有黑色坏死斑点，基部周围隆起，顶梢或嫩茎皮层常破裂。

病　　原 香石竹潜隐病毒组属 *Carlavirus*，杨树花叶病毒病 Poplar Mosaic Virus (PopMV)，又称加拿大杨树花叶病毒 Canadian Polar Mosaic Virus或杨树潜隐病毒 Poplar Latent Virus。病毒粒子线状，弯曲，大小为600～1000微米×10～14微米，核衣壳为螺旋状，无包膜。该病毒粒子具有耐高温的特性，致死温度在75～80℃之间。

发病规律 杨树花叶病毒能使多种植物感病，感病的程度以植物的种类、品种而异。在我国发生区内，多以团状分布。该病初期于6月中旬，在有病植株下部叶片上出现点状褪绿，聚集为不规则少量枯黄色斑点。至9月，从下部到中上部叶片呈现明显症状，边缘褪色发焦，沿叶脉为晕状，叶脉透明，叶片上小支脉出现枯黄色线纹，或叶面有枯黄色斑点。主脉和侧脉出现紫红色坏死斑，也称枯斑。叶片皱缩、变厚、变硬、变小、甚至畸形，提早落叶。叶柄上也能发现紫红色或黑色坏死斑点，顶梢或嫩茎皮层破裂，发病严重植株枝条变形，病叶较正常叶短二分之一，幼苗高、粗生长受阻，分枝处产生枯枝，树木明显生长不良。

杨树花叶病毒病危害状(叶正面)

杨树花叶病毒病危害状(叶背面)

新叶被杨树花叶病毒病危害后卷缩

杨树花叶病毒病危害状

杨树花叶病毒病防治历 （以山东地区为例）

时间	发病阶段	防治方法	要点说明
1～3月	未见症状	培养无毒苗，选择抗病品种育苗，严禁用病苗造林。	对插条苗要精选种条，对平茬苗和生产苗应严格检查。
4～6月	发病初期	严禁从疫区或疫情发生区调运寄主苗木、插条。发现感病的苗木等繁殖材料及时销毁。	注意防治蚜虫、蚧虫螨类害虫，控制携带传染。
1～12月		加强检疫，特别是把好产地检疫关。	发现疫情，喷施0.1%～0.3%硫酸锌，用药量0.75～2.25千克/公顷或病株周围1～3米范围植株全部拔掉，集中烧毁。

参考文献

[1]　蔡三山, 陈京元. 杨树花叶病毒研究进展 [J]. 湖北林业科技, 2007(2): 36-38.

[2]　向玉英, 奚中兴, 张恒利. 杨树花叶病毒的危害及病毒特性的研究 [J]. 林业科学, 1984(4): 41-446.

（聂雪冰）

杨煤污病

分布与危害　又称煤烟病、黑粉病、黑霉病。分布于黑龙江、吉林、辽宁、北京、河北、山西、河南、江苏、安徽、广东、广西、云南、四川、台湾、甘肃等地。多发生在叶片，严重时亦危害叶柄、花芽、枝等，妨碍光合作用。致树势衰弱。危害园林绿化树木，有碍观瞻。

寄　　　主　危害杨属树木，以及柳、榆、火炬树、黄杨、柑橘、油茶、栎、椴、榛、月季、蔷薇、锦鸡儿、水曲柳、白蜡、紫丁香、紫薇等。

症　　　状　发病初期，病部散生灰黑色疏松状小煤斑，煤斑逐渐增厚扩大，颜色逐渐加深，后期铅灰色似煤烟状物附于被害部表面，相连成片。

病　　　原　无性世代为表丝联球霉 *Fumago vagans* Pers.，有性世代为 *Capnodium salicinum* Mont。

发病规律　病原菌以菌丝体、分生孢子和子囊孢子在病落叶及树上病部越冬，为翌年的初侵染源。当叶、枝表面有灰尘、蚜虫蜜露、介壳虫分泌物和植物渗出液时，诱发该病。分生孢子随时都能重复侵染，主要借风、气流、昆虫传播。到夏末又生出子囊腔或座囊腔，产生子囊和子囊孢子，在病组织中越冬。病害自早春开始，直到晚秋为止，每年的3～6月、9～10月有2次发病高峰。空气湿度大时，往往发病较重。

杨煤污病危害状(叶正面)

杨煤污病防治历　　　(以河北地区为例)

时间	发病阶段	防治方法	要点说明
12月至翌年2月	病原越冬	冬季休眠期喷洒3～5波美度石硫合剂消灭病原。	造林密度要合理,不要过密。
3～6月	春季发病盛期	发生面积较小时,用清水喷洒叶片,或在枝干上喷刷泥浆,可减轻病情。	消灭病菌传播渠道。保护、释放瓢虫、食蚜虻、草蛉、步行甲、蚜茧蜂等天敌。
		及时防治蚜虫等刺吸式口器害虫,喷洒25%灭蚜威(乙硫苯威)乳油1000～1500倍液、50%辟蚜雾(有效成分为抗蚜威)可湿性粉剂1000～1500倍液。	
7～8月	病势趋于缓和	加强水肥管理,及时修枝,间伐透光,避免林内闷湿,热不通风。	
9～11月	秋季发病盛期	同春季发病盛期。	

杨煤污病危害状-1

杨煤污病危害状-2

参考文献

[1]　屈朝彬,徐志华,等.公路绿化植物病虫害防控图谱[M].北京:中国林业出版社.2008: 71.

[2]　薛煜,刘雪峰.中国林木种苗病害及防治[M].哈尔滨:东北林业大学出版社,1998: 126.

[3]　马洪兵,李占鹏.安克力和蚜灭多防治花椒树棉蚜虫的试验初报[J].山东林业科技,1997(5): 39-40.

(徐志华　李海燕)

大叶黄杨叶斑病

分布与危害	分布于重庆、陕西、山东、江苏、江西、河南、湖南、湖北、四川等地。多危害叶片，严重时可造成提前落叶，形成秃枝，影响观赏，甚至死亡。
寄　　主	大叶黄杨（冬青卫矛）。
症　　状	发病初期叶片上出现黄色或淡绿色小点，后变为褐色，并逐渐扩展为近圆形或不规则形的褐色斑，病斑周缘褐色隆起，中央黄褐色或灰褐色，病斑上密布黑色绒毛状小点，造成叶片枯黄。通常病斑直径不超过3毫米，当每叶病斑多于15～20个就会引起落叶，甚至枝条坏死。
病　　原	坏损假尾孢菌 *Pseudocercospora destructiva* (Rav.)Guo & Liu。
发病规律	病菌以菌丝或子座组织在病叶上越冬。病原菌只侵染新叶，当叶片定型停止生长后难以侵入，但在环境条件适宜时病斑仍能扩展。潜育期为25天左右。鄂西南地区新病叶于5月上旬开始出现，5月中旬至7月上旬病害发生较重，6月中旬为第一个发病高峰，7月中旬至8月下旬病害停止发展，9月上旬至11月上旬病害再次发生较重，10月上旬为第二个发病高峰，温度为20～30℃有利于发病，高温伏旱对病害有抑制作用。与光照、湿度等有密切的关系，日照时数越短、湿度越高发病越重，在绿篱附近有水沟及洗衣池等发病重，树龄较大发病重。

大叶黄杨叶斑病感病叶片

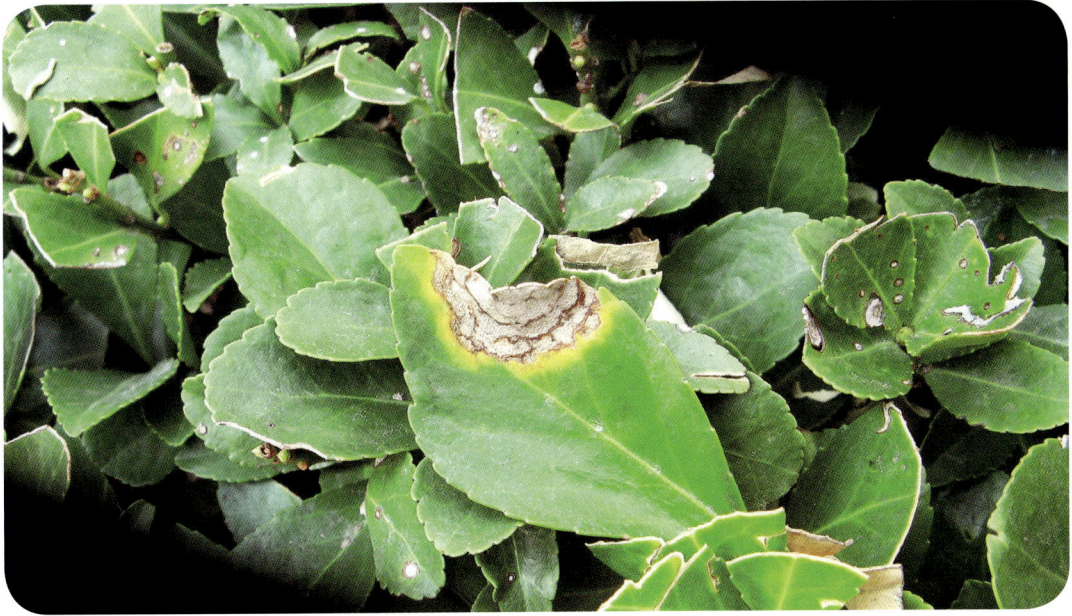

大叶黄杨叶斑病危害状

大叶黄杨叶斑病防治历　　(以湖北地区为例)

时间	发病阶段	防治方法	要点说明
1～3月	未显症	结合修剪整形，及时除去病梢、病叶及病株残体，集中烧毁。	
4～5月初	发病前	加强栽培管理，控制栽植密度，注意通风透光，以增强树势，提高抗病力。	
		在大叶黄杨展齐新叶时，用50%腐霉利可湿性粉剂、50%甲基硫菌灵可湿性粉剂、50%多菌灵超微可湿性粉剂500～800倍液、15%粉锈宁可湿性粉剂500倍液等喷雾。	以后每隔15天喷药1次，共喷3次。
5～6月	春季发病盛期	用40%灭菌威500倍液、70%代森锰锌、75%百菌清800倍液等树冠喷雾。	5月上旬发病初期施药，间隔7天喷1次，共喷2次。

参考文献

[1] 周庆椿, 龙仕平. 大叶黄杨叶斑病发病规律研究简报 [J]. 植物病理学报, 1989, 19(4): 244.
[2] 刘兴元. 鄂西南地区大叶黄杨病害现状及防治对策研究 [D]. 武汉: 华中农业大学园艺林学学院, 2006.
[3] 刘振宇, 李桂林, 乔鲁芹. 大叶黄杨褐斑病病原菌的初步研究 [J]. 山东林业科技, 1997, 110(3): 31-33.
[4] 刘振宇, 李桂林, 王玉刚, 等. 大叶黄杨褐斑病病原菌生物学特性的研究 [J]. 森林病虫通讯, 1997(2): 28-31.
[5] 郭小必, 万宏. 大叶黄杨叶斑病研究初报 [J]. 华中农业大学学报, 1992, 11(2): 140-144.
[6] 徐梅卿, 何平勋. 中国木本植物病原总汇 [M]. 哈尔滨: 东北林业大学出版社, 2008: 743-744.

(杨静莉)

大叶黄杨白粉病

分布与危害　分布于江西、上海、重庆、河北、山西、甘肃、山东、江苏、浙江、河南、湖南、四川、贵州、云南、陕西、辽宁等地。主要危害幼嫩新梢和叶片。白粉层可布满整个嫩叶嫩梢，严重时引起叶片皱缩、纵卷、萎缩、提前落叶。枝梢扭曲变形，甚至干枯。

寄　　　主　大叶黄杨。

症　　　状　白粉大多分布于大叶黄杨的叶正面，也有生长在叶背面的。初发病时，先在叶表面产生单个白色圆形小斑，随着病斑逐渐扩大，多个病斑相互愈合，变成不规则大斑。将白色粉层抹去时，发病部位呈现黄色圆形斑。

病　　　原　正木粉孢霉 *Oidium euonymi-japonicae* (Arc.) Sacc.。

发 病 规 律　病菌一般以菌丝体潜伏在芽内或深秋和冬季由菌丝体在病叶面产生灰色膜状菌层越冬或以分生孢子在温暖场所的病株上越冬，翌年早春产生大量的分生孢子侵染危害。温度25℃最适于分生孢子萌发。分生孢子随风雨传播，直接穿透侵入寄主，潜育期5～8天。一年内可多次再侵染。在江苏、江西等省有两个发病高峰，春季病害危害高峰期在每年的4～5月；7～8月进入高温时，病害发展逐渐停滞；随着气温下降，9～10月出现新一轮发病高峰。在发病期间雨水多、栽植过密、光照不足、通风不良、低洼潮湿等因素都可加重病害的发生。

大叶黄杨白粉病危害状

大叶黄杨白粉病防治历 (以华东地区为例)

时间	发病阶段	防治方法	要点说明
11月至翌年2月	病原越冬	全面清除枯枝落叶，春季抽梢前剪除病梢病枝。	集中销毁。
		早春在腋芽萌动前喷1次5波美度的石硫合剂，2周后再喷1次3波美度的石硫合剂。	药剂消灭冬芽内越冬的菌丝。
		禁用病区的黄杨进行扦插繁殖育苗。	避免种植过密。
2月底至3月初	发病初期	用20%粉锈宁1500～2000倍液、50%多菌灵500倍液、70%甲基托布津500～1000倍液、50%退菌特可湿性粉剂800倍液等树冠喷雾。	隔10天左右重复1次，连续喷4～5次。
4～6月，9～10月	春季发病盛期	药剂防治同2月底至3月初。	
		生长期间结合修剪整形，及时摘除老叶、病叶，挖除病株，并清除腐枝烂叶。改善通风透光以降低小环境的湿度。	加强养护管理，提高植株抗病力。
7～8月	病势渐趋缓和	合理施肥，及时排水，以增强树势。	增施磷、钾肥，氮肥适量。注意抗旱排涝。

参考文献

[1]　屈朝彬, 徐志华等. 公路绿化植物病虫害防控图谱 [M]. 北京: 中国林业出版社. 2008: 46.
[2]　国家林业局森林病虫害防治总站. 中国林业有害生物概况——2003～2007年全国林业有害生物普查成果汇编 [M]. 北京: 中国林业出版社, 2008: 157.
[3]　杨子琦, 等. 园林植物病虫害防治原色图谱 [M]. 北京: 中国林业出版社, 2003: 74.
[4]　李庚花, 魏金莲, 盛传华, 等. 江西省大叶黄杨白粉病发生规律与防治研究 [J]. 江西植保, 2002, 25(1): 4-6.
[5]　徐梅卿, 何平勋. 中国木本植物病原总汇 [M]. 哈尔滨: 东北林业大学出版社, 2008: 639.
[6]　丁梦然, 王昕, 邓其胜. 园林植物病虫害防治 [M]. 北京: 中国科学技术出版社, 1996: 177-178.
[7]　蒲冠勤, 毛建萍, 唐奇, 等. 大叶黄杨白粉病的发病规律及综合防治研究 [J]. 江苏农业科学, 2008(6): 125-126.
[8]　刘建敏. 大叶黄杨常见叶部病害的诊断及防治方法 [J]. 湖北林业科技. 2006(5): 70-71.
[9]　郭书林, 汪秋更, 董建伟. 大叶黄杨白粉病 [J]. 园林果树, 2002(5): 19.
[10]　戴明勋, 窦延堂, 邢光耀. 聊城市城区大叶黄杨白粉病消长规律及病情相关性分析 [J]. 安徽农业科学, 2008, 36(9): 3754-3755.
[11]　刘起丽, 张建新, 王洪亮, 等. 几种药剂对大叶黄杨白粉病的防治效果 [J]. 贵州农业科学, 2007, 35(4): 92-93.
[12]　王焱. 上海市林业病虫 [M]. 上海: 上海科学技术出版社, 2007: 314.

(李海燕)

桉树焦枯病

分布与危害	分布于广东、广西、海南、福建。病树轻则部分落叶、枯枝，重则只留下光秃秃枝干，状为火烧。
寄　　　主	巨桉、悉尼蓝桉、巨尾桉、河红桉等桉属树木。
症　　　状	感染叶片、枝条、落叶上有灰绿色、边缘水渍状不规整的病斑。严重发病的植株中下部叶片几乎全部感病，枝条失水变硬、干枯，叶片脱落，造成整株坏死。
病　　　原	帚梗柱枝孢属 *Cylindrocladim quinqueseptatum* 和 *C. scoparium* 两个种，但以前者危害最多、最重。
发 病 规 律	以子实体或菌丝在桉树落叶、病枝上和林下土壤中越冬。在福建从4月上中旬开始，随着气温的升高，越冬病原菌逐渐释放分生孢子，从新叶背面的自然孔口或枝条伤口侵入寄主组织。随着降雨量的增多，以及多风多雨天气的带动，分生孢子在林间飞散传播，直到11月。分生孢子的飞散高峰期出现在全年降雨量最多的月份。病原菌侵入寄主后潜育期一般为3～10天，林间从4月下旬或5月初开始出现新的病斑，发生高峰期在7～8月，9月病情逐渐和缓，进入11月后天气逐渐变冷，气温下降，降雨量减少，中旬则停止发展。病原菌分生孢子主要通过气流、雨水飞散传播，病害主要发生在苗木和4年生以下幼林中，同时侵染萌芽林，从植株下部开始发病，逐渐向上蔓延，多发生于高温高湿季节。

桉树焦枯病感病枝干(后期)

桉树焦枯病感病叶片背面

桉树焦枯病感病叶片正面

桉树焦枯病感病枝干(初期)

桉树焦枯病防治历　　　　　　　　　　(以华南地区为例)

时间	发病阶段	防治方法	要点说明
1～3月	未显症	加强检疫，严禁疫苗上山。栽植密度合理，及时抚育间伐，经常清理林间病死株、清洁林分。	枯枝落叶，集中烧毁或埋掉，减少病原菌侵染源。
4～5月	始发期	4月中旬施肥，基肥选用钙镁磷肥，每株施用300克。	增强树势。
		用75%百菌清可湿性粉剂每隔10天左右喷雾1次，共2～3次。	
		在高温多雨天气，对幼苗交换使用0.5%波尔多液、0.2%～0.3%多菌灵、百菌清、敌克松、甲基托布津等，每7～10天喷洒1次。	
		选用600～800倍克菌丹、代森锌、多菌灵等喷洒防治，或用100～150倍的等量式波尔多液，或用70%的敌克松进行喷洒。	
6月		6月底追肥，每株施用200克。	
7～8月	发病盛期	喷施0.5% OS-施特灵乳油1000倍液，在药后10～14天内再施药1次。	
9～10月	和缓	雨季结束后锄草松土。	

参考文献

[1] 庞联东,庞万伟,曾伟琼,等.桉树焦枯病药剂防治试验 [J].植物检疫,2001,15(5): 273-275.

[2] 邓玉森,陈孝,林松煜,等.桉树焦枯病病原菌特性的观察 [J].广东林业科技,1997,13(1): 30-35.

[3] 孟祥民.桉树焦枯病发病规律与损失估计和防治指标的研究 [D].福州: 福建农业大学,2006.

[4] 潘志彬.福建省桉树主要病虫害种类及防治方法 [J].林业勘察设计(福建),2007(2): 121-123.

(杨静莉)

泡桐丛枝病

分布与危害	分布于河北、山东、河南、陕西、安徽、湖南、湖北、江苏、浙江、江西等泡桐栽培地区。丛枝病是泡桐生长过程中最严重的病害之一，感病的幼苗、幼枝常于当年枯死；大树感病后常引起树势衰弱，材积量下降，甚至死亡。
寄　　主	泡桐。
症　　状	危害泡桐的树枝、干、根、花、果。常见的丛枝病有以下两种类型。 1. 丛枝型。发病开始时，个别枝条上大量萌发腋芽和不定芽，抽生很多的小枝，小枝上又抽生小枝，抽生的小枝细弱，节间变短，叶序混乱，病叶黄化，至秋季簇生成团，呈扫帚状，冬季小枝不脱落，发病的当年或第二年小枝枯死，若大部分枝条枯死则会引起全株枯死。 2. 花变枝叶型。花瓣变成小叶状，花蕊形成小枝，小枝腋芽继续抽生形成丛枝，花萼明显变薄，色淡无毛，花托分裂，花蕾变形，有越冬开花现象。常见为丛枝型：隐芽大量萌发，侧枝丛生，纤弱，形成扫帚状，叶片小，黄化，有时皱缩，幼苗感病则植株矮化。1年生苗木发病，表现为全株叶片皱缩，边缘下卷，叶色发黄，叶腋处丛生小枝，发病苗木当年即枯死。
病　　原	植原体（phytoplasma），圆形或椭圆形，直径为0.2～0.82微米。
发病规律	病原体大量存在于韧皮部输导组织筛管中，通过筛板移动，能扩及整个植株。病原菌侵入寄主后潜伏期较长，一般可达2～18个月。可通过病根及嫁接苗传播，亦可通过昆虫介体传播，带病的种根和苗木的调运是病害远程传播的重要途径。

泡桐丛枝病危害状

单株被泡桐丛枝病危害状

泡桐丛枝病防治历
(以华北地区为例)

时间	发病阶段	防治方法	要点说明
1～5月	未见症状	培育无病苗木，采用种子育苗或严格挑选无病的根条育苗。清除病树病枝。	加强苗木管理，剪下的丛枝要集中销毁以减少病源。
6～9月	发病期	预防刺吸式害虫。	防治沙枣木虱、小板网蝽若虫，以减少传病媒介，控制病害蔓延。
		适当增施磷肥，少施钾肥，提高泡桐的抗病能力。	对2年生以上的泡桐，每年施磷肥100～250克/株，适当调节磷钾比值，可有效地减轻丛枝病的发生。
		用25万单位的盐酸四环素或土霉素药液以注射法、吸根法及叶面喷施进行药物防治。	用注射器向病株髓心注药液，苗高0.5～1.0米，注入10～20毫升，苗高1.5～2.0米，注入40～60毫升。
			1～8年生的树木，扒开树枝对应的侧根，选2～3厘米粗的根剪断，浸入药液中，封土埋好，经1～2天即可，2～3次为宜。
10～12月	病情停止发展	秋季修除病枝，集中烧毁。	在10月下旬剪取病源枝最佳，可避免引起伤流和病原体在树体内扩散。

加强检疫，严防传出传入，发现疫苗立即清除，集中烧毁，严禁疫区苗木调出。

泡桐丛枝病感病枝

参考文献

[1] 任国兰.泡桐丛枝病的研究现状与进展 [J].河南农业大学学报,1996(4): 358-364.
[2] 郑文锋,奥恒毅.泡桐丛枝病综合防治技术研究 [J].陕西林业科技,1992(1): 57-61.
[3] 陈育民,杨俊秀.泡桐丛枝病研究综述 [J].西北林学院学报,1991(4): 73-79.
[4] 吕喜堂,李延福.泡桐丛枝病发病规律与防治 [J].林业科技开发,1992(4): 45-46.

(聂雪冰　乔显娟)

悬铃木白粉病

分布与危害	分布于上海、江苏、浙江、杭州、山东、四川等地。主要危害植株的叶片，同时也可危害嫩梢、枝条等。发生严重时叶片皱缩、枯萎、早落、枝条扭曲、萎缩，不但削弱了悬铃木生长势，而且严重影响城市园林景观。
寄　　　主	悬铃木。
症　　　状	发病初期，在叶片正面或背面产生白色粉层，后逐渐扩大，引起嫩叶皱缩、纵卷，导致春季展叶慢或不展叶；新梢发病表现为扭曲、萎缩。随着病害的发展，叶部病斑处逐渐呈褪绿黄斑，与健康组织界限不明显。夏季病斑处开始焦枯、脱落，形成孔洞或秋季提前落叶。
病　　　原	粉孢属白粉菌 *Oidium* sp.。
发 病 规 律	一般于5~6月开始发病，在春秋两季常发病严重。分生孢子借气流及风雨传播进行重复侵染。孢子萌发对空气相对湿度要求不严格，白粉菌耐旱性强，在干旱条件下，病菌仍可侵染。病原菌的适温范围比较广，在高温下悬铃木白粉病的病斑仍会继续扩展。分生孢子的渗透压特别高，遇到水浸泡时会因细胞内压力的过大而自行裂开死亡，但相对湿度较高则有利于分生孢子的繁殖。发病期间雨水多、枝叶徒长、栽植过密、光照不足、通风不良、低洼潮湿等因素都可加重病害的发生。降雨量大、降雨日数过多的月份，白粉病危害减轻。

悬铃木白粉病在法国梧桐上的菌丝

悬铃木白粉病防治历

（以上海地区为例）

时间	发病阶段	防治方法	要点说明
3～5月	休眠期	选用无白粉病的植株或从无该病发生的地区调运苗木。	
		春季及时剥芽，增强通风透光性，同时及时除去病梢，并集中销毁。	
		在开春新叶萌发后，喷洒代森锰锌1000倍液进行预防。	
5～6月	发病初期	发病初期喷洒0.3～0.5波美度石硫合剂，或25%粉锈宁可湿性粉剂1000～1500倍液、70%甲基托布津可湿性粉剂800～1000倍液喷雾，每隔10～15天一次，连续喷2～3次。	不同药剂要轮换使用，以免产生抗药性。
6～8月	病害发展期	70%甲基托布津可湿性粉剂1000倍液+15%粉锈宁可湿性粉剂1000倍液+12.5%腈菌唑可湿性粉剂3000倍液每隔7～10天施药1次，连续施药2次。	控制病菌在夏季的蔓延，降低该病在秋季的危害程度。
9～11月	病害发展期	秋后认真清除落叶，并摘除树上残叶，集中深埋或高温沤肥。	
12月至翌年2月		悬铃木萌生力强，对于重病的大树可于冬季剪除所有当年生的枝条，清除病落叶、病梢以减轻侵染源。	
其他		防止偏施氮肥。低氮高钾肥可减轻白粉病的发生，施硫酸钾40千克/公顷。	

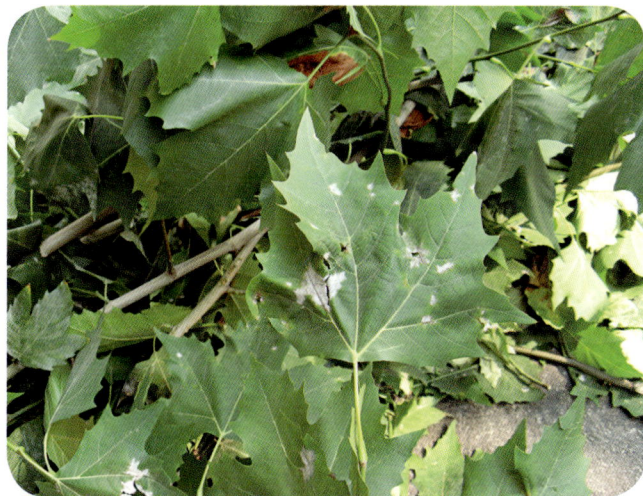

悬铃木白粉病在法国梧桐上的危害状

参考文献

[1] 王玮珍,毕庆泗,等.悬铃木白粉病防治试验 [J].林业科技开发,2008,22(6): 94-95.
[2] 林延生.马占相思白粉病的发生及化学防治 [J].林业科技开发,2006,20(5): 62-63.

（于海英）

板栗疫病

分布与危害	分布于北京、河北、辽宁、陕西、山西、甘肃、山东、江苏、浙江、安徽、江西、福建、湖南、河南、广东、广西、湖北、云南、贵州、四川、重庆等地。主要发生于主干和大枝，引起树皮腐烂，也危害小枝造成枝梢枯死。严重时整株死亡。
寄　　主	栗属、栎属树木以及漆树、山核桃、欧洲山毛榉、花槭等植物。
症　　状	病原菌自伤口侵入主干或枝条后，形成黄褐色至褐色病斑。剥开粗糙的树皮，受害处呈深褐色至黑褐色，韧皮部变色死亡。病斑组织湿腐，有酒糟味。树皮干缩纵裂，剥开枯死树皮，有污白色至淡黄色扇形菌丝体。春季在病斑上产生橘黄色疣状子座；秋季子座变橘红至紫褐色。随着病斑的扩展，树皮开裂，脱落下来，露出木质部。病斑边缘形成愈合组织，年复一年，形成中心低、边缘高的多层愈合圈。当病斑环绕主干时，造成整株死亡。菌丝着生在形成层或皮层内，组成紧密的扇形菌丝层。子座自树皮裂缝中突出，常橘红色。
病　　原	子囊菌门寄生隐丛赤壳 Cryphonectria parasitica (Murr.) Barr.。
发 病 规 律	病原菌主要以菌丝、子座、成熟或未成熟的子囊壳和少量分生孢子器及分生孢子在病株枝干、枝梢或以菌丝形式在栗实内越冬。分生孢子可借风、雨、昆虫或鸟类传播。子囊孢子和分生孢子都可侵染，分生孢子是翌年初侵染的主要来源。孢子萌发后从伤口侵入，一般侵入5～8天后出现病斑，10～18天产生子座，随后产生分生孢子器。平均温度下降到10℃以下时，病斑发展迟缓。

板栗疫病防治历　　　　　　　　　　　　（以南方地区为例）

时间	发病阶段	防治方法	要点说明
1～3月	未显症	加强产地检疫，在疫区内要彻底清除重病株和重病枝，并及时烧毁，减少侵染源。50%多菌灵600倍液加80×10⁻⁶井冈霉素喷洒，重复处理2次。	防止带菌苗木、种子、接穗传到无病区。在萌芽前用3～5波美度石硫合剂或波尔多液（1:1:160）喷洒，或用0.5%福尔马林浸种30分钟、5%氯酸钠浸苗5分钟。
4～9月初，9～12月	发病初期、盛期	嫁接时选用无病接穗，砧木要选抗病的大叶栎、芽栗或锥栗；在嫁接口或伤口处涂上杀菌剂保护。	选育抗病品种。修剪、整枝过程尽量减少伤口。
		50%多菌灵600倍液加8×10⁻⁵井冈霉素、重复处理2次，喷洒树冠；发病轻者可刮除病皮，涂抹10%碱水或401、402抗菌剂200倍液加0.1%平平加（助渗剂）；石硫合剂涂抹干、枝从地面到1.5米处，同时，对修剪口、伤口进行涂刷。	将枝干涂药部位用尼龙薄膜包扎，以防药效挥发。

板栗疫病感病板栗

板栗疫病致树皮干缩纵裂

参 考 文 献

[1] 国家林业局植树造林司，国家林业局森林病虫害防治总站. 森林植物检疫对象图册 [M]. 哈尔滨: 东北林业大学出版社，2002.

[2] 林业部野生动物和森林植物保护司，林业部森林病虫害防治总站. 中国森林植物检疫对象 [M]. 北京: 中国林业出版社，1996.

[3] 陕西省林业科学研究所 (第二辑). 陕西林木病虫图志 [M]. 西安: 陕西科学技术出版社，1983.

[4] 马良进，俞彩珠，应庭龙，等. 浙江省板栗疫病调查研究 [J]. 浙江林学院学报，2000, 17(1): 63-66.

[5] 赵宝安. 板栗疫病发生原因调查及对策 [J]. 浙江林业科技. 2001, 21(1): 49-50, 64.

[6] 丁强，刘永生. 板栗疫病发生规律及综合防治 [J]. 植物检疫，2001(3): 144-147.

[7] 赵云琴等. 中国林业病害 [M]. 北京: 中国林业出版社，1982: 77-179.

（李有忠　杨静莉）

猕猴桃细菌性溃疡病

分布与危害	分布在北京、安徽、山东、湖北、四川、陕西、重庆地区。危害树木主干、枝蔓、新梢和叶片，极易造成植株死亡。严重影响猕猴桃产量和果品质量。
寄　　主	主要危害中华猕猴桃等猕猴桃属植物；人工接种寄主桃、杏、李、梨、樱桃、梅等轻度发病。
症　　状	发病初期在罹病叶上形成红色小点，后形成不规则暗褐色病斑，病斑周围有明显的黄色水渍状晕圈。湿度大时，病斑迅速扩大为水渍状大型病斑，数个病斑愈合时，主脉间全成暗褐色，并有菌脓溢出。细弱的小枝条发病时，初呈暗绿色水渍状，不久变为暗褐色，并产生纵向线状龟裂，很快整个新梢成暗褐色而萎蔫枯死。
病　　原	丁香假单孢杆菌猕猴桃致病性变种 *Pseudomonas syringae* pv. *actinidiae* Takikawa et al.。
发病规律	病原菌在病组织、土壤表层和野生猕猴桃上越冬，一般在1月中下旬侵染发病，病部产生纵向线状龟裂，溢出菌脓。借风雨、昆虫传播，从植株体表气孔、水孔、皮孔、伤口等处侵入，2月上中旬以后病情急剧发展，菌脓大量溢出，5月中下旬病菌停止侵染危害。9月中旬开始第二个发病时期，主要危害秋梢、叶片，主干、枝蔓很少发病。以春季发病最为明显，危害也最严重。

猕猴桃细菌性溃疡病猕猴桃单株被害状

猕猴桃细菌性溃疡病防治历　　(以西南地区为例)

时间	发病阶段	防治方法	要点说明
1月	发生始期	结合修剪除去病枝、病叶、徒长枝、下垂枝等集中烧毁。	冬剪须在1月底前完成。在剪口截面上涂农用链霉素或甲基托布津50倍液。
2～3月上旬	增殖期	严格植物检疫，选择抗性品种，设置隔离带。	禁止从疫区调运染疫植物活体。
		用1：1：100波尔多液、农用链霉素100毫克/千克、3～5波美度石硫合剂、5%菌毒清400～500倍等液整株喷施。	优良抗性品种有海沃德、徐香、金香、金魁等。
		50倍甲基托布津、45%施纳宁水剂150倍液、20%叶枯唑可湿性粉剂80～100倍液等刮口涂药或用棉球沾药包扎，涂药范围应大于病灶上下范围2～3倍。	经常检查枝蔓，刮掉菌脓及病斑。
3月中旬至4月中旬	春季发病盛期	喷施农用链霉素250毫克/千克，或50%氧氯铜500～800倍液。间隔10天喷1次，连续喷2～3次。	主干、枝蔓和叶均匀周到喷施药剂。
		刮治病斑。	药剂方法同2～3月上旬。
4月下旬至7月	趋缓至停止侵染	刮治病斑。	药剂方法同2～3月上旬。
8～9月	秋季发病	同春季发病期	全园喷药。
10～12月	病菌停止发展	清园后喷施5波美度石硫合剂或1：1：100波尔多液1～2次。用生石灰于猕猴桃主干及主枝处涂白。	

参考文献

[1] 国家林业局森林病虫害防治总站. 中国林业有害生物概况 [M]. 北京: 中国林业出版社, 2008. 168.

[2] 国家林业局植树造林司、国家林业局森林病虫害防治总站主编. 中国林业检疫性有害生物及检疫技术操作办法 [M]. 北京: 中国林业出版社, 2005. (10-1)-(10-11).

[3] 李森, 檀根甲, 李瑶等. 猕猴桃溃疡病研究进展 [J]. 安徽农业科学, 2002, 30(3): 391-393.

[4] 申晓琴, 王小芹, 王福林. 猕猴桃溃疡病的防治研究 [J]. 上海农业科技, 2002(5): 53.

[5] 于邦廷. 猕猴桃溃疡病的发生与防治措施 [J]. 安徽农业, 2004(1): 21.

(李　娟　王培新)

猕猴桃细菌性溃疡病猕猴桃林分被害状

梨锈病

分布与危害　又名梨（苹果）——桧柏锈病、赤星病、黄斑病。分布于北京、辽宁、安徽、湖南、江西、重庆、四川、云南和甘肃等梨产区，特别是在果园附近栽植桧柏的地区尤为严重，是危害梨树的重要病害。主要危害梨树嫩叶、新梢和幼果，易引起枯枝、枯梢和落叶，造成幼果僵滞，产生畸形果，不能食用，严重影响产量和品质。该病在圆（桧）柏上主要危害嫩枝和针叶，严重时使针叶大量枯死，甚至小枝死亡。

寄　　主　病原菌的性孢子器、锈孢子器阶段寄生在梨树、苹果、山楂、木瓜、花楸、海棠上，冬孢子堆、担孢子阶段寄生在圆（桧）柏、龙柏、翠柏等圆（桧）柏属植物。

症　　状　5月中下旬在苹果或梨叶表面发生黄绿色小斑点，后渐扩大成橙黄色圆形斑，边缘红色，其后表面产生具黏性的鲜黄色，后变为黑色的小粒点（性孢子器）。随后在叶背面形成黄白色隆起，其上生有很多黄色毛状物（锈孢子器）。叶柄受害时形成橙黄色稍隆起的纺锤形病斑。幼果受害后则形成近圆形病斑，初为黄色、后为褐色，其上亦生有黄色毛状的锈孢子器。果实受害部位由于生长受阻，形成畸形。嫩枝受害时病部凹陷，龟裂易断。圆柏受害后于针叶叶腋处出现黄色斑点，4月间便渐形成锈褐色角状突起，遇水后膨胀，形成黄褐色、胶质的鸡冠状冬孢子角，犹似柏树"开花"。受害的小枝肿大成米粒至黄豆粒大小的瘤状物，称为菌瘿。春季菌瘿表面破裂生黄褐色角状物，遇水后亦膨大成鸡冠状的冬孢子角。通常梨—桧柏锈病主要危害针叶，而苹—桧柏锈病主要危害小枝。

病　　原　梨胶锈菌 *Gymnosporangium haraeanum* Syd.，转主寄生菌。性孢子和锈孢子阶段在梨树上，无夏孢子，冬孢子、担孢子阶段在圆柏（桧柏）上。

发病规律　病菌以菌丝体的形式在柏树上越冬，春天形成冬孢子角，4～5月冬孢子萌发产生担孢子。担孢子随风、借气流传播侵染梨树，而不再侵染柏树。病菌侵染后在叶片正面呈现橙黄色病斑，接着在病斑上长出性孢子器，在叶背面形成锈子器。一般梨树展叶后20天内最易感病。一年中只有一个短时期内产生担孢子侵染梨树。锈孢子不再侵染梨树，5月末到7月上旬，随风传播至圆柏类植物的嫩枝和新梢上，病菌侵入后不能进行再次侵染，只是在松柏、龙柏等松柏科植物上越冬。

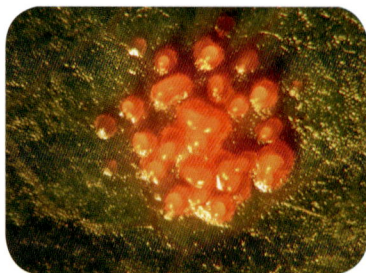

梨锈病锈孢囊　　　　　梨锈病后期危害状　　　　　梨锈病柏树被害状

梨锈病感病叶反面

梨锈病感病叶正面

梨锈病叶片感病初期

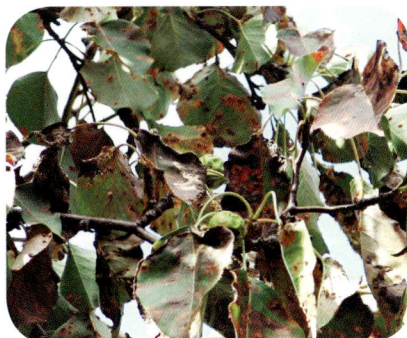

梨柏锈病危害状

梨锈病防治历　（以山东地区为例）

时间	发病阶段	防治方法	要点说明
3月上中旬	柏树潜伏期	清除梨园附近的转主寄主柏树，切断病源。	梨园四周5千米范围内不栽植圆柏、龙柏等松柏科类树木，是防治梨锈病最关键、最有效的措施。
		柏树喷4～5波美度石硫合剂。	梨树发芽前，先剪除圆柏等转主寄主病瘿。
4～5月	梨树发病期	10%苯醚甲环唑水分散粒剂5000～8000倍、40%福星乳油6000～10000倍、5%霉能灵可湿性粉剂1000～2000倍、40%特富灵可湿性粉剂2000～3000倍、20%三唑酮乳油2000倍液等适时喷药。	第一次用药掌握在梨树萌芽时期进行，以后间隔10天用药1次，连喷3～4次。花期用药应掌握在大多数花谢后进行，避免盛花期用药，产生药害。
5月末至7月上旬	柏树发病期	柏树喷4～5波美度石硫合剂。	

参考文献

[1] 国家林业局森林病虫害防治总站.中国林业有害生物概况 [M].北京:中国林业出版社,2008: 61-62, 153-154.
[2] 邵力平,沈瑞祥,张素轩,等.真菌分类学 [M].北京:中国林业出版社,1984: 183-184.
[3] 北京林学院.林木病理学 [M].北京:中国林业出版社,1981: 132-134.
[4] 中国林业科学研究院.枣锈病.中国森林病害 [M].北京:中国林业出版社,1984.
[5] 王榕杰,韩成胜,齐志茹.梨锈病的发生与防治 [J].河北林业科技,2002(3): 32, 41.
[6] 张凤敏,宫美英,郭彩霞.梨锈病的发生规律与防治措施 [J].烟台果树,2006(4): 17-18.

（赵　俊）

桑萎缩病

桑黄化型（含萎缩型）萎缩病

分布与危害	分布于江苏、浙江、安徽、江西、福建、山东、湖南、湖北、河南、河北、山西、陕西、广东、重庆、四川等地蚕区均有发生。桑树感病后，侧枝丛生，叶小而黄化，产叶量低，叶质差，病树2～3年枯死，常迅速蔓延造成大片桑园毁坏。
寄　　主	桑树。
症　　状	发病初期仅少数枝条顶端嫩叶瘦小、皱缩发黄，向叶背卷曲；中期多数枝条乃至全株枝条表现上述症状，且病叶更加瘦小、黄化、明显向叶背卷缩，呈宝塔状。被害枝条节间变短，腋芽萌发，生长出较多的细小侧枝；末期叶片更加黄小、卷缩，细枝丛生成簇，似扫帚状。2～3年内枯死。病枝无花椹，但健枝仍有花椹。越冬病枝多呈枯梢现象。病根色泽不鲜艳。
病　　原	植原体(phytoplasma)。
发病规律	高温干旱有利于病害的发生，30℃左右病害急剧出现，一般5～9月为发病期，6月下旬至8月为高峰期。当年新表现症状的病树都是在夏伐后高温季节出现，次年夏伐后全株发病；中、晚秋感染的病株往往当年不发病，次年高温时才出现症状。桑树夏伐过迟，夏、秋采叶过度，发病率高；桑园中少量病树不及时挖除，或引种带病苗木，都会导致蔓延暴发。传染方式有嫁接和媒介昆虫两种。

桑花叶型萎缩病

分布与危害	浙江、安徽、江苏、湖南、湖北、河南、四川、重庆、广东、广西等地。桑花叶型萎缩病是危害十分严重的种苗传染性桑树病害，病树逐渐衰老，桑叶产量降低、叶质低下。
寄　　主	桑树。
症　　状	发病初期主要表现在叶片上，叶肉变薄、褪绿，淡绿色或黄绿色斑块，后连成片，叶脉附近仍然为绿色，形成黄绿相间的花叶，发病严重时，病叶皱缩，叶缘向叶面卷曲，叶片变小、畸形，裂叶品种有时叶片的半边无缺刻。叶背的叶脉上有小的瘤状或棘状突起，细小叶脉变褐。病枝条生长缓慢、细短，有时腋芽早发并生长成为侧枝，有的病枝条出现春季表现病症、夏季不表现病症、秋季又表现病症的间歇现象。
病　　原	未确定，初步认为是类病毒。
发病规律	该病以类病毒在病株的枝条或土壤中越冬，通过病穗嫁接传播。主要发生在22～29℃的春季和晚秋，3～5月份发病较多，气温升高到30℃以上时病症即消失，晚秋季节气温逐渐下降又再出现病症，在同一根枝条出现生长正常—表现病症—生长正常（高温隐症）—表现病症的间歇发病现象。桑园多湿、缺肥或偏施氮肥时发病较多。

桑黄化型（萎缩型）萎缩病防治历 （以南方地区为例）

时间	发病阶段	防治方法	要点说明
上年10月至当年5月		加强检疫，严禁将带病苗木、接穗、砧木调入无病区。选择抗性树种。在冬季全面重剪梢，剪除大量越冬卵粒。	抗性树种有湖桑7号、育2号、湖桑199号、鲁诱1号等。
		用500毫升/升土霉素连续喷病树2~3次（间隔15天），500毫升/升浸新植桑24小时。	
4月上旬		用40%桑宝乳油4000倍液或33%的桑保清乳油1000倍液喷洒树冠。	治虫防病。
		春伐复壮和株内间伐。	隔3~5年春伐1次。
6~8月	发病盛期	巡视桑园，及时彻底清除病树。	要早挖、挖净，不留残根。
		以10000单位/毫升的土霉素注入树体治疗。	
8~10月	发病末期	对发病较轻的桑树，将病条全部剪掉。	药剂方法同2~3月上旬。隔3~5年春伐1次。

桑花叶型萎缩病防治历

时间	发病阶段	防治方法	要点说明
12月至翌年3月		加强检疫，禁止从疫区调运桑苗、接穗、砧木。	最为有效的防治方法。
		选栽抗病品种。	睦州青、早青桑、湖桑32号、湖桑197号等较抗病。
		幼苗出土1个月后，抓紧重点巡查。	彻底清除病苗。
3~5月	发病高峰	在新病区发现少数病株时，应及时挖除。	以防病害蔓延。
		用2000毫克/千克土霉素溶液浸渍病苗3~4小时或100毫克/千克嘧啶喷洒，隔10天一次。	硫脲嘧啶1克，溶于40毫升氨水中，加水10升。
6~8月	病症消失	在6月份对嫁接苗进行逐株检查，并挖除病苗。	

参考文献

[1] 夏志松，卢全有.桑黄化型萎缩病防治技术体系及其应用效果 [J].中国蚕业，2004, 25(1): 74-75.
[2] 孙日彦，王照红，等.桑黄化型萎缩病及其防治技术 [J].北方蚕业，2003, 24(3): 49-50.
[3] 王忠阳.桑黄化型萎缩病的发生及其防控对策 [J].广西蚕业，2005, 42(4): 42-43.
[4] 王佛桑.桑黄化型萎缩病的发生与防治 [J].中国蚕业，2005, 26(3): 73-74.

（于海英　张彦威　徐志华）

桑萎缩病花叶型-2

毛竹枯梢病

分布与危害	分布于浙江、江西、江苏、上海、安徽、福建、广东、四川、陕西等地。危害当年新竹，病斑产生在主梢或枝条的节叉处，病害大面积严重发生时，竹冠变黄褐色，远看似火烧。
寄　　　主	毛竹。
症　　　状	现为枯枝、枯梢、枯株3种类型。发病初期病斑为褐色后逐渐加深至酱紫色，不断自竹节处向上、下方扩散成棱形，或向一方扩展成舌形，当病斑环绕主梢或枝条1周时，其以上部分叶片萎蔫纵卷，枯黄脱落。
病　　　原	有性阶段为竹喙球菌 Ceratosphaeria phyllostachydis Zhang，无性阶段为球壳孢目半壳孢属 Leptostroma sp.。
发 病 规 律	以菌丝体在病竹上越冬。一般于翌年4月产生有性世代，6月可见无性世代。子囊孢子约于5月中旬开始释放，借风雨传播，由伤口或直接侵入新竹。病菌侵染的适宜期为5月中旬至6月中旬，潜育期一般为1～3个月。林间最早在7月中上旬表现症状，8～9月为发病盛期，10月后病斑停止扩展。次年春天，在病斑处长出许多突出的黑色粒状子实体。一般在山冈、风口、阳坡、林缘、生长稀疏、抚育管理差的竹林内发生较重。

毛竹枯梢病感病竹林

毛竹枯梢病防治历 （以华东地区为例）

时间	发病阶段	防治方法	要点说明
1～5月	未显症	结合卫生伐砍去枯梢、枯株、病枝，并集中销毁。 严格检疫，严禁有病母竹外运引入新区。	冬季或春季出笋前（3月底前）进行砍伐。根施氮磷复合肥。
6～7月	发病初期	在新竹发枝放叶期喷施50%多菌灵1000倍液、1∶1∶100的波尔多液、70%甲基托布津可湿性粉剂1000倍液等。 也可用5%百菌清烟剂防治，每7～10天防治1次，连续防治2～3次。	药液务必喷施到竹梢；喷药放烟时风速要在1.5米/秒以下，在林内风速0.3～1米/秒为宜，以清晨至日出和傍晚至22∶00为最佳放烟时机。
		以70%甲基托布津进行竹腔注射	
8～9月	发病盛期	伐除重病株，减少病原。	伐除的病株要及时烧毁，以防止病原传播。
10月	病斑逐渐停止扩展	加强管理。	

毛竹枯梢病病斑

参考文献

[1] 赵友仁. 竹子病虫防治防治彩色图鉴 [M]. 北京: 中国农业科学技术出版社, 2006.
[2] 廖天仁. 中国森林病虫 [M]. 北京: 中国林业出版社, 1982.
[3] 蒋捷, 张文勤. 毛竹枯梢病综合防治的研究 [J]. 经济林研究, 2000(4): 4.
[4] 林庆源. 毛竹枯梢病的综合治理技术 [J]. 南京林业大学学报, 2001, 25(1): 5.

（牟文彬　王明旭）

草坪草褐斑病

分布与危害	分布于北京、山西、辽宁、吉林、上海、江苏、浙江、安徽、山东、河南、湖北、四川等地。该病的病原复杂，发病率高，传染迅速，危害严重，能在极短时间内迅速毁灭草坪。
寄　　主	草地早熟禾、苇状羊茅、多年生黑麦草、匍匐翦股颖、狗牙根、结缕草、假俭草、细弱翦股颖和细叶羊茅。
症　　状	病菌主要侵染叶、鞘和茎，引起叶腐、鞘腐和茎基腐，根部受害较轻。病叶及鞘上病斑呈梭形和长条形，不规则，初呈水渍状，后病斑中心枯白，边缘红褐色，严重时整个叶呈水渍状腐烂。受害草坪出现大小不等的近圆形枯草圈，最大直径2米以上。在高湿或清晨有露水时，枯草圈外沿会出现2~3厘米宽的"烟环"，这是真菌的菌丝，干燥时烟环消失。
病　　原	立枯丝核菌 *Rhizoctonia solani* Kuhn，禾谷丝核菌 *R. cerealis* V. Hoeven、玉蜀黍丝核菌 *R. zeae* Voorh.和稻枯斑丝核菌 *R. oryzae* Ryk. et Gooch等，菌丝融合系 *R. solani* AG1-IA的致病力最强。
发病规律	病菌主要以菌核在土壤中越冬。菌丝在病残体中也能以厚壁的黑色菌丝体形式越冬。菌丝或菌核可粘附在种子表面，也可以在内种皮、胚乳或胚内部组织残存，是病菌传播到新地区的重要初侵染来源。在北京地区，5月中旬至6月上旬菌核开始萌发，6月中下旬或7月初菌核大量萌发，菌丝开始侵染草叶，草坪表现出零星点状分布的病斑。7月上中旬至8月中旬高温、高湿，有利于菌丝的生长和侵染。病害大量发生进入盛期。发生严重的草坪病斑连接在一起，严重影响景观。8月下旬至9月中旬，气温开始下降，病害发展缓慢或停止。

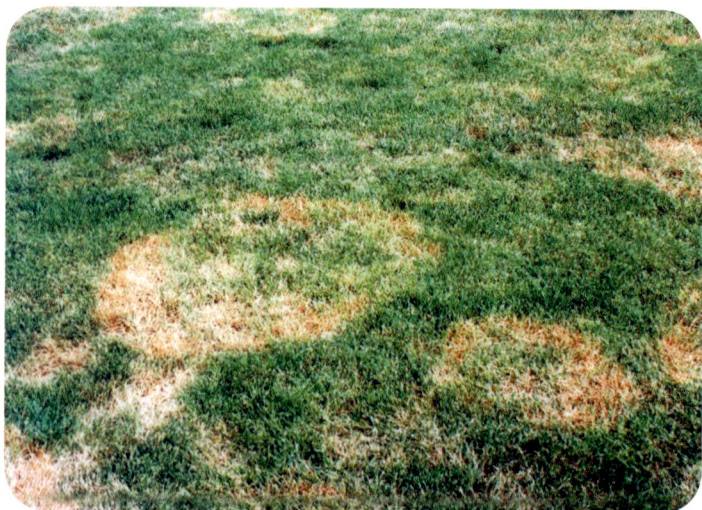

草坪草褐斑病危害状

草坪草褐斑病防治历　　(以北京地区为例)

时间	发病阶段	防治方法	要点说明
1～4月	未显症状	枯草和修剪后的残草及病残体要及时清除，调运种草要严格检疫。新建草坪进行药剂拌种和土壤处理。	拌种：每千克种子用40%五氯硝基苯可湿性粉剂30～40克，或50%灭霉灵可湿性粉剂20～30克。 土壤处理：甲基立枯灵、五氯硝基苯、敌克松。 起苗、打包、运输过程中要尽量保护坪草，避免失水。
5月中旬至6月上中旬	菌核萌发期	用70%甲基托布津50倍液、5波美度石硫合剂、50%多菌灵100倍液、10%碱水、50%烟酰胺水散粒剂2500倍液等喷雾，也可用灌根或泼浇。	少施氮肥，最好不施氮肥。适量增施磷、钾肥。
6月上旬至7月初	侵染发病初期	防治方法同5月中旬至6月上中旬	也可选择百菌清、甲基托布津、灭霉灵等。
8月下旬至9月中旬	病斑逐渐停稳定期	注意草坪养护。	

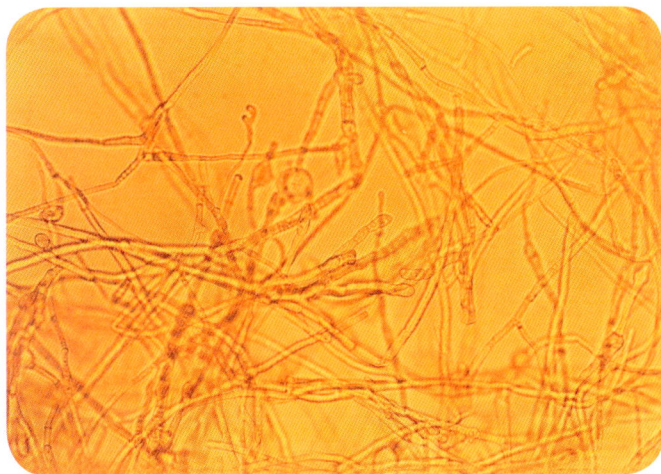

草坪草褐斑病菌丝

参考文献

[1] 晁龙军,单学敏,车少臣,等.草坪褐斑病病原菌鉴定、流行规律及其综合控制技术的研究 [J].中国草地,2000(4): 42-47.
[2] 袁红霞,孙炳剑,张桂莲,等.郑州地区草坪根部病害病原种类鉴定及防治研究 [J].华北农学报,2001,16(4): 109-114.
[3] 黄宝原,钟汉冬,陈桂桥,等.高羊茅草褐斑病与防治 [J].园林科技信息,2001(1): 23-24.
[4] 陈海波.草坪草褐斑病病原鉴定及化学防治研究 [D].兰州: 甘肃农业大学,2001.

(杨静莉)

马尾松毛虫

Dendrolimus punctatus Walker

分布与危害	分布于安徽、河南、陕西、四川、云南、贵州、湖南、湖北、江西、江苏、浙江、福建、台湾、广东、海南、广西等省（自治区）。以幼虫取食针叶危害。大发生时，可将大面积松树针叶吃光，如同火烧状，造成林木生长衰弱，严重危害时，松树成片枯死，是经常造成灾害的重要害虫。
寄　　主	马尾松、黑松、湿地松、火炬松、南亚松等。
主要形态特征	成虫颜色变化很大，有灰白、灰褐、黄褐、茶褐等色。雌蛾体色比雄蛾浅。雌蛾触角短栉齿状，雄蛾触角羽状，前翅外缘呈弧形弓出，翅面有3、4条不很明显而向外弓起的横条纹。后翅三角形，无斑纹。幼虫头黄褐色，胸部第二、三节间背面簇生毒毛，形成明显的毒毛带，呈蓝黑或紫黑色，有光泽。体侧生有许多灰白色长毛。3龄前体色变化较大，1龄幼虫黄绿色或黄灰色，腹部第二至五节两侧有4个明显的黑褐色斑点；2龄幼虫体暗红褐色，混生小白点，中后胸背面出现2条黑色毒毛带。3龄后幼虫第九腹节腹板前缘2/3处有一近透明的浅色圆斑。
生物学特性	一年发生2～5代。在河南以一年2代为主；在长江流域各省一年发生2～3代，在广东、广西、福建南部一年3～4代；在海南一年4～5代。在长江流域地区越冬幼虫于4月中、下旬结茧化蛹，5月上旬羽化产卵。5月中、下旬第一代幼虫孵化，初龄幼虫群聚危害，松树针叶呈团状卷曲枯黄；4龄以上食量大增，将叶食尽，7月上旬结茧化蛹，7月中旬羽化产卵。7月下旬第二代幼虫孵化，9月上旬结茧化蛹，9月中旬羽化产卵，9月下旬至10月上旬孵化出第三代幼虫，第三代幼虫于11月中旬越冬。幼虫一般在树冠顶端的松针丛中或树干上树皮裂缝中越冬，卵大多产于树冠中下部的松针或小枝上，聚集成块，每个卵块一般300～400粒卵。

马尾松毛虫成虫

马尾松毛虫幼虫

马尾松毛虫危害状

马尾松毛虫防治历　　　　　　　　　　（以长江流域为例）

时间	虫态	防治方法	要点说明
4月上、中旬， 5月中、下旬， 7月下旬， 9月下旬至10月上旬	幼虫	球孢白僵菌15万亿～45万亿孢子/公顷，或苏云金杆菌6亿～30亿IU/公顷喷施，或用25%灭幼脲Ⅲ号粉剂450～600克/公顷喷粉。	关键是越冬代防治，最佳防治时机是幼虫4龄以前。
5月上旬， 7月中旬， 9月中旬	成虫、 卵	设置杀虫灯诱杀，1台/公顷。 卵期释放赤眼蜂，每公顷75万～150万头。	在成虫羽化前设置诱虫灯。

参考文献

[1]　萧刚柔.中国森林昆虫[M].北京:中国林业出版社,1983.

（王玉玲）

油松毛虫

Dendrolimus tabulaeformis Tsai et Liu

分布与危害 分布于北京、天津、河北、辽宁、山西、陕西、四川、重庆、山东等地。以幼虫取食松树针叶危害。大发生林分，可将针叶全部吃光，如同火烧状，严重影响松树生长，甚至造成大面积松林枯死，严重影响森林生态功能，是松树主要害虫。

寄　　　主 油松、樟子松、华山松、马尾松及白皮松。

主要形态特征 成虫体色淡灰褐色至深褐色，花纹比较清楚。雌蛾前翅中室末端有1个不明显的白点，位于弧状内横线上或稍偏外侧；雄的白点比雌蛾的明显。亚外缘斑列呈黑色，似新月形，内侧衬有淡棕色斑，前6斑排列成弧状，第七、八、九斑斜列。后翅淡棕色至深棕色。幼虫灰黑色，体侧具长毛，花纹明显。头部褐黄色，额区中央有个深色斑。胸部背面毒毛带明显。

生物学特性 一年发生1代或1～2代，在重庆地区2～3代。在北京地区，越冬幼虫于3月中、下旬到4月中旬活动，取食针叶。5月中、下旬至6月上旬开始结茧化蛹，6月中、下旬为化蛹盛期。成虫于6月上旬开始羽化，7月上、中旬为羽化盛期。第一代卵6月上旬开始出现，7月上、中旬为产卵盛期。第一代幼虫于6月中旬开始出现，初孵幼虫群集于卵块附近的针叶上，啃食针叶边缘，形成许多缺刻，使针叶枯萎，2龄幼虫分散取食，能咬断针叶，3龄以后幼虫取食整个针叶。部分幼虫生长发育迟缓，至10月上、中旬开始下树越冬，一年完成1代。生长发育较快的第一代幼虫，于7月下旬开始结茧化蛹，8月中旬成虫开始羽化，产生第二代卵，8月底至9月上、中旬孵化为幼虫，10月中、下旬幼虫下树越冬，一年完成2代。越冬幼虫大部分在树干基部30厘米以下树皮裂缝中及树基土壤内和枯枝落叶、石块、土块下，以背风向阳面居多。成虫有较强趋光性。

油松毛虫雌成虫

油松毛虫雄成虫

油松毛虫幼虫

油松毛虫防治历 (以北京地区为例)

时间	虫态	防治方法	要点说明
3～4月	幼虫	人工捕杀幼虫。	捕杀时要戴上手套，避免接触毒毛中毒。
6～7月	蛹卵	人工摘茧、采卵。	
6月中旬至7月上旬，8月底至9月中、下旬	幼虫	喷施松毛虫质型多角体病毒1500亿～3750亿/公顷、25%灭幼脲Ⅲ号胶悬剂300～450克/公顷、25%灭幼脲Ⅲ号粉剂450～600克/公顷、Bt乳剂800倍液等。1.2%苦参碱·烟碱乳油1200倍液喷烟防治。	地面喷烟雾，在幼虫1～2龄时，选择无风的傍晚进行效果最佳。
3月中、下旬至4月中旬		将2.5%溴氰菊酯用柴油和煤油稀释，药和油的比例为1∶15和1∶7.5，600毫升/公顷，在树干1.3～1.5米高处喷一个宽约2厘米的药环，阻杀上树幼虫。 在树干胸径处绑2道毒绳或1道塑料带。	在幼虫上树前完成防治作业。
6月上旬至7月上、中旬，8月中、下旬	成虫	设置杀虫灯诱杀成虫。	在成虫羽化前设置杀虫灯。

参考文献

[1] 萧刚柔. 中国森林昆虫 [M]. 北京: 中国林业出版社, 1983.
[2] 李东霞. 油松毛虫的综合防治措施 [J]. 科技情报开发与经济, 2008, 18(27): 226.
[3] 康晓强. 油松毛虫综合防治技术 [J]. 山西林业科技, 2007(3): 34-35.

（王玉玲）

赤松毛虫

Dendrolimus spectabilis Butler

分 布 与 危 害	分布于辽宁、河北、山东、江苏等地。受害严重的林分，松林针叶被全部吃光，远看似火烧状。连续危害造成大片松林枯死，造成生态破坏。是松树的主要害虫。
寄 主	赤松、黑松、油松、樟子松及落叶松。
主 要 形 态 特 征	成虫体色变化较大，有灰白、灰褐及赤褐色。前翅中横线与外横线白色，亚外缘斑列黑色呈三角形。雌蛾亚外缘斑列内侧和雄蛾亚外缘斑列外侧有白色斑纹。雄蛾前翅中横线与外横线之间深褐色，形成宽的中带。初孵幼虫体背黄色，头黑色，体毛不明显；2龄幼虫体背现花纹；3龄以后幼虫体背呈黄褐、黑褐、黑色花纹；老熟幼虫体背第二、三节丛生黑色毒毛，毛束片较明显。
生 物 学 特 性	一年发生1代，以幼虫越冬。在山东半岛，3月上旬开始出蛰活动，7月中旬结茧化蛹，7月下旬成虫出现，盛期在8月上、中旬，同时产卵。每头雌蛾可产卵230～460粒，分3～5次，每次产100～200粒，在健壮针叶上排列块状，8月中旬卵开始孵化，初孵幼虫先啃食针叶边缘并使其呈现缺刻，被害针叶常弯曲枯黄；3龄后取食整个针叶，盛期是8月底至9月初，至10月下旬幼虫开始越冬。在河北、辽宁出蛰期比山东晚10天；结茧化蛹期，河北比山东晚20天，比辽宁早10天；越冬期，辽宁比河北、山东晚10天左右。幼虫有下树越冬习性，天气寒冷时，沿树干向下爬行，蛰伏于树皮翘缝或地面石块下及地面杂草中越冬。成虫有强趋光性。

赤松毛虫成虫-1

赤松毛虫成虫-2

赤松毛虫卵

赤松毛虫幼虫

赤松毛虫老龄幼虫 (徐公天提供)

赤松毛虫茧 (徐公天提供)

赤松毛虫危害状

赤松毛虫防治历 （以河北地区为例）

时　间	虫　态	防治方法	要点说明
3月20日左右	幼虫	阻隔环：农用塑料薄膜，带宽3～5厘米，围绑在树干胸径处。 毒绳：用2.5%敌杀死或20%速灭杀丁和废机油浸泡纸绳，制成毒绳，在树干胸径处围绑1～2道。	应在幼虫上树之前完成。
4月中旬至5月上旬		25%灭幼脲Ⅲ号（或3%高渗苯氧威1：8）0.25千克，柴油7.5千克，用药量为1875克/公顷超低量喷雾。 Bt乳剂稀释成1亿活芽孢/毫升、25%灭幼脲Ⅲ号3000倍、24%米满2000倍液、1.2%苦参碱·烟碱乳油1000倍液等树冠喷雾。郁闭度大林分可用1.2%烟参碱插管烟剂每公顷7.5千克。	每天早晨05：00～09：00，16：00～19：00，在无风或微风（3级以下）的天气条件下作业为好。
7月底至8月下旬	成虫、卵	在重度发生区设置杀虫灯诱杀成虫。释放赤眼蜂，每公顷30万头。	成虫羽化前开灯，杀虫灯应设在开阔地段。

　　强化封山育林措施，逐步改善恢复林分生态环境，提高松林生长势和自控能力。造林时适度密植，疏林补密，合理抚育修枝，保持树木正常的枝叶量

参考文献

[1] 萧刚柔.中国森林昆虫 [M].北京:中国林业出版社,1983.

[2] 李立红,等.赤松毛虫综合防治技术研究 [J].河北林业科技,2007(4): 13-14.

（王玉玲　李洪敬）

思茅松毛虫

Dendrolimus kikuchii Matsumura

分布与危害 分布于河南、江苏、安徽、浙江、湖北、四川、江西、湖南、贵州、福建、云南、广东、广西、台湾、海南等省（自治区、直辖市）。幼虫危害针叶，大发生时，可将针叶食光，造成大面积松林枯黄，严重受害林木枯死。

寄　　主 马尾松、华山松、云南松、黄山松、思茅松、云南油杉、黑松、落叶松、海岸松、海南五针松、金钱松。

主要形态特征 雌成虫黄褐色，触角双栉齿状。中室白斑明显，4条深色波状纹较明显。雄成虫体色较雌虫深，为棕褐色至深褐色，触角羽毛状。前翅翅基至外缘处有黑褐色波状纹4条。由8个近圆形的黄色斑组成1条亚缘线。顶角处的3个斑及中室白斑明显，中室白斑至基角之间有一肾形黄色斑纹，大而明显。1龄幼虫头部橘黄色，体红色，有黄绿色花纹，胸部第一节有2束长毛束，犹如2只角；2～4龄幼虫斑纹及体色更为清晰；5龄幼虫头部仍为橘黄色，中、后胸背面有黑色毒毛丛，其间有1丛橘黄色毛，前胸每侧有2束长毛，尖端为白色；老龄幼虫体增长，体色为黄褐色。

生物学特性 一年发生1～3代，大多以4龄幼虫在树干裂缝及针叶丛中越冬，少数以5龄幼虫越冬。翌年2月底越冬幼虫开始活动取食，5月中旬结茧化蛹，蛹期19～22天，6月上中旬羽化产卵。第一代幼虫6月底到7月危害。9月上旬第二代幼虫危害，至12月中旬越冬。8月上旬第一代幼虫结茧化蛹。成虫多在18：00～20：00羽化，羽化后当天或第二天凌晨交尾，呈"1"字形，持续20～23小时，分散后即在松针上产卵，卵堆成块，数十粒到数百粒不等。成虫白天静伏隐蔽场所，夜间活动。以傍晚最盛，具有趋光性。初孵幼虫有取食卵壳的习性。幼虫初期有群集习性，幼虫行动活泼，稍受惊即吐丝下垂或弹跳落地。老龄幼虫受惊后立即将头下弯，竖起胸部的毒毛以示警御。老熟幼虫下树爬至杂草灌木上结茧化蛹，极少在针叶丛中结茧。

思茅松毛虫雌成虫

思茅松毛虫雄成虫

思茅松毛虫林分被害状

思茅松毛虫幼虫

思茅松毛虫防治历　　　(以浙江地区为例)

时　间	虫　态	防治方法	要点说明
3月中旬至6月上旬，10月初至11月中旬	幼虫	白僵菌于地面喷雾，稀释液为1亿～5亿孢子/毫升；地面喷粉，100亿孢子/克、7500克/公顷。	使幼虫带菌越冬或早春应用。
		松毛虫质型多角体病毒1500亿～3750亿/公顷、25%灭幼脲Ⅲ号胶悬剂300～450克/公顷、25%灭幼脲Ⅲ号粉剂450～600克/公顷、Bt乳剂800倍液、1.2%苦参碱·烟碱乳油1200倍液等喷雾防治。	喷烟时选择无风或微风的天气，以04:00～06:00，或16:00～20:00为好。
		4～6月采用20%杀灭菊酯，用"林海—25型"烟雾机在林间喷烟，用量每公顷15～30毫升+柴油150毫升。	
3月中、下旬	幼虫	将质型多角体病毒（CPV）粉剂撒于林间针叶及地面上。	幼虫3～5龄时，将粉剂撒在虫口密度大的林间地面；雨后撒在针叶上使之吸附一些粉剂，效果更好。
7月中旬至8月中、下旬，9月中旬至10月中、下旬	成虫	在重度发生区设置安装频振式杀虫灯，诱杀成虫。	在成虫羽化前设置杀虫灯。

参考文献

[1]　张潮巨.思茅松毛虫生物学特性与防治研究 [J].华东昆虫学报，2002.11(2): 74-78.
[2]　许国连，柴守权，谢开立，等.禄丰县思茅松毛虫生物学特性的初步研究 [J].云南林业科技，2002(3): 61-64.
[3]　曾述圣，杨佳，杨中学，等.思茅松毛虫质型多角体病毒的应用 [J].森林病虫通讯，2000(1): 28-29.
[4]　卢斌.思茅松毛虫生物学特性及防治方法 [J].安徽农学通报，2008,14(3): 98,62.

（王玉玲）

云南松毛虫

Dendrolimus houi Lajonquiére

分布与危害	分布于云南、浙江、福建、四川、广西、广东、湖南、湖北、贵州等地。以幼虫取食松树针叶危害，大发生林分常将针叶吃光，影响松树正常生长，严重时被害林木枯死。
寄　　　主	云南松、高山松、思茅松、马尾松、海南松、华山松、圆柏、侧柏、柏木、柳杉、油杉等。
主要形态特征	成虫通体密被灰褐色鳞毛。前翅具4条深褐色弧形线。亚外缘斑9个，新月形，灰黑色。与雌蛾相比，雄蛾体型较小，色较深，中室白斑明显。1龄幼虫通体灰褐色，头部褐色，胸部各节背面具有深褐色条纹，两侧密生黑褐色毛丛；2龄以上幼虫第四至第五节背面各有1个显著的灰白色蝶形斑。
生物学特性	在湖北恩施市一年发生1代，以卵越冬，翌年4月中旬幼虫开始孵化，4月下旬至5月初为盛期，7月下旬结茧化蛹，9月上旬出现成虫，10月中旬为羽化末期。在云南景东县、昌宁县一年发生2代，以幼虫越冬；在腾冲县一年仅发生1代，以卵越冬；在福建闽东一年发生1代，以卵越冬。卵产于叶或小枝上。有的一串串排列整齐，有的单粒、双粒或几十粒不等，有时堆产。茧多结在树枝顶端及基部，也有相当一部分有迁移结茧的习性，喜欢群集在石头缝、灌木丛。茧外有毒毛，结茧有群集性，往往2至数个聚集在一起。

云南松毛虫成虫(翟鸣提供)

云南松毛虫蛹(翟鸣提供)

云南松毛虫防治历 （以湖北恩施为例）

时间	虫态	防治方法	要点说明
4～5月	幼虫	用苏云金杆菌乳剂800倍液低量喷雾。	多雨时慎用。喷雾时加入一定剂量的洗衣粉，可以增强防治效果。
5中下旬至6月下旬	幼虫	2.5%溴氰菊酯150毫升/公顷常规放烟（溴氰菊酯与柴油1：20比例混合）。	
7月下旬至8月上旬	蛹	人工摘茧。	集中销毁。
9～10月	成虫、卵	杀虫灯诱杀成虫。	在成虫羽化前设置杀虫灯。
		卵期施放"生物导弹"（赤眼蜂携带病毒）。重度发生区75～105枚/公顷，中度发生45～75枚/公顷。	严格掌握在成虫产卵盛期。
11月中、下旬，翌年2～5月	越冬幼虫	白僵菌2.25万亿～75.0万亿孢子/公顷人工地面放粉炮。	空气湿度80%以上的阴雨天或雨后或早上露水未干时作业。

云南松毛虫幼虫

云南松毛虫危害状（翟鸣提供）

参考文献

[1] 蒲学胜, 蒲晓秋. 云南松毛虫的综合防治技术 [G]. 湖南省昆虫学会成立50周年庆典暨2002年学术年会论文集, 2002: 94-95.

[2] 薛敏, 翟鸣. "生物导弹" 防治云南松毛虫试验 [J]. 贵州林业科技, 2006, 34(5): 35-37.

[3] 林光明. 应用化学药剂控制云南松毛虫危害的研究 [J]. 林业勘察设计 (福建), 2001(2): 70-73.

[4] 夏昌新, 薛敏. 人工摘除云南松毛虫虫茧指标的确定 [J]. 贵州林业科技. 2003(2): 28-30.

（王玉玲　刘思源）

落叶松毛虫

Dendrolimus superans (Butler)

分布与危害	分布于辽宁、吉林、黑龙江、内蒙古、河北和新疆。严重被害时，大片松林针叶全部被食光，远看似火烧状，连年被害，造成大面积松林枯死。是松林主要危险性害虫。
寄　　　主	落叶松、红松、鱼鳞云杉、油松、黑松、樟子松、新疆云杉、红皮云杉、冷杉、臭冷杉等。
主要形态特征	成虫体色和花纹变化较大，有灰白、灰褐、褐、赤褐、黑褐色等。前翅较宽，外缘较直、内横线、中横线、外横线深褐色，外横线具锯齿状，亚外缘线有8个黑斑排列略似"3"形，其最后2个斑若连成一线则与外缘近于平行，中室白斑大而明显。末龄幼虫灰褐色，有黄斑，被银白色或金黄色毛；中后胸背面有2条蓝黑色闪光毒毛；第八腹节背面有暗蓝色长毛束。
生物学特性	两年发生1代或一年1代，以3～4龄幼虫于枯枝落叶层下、土缝、石块下越冬。在新疆阿尔泰林区以两年1代为主，在东北地区大多一年1代。一年1代的翌年春季4～5月越冬幼虫上树活动，将整个针叶食光，6～7月老熟幼虫大多在树冠上结茧化蛹，7～8月成虫羽化、交尾产卵，卵产在针叶上，排列成行或堆，7月中、下旬幼虫孵化，初龄幼虫多群集于枝梢端部，把针叶的一侧吃成缺刻，几天后针叶卷曲枯黄成枯萎丛；2龄后逐渐分散危害，嚼食整根松针，但在每束针叶基部残留较长的一段，因而在树冠上造成很多残缺不全的针叶，顶端流出树脂，日久成黄褐色。10月中下旬幼虫下树越冬。落叶松毛虫的主要发生地是低山、丘陵或高山的山麓，排水良好而林内落叶层较厚，窝风的10年生以上的落叶松人工林内，干旱往往促使其大量繁殖，危害加重。

落叶松毛虫成虫-1

落叶松毛虫成虫-2

落叶松毛虫幼虫

落叶松毛虫3龄越冬幼虫(徐公天提供)

落叶松毛虫卵(徐公天提供)

落叶松毛虫危害状

落叶松毛虫防治历 (以东北地区为例)

时间	虫态	防治方法	要点说明
4～5月	幼虫	将2.5%溴氰菊酯用柴油、煤油稀释,药和油的比例为1:15和1:7.5,600毫升/公顷,选用常用普通医用喉头喷雾器,在树干1.3～1.5米高处喷一个宽约2厘米的药环。当幼虫上树时,爬过药环而中毒死亡。	在幼虫上树前1～2天完成防治作业。喷毒环要闭合。
		松毛虫质型多角体病毒1500亿～3750亿/公顷喷施、25%灭幼脲Ⅲ号粉剂450～600克/公顷喷粉、20%灭·阿可湿性粉剂30～50克/公顷地面常规喷雾。	最佳防治时机在幼虫4龄以前。
7～8月	成虫、蛹、卵	设置杀虫灯诱杀成虫;人工摘茧蛹;人工摘卵块,释放赤眼蜂30万头/公顷。	杀虫灯在成虫羽化前设置。

参考文献

[1] 郑淑杰.大兴安岭地区应用喷毒环技术防治落叶松毛虫的探讨 [J].植物保护,2005,28(2): 45-47.

[2] 李莉,孟焕文,孙旭.落叶松毛虫生物学 [J].内蒙古农业大学学报,2002,23(1): 25-26.

(王玉玲 杜文胜)

松茸毒蛾

Dasychira axutha Collenette

分 布 与 危 害	又名松毒蛾。分布于黑龙江、辽宁、安徽、浙江、江西、广东、广西、湖南、湖北等省（自治区）。此虫在广西常与马尾松毛虫同时或间隔发生，成灾面积大，成灾频率高。严重影响林木生长和松脂生产，并可使松树枯死。
寄 主	马尾松、油松、思茅松、云南松、雪松、日本五针松、黑松、湿地松、火炬松、热带松、海南二针松（南亚松），以马尾松和油松受害最重。
主 要 形 态 特 征	成虫体灰黑色，前翅白灰色带褐色，亚基线褐黑色，锯齿状折曲，内外横线褐黑色，前一半直，后一半锯齿状，缘毛褐灰色与黑褐色相间。后翅雌蛾灰白色，雄蛾灰黑色。幼虫头红褐色，体棕黄色，杂有不规则的红黑褐色斑纹。并密生黑毛。胸腹部各节有毛瘤，瘤上密生棕黑色长毛。前胸背板两侧及第八腹节背面中央各生1束黑色长毛束。第一至第四腹节背面生有刷状丛生的黄褐色毛簇。
生 物 学 特 性	在广西北部一年发生3代，以蛹越冬；翌年4月中、下旬成虫羽化，各代幼虫危害期为5～6月、7～8月及9月中旬至10月，成虫期7月上旬、9月中旬；第三代幼虫于11月中、上旬结茧化蛹越冬。成虫有趋光性，多在傍晚羽化，当晚交尾，次晚产卵。卵聚产于松针上，覆被绒毛。大发生时附近物体上皆可见到，每块有卵10粒或200～300粒。小幼虫有吐丝下垂的习性，体毛长而密，能借风力飘散它处。3龄后分散危害，取食全叶，大龄虫取食时，多从中间咬断针叶，留下针叶基部约3厘米，尖端部分落地，使受害松林地面出现大量断叶。

松茸毒蛾成虫

松茸毒蛾危害状

松茸毒蛾幼虫

松茸毒蛾成虫静止状态

松茸毒蛾防治历　　　　　　　　（以广西地区为例）

时间	虫态	防治方法	要点说明
5～6月	幼虫	20%氰戊菊酯2000倍液、25%灭幼脲Ⅲ号600克/公顷、杀蛉脲75克/公顷等喷施。在山高林密、水源不便的林中可使用烟雾机喷溴氰菊酯+柴油（1：10）。	必须在3龄前防治，以防扩散。喷烟应在清晨或晚20：00点以后。
7～8月			
9月中旬至10月中旬			
4月中下旬，7月上旬，9月中旬	成虫	采用杀虫灯、黑光灯、高压诱虫灯、100～200W白炽灯诱杀成虫。	在成虫产卵前设置。
4月中、下旬，7月上旬，9月中旬	卵期	人工采摘卵块。	采摘卵的部位在马尾松针叶上，大发生时在各种树种、电线杆、行道树干、墙壁、灌木杂草上均有。
11月上、中旬	蛹	人工采集蛹。	采集的部位在树干周围的枯枝落叶层中，树冠下的杂草灌丛根际中、土洞、石块缝隙间。
12月至翌年3月		严格按照适地适树的原则营造针阔混交林。对郁闭度较大的松林，加强抚育管理，适时抚育间伐、修枝，使林分通风透光。保护阔叶树及其他植被，增加蜜源植物。同时充分利用自然天敌控制害虫。	

参考文献

[1] 萧刚柔.中国森林昆虫[M].北京:中国林业出版社.1992: 1075-1077.

[2] 洪明明,梅学峰.松茸毒蛾的特性与防治[J].安徽林业,2004(6): 34.

[3] 王鸣凤,许冬芳,等.松茸毒蛾的发生与防治[J].林业科技开发,2004(5): 66-67.

[4] 张永忠.松茸毒蛾的初步研究[J].安徽农学通报,2008,14(1): 175.

（任浩章　李　涛　姜海燕）

兴安落叶松鞘蛾

Coleophora dahurica Falkovitsh

分布与危害　分布于辽宁、吉林、黑龙江、河南、河北、内蒙古等地。以幼虫负鞘取食针叶，食光叶肉，残留叶的表皮。被害树冠远看呈灰白色，如下霜一般，严重时整株树冠变赤褐色，如同火烧，严重影响树木生长。

寄　　　主　兴安落叶松、长白落叶松、日本落叶松和华北落叶松。

主要形态特征　小型蛾，体翅均暗灰色，翅细长，具银灰色鳞片，长缘毛，后翅更长。成虫触角26～28节，雄虫比雌虫常多1节。前翅多呈灰色，其顶端1/3部分颜色稍浅；后翅颜色比前翅稍深或与前翅相似。幼虫，老熟幼虫黄褐色，前胸盾黑褐色，闪亮光。由于中纵沟与中横沟分割，结果使前胸盾呈"田"字形。筒巢长圆形。

生物学特性　一年发生1代，以3龄幼虫在受害树叶残片吐丝制成鞘，在短枝分枝处及芽腋或树皮缝内越冬。翌春4月中下旬越冬幼虫开始活动，5月上旬开始化蛹，中旬为化蛹盛期，6月上旬成虫羽化，中旬达到羽化盛期。上午8：00～10：00为羽化高峰期。成虫交尾1次，交尾后1天便可以产卵，产卵量平均为18粒。6月下旬开始孵化。1、2龄幼虫无鞘，取食针叶，3龄幼虫开始在叶内制鞘，制鞘后藏身鞘内，取食松叶时头部探出鞘外背负鞘取食，9月下旬至10月上旬，当气温缓降时，仍有幼虫负鞘活动，若气温逐降则无幼虫活动并开始越冬。

兴安落叶松鞘蛾危害状

兴安落叶松鞘蛾幼虫及鞘

兴安落叶松鞘蛾幼虫做的鞘

兴安落叶松鞘蛾成虫

兴安落叶松鞘蛾防治历　　　　　　　（以北方地区为例）

时间	虫态	防治方法	要点说明
6月	成虫	2.5%敌杀死4000倍液树冠喷雾。	
6月下旬至9月	幼虫	用0.9%阿维菌素乳油与零号柴油按1：25配比后276毫升/公顷喷烟。	喷烟时风速要在1.5米/秒以下，在林内以风速0.3～1米/秒为宜，时间以清晨东方快要发白至太阳出来前这一段时间和傍晚在日落前1小时至22：00为最佳喷烟时机。
		25%灭幼脲Ⅲ号胶悬剂或1.2%苦参碱·烟碱乳油1000～2000倍液树冠喷雾。	按顺风方向喷药，药液务必向上喷施到树梢；喷药时要掌握天气变化情况，注意风速、风向，一般风速超过3米/秒停止作业。
10～12月	越冬幼虫		

参考文献

[1]　任丽, 吴守欣, 朱雨行, 等. 兴安落叶松鞘蛾生物学特性及防治技术研究 [J]. 河南林业科技, 2005, 25(4): 24-25.

[2]　刘登林, 张士杰. 兴安落叶松鞘蛾不同虫态烟剂防治试验 [J]. 吉林林业科技, 2001, 30(3): 23-25.

（赵铁良）

松阿扁叶蜂

Acantholyda posticalis Matsumura

分布与危害 又名松扁叶蜂。分布于东北、河南、山东、山西、河南、陕西等地。以幼虫取食针叶，大发生时针叶受害率达80%以上，枝梢上布满残渣和粪屑，林分似火烧一般。严重影响树木生长、松果结实和种子产量。

寄　　　主 红松、油松、赤松、樟子松。

主要形态特征 成虫雌虫触角尖端几节带烟黑色，翅淡灰黄色，透明，翅痣几乎全部为黄色，翅脉黑褐色，翅顶角及外缘有凸饰，色较暗，微带暗紫色光泽；头部刻点疏浅，触角侧区及中胸前盾片无刻点。雄虫触角柄节背面黑色，头部刻点较雌虫稍密而粗，中胸前侧片刻点较粗密。初孵幼虫头黄绿色，胸部乳白色，微带红色，后变污白色；4龄幼虫背线和气门线呈紫红色，老熟时为浅黄至褐黄色。

生物学特性 在大多省份一年发生1代，各虫态发育相对整齐。在河南省，树下越冬幼虫3月下旬开始化蛹，蛹期13～17天。5月上旬成虫大量羽化，并开始产卵，5月中旬为产卵盛期，每个雌虫平均产卵36.8粒，最多达42粒。卵期14～18天，5月下旬幼虫大量孵化并进入危害期。幼虫危害期35～40天，6月上旬至下旬为危害盛期，6月下旬（25日前后）幼虫老熟下树，在树冠下土层中越夏、越冬。幼虫孵化时，用上颚在卵的一端咬一小孔，钻出后爬至针叶基部吐丝3～5根结网，居其中。开始咬断针叶拖回网内取食。3龄后幼虫转移到当年新梢基部吐丝做巢定居。幼虫受惊后迅速退回巢内，并有吐丝下垂习性。幼虫有迁移习性。老熟幼虫爬出坠地钻入土中，于5～10厘米深土层中做椭圆形土室越夏越冬，直到翌年5月上旬羽化后钻出土室。成虫有补充营养的习性，在针叶上取食形成小缺刻。成虫受惊后落地假死，不久即飞翔逃跑。成虫寿命17～20天。一般在山口风大的地方及山梁上土壤瘠薄的地方松阿扁叶蜂分布较少，阳坡避风处及山沟里土层深厚处虫口密度较高。成虫群聚飞翔，在林中呈团状分布，喜于透光好的松林上产卵。

松阿扁叶蜂成虫-1

松阿扁叶蜂成虫-2

松阿扁叶蜂虫巢(刘思源提供)

松阿扁叶蜂蛹(刘思源提供)

松阿扁叶蜂幼虫(刘思源提供)

松阿扁叶蜂越冬幼虫(刘思源提供)

松阿扁叶蜂防治历　(以河南地区为例)

时间	虫态	防治方法	要点说明
1～4月	幼虫、预蛹	对大面积纯林,补种阔叶树种,改善林分结构,提高抗虫害能力。 加强天然次生林的抚育管理,提高郁闭度,增强树势。	营林改造要科学合理。
		越冬期鸟类及其他哺乳动物刨食幼虫。黑蚂蚁可取食虫卵。	补充病原菌、保护天敌生物,增强自然控制能力。 注意保护和招引啄木鸟等天敌。
5～6月	成虫、卵、幼虫	1.2%苦参碱·烟碱乳油1000倍液、1.8%阿维菌素乳油8000倍液喷雾杀幼虫;40%氧化乐果喷烟防治1～3龄幼虫;40%氧化乐果乳油1000～2000倍液树冠喷雾防治1～3龄幼虫;对郁闭度0.7以上林分,用18千克/公顷敌马烟剂防治1～3龄幼虫。	在林分郁闭度0.7以上效果最佳。 幼虫期应用。
7～12月	老熟幼虫	在土壤中施用白僵菌、绿僵菌粉,喷洒Bt乳剂400倍液,感染越冬幼虫。	

参考文献

[1] 马西寅,严海峰,周卷华,等.楼观台森林公园油松阿扁叶蜂[J].化学防治技术研究,2008,23(4):132-135.
[2] 刘书平,何涛,李莉,等.陕西南部松阿扁叶蜂发生规律及防治[J].植物检疫,2008(5):327-329.

(郭志红　崔振强　刘思源)

鞭角华扁叶蜂

Chinolyda flagellicornis (F.Smith)

分布与危害　曾名鞭角扁叶蜂。分布于福建、浙江、湖北、四川等地。以幼虫取食针叶危害。初孵幼虫在卵壳附近群集并吐丝结网，在网中取食1年生嫩叶表皮；大龄幼虫不断筑新网巢，并在枝条间转移危害。大发生年份将树叶吃光，严重被害树木枯萎。

寄　　　主　主要危害柏木、柳杉等树种。

主要形态特征　雌成虫翅半透明、黄色，前翅端部约1/3翅长呈烟褐色，翅痣基部黄色，端部黑褐色，翅脉暗黄色，前端约1/3翅长的翅脉呈黑褐色。触角鞭节基部及中部各节高度扁平。幼虫头部呈红褐色。胸部和腹部有几条白色纵纹。

生物学特性　重庆一年发生1代。以老熟幼虫入土做土室，以预蛹越夏、越冬。翌年3月上旬开始化蛹，3月中旬开始羽化，4月中旬为羽化末期。3月下旬成虫开始产卵，4月中旬为末期。4月上旬卵开始孵化，4月中旬为盛期，5月中旬为末期。5月上旬至6月中旬老熟幼虫坠落地面，进入土中。越冬预蛹多分布于树冠投影内2～13厘米土壤中；土室椭圆形。蛹期平均17.6天。刚羽化成虫早晚或阴天一般静伏不动，晴天11～13时常群集树冠上部飞翔和交尾，雌虫交尾后3～5小时开始产卵，卵绝大多数产在1年生鳞叶上，每枚鳞叶有卵2～27粒，一般7～10粒，每只雌成虫一生能产卵20～39粒。卵期平均15天，初孵幼虫在卵壳附近群集并吐丝结网，开始在网中取食1年生嫩叶表皮，食量随着虫龄增大而增加，当将虫网附近鳞叶吃光后，又成群转移到其他枝条，筑新网巢而继续危害。幼虫只作枝条间转移，不作株间转移。最末一龄幼虫一般分散危害。幼虫6龄（少数4～5龄），历期平均27天。

鞭角华扁叶蜂成虫正面 (陈素琼提供)　　　　　　　鞭角华扁叶蜂成虫腹面 (陈素琼提供)

鞭角华扁叶蜂卵 (陈素琼提供)

鞭角华扁叶蜂幼虫

鞭角华扁叶蜂成虫

鞭角华扁叶蜂危害状 (陈素琼提供)

鞭角华扁叶蜂防治历　　　　(以四川地区为例)

时间	虫态	防治方法	要点说明
1～3月	幼虫、预蛹	在重灾区林地人工土中挖除活茧，压低虫口密度。 采用人工剪除虫枝，集中烧毁方法防治。	将挖到的虫茧集中销毁或放于昆虫笼内，收集天敌寄生昆虫，重新释放于发生地。
5～6月	幼虫	小面积发生时可用人工摘除卵块，捕杀成虫。 保护利用林间天敌，如保护招引益鸟；保护寄生蜂。 用飞机于幼虫开始孵化时喷洒灭幼脲I号，用量0.4千克／公顷。	注意保护利用天敌大山雀、乌鸦、啄木鸟、天敌昆虫和寄生性微生物。
6～12月	老熟幼虫、预蛹	有条件的地方在秋末冬初可进行垦山翻土，以消灭越冬预蛹。	

参 考 文 献

[1] 萧刚柔,黄孝运,周淑芷,等.中国经济叶蜂志 (I) [M].陕西杨陵: 天则出版社,1991: 30-31.

[2] 王瑞亮.浙江省柳杉害虫记述 [J].浙江林学院学报,1997,14(3): 277-280.

[3] 张文吉,李学锋,王成菊,等.新农药应用指南 [M].北京: 中国林业出版社,1995: 9-10.

[4] 萧刚柔.中国森林昆虫 [M].北京: 中国林业出版社,1992: 1192-1193.

（郭志红　崔振强　牟文彬）

伊藤厚丝叶蜂

Pachynematus itoi Okutani

分布与危害	黑龙江、吉林、辽宁等省。幼虫群居取食簇生叶，2龄开始把针叶大部食掉，只残留叶脉，3龄后将针叶全部食掉。受害较重林分，针叶全部被食光，落叶松树一片枯黄，似火烧状，严重影响落叶松的生长。
寄　　　　主	西伯利亚落叶松、日本落叶松、长白落叶松和兴安落叶松。
主要形态特征	雌成虫胸部腹面深褐色；前足和中足的基节和腿节以及后足均为黑色，基节侧缘、后足腿节端部为黄褐色；翅呈黄褐色。雄成虫胸部、腹部背面褐色，腹部腹面黄褐色，足黄褐色，后足跗节褐色，翅深褐色。老熟幼虫头黑色，胸足褐色，从胸部第一节开始，身体背线两侧各具1个黑色大斑纹；胸部各节侧板各具1个毛疣，腹部第一至第七节背板背面也各具2个黑褐色毛疣。
生物学特性	一年发生3代，以老熟幼虫在枯枝落叶层中结茧越冬。翌年5月上旬开始化蛹，5月中旬开始羽化、产卵。5月底第一代幼虫开始孵化，6月下旬化蛹，7月上旬第一代成虫羽化、产卵；7月中旬第二代幼虫开始孵化，8月上旬化蛹，8月中旬第二代成虫羽化、产卵；8月下旬第三代幼虫开始孵化，9月中旬陆续进入枯枝落叶层结茧越冬。成虫白天羽化。羽化历时15～20天。雌虫羽化后常伏在下木、杂草的叶面上，雄虫羽化后比较活跃。雌虫交尾后飞向树冠，卵多产在树冠南侧中上部枝梢的顶端，以第一、第二簇叶为多。卵产在叶背面。产卵时雌虫先用产卵器将针叶刺裂缝，然后将卵产于其中。卵一半在槽中，一半外露。一头雌虫只在1簇叶上产卵，卵期8～10天。幼虫群居性强，孵化后往叶簇下方转移取食，幼虫3龄以后食叶量增加，达到暴食期。第一代幼虫期1个月，第二、三代15～20天。9月中旬老熟幼虫逐渐从树枝上坠落于枯枝落叶层中，在枯枝落叶层与土壤交界处结茧越冬。

伊藤厚丝叶蜂幼虫

伊藤厚丝叶蜂危害状

伊藤厚丝叶蜂成虫

伊藤厚丝叶蜂防治历   （以吉林地区为例）

时间	虫态	防治方法	要点说明
1～5月，9～12月	老熟幼虫、预蛹、蛹	在重灾区林地人工挖除活茧，压低虫口密度。	将虫茧集中放于养虫笼内，待寄生性天敌羽化。
5～6月	卵、幼虫	卵期或幼虫集中取食期，人工剪除卵、幼虫枝条。	集中销毁带虫枝条。
		在温湿度适宜的条件下，用100亿活孢/毫升的白僵菌粉剂喷洒，用量22.5千克/公顷。	最好在22℃以上,空气湿度在60%以上，有露水的清晨或雨后喷施。
		5%来福灵（顺式氰戊菊酯）喷烟，或20%杀铃脲1000倍液、25%灭幼脲Ⅰ号200克/公顷、25%灭幼脲Ⅲ号700克/公顷等喷雾。	低龄幼虫效果好。
		用苏云金杆菌乳剂原液2.5千克/公顷树冠喷雾。	

参 考 文 献

[1] 萧刚柔.中国森林昆虫 [M].中国林业出版社, 1992: 1194-1195.

[2] 萧刚柔,黄孝运,周淑芷,等.中国经济叶蜂志 (I) [M].陕西杨陵: 天则出版社, 1991: 131

[3] 金美兰.伊藤厚丝叶蜂生物学特性及其防治技术 [J].吉林林业科技, 2004, 33(1): 39-40.

（崔振强　郭志红）

靖远松叶蜂

Diprion jingyuanensis Xiao et Zhang

分 布 与 危 害	分布于甘肃、山西省。是我国危害油松的重要森林害虫。危害严重时将大面积油松的松针全部吃光，持续发生造成树势衰弱，甚至枯死，损失严重。
寄　　　　主	油松。
成　　　　虫	雌成虫触角21～23节，柄节、梗节黄褐色，鞭节黑色。胸部黑色，前胸背板黄色。翅痣前端黄色，后端黑色，黑色部分有白斑。足黑色，前足腿节、胫节、跗节为黄色。腹部黑色，背板1、2、3侧缘及腹板3～5节黄色。头、胸部披黄色细毛。雄成虫黑色，触角23节，除基部2节和端部3节为单栉齿状外，其余各节为双栉齿状。触角1～2节、上唇、唇基、腹部第九腹板、足的胫节及爪均为淡黄褐色。幼虫共8龄。头和足为黑色，略有光泽，胸足3对，腹足8对。
生 物 学 特 性	在山西一年发生1代，少数两年发生1代（跨越3个年度）。以茧内预蛹在枯枝落叶层下、杂草基部层下、苔草层下和其他地被下越冬、越夏。一般在5月上旬开始化蛹，5月下旬为化蛹盛期，6月中旬为化蛹末期，成虫于5月下旬始见，6月下旬至7月初为盛期，8月下旬至10月中旬老熟幼虫相继坠地，爬行寻觅适宜场所结茧。茧为圆筒形，两端钝圆，初结茧为白色，渐变为黄褐色至栗褐色。每头雌虫产卵120～229粒，有孤雌生殖现象。幼虫共8龄，1～7龄幼虫均有群集取食的习性。少数有滞育现象，两年完成1代。一般纯林、疏林和阴坡等虫口密度较大。

靖远松叶蜂即将开始危害 (王文旭提供)

靖远松叶蜂幼虫危害状-1 (苗振旺提供)

靖远松叶蜂防治历　　　　　　（以山西地区为例）

时间	虫态	防治方法	要点说明
1～5月	老熟幼虫、茧、幼虫	在重灾区林地人工挖除活茧，压低虫口密度。	将茧集中放于养虫笼内，待寄生天敌羽化。
			在幼虫集中取食阶段人工剪除有卵、幼虫的枝条，集中销毁。
6～7月	成虫、卵、幼虫	用每毫升含孢量100亿的白僵菌粉剂喷洒，22.5千克/公顷。	在22℃以上,空气湿度60%以上，有露水的清晨或雨后喷施最好。
		用25%灭幼脲Ⅰ号200克/公顷、25%灭幼脲Ⅲ号700克/公顷1500～2000倍喷雾。	本方法适用于树木较低、取水方便的林地。
		在人员行走方便或零星地带，人工剪除虫枝，集中销毁。	
		应用喷烟机喷施1.2%苦参碱·烟碱乳油，用量15千克/公顷。	适用于缺水、郁闭度在0.5以上的成片林。
		苏云金杆菌乳剂原液，用量为2.5千克/公顷；可以添加促食剂。	喷洒树冠松针。
9～12月	老熟幼虫、预蛹、茧	人工挖茧蛹，压低虫口密度。	
		喷洒每毫升含孢量100亿的白僵菌粉剂，用量为22.5千克/公顷。	

靖远松叶蜂茧 (王文旭提供)

靖远松叶蜂危害状-2 (王文旭提供)

靖远松叶蜂成虫 (苗振旺提供)

参考文献

[1] 北京林学院.森林昆虫学 [M].北京:中国林业出版社,1980.

[2] 萧刚柔,黄孝运,周淑芷,等.中国经济叶蜂志(Ⅰ) [M].陕西杨陵:天则出版社,1991: 19.

[3] 陈年春.农药生物测定技术 [M].北京:北京农业大学出版社,1991: 83-128.

[4] 郑坚军.扑虱灵控制稻飞虱的应用研究 [J].昆虫知识,1993(2) : 68-71.

[5] 王聿洲,等.25%灭幼脲Ⅲ号飞机低容量喷洒防治落叶松毛虫 [J].森林病虫通讯,1988(1): 35-36.

[6] 范丽华,谢映平,原贵生,等.应用白僵菌防治靖远松叶蜂的研究 [J].中国森林病虫,2005,24(4): 29-32.

（郭志红　崔振强　苗振旺）

浙江黑松叶蜂

Nesodiprion zhejiangensis Zhou et Xiao

分布与危害	分布于浙江、安徽、广西、广东、湖南、江西、云南、四川、福建等地。以取食针叶危害。火炬松被害率高于湿地松。大发生时有虫株率近100%，将成片的松针吃光，严重影响树木生长。
寄　　　主	马尾松、火炬松、湿地松等。
主要形态特征	成虫体黑色，头胸部略具光泽，触角双栉齿状，中胸小盾片黑色。雌虫第七、八腹节背板两侧缘斑点黄白色。翅透明，翅痣和翅脉黑褐色。幼虫体长18毫米左右，背上有2条绿色纵背线，体侧各有3条深蓝色或墨绿色气门上线。
生物学特性	湖南省一年可以发生3~4代，以老熟幼虫在针叶上结茧，以预蛹越冬。翌年4月下旬至五月中旬出现第一代幼虫，7月出现第二代幼虫；8月下旬出现第三代幼虫，9月下旬出现第四代幼虫。成虫昼夜均可羽化，以夜间羽化为多。雌虫不善飞翔，雄虫较活跃，可短距离飞行，交尾后即可产卵。产卵时雌虫静伏于针叶上，用产卵器刺破针叶表皮，产卵于针叶表皮内。每一针叶产卵2~3粒，每雌可产卵14~21粒。4~6天后产卵处针叶组织膨大、发黄，再过3~4天膨大处裂开，可见即将孵出的黑色幼虫。幼虫5龄，少数6龄，具群集性。1龄幼虫在当年生枝条针叶顶端啃食叶肉组织，不食叶脉；2龄幼虫从针叶顶部往下啃食叶肉组织；3龄幼虫从针叶顶端啃食至叶鞘，可食尽全针叶。4~5龄幼虫食量大，数十上百头群集取食，枝条针叶被害后枯黄似火烧状。

浙江黑松叶蜂成虫 (王焱提供)

浙江黑松叶蜂卵 (王焱提供)

浙江黑松叶蜂防治历　　　　　　（以浙江地区为例）

时间	虫态	防治方法	要点说明
1～4月	越冬蛹	做好虫情预测预报，及时发现，及时采取相应的预防措施	
6～9月	成虫、卵、幼虫	用每毫升含孢量100亿的白僵菌粉剂喷洒，每22.5千克/公顷。	应选择在2～3龄幼虫期进行。
		用25%灭幼脲Ⅰ号200克/公顷、25%灭幼脲Ⅲ号700克/公顷喷雾，地面1500～2000倍，飞机喷雾稀释100倍。	对树木高大、林相复杂的松林，可飞机超低量施药。
		施放白僵菌粉炮。	2～3龄幼虫期，温度在25度以上，湿度在70%以上施用。
9～12月	越冬蛹	人工挖掘林地中虫蛹，压低虫口密度。越冬代茧期可人工摘除针叶上的虫茧。	集中销毁。

注意保护和招引啄木鸟等天敌。

浙江黑松叶蜂幼虫（王焱提供）

浙江黑松叶蜂茧（王焱提供）

参考文献

[1] 萧刚柔,黄孝运,周淑芷,等.中国经济叶蜂志(I)[M].陕西杨陵:天则出版社,1991:92-93.
[2] 浙江黑松叶蜂研究初报[J].湖南林业科技,1989(1):43-45.
[3] 浙江黑松叶蜂初步防治研究[J].安徽林业科技,1992(1):18-20.
[4] 萧刚柔.中国森林昆虫[M].北京:中国林业出版社,1992:1180-1181.

（郭志红　崔振强）

落叶松叶蜂

Pristiphora erichsonii (Hartig)

分布与危害	又名落叶松红腹叶蜂，分布于黑龙江、吉林、辽宁、内蒙古、河北、北京、山西、陕西、宁夏、甘肃等地。幼虫取食针叶，大发生时可将成片落叶松林针叶食光，造成林木枝梢弯曲，枝条枯死，树冠变形，生长势衰弱，难以郁闭成林，是落叶松人工林的重要食叶害虫之一。
寄　　　主	华北落叶松、兴安落叶松、长白落叶松、海林落叶松、日本落叶松。
主要形态特征	雌成虫体黑色，有光泽。头黑色，触角茶褐色。前胸背板两侧黄褐色；中胸、后胸黑色。翅淡黄色，透明，翅痣黑色。腹部第二至第五背板、第六背板前缘均为橘红色，第一、第六背板大部分和第七至第九背板黑色，第二至第七腹板中央橘红色；头部刻点细匀。雄虫黑色；触角黄褐色；腹部第二背板两侧、第三至第五及第六节背板中央均为橘红色。老熟幼虫黑褐色，胸部和腹部背面墨绿色，腹面灰白色。胸足黑褐色。
生物学特性	在宁夏固原一年发生1代，以老熟幼虫结茧于树冠下及其周围枯枝落叶层或土壤中越冬。翌年4月下旬开始化蛹、5月中旬为化蛹盛期，蛹期7～10天，5月下旬为羽化高峰期，成虫喜在阳光下活动，羽化后即可产卵。6月中、下旬为幼虫危害盛期，幼虫主要危害10～30年生落叶松，1～4龄幼虫群集危害，先取食产卵枝附近的针叶，逐步向枝条基部扩散，5龄幼虫分散危害。6月下旬老熟幼虫开始下树结茧，7月上旬为结茧盛期，7月下旬为结茧末期。

落叶松叶蜂幼虫危害状-1 (张三亮提供)

落叶松叶蜂幼虫危害状-2 (张三亮提供)

落叶松叶蜂成虫 (张三亮提供)

落叶松叶蜂防治历　　　　　　　　　(以宁夏地区为例)

时间	虫态	防治方法	要点说明
1~4月	茧	利用老熟幼虫下树结茧习性,可采取人工挖茧,同时清理越冬场所等措施,减少越冬虫口基数。	
5~7月	蛹、成虫、卵、幼虫	用每毫升含孢量100亿的白僵菌粉剂喷洒,用药量22.5千克/公顷;用25%灭幼脲Ⅰ号200克/公顷、25%灭幼脲Ⅲ号700克/公顷喷雾,地面1500~2000倍、飞机喷雾稀释100倍。	集中销毁。
		保护利用天敌,如球孢白僵菌、黑瘤姬蜂、恩姬蜂、日本弓背蚁、单环真猎蝽等。	
8~12月	茧	同1~4月。	

参考文献

[1]　曹秀文,马存世,朱高红.落叶松叶蜂生物学特性及防治研究 [J].甘肃林业科技,1995(4): 47-50.

[2]　刘家志,高玉梅,牟宗海,等.落叶松叶蜂生物学特性及天敌 [J].东北林业大学学报,1996, 24(4): 31-36.

[3]　孙普,王双贵,李希惠.落叶松叶蜂生物学习性及防治研究 [J].宁夏农林科技,2001(4): 14-15.

[4]　萧刚柔.中国森林昆虫 [M].北京:中国林业出版社,1992.

[5]　于素英,李玉英.落叶松叶蜂生物学特性及其防治方法 [J].河北林业科技,2002(6): 40.

[6]　周淑芷,黄孝运,张真,等.落叶松叶蜂生物学特性及防治途径研究 [J].林业科学研究,1995, 8(2): 145-151.

(李　涛　雷银山　刘自祥)

落叶松鳃扁叶蜂

Cephalcia lariciphila (Wachtl)

分布与危害	又名高山扁叶蜂。分布于黑龙江、山西、河北省。以幼虫取食叶片危害,初孵幼虫在针簇做巢,群聚取食针叶,且主要食叶肉,将叶食成缺刻状,影响树木正常生长,严重发生时常将针叶食光。
寄　　主	华北落叶松、日本落叶松、长白落叶松、兴安落叶松。
主要形态特征	成虫翅半透明,略呈淡黑色,顶角及外线稍带烟褐色。翅痣及翅脉黑褐色,翅痣下有一淡烟褐色横带,横带直达翅后缘。老熟幼虫灰褐色。头盖板、触角和气门周围呈暗褐色。尾须及胸足最初呈黑褐色,而后逐渐变为草绿色或绿色。
生物学特性	在山西、河北等地一年发生1代,以预蛹于土内越冬,少数预蛹有滞育现象,可在一年以后羽化。在河北越冬预蛹于翌年4月中旬开始化蛹,4月底为盛期,6月上旬为末期。5月上、中旬成虫开始出现,5月中、下旬为盛期,6月中旬为末期。5月中旬开始产卵,下旬为盛期,7月上旬为末期。6月中旬卵开始孵化,下旬为盛期,7月下旬为末期。老熟幼虫于7月中旬开始下树做土室变为预蛹越冬。土室入土深达2～3厘米,一般分布于树干投影内,以靠近树干基部部分为多。蛹期15～26天。雄成虫较雌成虫早2～3天出土。交尾地多在地面、草丛、灌木或枯枝上,也有在幼树或大树下部枝条上交尾;交尾后雌虫多沿树干爬上树,在叶簇外轮针叶端部背面产卵;每枚针叶上产卵1粒,极少产卵2粒;每只雌虫一生产卵30余粒。成虫咬食嫩叶补充营养。成虫寿命3～11天。卵孵化期约30天。幼虫孵出后立即爬往叶簇做巢,隔1天开始取食。起初食量很小,3～4龄幼虫食量猛增,白天栖息巢内,夜晚出而取食。幼虫期21～28天。

落叶松腮扁叶蜂成虫

落叶松腮扁叶蜂幼虫

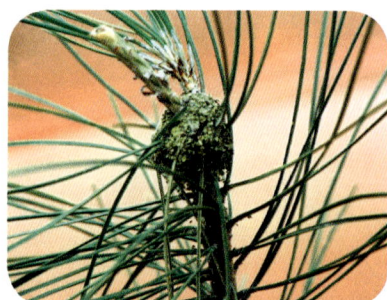
落叶松腮扁叶蜂幼虫结巢危害状

落叶松鳃扁叶蜂防治历　　　(以河北地区为例)

时间	虫态	防治方法	要点说明
1～4月	预蛹、蛹	加强营林抚育，加速林分郁闭。	营造混交林，增强森林的自控能力。
		在重灾区秋末冬初可进行垦山翻土，以消灭越冬预蛹。	将挖到的虫蛹集中放于昆虫笼内，让寄生性天敌羽化。
5～7月	成虫、卵、幼虫	小面积发生时可人工摘除卵块和幼虫巢。	集中处理。
		低龄幼虫期喷洒25%灭幼脲Ⅰ号200克/公顷或25%灭幼脲Ⅲ号700克/公顷1500～2000倍液。	本方法适用于树木较低、取水方便的林地。
		在温湿度适宜的条件下，用100亿活孢/毫升的白僵菌粉剂喷雾，用量22.5千克/公顷。	应注意气温在22℃以上、空气湿度在60%以上。最好在有露水的清晨或雨后喷施。 喷洒树冠。
7～12月	茧	同1～4月。	

落叶松腮扁叶蜂危害状

参考文献

[1] 萧刚柔.中国森林昆虫[M].北京:中国林业出版社,1992.
[2] 北京林学院.森林昆虫学[M].北京:中国林业出版社,1980.
[3] 陈年春.农药生物测定技术[M].北京:北京农业大学出版社,1991:83-128.
[4] 王聿洲,等.25%灭幼脲Ⅲ号飞机低容量喷洒防治落叶松毛虫[J].森林病虫通讯,1988(1):35-36.
[5] 萧刚柔,黄孝运,周淑芷,等.中国经济叶蜂志(I)[M].陕西杨陵:天则出版社,1991:29-30.

(崔振强　郭志红)

云杉阿扁叶蜂

Acantholyda piceacola Xiao et Zhou

分布与危害　分布于甘肃（山丹）、青海两省。是我国新发现种。1983年首次在甘肃张掖地区山丹县大黄山林场发现，危害青海云杉。以幼虫取食针叶危害，幼虫孵出后即在孵化处小枝上取食针叶基部叶肉，并将少数针叶基部咬断，边食边将粪便排于身后。2龄以后转移到针叶上，吐丝连缀针叶成网，慢慢形成虫巢，一般2～3个虫巢连在一起。大发生时虫口密度较高，可以将大片松林针叶吃光，中龄林树冠中下部、幼龄林树冠中上部受害严重。严重影响树木生长。

寄　　　主　青海云杉、华北落叶松。

主要形态特征　雌成虫触角第一节为黄色，第二节为深黄色，从第三节开始逐渐变黑；头部呈黑色；翅基片为深黄色，翅痣黑色，翅脉黑褐色；足红黄色。头部横缝以下、触角侧区以上两眼间部分以及额上部刻点稠密，呈皱纹状。老熟幼虫呈灰绿色，头褐黑色具光泽，额墨绿色，上唇黄绿色，唇基及下颚须绿色，触角褐黄色，前胸盾黑色。2龄至老熟前有绿色背线1条及褐色腹线3条。

生物学特性　在甘肃山丹县两年发生1代。以老熟幼虫入土越冬。第三年5月上旬开始化蛹，中旬为盛期。6月中旬成虫开始羽化，下旬为盛期，6月底为末期，成虫羽化后在地面交尾，喜在通风透光的林缘活动，夜间栖息于针叶上。6月中旬开始产卵，下旬为盛期。卵多产于2年生针叶上端边缘。7月上旬幼虫孵出，中旬为盛期，下旬为末期。幼虫吐丝连缀针叶成网，并将食剩的残叶及粪粒粘结成虫巢，取食巢附近针叶，吃尽针叶后将虫巢扩大至它枝再营新巢，巢间有丝道相通，一般2～3个虫巢串连一起，8月上旬老熟幼虫开始坠落地面入土，中旬为盛期，9月上旬为末期。入土后做一土室，静伏其中。土室椭圆形，内壁光滑。入土深度因枯枝落叶层及土壤坚实度而异，其幅度为2～14厘米。

云杉阿扁叶蜂幼虫

云杉阿扁叶蜂成虫

云杉阿扁叶蜂卵及危害状

云杉阿扁叶蜂危害状

云杉阿扁叶蜂防治历 （以甘肃地区为例）

时间	虫态	防治方法	要点说明
1～4月	蛹、预蛹	保护和利用乌鸦、斑尾榛鸡等天敌，提高森林自控能力。	进行封山育林，注重保护和招引啄木鸟等天敌。
		人工挖掘林地中虫蛹、幼虫、预蛹，集中销毁。	一般宜在冬春季农闲期进行。
5～8月	成虫、卵、幼虫	在轻度发生区亦可用8000IU/毫克苏云金杆菌可湿性粉剂1000～1500克/公顷喷雾，或8000IU/毫升苏云金杆菌油悬浮剂4500～6000毫升/公顷超低量喷雾，或功夫菊酯乳油300倍液喷雾。	在有露水的清晨或雨后喷施苏云金杆菌粉剂效果好。
		在疏林、孤立木、种子园等幼虫密度较低的林地，剪除有幼虫集中的枝条，集中销毁。	此方法无污染，不伤天敌，操作简便，效果直接。
		以25%灭幼脲Ⅲ号胶悬剂150倍液低容量喷雾。	在2龄幼虫期。
		大面积发生区宜在卵孵化盛期以飞机低容量喷洒25%灭幼脲Ⅲ号与2.5%功夫菊酯乳油混剂防治。	灭幼脲Ⅲ号600克/公顷，功夫菊酯乳油105克/公顷。
9～12月	老熟幼虫、蛹、预蛹	在温湿度适宜的条件下，用100亿/毫升白僵菌粉剂喷洒，用量为每公顷22.5千克。	宜在9月上旬幼虫刚下树；气温较高、湿度较大的时候喷洒。

参考文献

[1] 萧刚柔,黄孝运,周淑芷,等.中国经济叶蜂志(Ⅰ) [M].陕西杨陵:天则出版社,1991.

[2] 陈年春.农药生物测定技术 [M].北京:北京农业大学出版社,1991:83-128.

[3] 王聿洲,等.25%灭幼脲Ⅲ号飞机低容量喷洒防治落叶松毛虫 [J].森林病虫通讯,1988(1):35-36.

（郭志红　崔振强）

蜀柏毒蛾

Parocneria orienta Chao

分 布 与 危 害　分布在浙江、湖北、四川、重庆、上海、天津等地。越冬代幼虫先取食幼嫩鳞叶及小枝顶芽，造成枝叶生长停滞；大龄幼虫取食老叶及嫩枝，叶片常被吃光，使林木枯黄甚至死亡，如同火烧一般。

寄　　　　主　主要为柏木、侧柏、圆柏等。

主要形态特征　雄成虫头和胸部灰褐色，有白色毛。腹部灰褐色，基部颜色较浅。足灰褐色，有白色斑。前翅白色或褐白色，中区和外区密布褐色或黑褐色鳞片；斑纹较模糊，褐色或黑褐色；缘线由一系列点组成，缘毛白色和褐色或黑褐色相间。雌虫体较大，颜色较浅，斑纹较雄蛾清晰；后翅灰白色，外缘褐色或黑褐色。幼虫头部褐黑色，体绿色，背面和侧面有灰白色和灰褐色斑纹，瘤红色，瘤上生白色和黑色毛。

生物学特性　一年发生2代，以第二代幼虫（或卵）越冬。一般2月上旬至6月中旬为越冬代发生期，初孵幼虫在鳞叶、小枝上活动，遇振动惊骇。幼虫暴食期在4月下旬至5月中旬，主要取食柏木鳞叶，先食中上部后下部，先吃嫩叶，后吃老叶，直至逐株吃光，越冬代幼虫摄食期约为110～130天。成虫多在黄昏羽化，白天静伏于枝叶间，多在树冠、树干上交尾。卵多产于树冠中、下部鳞叶背面，小枝及小枝分叉处，产卵同时分泌少量胶液将卵粒粘于枝叶上。卵聚产，少则几粒、十几粒，多则几十粒、上百粒。成虫具有强烈的趋光性。

蜀柏毒蛾成虫

蜀柏毒蛾卵-1

蜀柏毒蛾卵-2(王焱提供)

蜀柏毒蛾低龄幼虫(左)、老熟幼虫(右)(王焱提供)

蜀柏毒蛾幼虫

蜀柏毒蛾蛹(王焱提供)

蜀柏毒蛾危害状

蜀柏毒蛾防治历

(以西南地区为例)

时间	虫态	防治方法	要点说明
1～2月，11～12月	幼虫、卵	采取多树种营造混交林。开展幼林抚育和成林间伐，严禁过度修枝。	以桤木、刺槐、马桑等树种与柏木混交，从单位面积上减少蜀柏毒蛾食物源，并为天敌创造栖息环境。
3～4月，7～8月	幼虫	在低龄幼虫期，用蜀柏毒蛾核型多角体3600亿(PIB)/公顷、苏云金杆菌(Bt)25亿IU/公顷、25%灭幼脲Ⅲ号胶悬剂450克/公顷、1.2%苦参碱·烟碱乳油1500克/公顷等喷雾。15%灭幼脲烟雾剂喷烟。	苏云金杆菌施菌时间应在采桑养蚕前20天以上。
5～6月，9～10月	蛹、成虫	人工摘除虫蛹并集中销毁。	人工摘卵树过高不宜采摘时，用竹竿轻击树冠振落树上的蛹。
		林缘或林间空地设置诱虫灯、黑光灯、电灯、马灯诱杀成虫。	从成虫羽化始盛期开始。选择闷热、无风雨的夜晚20:00至次日02:00，于林间高处挂灯，灯下用木盆或大塑料盆，内放少量柴油、煤油或洗衣粉(搅拌起泡沫)，灯距盆0.2～0.5米，并及时捞出盆中诱到的蛾子。

参考文献

[1] 陈蓉.蜀柏毒蛾发生规律及综合防治技术[J].四川林业科技,2008(10):81-82.
[2] 萧刚柔.中国森林昆虫[M].北京:中国林业出版社,1992.
[3] 段守荣,刘安珍,吴强,等.新型烟雾剂防治蜀柏毒蛾试验研究[J].四川林业科技,2002,24(4):53-54.

(牟文彬 李涛)

侧柏毒蛾

Parocneria furva Leech

分布与危害　分布于北京、河北、河南、山东、安徽、江苏、浙江、广西、贵州、四川、青海等地。叶片尖端被食，基部光秃，随后逐渐变黄，枯萎脱落，大发生时常将整株树叶吃光，严重影响林木生长，影响景观。

寄　　　主　侧柏、黄柏、圆柏。

主要形态特征　成虫体灰褐色，雌虫触角灰白色，呈短栉齿状。前翅浅灰色，翅面有不显著的齿状波纹，近中室处有一暗色斑点，外缘较暗，布有若干黑斑，后翅浅黑色，带花纹。雄虫触角灰黑色，呈羽毛状，体色较雌虫深，为近灰褐色，前翅花纹完全消失。幼虫全体近灰褐色，形成较宽的纵带，在纵带两边镶有不规则的灰黑色斑点，相连如带。腹部第六、七节背面中央各有1个淡红色的翻缩线。身体各节具有黄褐色毛瘤，上着生粗细不一的刚毛。

生物学特性　一年发生2代，以初龄幼虫在树皮缝内越冬。翌年3月幼虫出蛰，幼虫白天潜伏于树皮下或树内，夜晚取食。老熟后，在叶片间、树皮下或树洞内吐丝结薄茧、化蛹。6月中旬成虫羽化，羽化时间多在夜间至上午，傍晚后飞翔交尾，交尾后即产卵，每雌平均产卵87粒。卵产于叶柄、叶片上。初孵幼虫咬食鳞叶尖端和边缘成缺刻，3龄后取食全叶。第一代幼虫于8月中旬化蛹，8月下旬出现成虫。9月上、中旬出现第二代幼虫。成虫具趋光性。

侧柏毒蛾雄成虫(停歇状态)(徐公天提供)

侧柏毒蛾老龄幼虫 (徐公天提供)

侧柏毒蛾已孵化卵壳 (徐公天提供)

侧柏毒蛾幼龄幼虫 (徐公天提供)

侧柏毒蛾初蛹 (徐公天提供)

侧柏毒蛾幼虫危害整株状 (徐公天提供)

侧柏毒蛾幼虫危害状 (徐公天提供)

侧柏毒蛾防治历　　　　　(以贵州习水地区为例)

时间	虫态	防治方法	要点说明
1~2月	卵	对郁闭度较大的林分，要及时进行修枝和间伐，减轻危害。	修枝剪去部分虫卵枝要注意烧毁或深埋。
3月中旬	2~3龄（越冬代幼虫）	25%灭幼脲Ⅲ号悬浮液2000~2500倍液、2.5%溴氰菊酯2000倍液、2.5%溴氰菊酯乳油8000倍液与25%灭幼脲Ⅰ号3000倍液混合液、或5%高效氯氰菊酯4000倍液等喷雾。	要在3龄前进行防治，以防扩散。应轮换用药，以免产生抗药性。
6月中旬	2~3龄（第一代）		
6~7月，8~9月	成虫期	采用杀虫灯或黑光灯诱杀成虫。	21：00~23：00开灯诱杀。
1~10月	卵、幼虫	天敌防治：卵期有寄生蜂；幼虫期有寄生蜂、寄生蝇、步行虫、螳螂、蚂蚁、蜘蛛、胡蜂和鸟类等天敌。	注意保护和利用天敌

参考文献

[1] 萧刚柔. 中国森林昆虫 [M]. 北京: 中国林业出版社. 1992: 1102-1103.

[2] 黄文学, 潘乐明. 习水县侧柏毒蛾生物学特性及防治方法 [J]. 林业建设, 2006(4): 6-7.

[3] 曹晓成. 侧柏毒蛾在桧柏上的发生规律与防治 [J]. 陕西林业科技, 2006(2): 44-45.

（任浩章　冷莲慧　兰星平　宋盛英）

美国白蛾

Hyphantria cunea (Drary)

分布与危害	分布于辽宁、河北、北京、山东、天津和河南等地。以幼虫取食叶片危害，食性很杂，被害植物有100余种。初孵幼虫有吐丝结网、群居危害的习性，每株树上多达几百只、上千只幼虫危害，常将整株叶片或成片树叶食光，整个树冠全部被网幕笼罩，严重影响树木生长和绿化景观。是外来入侵种，我国林业检疫性有害生物。
寄　　主	食性杂，主要喜食种类有糖槭、桑、悬铃木、臭椿、白蜡、核桃、山楂、苹果、李、梨、榆、杨、柳、刺槐、玉米、大豆及蔬菜、杂草等100余种。
主要形态特征	成虫体白色，雄蛾体长，前翅具褐色斑点（可分不同斑型）或无斑点。雌蛾前翅斑点少，越夏代大多数无斑点；复眼黑褐色，下唇须小，侧面黑色。卵圆球形，初产时呈黄绿色，不久颜色渐深，孵化前呈灰褐色，卵面有无数有规则的凹陷刻纹；卵多产于叶背，成块状，常覆盖雌蛾体毛（鳞片）。幼虫根据其头壳颜色可分黑头型和红头型两个类型，我国仅有黑头型一个类型。幼虫体细长，老熟幼虫沿背中央有1条深色宽纵带，两侧各有1排黑色毛瘤，毛瘤上有白色长毛丛。蛹茧：灰色，很薄，被稀疏丝毛组成的网状物；臀棘10~15根。
生物学特性	一年发生2~3代，以蛹在老树皮下、地面枯枝落叶和屋檐内、墙缝、地面表土内越冬。辽宁等2代区，成虫5月开始羽化，成虫期为5月中旬至6月下旬，7月下旬至8月中旬；幼虫发生期分别在5月下旬至7月下旬，8月上旬至10月上旬。9月初开始陆续化蛹越冬。北京等3代区，成虫4月开始羽化，成虫期为4月上旬到5月下旬，6月底至7月上旬，8月中旬。幼虫期分别为5月上旬至6月上旬，7月上旬至8月下旬，8月下旬至10月下旬。 成虫喜夜间活动和交尾，交尾后即产卵于叶背，卵单层排列成块状，1块卵有数百粒，多者可达千粒，卵块上被有1层雌成虫体毛，卵期15天左右。幼虫孵出几个小时后即吐丝结网，开始吐丝缀叶1~3片，随着幼虫生长，食量增加，更多的新叶被包进网幕内，网幕也随之增大，最后犹如一层白纱包缚整个树冠。幼虫共7龄，4龄前幼虫在网幕内取食，5龄以后进入暴食期，并分散活动，把树叶食光后，转移危害。

美国白蛾雌成虫

美国白蛾雄成虫

美国白蛾1龄幼虫(徐公天提供)

美国白蛾大龄幼虫

美国白蛾危害状

美国白蛾幼虫在网幕内(徐公天提供)

美国白蛾越冬蛹(徐公天提供)

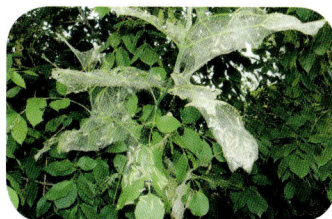
美国白蛾幼虫吐丝结网(徐公天提供)

美国白蛾防治历

(以北京地区为例)

时间	虫态	防治方法	要点说明
1~4月	蛹	人工灭除越冬蛹。	发动群众挖蛹，有偿收购。
4月上旬至10月	成虫、卵、幼虫、蛹	1~4龄幼虫期在网幕内危害，用高枝剪剪下网幕枝条，集中烧毁。 老熟幼虫开始下树时期，在树干离地面1~1.5米处，用稻草、麦秸、杂草等在树干上绑缚草把，诱集下树老熟幼虫在围草中化蛹。 利用成虫有趋光的特点，设置诱虫灯诱杀成虫。 利用成虫喜伏在树干、路灯干上，飞翔能力不强，可采取人工捕杀的方法捕杀成虫。 幼虫期，使用1%苦参碱可溶性液剂或1.2%苦参碱·烟碱乳油750毫升/公顷800~1000倍液或森得保可湿性粉剂3000倍，每公顷用量4500克，灭幼脲Ⅲ号4000倍液等(4龄前)进行喷雾防治，可收到理想的效果。 也可喷施8000IU/毫克苏云金杆菌可湿性粉剂1000~1500克/公顷或核型多角体病毒2000倍液。 美国白蛾老熟幼虫期，按1头白蛾幼虫释放美国白蛾周氏啮小蜂3~5头的比例，选择无风或微风上午10:00至下午5:00以前进行放蜂，将蜂蛹悬挂在离地面2米处的枝干上。	草把诱集幼虫化蛹后，及时解下烧掉。 诱虫灯应设在上年美国白蛾发生比较严重、四周空旷的地块。 城市或人群密集区，要尽量使用生物防治措施，减少化学农药的使用。

检疫性害虫，应加强检疫封锁，对植物及产品或其他载体实施产地检疫和调运检疫，防止其传播蔓延。

参 考 文 献

[1] 盛夏冰，罗超，胡婷丽，李莉桦.进境植物检疫性有害生物美国白蛾的研究概况 [J].现代农业科技，2009(5): 142-143.

[2] 张向欣，王正军.外来入侵种美国白蛾的研究进展 [J].安徽农业科学，2009, 37(1): 215-219.

[3] 苏茂文，张钟宁.外来有害生物美国白蛾入侵,危害和治理 [J].生物学通报，2008,43(12): 1-2.

[4] 赵继梅，纪纯阳，孙运清，等.辽南地区美国白蛾的危害及防治对策 [J].防护林科技，2008(3): 84, 111.

[5] 陶万强，薛洋，陈凤旺，等.北京地区美国白蛾生物学特性研究初报 [J].中国森林病虫，2008,27(2): 9-11.

[6] 杨庆忠.美国白蛾生活史观测及综合防治 [J].河北林业科技，2007(5): 27.

(郑 华)

杨扇舟蛾

Clostera anachoreta (Fabricius)

分布与危害 除新疆、贵州、广西和台湾尚无记录外，几乎遍布全国。是杨树常见食叶害虫。2龄以后幼虫吐丝缀叶，形成大的虫苞；3龄以后幼虫分散取食，可将全叶吃尽，仅剩叶柄。大发生林分可将成片杨树叶吃光，影响树干正常生长，造成树势衰弱。

寄　　　主 杨、柳。

主要形态特征 成虫体灰褐色，前翅灰褐色，翅面有4条灰白色波状横纹，顶角有1个褐色扇形斑。外横线穿过扇形斑一段，呈斜伸的双齿形，外衬2～3个黄褐色带锈红色斑点，扇形斑下方有1个较大的黑点。后翅呈灰褐色。老熟幼虫体具白色细毛。腹部背面呈灰黄绿色，每节着生有8个环形排列的橙红色瘤，瘤上具有长毛，两侧各有较大的黑瘤，其上着生白色细毛1束，向外呈放射状发散。腹部第一节和第八节背面中央有较大的红黑色瘤。

生物学特性 一年发生数代。河南和河北一年3～4代，安徽、陕西一年4～5代，江西、湖南一年5～6代，以蛹越冬。在江苏一年发生5～6代。每年4月中下旬越冬代成虫开始出现、产卵；5月上中旬第一代幼虫开始孵化，5月下旬至6月上中旬第一代成虫开始羽化。第二代成虫出现于7月中下旬。第三代成虫于8月上中旬羽化、产卵。9月上旬至9月中旬是第四代幼虫的危害高峰。第五代幼虫于9月下旬发生，危害至10月中旬开始化蛹越冬。个别延至11月中旬化蛹。成虫傍晚前后羽化最多，白天静栖，夜晚活动，有趋光性。越冬代成虫出现时，树叶尚未展开，卵多产于枝干上，以后各代则主要产于叶背面，常百余粒产在一起，排成单层块状，每个卵块数量不等，一般为9～600粒，每雌可产卵100～600余粒。2龄以后幼虫吐丝缀叶，形成大的虫包，3龄以后分散取食，可将全叶吃尽，仅剩叶柄。越冬代幼虫老熟后，多沿树干爬到地面，在枯叶下、树干旁、粗树皮下或表土内结茧化蛹越冬，其他代老熟幼虫在树叶上结茧化蛹。

杨扇舟蛾成虫 (徐公天提供)

杨扇舟蛾幼虫 (王焱提供)

杨扇舟蛾卵孵化(徐公天提供)

杨扇舟蛾蛹(徐公天提供)

杨扇舟蛾茧(徐公天提供)

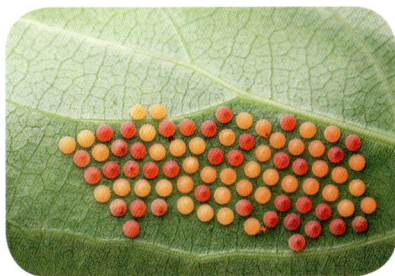
杨扇舟蛾卵(徐公天提供)

杨扇舟蛾危害状

杨扇舟蛾防治历　　(以江苏为例)

时间	虫态	防治方法	要点说明
5月上、中旬，8月上、中旬，9月上、中旬，9月下旬至10月中旬	幼虫	初龄幼虫吐丝结茧群集期，人工摘除虫苞。	集中销毁。
		青虫菌稀释液1亿～2亿孢子/毫升，或Bt乳剂2000倍液树冠喷施。	
		25%灭幼脲悬浮剂1500倍液加2.5%溴氰菊酯乳油5000倍液，或用0.2%阿维菌素2000～3000倍液等喷雾。	每代幼虫3龄前施药，要均匀周到。
		树冠喷雾，树高超过10米的大树，可采用打孔注药法防治，在杨树胸径处用打孔机打孔。然后用40%氧化乐果乳油10～50倍液注药。	胸径有几厘米注几毫升药液。
		郁闭度0.7以上的林分，用氯氰菊酯等喷烟。	喷烟时选择无风或微风的天气，以早晨04:00～06:00，晚16:00～20:00为好。
4月中、下旬，5月下旬至6月上旬，7月中、下旬	成虫	设置杀虫灯诱杀成虫。	在成虫羽化前设灯。

参考文献

[1] 萧刚柔.中国森林昆虫 [M].北京: 中国林业出版社,1983.

[2] 汪立三,等.沭阳县杨树食叶害虫的发生及防治 [J].现代农业科技,2008(19): 22.

（王玉玲　高俊崇）

杨小舟蛾

Micromelalopha troglodyta (Graeser)

分布与危害	分布于黑龙江、吉林、辽宁、河南、河北、山东、安徽、江苏、浙江、江西、四川等省。以幼虫取食杨树叶片，危害严重林分树叶全部吃光，造成树势衰弱，严重影响树木生长。
寄　　主	杨树、柳树。
主要形态特征	成虫体色变化多样，有黄褐、红褐和暗褐等色。前翅有3条灰白色横线，每线两侧具暗边，外横线呈波浪形，横脉为1个小黑点。后翅黄褐色，臀角有1个赭色或红褐色小斑。幼虫体色变化较大，从灰褐色至灰绿色不等，体侧各具1条黄色纵带，各节具有不显著的肉瘤，以腹部第一节和第八节背面的肉瘤最大，呈灰色，上面生有短毛。
生物学特性	一年发生数代。杨小舟蛾在江苏一年发生5~6代，以蛹越冬，第二年4月中、下旬越冬代成虫出现，第一代幼虫5月上旬出现并危害，5月下旬为盛期。第二代幼虫于6月上旬出现，6月下旬化蛹、羽化为成虫。第三代幼虫集中在7月危害。第四代幼虫从7月下旬开始危害，8月达到盛期，9月上旬开始化蛹。第五代幼虫危害至9月下旬化蛹，部分转化为越冬蛹，部分羽化为成虫，产卵，孵化出第六代幼虫危害，这一代幼虫危害至10月中、下旬化蛹越冬。杨小舟蛾成虫白天多隐蔽，夜晚交尾产卵。有趋光性。卵多产于叶片表面或背面，呈块状，每块有卵300~400粒。幼虫孵化后，群集叶面啃食表皮，被害叶呈箩网状。稍大即分散蚕食，将叶片咬成缺刻。残留粗的叶脉和叶柄。7~8月高温多雨季节危害最重。每雌可产卵400~500粒。幼虫行动迟缓，白天多伏于树干粗皮缝隙处及树杈间。夜晚上树危害，黎明前后自叶面沿枝干下移隐伏。老熟幼虫吐丝缀叶，结薄茧化蛹。

杨小舟蛾成虫(徐公天提供)

杨小舟蛾卵

杨小舟蛾大龄幼虫-1（王焱提供）

杨小舟蛾大龄幼虫-2（王焱提供）

杨小舟蛾幼虫

杨小舟蛾危害状

杨小舟蛾防治历 （以江苏地区为例）

时间	虫态	防治方法	要点说明
5月， 6月， 8月， 9月	幼虫	根据初龄幼虫吐丝结苞群集的特性，人工摘除虫苞。	集中销毁虫苞。
		青虫菌稀释液含量1亿～2亿孢子/毫升、Bt乳剂2000倍液等树冠喷施。	
		用25%灭幼脲Ⅲ号悬浮剂1500倍液加2.5%溴氰菊酯乳油5000倍液，或0.9%阿维菌素2000～3000倍液喷雾。	每代幼虫3龄以前进行。
		对于3年生以上的或树高超过10米的大树，可采用打孔注药法防治，在杨树胸径处用打孔机打孔。然后用40%氧化乐果乳油等内吸型农药10～50倍液注入。	注药量为1毫升/厘米胸径。
		郁闭度超过0.7以上林分，用氯氰菊酯、1.2%苦参碱·烟碱乳油等喷烟。	喷烟时选择无风或微风的天气，以早晨04:00～06:00, 16:00～20:00为好。
4月中下旬， 6月下旬， 9月下旬	成虫	设置杀虫灯诱杀成虫。	设灯时间在成虫羽化前。

参考文献

[1] 萧刚柔.中国森林昆虫[M].北京:中国林业出版社,1983.
[2] 汪立三,等.沭阳县杨树食叶害虫的发生及防治[J].现代农业科技,2008(19):163-164.

（王玉玲　徐克勤）

杨二尾舟蛾

Cerura menciana Moor

分 布 与 危 害	分布十分广泛，除新疆、贵州、云南、广西、湖南、安徽外，几乎大部分省（自治区、直辖市）都有分布。以啃食树叶危害，初孵幼虫取食卵附近的叶片，4龄以后幼虫分散取食，幼虫密度高时常将叶片食光。影响树木正常生长和绿化美化效果，甚至导致树木死亡。
寄 主	杨、柳。
主要形态特征	成虫下唇须黑色。胸背有2列黑点，每列3个，翅基片有2个黑点。前翅灰白微带紫褐色，翅脉黑褐色，所有斑纹呈黑色，基部有3个呈鼎立状排列的黑点。老熟幼虫头部呈褐色，两颊具黑斑，体部呈叶绿色，第一胸节背面前缘呈白色，后面有1个紫红色三角形斑纹，体末端有2个褐色可以向外翻缩的长尾角。
生物学特性	北京、上海地区一年发生2代，在河南地区一年发生3代。以蛹在树干近基部的茧内越冬。第一代成虫出现在5月中旬，第二代成虫出现在7月上旬。成虫有趋光性，卵散产在叶面上，每叶产1~3粒，每头雌蛾平均产卵200多粒，卵期约12天。幼虫共5龄。初孵幼虫体黑色，非常活跃。幼虫受惊时，尾部翻起臀足，并不断摇动，以示警戒。4龄幼虫进入暴食期。幼虫严重危害期分别发生在6月（第一代）和8月（第二代）。老熟幼虫呈紫褐色或绿褐色，体较透明，爬到树干上（多半在干基处）咬破树皮和木质部吐丝结硬茧，茧紧贴树干，其颜色与树皮相同，具有保护作用。结茧后，幼虫在茧内3~10天化蛹越冬。

杨二尾舟蛾成虫-1

杨二尾舟蛾成虫-2

杨二尾舟蛾防治历

(以河南地区为例)

时间	虫态	防治方法	要点说明
1～4月，10～12月	蛹	结合树木养护管理，人工用木锤砸茧，在根际周围掘土灭蛹。	茧紧贴树干，其颜色与树皮相同。
4～9月	卵、幼虫、蛹、成虫	初龄幼虫阶段有群集性，可将虫枝剪下或震落消灭。 成虫期设置杀虫灯诱杀。 幼虫期采用青虫菌稀释液1亿～2亿孢子/毫升、Bt乳剂600倍液、25%灭幼脲悬浮剂1500倍液加2.5%溴氰菊酯乳油5000倍液、0.2%阿维菌素2000～3000倍液等喷雾。	剪下的幼虫枝条集中销毁。 尽量减少使用化学农药，以保护舟蛾赤眼蜂、追寄蝇、寄小蜂、绒茧蜂、黑卵蜂和益鸟等天敌。 使用化学农药时要注意人畜安全。

杨二尾舟蛾幼龄幼虫 (王焱提供)

杨二尾舟蛾幼虫

杨二尾舟蛾蛹

杨二尾舟蛾卵

杨二尾舟蛾茧 (韩福生提供)

参考文献

[1] 余军.杨二尾舟蛾生物学特性及防治 [J].安徽林业，2001(2): 24.

[2] 黄春堂,张福海,赵梅,等.飞机喷药防治杨二尾舟蛾试验 [J].中国森林病虫，2006,25(2): 42-43.

[3] 何江成,蒋衡,汤显春,等."生物导弹"防治杨二尾舟蛾初报 [J].新疆农业科学. 2006,43(3): 224-227.

(郑　华　刘玉芬　徐志华)

分月扇舟蛾

Clostera anastomosis (Linnaeus)

分布与危害　又名银波天社蛾。分布于辽宁、吉林、黑龙江、内蒙古、河北、江苏、上海、广西、广东、湖南、湖北、四川、重庆、云南等地。杨、柳树主要食叶害虫之一，常吃光整株叶片，仅留下树枝和叶柄，致使树木生长势下降，影响材质及景观。

寄　　　主　杨、柳、白桦等。

主要形态特征　成虫体灰褐色，头顶和胸背中央黑棕色。前翅暗灰褐色，有3条灰白色横纹，外缘顶角附近略带棕黄色，扇形斑近红褐色；翅中区圆形暗褐色斑由一灰白色线分成两半。后翅色较淡。雄虫腹部较瘦细，尾部有长毛1丛，体色比雌虫深。老熟幼虫纺锤形，头部褐色，胸、腹部暗褐色，中、后胸和腹部第二节背面各有2个红褐色瘤状突起，腹部第一节有1个大的黑色瘤状突起；第八节有黑色瘤状突起4个，其前有1对鲜黄色突起；两亚背线间除前胸、腹部第一、八节外，每节有白色突起1对。

生物学特性　在东北大兴安岭一年发生1代，以3龄幼虫做薄茧在树下枯枝落叶层内越冬，翌年5月下旬越冬幼虫出蛰，上树群栖危害。6月中、下旬结茧化蛹，7月上旬羽化、交尾、产卵。7月中旬羽化为幼虫，8月上旬做白色椭圆形茧越冬。初孵幼虫群栖于叶片上，经过一些时候开始剥食叶肉，呈箩底状，使叶片枯黄。2龄后咬食叶片边缘，呈孔洞。幼龄幼虫能吐丝下垂，随风传播。4龄后食量大增，咬食整个叶片，受惊后极易掉落地面。幼虫老熟后吐丝卷叶在其中化蛹，杨树叶被吃光时，便爬到周围的白桦、柞树、大黄柳、杜鹃和松树上结茧化蛹。成虫有趋光性，在河北1年发生2代。8月下旬以2龄幼虫下树在树皮裂缝、树周围枯枝落叶层及表层土壤中越冬，翌年4月中旬越冬代幼虫开始上树危害。

分月扇舟蛾成虫-1 (王焱提供)

分月扇舟蛾成虫-2 (王焱提供)

分月扇舟蛾蛹(王焱提供)

分月扇舟蛾幼虫(王焱提供)

分月扇舟蛾卵(王焱提供)

分月扇舟蛾危害状(王焱提供)

分月扇舟蛾防治历　　　　(以吉林地区为例)

时间	虫态	防治方法	要点说明
上年12月至2月，8月中、下旬	越冬幼虫	林内人工搂树下落叶。早春剪除幼虫群居危害的芽鳞、叶苞。	集中烧毁。
5月中、下旬至6月上旬	幼虫	3%高渗苯氧威3000～4000倍液、生物制剂Bt乳剂600倍液或1.8%阿维菌素3000倍液喷雾。 在郁闭林内，阴天雨后，气温24℃，可使用白僵菌0.5亿～1亿孢子/毫升菌液喷雾防治2～3龄幼虫。	越冬幼虫上树后集中在树冠下层枝叶取食，便于防治，是实施喷雾的关键时期。
6月中、下旬	幼虫、蛹	人工摘除蛹茧叶和虫叶。	集中烧毁或深埋。
6月下旬至7月上旬	成虫	林内挂置频振式杀虫灯诱杀成虫。	成虫羽化始见期开始设灯。
5月上、中旬，8月上、中旬	幼虫	树干下部或基部用溴氰菊酯毒笔画双环或涂抹乳油，以及树干绑毒绳毒杀上树幼虫。	在幼虫上树始见期实施，到始盛期结束。2.5%～5%氯氰菊酯+柴油+机油配制成1：30：1的混合药液。用毛笔蘸足药，在树干胸高约1～1.3米处刷宽3厘米的闭合环。

参考文献

[1] 徐公天,杨志华.中国园林害虫[M].北京:中国林业出版社,2007.

[2] 李莉,孙旭,孟焕文.分月扇舟蛾生物学特性及防治[J].内蒙古林业大学学报,2000,21(3):18-21.

[3] 车永贵,张家利,朱华年,等.分月扇舟蛾生物学特性及其综和防治[J].吉林林业科技,2001,30(5):18-19,26.

[4] 孙鹤立,崔同祥.分月扇舟蛾的发生与防治[J].河北林业科技,2006(3):58-59.

（郑　华　邱立新）

黑带二尾舟蛾

Cerura vinula felina (Butler)

分 布 与 危 害	分布于北京、河北、辽宁、吉林、黑龙江、甘肃。以幼虫取食树木的叶片，低龄幼虫取食叶片造成叶片残留、叶脉呈网状，大发生时，可将寄主植物叶片吃光，影响树木的生长和发育。
寄　　　主	杨、柳。
主要形态特征	成虫体灰白色，头和翅基片黄白色。胸背中线明显，有"八"字形黑纵带2条和黑斑10个；腹背黑色，每节中央有大灰三角形斑1个，斑内有黑纹2条，腹末节背有黑纵纹1条。前翅灰白色，亚基线有暗色宽横带，后翅外缘线由7个黑点组成。幼虫老熟时体青绿至湖蓝色，先端紫红，颈部紫红色，腹足4对，臀足退化成1对枝状尾突。
生物学特性	北京、上海地区一年发生2代，以蛹在树干近基部的茧内越冬。第一代成虫出现在5月中旬，第二代成虫在7月上旬出现。成虫有趋光性，卵散产在叶面上，每叶产1～3粒，每头雌蛾平均产卵200多粒，卵期约12天。幼虫共5龄。初孵幼虫体黑色，非常活跃。幼虫受惊时，尾部翻起臀足，并不断摇动，以示警戒。4龄幼虫进入暴食期，食量占总食量的86%以上。第一代幼虫严重，发生在6月，第二代危害期发生在8月。

黑带二尾舟蛾成虫 (徐公天提供)

黑带二尾舟蛾中龄幼虫 (徐公天提供)

黑带二尾舟蛾防治历　　　　　　　（以北京地区为例）

时间	虫态	防治方法	要点说明
1～5月，7月	蛹	人工砸灭树干上硬茧内越冬的蛹。	最好用木制锤。
5月中旬至7月	成虫、卵、幼虫	利用成虫很强的趋光性，用杀虫灯诱杀。 幼虫期喷洒20%除虫脲悬浮剂2500～3000倍液、生物制剂Bt乳剂600倍液或1.8%阿维菌素3000倍液。	不同地区成虫发生期不同，做好预测预报工作，掌握好诱杀时间。
7月下旬	幼虫（第二代）	幼虫期喷洒20%除虫脲悬浮剂7000倍液或1.8%阿维菌素3000倍。	
9～12月	蛹	秋、冬季人工清除树干上在硬茧内越冬的蛹。	

发生不严重时，尽量不喷化学农药，以保护舟蛾赤眼蜂、追寄蝇、绒茧蜂、黑卵蜂和益鸟等天敌。

参考文献

[1]　徐公天, 杨志华. 中国园林害虫 [M]. 北京: 中国林业出版社, 2007: 233.
[2]　萧刚柔. 中国森林昆虫 [M]. 北京: 中国林业出版社, 1992: 1015-1016.

（陈国发）

杨毒蛾

Stilpnotia candida Staudinger

分布与危害 又名杨雪毒蛾。分布于河北、山西、内蒙古、辽宁、吉林、黑龙江、福建、江西、山东、河南、湖北、湖南、四川、云南、西藏、陕西、青海、新疆等地，是杨树常见食叶害虫。多于嫩梢取食叶肉，留下叶片；4龄以后取食整个叶片，严重时将全株叶片食光，形如火烧状。大发生时，将杨树叶全部吃光，形如火烧。受害树木生长势衰弱，易被蛀干害虫侵入。还可引发树干腐烂病，造成林木成片死亡。

寄　　　主 杨树（山杨、黑杨、赤杨、中东杨、小叶杨、小青杨）、柳树、白蜡、白桦及榛树。

主要形态特征 成虫全身被白色绒毛，稍有光泽。复眼漆黑色。触角雌蛾为栉齿状，雄蛾为羽状，主干黑色，有白色或灰白色环节。足黑色，胫节和跗节具有白色的环纹。老熟幼虫呈黑褐色，头部为暗红褐色。背部中线为黑色，两侧为黄棕色，其下各有1条灰黑色纵带。每体节都有黑色或棕色毛瘤8个，形成一横列，其上密生黄褐色长毛及少量黑色短毛。

生物学特性 黑龙江一年发生1代，以3龄幼虫于8月越冬，翌年4月下旬杨树展叶时上树危害，多于嫩梢取食叶肉，留下叶脉。受惊扰时，立即停食不动或迅速吐丝下垂，随风飘往它处。老龄幼虫则少有吐丝下垂现象，受惊也不坠落。4龄以后能食尽整个叶片，大发生时，往往数日即能将树叶吃光。每龄幼虫在蜕皮前停食2～3天，蜕皮后停食1天。幼虫有强烈的避光性，老龄幼虫更为明显，晚间上树取食，白天下树隐蔽潜伏。有群集性，白天下树潜伏或隐蔽及蜕皮，多集中在树洞内或干基周围30厘米之内的枯枝落叶层下，有的成团潜伏在一起，并喜阴湿。6月上旬幼虫老熟，寻找隐蔽场所，吐丝做茧。进入预蛹期，约经3天蜕皮成蛹。6月下旬为化蛹盛期。蛹群集，往往数头由臀棘缀丝连在一起。6月中旬成虫开始羽化。成虫白天静伏叶背、小枝、杂草中。成虫具较强的趋光性，雌蛾比雄蛾明显。卵成块状，产于树冠下部枝条的叶背面、小枝和树干、杂草，甚至建筑物上。7月上旬幼虫孵化。初孵幼虫多静伏或藏于隐蔽处，20小时后才开始活动、取食；危害一直到8月。老熟幼虫在枯枝落叶层、杂草丛、土层、树皮缝等处越冬。杨柳干基萌芽条及覆盖物多，发生重。

杨毒蛾雌成虫

杨毒蛾幼虫

杨毒蛾危害状

杨毒蛾防治历　　　　　　　（以黑龙江地区为例）

时间	虫态	防治方法	要点说明
4～5月	幼虫	用25%敌杀死、氧化乐果、废机油按1：1：10的比例配成药油混合液(体积比)充分搅拌均匀后，在树干高1.2米处涂毒环，环宽15厘米为宜。 也可用2.5%溴氰菊酯与废机油按1：1比例，配成药油混合液，浸泡包装用纸绳制成毒绳，在树干胸胫处缠绕2周。	根据杨毒蛾白天下树隐藏、晚间上树危害习性，在树干上涂（绑）闭合毒环、毒绳。
		1%苦参碱可溶性液剂800倍液、25%灭幼脲Ⅲ号3000倍液、Bt乳剂500倍液等树冠喷药。	
6月	成虫	成虫期用杀虫灯诱杀。性诱捕器诱杀成虫，每隔3～5棵挂1个诱捕器，可诱杀10米以内的成虫。	成虫羽化前设置。
7～8月	低龄幼虫	喷施1%苦参碱可溶性液剂800倍、25%灭幼脲Ⅲ号3000倍液、1.8%阿维菌素乳油1000～2000倍液、35%吡虫啉乳油1000～2000倍液等。	

注意保护寄生蜂和招引灰喜鹊等天敌。营造阔叶混交林、针阔混交林。封山育林，改善林分环境，促进森林健康。

参考文献

[1] 萧刚柔.中国森林昆虫 [M].北京: 中国林业出版社,1992.
[2] 李书吉,张玉晓,张丽.杨毒蛾生物学特性及防治 [J].河南林业科技,2007,27(2): 25, 48.
[3] 马玉英,王念平,程祖强.杨毒蛾的发生及防治 [J].现代农业科技,2008(15): 157.
[4] 侯玲玲.杨毒蛾发生期预测预报的研究 [J].陕西农业科学,2007(5): 57-58.
[5] 翟梅枝,杨秀萍,林奇英,等.核桃叶提取物对杨毒蛾生物活性的研究 [J].西北林学院学报,2003,18(2): 65-67.

（张旭东）

杨枯叶蛾

Gastropacha populifolia Esper

分布与危害	东北、华北、华东、西北、西南等地。以幼虫取食叶片危害，大发生时可将整株树叶片吃光，影响树木生长和结实。
寄　　　主	杨、柳、桃、梨、海棠、李、杏等。
主要形态特征	成虫体翅黄褐或橙黄色，前翅顶角特长，内缘短，有5条黑色断续的波状纹，后翅有3条明显的黑色斑纹，前缘橙黄色，后缘浅黄色。前翅散布有少数黑色鳞毛。以上基色和斑纹常有变化，或明显或模糊状。静止时从侧面看形似枯叶，故名为枯叶蛾。老熟幼虫头棕褐色，较扁平。体灰褐色。中胸和后胸背面有1块蓝黑色斑，斑后有赤黄色横带。腹部第八节有1个较大瘤，四周黑色，顶部灰白色；第十一节背上有圆形瘤状突起；背中线褐色，侧线成倒"八"字形黑褐色纹；体侧每节各有大小不同的褐色毛瘤1对，边缘呈黑色，上有土黄色毛丛；各瘤上方有黑色"V"形斑。
生物学特性	在华东地区一年发生2~3代，以幼龄幼虫在树干裂缝、凹陷处或枯叶中越冬；翌年早春，日均气温达5℃以上即可恢复活动，3月下旬开始取食叶片危害，4月中旬至5月中旬幼虫陆续老熟，在枝干上结茧化蛹。5~6月成虫羽化。卵成堆散产于叶背，卵期约12天。每雌产卵200~300粒。初孵幼虫群集取食，3龄后分散危害。各代幼虫分别于5月中、下旬至6月中旬，7月中旬至8月中旬，9月中旬至10月上、中旬孵化危害。各代成虫分别于5月上旬至6月上旬，7月上旬至8月上旬，9月上、中旬至10月上旬羽化。

杨枯叶蛾展翅成虫（韩国升提供）

杨枯叶蛾成虫（徐公天提供）

杨枯叶蛾茧 (徐公天提供)

杨枯叶蛾老龄幼虫在柳树上 (徐公天提供)

杨枯叶蛾防治历 （以华东地区为例）

时间	虫态	防治方法	要点说明
3月下旬	越冬幼虫	喷施25%灭幼脲Ⅲ号1500～2000倍液、0.9%阿维菌素2500倍液、1.2%苦参碱·烟碱乳油1000～1500倍液、Bt乳剂600倍液等及其他微生物制剂。	于3月下旬越冬幼虫开始活动取食时进行药剂防治
4～5月	老熟幼虫、蛹	人工剪除虫茧。	集中销毁。
5～10月	卵、幼虫	人工摘卵、捕幼虫。 幼虫期喷施25%灭幼脲Ⅲ号1500～2000倍液、阿维菌素2500倍液、1500～2000倍液、1.2%苦参碱·烟碱乳油、Bt乳剂800倍液等。	施药要均匀。
10～12月	越冬幼虫	人工清理树皮裂缝、树洞及凹陷处等适于幼虫越冬场所，捕杀越冬幼虫，降低越冬虫口密度。 注意保护各种寄生和捕食性天敌昆虫（寄生蝇、寄生蜂等）和各种鸟。	21：00～23：00开灯诱杀。

参考文献

[1] 李翠芳, 张玉峰, 周志芳. 杨枯叶蛾生物学特性及防治 [J]. 河北果树, 1994(3): 21-23.

（舒朝然）

白杨叶甲

Chrysomela populi Linnaeus

分布与危害 分布于青海、新疆、黑龙江、吉林、辽宁、内蒙古、山西、河北、山东、河南、陕西、宁夏、四川、贵州、湖南、湖北等地。成虫取食嫩梢幼芽。1～2龄幼虫取食嫩叶，被食叶片仅残留表皮和叶脉，呈网状；3龄以后幼虫分散危害，蚕食叶缘使其呈缺刻状。被害后，杨树叶及嫩尖分泌油状黏性物，后逐渐变黑而干枯。主要危害1～5年生幼树、大树新梢的叶片，苗圃幼苗及河滩低洼地片林危害尤其严重。

寄　　主 杨树、柳树。

主要形态特征 成虫体呈椭圆形，头蓝黑色，有铜绿色光泽。鞘翅浅棕至橙红色，中缝顶端常有1个小黑点。头部有较密的小刻点，额区具有较明显的"Y"形沟痕。鞘翅沿外缘有纵隆线，近缘有1行粗刻点。

老熟幼虫体扁平，近椭圆形，体躯具橘黄色光泽，头黑色，肛污白色，背面有2列黑点，在第2、3节两侧各有1个黑色刺状突起，以后各节侧面气门上、下线上均有黑色疣状突起。遇到惊扰，可放出乳白色臭液。

生物学特性 北方地区一年发生1代，以成虫在枯枝落叶层下或土层6～8厘米处越冬，翌年的5月下旬开始活动，上树取食。成虫取食时间长达1个月，有假死习性。成虫交尾时间多在10：00和15：00左右，可交尾数次，一般当天交尾当天即可产卵。一只雌成虫可产卵600多粒。产卵期较长，达1个月，卵产在叶背面，呈长块状，每块卵数量平均为30～55粒。幼虫昼夜取食。7月下旬开始化蛹，随之开始羽化。化蛹场所为叶背、叶柄及地面的杂草上。当气温超过25℃时，成虫潜伏于落叶下表土层越夏。9月上旬又开始活动取食，9月中旬以后进入越冬期。

白杨叶甲蛹及危害状

白杨叶甲成虫和幼虫

白杨叶甲防治历 （以北方地区为例）

时间	虫态	防治方法	要点说明
1～5月	越冬成虫	幼林抚育。	及时清除林间杂草。
6～8月	成虫、卵、幼虫、蛹	振动树干，成虫假死落地人工捕杀。	5月下旬成虫开始上树时进行。
		人工摘除幼叶上的卵、蛹。	集中杀死。
9～12月	成虫	15%吡虫啉胶囊剂3000倍液、3%啶虫脒2000倍液、4.5%氯氰菊酯1000倍液等叶面喷雾。	按顺风方向喷药，药液务必向上喷全树冠；喷药时要掌握天气变化情况，注意风速、风向，一般风速超过3米/秒停止作业。
		幼林抚育。	清除林地的枯叶。

参考文献

[1] 王霞, 田立荣, 王连伊. 白杨叶甲生物学特性及防治 [J]. 内蒙古林业科技, 2004(4): 16-17.

[2] 萧刚柔. 中国森林昆虫 [M]. 北京:中国林业出版社, 1992.

[3] 孙瑞, 王志新. 白杨叶甲的防治技术 [J]. 安徽林业, 2007(3): 45.

（赵铁良）

杨潜叶叶蜂

Messa taianensis Xiao et Zhou

分布与危害　分布在辽宁、北京、山东、上海等地。危害多种杨树。以幼虫在叶片表皮下蛀食叶肉，常常造成早期落叶，影响树木生长。

寄　　　主　杨树。

主要形态特征　成虫头部黑色。复眼黑褐色，单眼3个。触角丝状，9节，第八节与第九节长度几乎相等，触角除第一、第二节基部和第三、四节背面黑褐色外，其余各节背面均为黄褐色，腹面淡黄色。胸部亮黑色，有光泽，前胸背板后缘和翅基片黄白色。翅透明，翅脉、翅痣淡褐色。足浅黄色，基节、转节及腿节基部褐色，而端部白色。腹部黑色，雌虫8节，1～6节末端边缘黄白色，第七腹板三角形，第八节腹面中央沟状，产卵器锯形藏于沟中。雄虫体色与雌虫同，腹部较雌虫纤细。老熟幼虫扁圆筒形，头尾较尖，口器黄褐色。胸足明显，先端具1个爪，褐色。

生物学特性　一年发生1代，以老熟幼虫在土下10～20厘米结茧越冬。翌年3月上旬化蛹，蛹期12天左右。3月末，在杨树萌生芽苞时，成虫开始羽化出土，4月上、中旬为羽化盛期。大多数成虫上午羽化，羽化初期雄虫较多，后期雌虫较多。成虫羽化当天下午即可交尾，交尾后2～3天便可产卵，产卵分散。一般每一叶片产卵1～2粒，多的达3粒，雌虫平均产卵量约40粒，卵期2～4天。幼虫孵化后，潜于叶片的上下表皮之间，钻蛀坑道取食和危害。幼虫共3龄，1龄龄期3～5天，2龄龄期4～6天，3龄龄期3～4天。叶片被蛀面仅剩上、下表皮，呈黄褐色，表面隆起，呈泡状，幼虫粪便排于蛀道中，以2～3龄幼虫取食量最大。4月下旬至5月中旬是老熟幼虫下树入土高峰，在土壤中吐丝结茧。

杨潜叶叶蜂成虫

杨潜叶叶蜂幼虫

杨潜叶叶蜂危害状

杨潜叶叶蜂防治历 （以上海地区为例）

时间	虫态	防治方法	要点说明
1～2月	蛹	人工收集地下落叶或人工挖除活茧，以减少越冬蛹的基数。	将挖到的虫茧放于养虫笼内，收集寄生性天敌。
3月， 4～5月	成虫、幼虫	800IU/毫升Bt(苏云金杆菌)悬浮剂800倍液、Bt(苏云金杆菌可湿性粉剂)600倍液、1.8%阿维菌素6000倍液、25%灭幼脲Ⅲ悬浮剂1000～1500倍液、1.2%的苦参碱·烟碱乳油2000倍液等喷雾。	幼虫3龄前。
4～5月， 6～12月	幼虫、茧	喷洒100亿活孢/毫升白僵菌粉剂，用量22.5千克/公顷。	在22℃以上，空气湿度在60%以上，最好在有露水的清晨或雨后喷施。
		对低龄幼虫，可用25%灭幼脲I号200克/公顷或25%灭幼脲Ⅲ号700千克/公顷喷雾。	适用于树木较低、取水方便的林地。

注意保护和招引天敌。

参考文献

[1] 王焱.上海林业病虫 [M].上海：上海科学技术出版社，2007：132.

[2] 萧刚柔.中国森林昆虫 [M].北京：中国林业出版社，1992：1192-1193.

[3] 陶万强，关玲，禹菊香，等.杨潜叶叶蜂的危险性分析和风险性管理 [J].中国森林病虫，2003，22(4)：8-10.

[4] 萧刚柔，黄孝运，周淑芷，等.中国经济叶蜂志(I) [M].陕西杨陵：天则出版社，1991，117-118.

（崔振强　郭志红）

杨潜叶跳象

Rhynchaenus empopulifolis Chen

分布与危害　分布于北京、黑龙江、辽宁、内蒙古、吉林、河北、山西、山东、甘肃等地。以幼虫潜食杨树叶，危害期最高可达7个月，使树叶变得千疮百孔，远看如"火烧"状，严重影响叶片正常光合作用和树木生长。以小叶杨最重。

寄　　　主　杨树。

主要形态特征　成虫近椭圆形，黑至黑褐色，密被黄褐色短毛。喙粗短，黄褐色，略向内弯曲。触角黄褐色，眼大彼此接近；鞘翅上被有尖细卧毛，小盾片具白色鳞毛。鞘翅各行间除1列褐长尖细卧毛外，还散布短细淡褐卧毛，行间隆，有横皱纹；足黄褐色，后足腿节粗壮。幼虫老龄时体扁宽，无足，腹部两侧有泡状突。

生物学特性　一年发生1代。以成虫在树干基部的枯枝落叶层下及1~1.5厘米深的表土层内越冬。翌年春季杨树芽苞发绿时成虫出蛰活动，取食芽苞分泌的黏液补充营养，1周后交尾产卵。产卵前成虫在嫩叶叶尖背面的中脉两侧用口器咬出卵室，每卵室产1粒卵。幼虫孵化后即开始潜食叶肉，潜道黄褐色，宽1~2毫米、长30~50毫米，中央堆积1条深褐色粪便，从叶表可见幼虫体躯。幼虫老熟时在潜道末端做一直径2~6毫米的规则圆叶苞，食尽叶苞内叶肉后，随叶苞掉落地面。落地叶苞依靠其内幼虫的伸曲而不断弹跳，当弹跳到落叶层、石块下等潮湿处时，则不再弹跳，进入预蛹期。成虫能飞善跳、灵活，无趋光性。成虫取食后在叶背留下典型刻点被害状。

杨潜叶跳象成虫 (徐公天提供)

杨潜叶跳象初龄幼虫 (徐公天提供)

杨潜叶跳象食痕(徐公天提供)

杨潜叶跳象危害状

落地的虫(叶)苞

杨潜叶跳象防治历　　　(以内蒙古地区为例)

时间	虫态	防治方法	要点说明
1～3月	越冬成虫	人工清理越冬成虫。	在幼林抚育管理时,利用人工收集落叶或翻耕土壤,减少越冬成虫基数。
4月	越冬成虫	越冬成虫出蛰前,采用2.5%溴氰菊酯乳油2000倍液、40%氧化乐果500倍液、5%高效氯氟氰菊酯1000倍液等树干基部地面喷施。	越冬后出蛰前是最佳防治时期。 药剂喷施在树干基部地面60厘米范围内即可。
4～5月		1.2%苦参碱·烟碱烟剂7.5～30千克/公顷、2%敌敌畏烟剂7.5～15千克/公顷,或用2.5%溴氰菊酯乳油与柴油1:20比例混合等喷烟。	杨潜叶跳象的简易监测方法是黄色黏胶板诱捕成虫监测。
5～6月	幼虫	低龄幼虫采用25%灭幼脲Ⅲ号1500～2000倍液、3%高渗苯氧威2500～4000倍液、1.2%苦参碱·烟碱乳油800～1000倍液、1.8%阿维菌素3000～6000倍液等喷雾。 老熟幼虫落地后,人工扫除销毁。	放烟和喷烟防治适于面积大、树高、郁闭度大的林地,宜早、晚无风或风速小于2米/秒的条件下进行。

注意对杨跳甲金小蜂、三盾茧蜂等寄生性天敌的保护利用。

参考文献

[1]　国家林业局森林病虫害防治总站. 林用药剂药械使用技术手册 [M]. 北京: 中国林业出版社, 2008.
[2]　王小军, 杨忠岐, 王小艺. 北京地区杨潜叶跳甲生物学特性及药物防治效果 [J]. 昆虫知识, 2006, 43(6): 858-863.
[3]　白丽萍, 张玉山, 张福泉. 等. 杨潜叶跳甲化学防治技术的初步研究 [J]. 内蒙古林业科技, 2001(增刊): 29-31.
[4]　张庆国, 黄秉祥, 张玉山. 等. 杨潜叶跳甲生活史和生物学特性初步研究 [J]. 内蒙古林业科技, 2001(4): 27-28.
[5]　刘伟杰, 田子强, 高航. 等. 杨潜叶跳甲生物学特性及防治 [J]. 吉林林业科技, 2003, 32(3): 58-60.

（柴守权　刘海秀　曾智坚）

黄杨绢野螟

Diaphania perspectalis (Walker)

分布与危害 又名黄杨黑缘螟蛾、黄杨野螟、黄杨卷叶螟。分布于北京、陕西、河北、江苏、浙江、山东、上海、湖北、湖南、广东、福建、江西、四川、贵州、西藏等地。以幼虫吐丝缀叶做巢取食危害寄主植物叶片、嫩梢，初期呈黄色枯斑，后至整叶脱落。发生严重时，将叶片吃光，造成整株枯死。影响观赏并造成污染。

寄　　　主 金边黄杨、雀舌黄杨、瓜子黄杨、大叶黄杨、锦熟黄杨、庐山黄杨、朝鲜黄杨、匙黄杨、冬青、卫矛等。

主要形态特征 成虫通体被白色鳞毛，薄而有绢丝光泽。前翅前缘、外缘、后缘有紫褐色宽带，前缘褐带内有2个白斑，1个小，1个呈新月形。雄蛾腹部末端有黑褐色毛丛。幼虫老熟时头部黑褐色，胸腹浓绿色，背线、亚背线、气门上线墨绿色，表面具光泽的毛瘤及稀疏刚毛。蛹纺锤形，初翠绿色，后呈淡青色至白色。翅芽及复眼黑褐色至黑色，体末端有臀棘8枚，排成1列，先端卷曲成钩状。

生物学特性 由北往南，一年发生2～5代，以3代为主。以低龄幼虫在叶苞内做茧越冬，翌年3月中旬开始危害，4月下旬始见成虫。成虫多于傍晚羽化，昼伏夜出，白天常栖息于庇阴处，受惊扰迅速飞离，具趋光性和趋化性。卵多呈块状产于叶背或枝条。幼虫多中午孵化，分散寻找嫩叶取食，初孵幼虫于叶背食害叶肉。2～3龄幼虫吐丝将叶片、嫩枝缀连成巢，在其内食害叶片，呈缺刻状。4龄后进入暴食期，受害严重的植株仅残存丝网、蜕皮、虫粪，幼虫遇惊动立即隐匿于巢中。老熟后吐丝缀合叶片做茧化蛹。越冬代整齐，其他代世代重叠严重。

黄杨绢野螟成虫 (徐公天提供)

黄杨绢野螟幼龄幼虫(徐公天提供)

黄杨绢野螟幼虫严重危害小叶黄杨(徐公天提供)

黄杨绢野螟防治历

(以河南地区为例)

时间	虫态	防治方法	要点说明
1~3月，11~12月	越冬幼虫	冬春时节，结合修剪和抚育管理，人工清理枯枝卷叶，杀死越冬幼虫、茧。	搜杀越冬虫巢，集中销毁，可有效降低第二代虫源。
4~10月	幼虫、茧蛹、成虫、卵	越冬幼虫出蛰期和第一代幼虫低龄幼虫期，采用苏云金杆菌30~45亿IU/公顷、25%灭幼脲Ⅲ号1500~2000倍液、3%高渗苯氧威2500~4000倍液、1.2%苦参碱·烟碱乳油800~1000倍液、1.8%阿维菌素3000~6000倍液等喷雾防治。	加强虫情监测，特别要掌握越冬代或第一代的虫情。越冬代或第一代防治是关键。
		低龄阶段（特别是第一代）及化蛹期，人工摘除虫巢、枯枝、蛹茧。	利用结巢习性，结合修剪，摘除虫巢和蛹茧，集中销毁。
		成虫期，设置高压电网黑光灯、频振式杀虫灯或糖醋液（糖5克、酒5毫升、醋20毫升、水80毫升、90%晶体敌百虫1克）诱杀。	布置应严格按不同产品使用说明和《诱虫灯林间使用技术规程》操作。
		卵期每隔2~3天检查和摘除卵块1次。	在早晨或傍晚太阳斜射时检查较易发现。

(1) 黄杨绢野螟寄主仅限于黄杨科，成虫飞翔力较弱，远距离传播主要靠人为种苗调运。要加强苗木调运检疫，防止随苗木调运而扩散危害。

(2) 注意对黄杨绢野螟寄生性天敌凹眼姬蜂、跳小蜂、白僵菌以及寄生蝇等的保护利用。

参考文献

[1] 国家林业局森林病虫害防治总站. 林用药剂药械使用技术手册 [M]. 北京: 中国林业出版社, 2008.
[2] 史洪中, 胡孔峰. 黄杨绢野螟的发生规律及防治技术 [J]. 湖北农业科学, 2007, 46(1): 76-78.
[3] 余德松, 冯福娟. 黄杨绢野螟生物学特性及其防治 [J]. 浙江林业科技, 2006, 26(6): 47-50, 59.
[4] 程岁平. 黄杨绢野螟研究初报 [J]. 安徽农学通报, 2005, 11(4): 107-108.

(柴守权 曾智坚 刘海秀)

杨白纹潜蛾

Leucoptera susinella Herrich-Schäffer

分布与危害　分布于黑龙江、吉林、辽宁、河北、内蒙古、山东、上海、河南、甘肃等地。幼虫潜食叶肉，在叶片上形成黑褐色病斑状的大型潜痕，危害严重时整个叶片枯焦脱落，对幼苗、幼树威胁很大，严重影响苗木生长和苗木质量。

寄　　　主　杨属的多种杨树。

主要形态特征　成虫体银白色，前翅棒状，周缘有毛。顶端有2条金黄色条纹，1个深色金黄点和1丛黑色鳞毛束；触角基部形成大的"眼罩"。前翅银白色，前缘近中央一波纹状斜带伸向后缘，近端部有褐色纹4条，1~2条、3~4条之间呈淡黄色，2~3条之间为银白色。臀角上有一黑色斑纹，斑纹中间有银色凸起，缘毛前半部褐色，后半部银白色；后翅披针形，银白色，缘毛极长。雄虫与雌虫的区别，复眼黑色，常被触角鳞毛覆盖。老熟幼虫体扁平，黄白色。头部及胸部每节侧方生有长毛3根。前胸背板乳白色。体节明显，腹部第三节最大，后方各节逐渐缩小。

生物学特性　杨白潜蛾在河北（易县）、山西（忻县）一年发生4代；辽宁一年发生3代，均以蛹在茧内越冬。在河北和北京一带，除落叶上有少量越冬茧外，多数在欧美杨和柳树的树皮缝内、唐柳的树干鳞形气孔上越冬。翌年4月中旬，杨树放叶后，成虫羽化（辽宁在5月下旬、忻县在5月中旬出现越冬代成虫）。成虫羽化时，通常先停留在杨树叶片基部腺点上（可能吸食腺点上的汁液）。有趋光性。羽化当天即可交尾产卵。卵一般与叶脉平行排列。每个卵块2~3行，每头雌虫产卵量平均为49粒。幼虫孵出时，从卵壳底面咬破叶片，潜入叶内取食叶肉。幼虫不能穿过叶脉，但老熟幼虫可以穿过侧脉潜食。被害处形成黑褐色虫斑，虫斑逐渐扩大，常由2~3个虫斑相连成大斑，往往1个大斑占叶面的1/3~1/2。幼虫老熟后从叶正面咬孔而出，吐丝结"工"字形茧，经过1天左右化蛹。越冬茧以树干上树皮裂缝中为多，生长季节多在叶背面。单株树干上的茧绝大多数集中在树干阳面。

杨白纹潜蛾幼虫 (徐公天提供)

杨白纹潜蛾幼虫初期蛀道 (徐公天提供)

杨白纹潜蛾幼虫后期蛀道(徐公天提供)

杨白纹潜蛾结茧(徐公天提供)

杨白纹潜蛾防治历　　　　　　(以上海地区为例)

时间	虫态	防治方法	要点说明
1~4月	蛹	扫除落叶,杀灭落叶中蛹。 树干涂白可杀死越冬茧、蛹。	集中烧掉。
5~9月	卵、 低龄幼虫、 大龄幼虫、 成虫	幼虫期喷洒蛀虫清内渗性杀虫剂500~800倍液。 或50%杀螟松乳油1500~2000倍液喷杀幼虫及成虫。	虫情观测,在幼虫侵入期,出现小黑斑是最佳防治时期。
		在成虫发生期设置黑光灯诱杀。	成虫只对黑光灯有较强的趋性性。
10~12月	蛹	同1~4月。	

参考文献

[1]　萧刚柔.中国森林昆虫[M].北京:中国林业出版社,1983.

[2]　王焱.上海林业病虫[M].上海:上海科学技术出版社,2007.

[3]　王树南,张威铭,余吉河,等.甘肃林木病虫图志第一集[M].兰州:甘肃科学技术出版社,1989.

(崔永三)

大叶黄杨斑蛾

Pryeria sinica Moore

分布与危害 又名冬青卫矛斑蛾、大叶黄杨长毛斑蛾。分布于上海、江苏、浙江、安徽、河北、北京、内蒙古、山西、陕西、福建等地。初孵幼虫群集食叶危害新梢、嫩枝、幼芽。大龄幼虫分散取食全叶，大发生时，几天内就可将新梢叶片全部吃光，仅残留叶柄，导致整株枯黄甚至死亡。

寄　　　主 大叶黄杨、银边黄杨、丝棉木、卫矛等。

主要形态特征 成虫虫体略扁，头、复眼、触角、胸、足及翅脉均为黑色；前翅浅灰黑色，半透明，基部1/3为淡黄色，端部有稀疏的黑毛，后翅约为前翅一半大小，色略浅，翅基部有黑色长毛；足基节及腿节着生暗黄色长毛；腹部橘红或橘黄色，上有不规则的黑斑；胸背及腹背两侧有橙黄色长毛。雌蛾触角双栉齿状，端部稍粗，呈棒状；腹末有两簇毛丛，近腹面的毛丛基部黑色，端部暗黄色；雄蛾触角羽毛状，33节，腹末有1对黑色长毛束。初孵幼虫淡黄色，老熟后黑色，胸腹部淡黄绿色。前胸背板中央有1对椭圆形黑斑，呈"八"字形排列，在其两侧各有一圆点。臀板中央有一"凸"字形黑斑，两侧各有一长圆形黑斑。

生物学特性 上海一年发生1代，以卵在枝梢上越冬。翌年3月中旬至4月初孵化，初孵幼虫群集危害新梢、嫩枝、幼芽、嫩叶的叶肉。幼虫6龄，历期32～48天。4月下旬至5月，老熟幼虫到树干基部、地面土壤缝隙或墙缝处结茧化蛹，并以此越夏。10月底至11月上、中旬成虫羽化，成虫白天活动，交尾产卵，夜间潜伏。雌成虫沿着叶柄、枝梢一边爬行一边产卵，每头雌成虫产卵142～311粒，平均214粒。

大叶黄杨斑蛾成虫 (王焱提供)

大叶黄杨斑蛾幼龄幼虫群集危害 (王焱提供)

大叶黄杨斑蛾防治历 （以上海地区为例）

时间	虫态	防治方法	要点说明
上年12月至2月	卵	结合冬春季清园，人工剪除带卵枝条。	集中处理。
3～5月	幼虫	剪除有虫枝、梢、叶。 人工摇动枝梢，幼虫吐丝下垂，集中捕杀。 喷洒20%除虫脲悬浮剂7000倍液、25%灭幼脲Ⅲ号2000倍液。	根据低龄幼虫群居和遇惊扰吐丝下垂习性捕杀。 3龄幼虫期，未分散前施药效果好。

保护利用麻雀、蟾蜍、青蛙、蜘蛛等天敌。严格限制使用高毒农药。

大叶黄杨斑蛾老熟幼虫（王焱提供）

大叶黄杨斑蛾危害状（王焱提供）

大叶黄杨斑蛾茧（王焱提供）

参考文献

[1] 王焱.上海林业病虫[M].上海:上海科学技术出版社,2007.
[2] 许利荣,史浩良,吴雪芬.大叶黄杨斑蛾的发生及防治[J].广西农业科学,2006,37(3):263-265.
[3] 周英,薛毅.苏州市大叶黄杨斑蛾的发生规律与防治方法[J].现代农业科技,2006(7):77.
[4] 张念环,钱彪.绿篱主要害虫的无害化防治[J].中国植保导刊,2005,25(4):25.

（尤德康）

黄褐天幕毛虫

Malacosoma neustria testacea Motschulsky

分布与危害　又称"顶针虫"，分布于辽宁、吉林、黑龙江、北京、河北、山东、江苏、安徽、河南、湖北、江西、湖南、四川、陕西、甘肃、内蒙古、山西等地。幼龄幼虫群集在卵块附近小枝上取食嫩叶，在枝丫处吐丝结网，网呈天幕状。大发生时，将整片林木树叶吃光，严重影响树木生长和景观，是林木重要食叶害虫。

寄　　　主　柞树、柳树、杨树、桦树、榆树及果树等阔叶树种，严重时也危害落叶松等针叶树。

主要形态特征　雄成虫通体黄褐色；前翅中央有2条深褐色横线纹，两线间色较深，呈褐色宽带，宽带内外侧均衬以淡色斑纹；后翅中间呈不明显的褐色横线。前、后翅缘毛褐色和灰色相间。雌蛾体翅呈褐色，腹部色较深；前翅中间的褐色宽带内、外侧呈淡黄色横线纹；后翅淡褐色，斑纹不明显。卵椭圆形，灰白色，顶部中央凹下，卵块呈顶针状围于小枝上。老熟幼虫体侧有鲜艳的蓝灰色、黄色或黑色带。体背面有明显的白色带，两边有橙黄色横线；体背各节具黑色长毛，侧面生淡褐色长毛，腹面毛短；头部蓝灰色，有深色斑点。

生物学特性　一年发生1代，以胚胎发育后的幼虫在卵壳中越冬。翌年4月末孵化开始活动，5月上旬达到孵化高峰，6月中旬化蛹，月末出现成虫，7月中旬达到羽化高峰，7月下旬达到产卵高峰。成虫白天潜伏于树冠外围枝叶间，遇惊扰时迅速作短距离飞行，具较强的趋光性。卵多产在枝上，呈"顶针"状，排列整齐。初孵幼虫群集在卵块附近小枝上取食嫩叶，2龄幼虫开始向树权移动，吐丝结网，夜晚取食，白天群集潜伏于网幕内，3龄幼虫食量大增，白天也取食，易暴发成灾，5龄幼虫开始分散活动。幼虫有摆头的习性。幼虫老熟后，爬到树皮缝隙、阔叶树叶或枝上、灌木丛中吐丝结茧。做茧后不立即化蛹，结茧部位多在树冠的中下部。

黄褐天幕毛虫雄成虫 (徐公天提供)

黄褐天幕毛虫雌成虫 (徐公天提供)

黄褐天幕毛虫成虫

黄褐天幕毛虫卵 (徐公天提供)

黄褐天幕毛虫4龄后幼虫 (徐公天提供)

黄褐天幕毛虫幼虫-1

黄褐天幕毛虫幼虫-2

黄褐天幕毛虫防治历

(以东北地区为例)

时间	虫态	防治方法	要点说明
1~4月，8~12月	卵	结合修剪，人工剪除"顶针"卵块。	集中深埋或烧毁。
5月	幼虫	人工悬挂鸟巢，招引益鸟，控制害虫种群数量。 人工捕杀，幼虫白天聚网幕内，人工摘除。	摘除的幼虫网集中烧毁。
		用1.2%苦参碱·烟碱乳油800~1000倍液、8000IU/毫克Bt可湿性粉剂300~500倍液、25%灭幼脲Ⅲ号2000倍液、1.8%阿维菌素乳油6000~8000倍液等喷雾防治。	按顺风方向喷药，药液要均匀覆盖全树冠。一般风速超过3米/秒停止作业。
6~7月	蛹、成虫、卵	摘除蛹和卵块，集中烧毁。	适用于居民区附近或城镇行道树。
		利用杀虫灯(无电山区可用马灯)诱杀成虫。	注意林区防火。

参考文献

[1] 刘岩,张立志,周素娟.黄褐天幕毛虫生物学特性与防治[J].辽宁林业科技,2004(5): 7-9.

[2] 郑淑杰,王瑞玲.大兴安岭地区黄褐天幕毛虫发生规律原因及防治[J].内蒙古林业调查设计,2004,27(3): 41-44.

[3] 刘德伟,鞠丹.几种生物制剂对黄褐天幕毛虫的生物测定[J].中国林副特产,2008,94(3): 21-23.

(赵铁良　高俊崇)

舞毒蛾

Lymantria dispar Linnaeus

分布与危害　分布于黑龙江、吉林、辽宁、内蒙古、陕西、宁夏、甘肃、青海、新疆、河北、山西、山东、河南、湖北、四川、贵州、江苏、台湾等地。舞毒蛾分布广，寄主种类多，适应性强，取食量大，是经常造成灾害的主要林业害虫。大发生时，将大片树林、行道树、农田防护林吃光，造成树势衰弱，影响生长量。多种蔷薇科果树，受害严重，造成果实减产。

寄　　　主　能取食500余种植物，以栎、杨、柳、榆、桦、槭、椴、云杉、落叶松以及多种蔷薇科果树为主。

主要形态特征　成虫雌雄异型，雄蛾前翅灰褐色或褐色，有深色锯齿状横线，中室中央有1个黑褐色点。横脉上有一弯曲形黑褐色纹。前后翅反面黄褐色。雌蛾前翅黄灰白色，中室横脉明显，有1个"<"形黑褐色斑纹，其他斑纹与雄蛾近似。前后翅外缘每两脉间有个黑褐色斑点。雌蛾腹部肥大，末端着生黄褐色毛丛。卵粒密集成卵块，上被黄褐色绒毛。1龄幼虫体黑褐色，刚毛长。2龄幼虫胸腹部显现出2块黄色斑纹。3龄幼虫胸腹部花纹增多。4龄幼虫头面出现2条明显黑斑纹。6、7龄幼虫头部淡褐色散生黑点，"八"字形黑色纹宽大。背线灰黄色，亚背线、气门上线及气门下线部位各体节均有毛瘤，共排成6纵列，背面2列毛瘤色泽鲜艳，前5对为蓝色，后7对为红色。

生物学特性　一年1代，以卵越冬。在辽宁，翌春4月中旬至5月初幼虫孵化，初孵幼虫群集在卵块上，初龄幼虫借助风力传播，幼虫期40～50天。6月上旬老熟幼虫在树皮缝隙及建筑物等处，吐丝将其缠绕以固定虫体预蛹，预蛹期为72～84小时。绿色的初蛹从预蛹幼虫中蜕出。蛹期16～20天，6月末7月初成虫羽化，羽化后当晚进行交尾，交尾后寻找树干及建筑物产卵，产卵1～3块，每块卵100～343粒不等，初产卵杏黄色，逐渐由绿变赤褐色，表面覆盖黄褐色绒毛。每头雌蛾可产卵700～1000粒不等，卵2～3天孵化，初孵幼虫先取食幼芽，后蚕食叶片，大龄幼虫将老、嫩叶片全部食光。雄成虫有白天活动的习性，夜晚寻找雌成虫交尾，雌成虫夜晚活动，飞翔能力不强，白昼伏在枝头静止不动，有较强的趋光性。雌虫有群集产卵的特性。

舞毒蛾雄成虫(徐公天提供)

舞毒蛾雌成虫

舞毒蛾1龄幼虫 (徐公天提供)

舞毒蛾大龄幼虫

舞毒蛾幼虫头部"八"字形黑条纹 (徐公天提供)

舞毒蛾蛹 (徐公天提供)

舞毒蛾卵块 (徐公天提供)

舞毒蛾防治历 (以辽宁地区为例)

时间	虫态	防治方法	要点说明
5月上旬	幼虫	喷洒20%灭幼脲Ⅲ号，用药量450~600毫升/公顷；25%杀铃脲，用药量150~300毫升/公顷；5亿孢子/克浓度Bt乳剂，用药量750毫升/公顷；1.8%阿维菌素乳油，用药量105~150毫升/公顷。	在幼虫3~4龄期开始分散取食前使用
5月中、下旬	幼虫	喷洒2.5%溴氰菊酯乳油，用药量600毫升/公顷。	在幼虫4~6龄期使用。
6月末至7月初	成虫	应用杀虫灯诱杀成虫。	成虫羽化前设置。
7月至翌年4月	卵	人工刮除树干、墙壁上卵块。	集中烧毁。

参考文献

[1] 萧刚柔. 中国森林昆虫 [M]. 北京: 中国林业出版社, 1992.

[2] 北京农业大学. 果树昆虫学 [M]. 北京: 农业出版社, 1981.

[3] 王宇飞, 等. 危害沙棘林舞毒蛾生物学特性观察. 国际沙棘研究与开发 [J]. 2008, 6(3): 31-33.

（王玉玲 高俊崇）

春尺蠖

Apocheima cinerarius Erschoff

分布与危害	分布于新疆、青海、甘肃、陕西、内蒙古、河北、天津、山东等地。以幼虫取食芽和叶片形成危害。初孵幼虫取食幼芽，使树芽发育不齐，展叶不全。较大龄幼虫取食叶片，由于幼虫发育快，随着龄期增加，食量大增，将整枝叶片全部食光并扩展到整株树叶尽被食光。因此，受春尺蠖危害过的树木乃至整条林带或片林树叶被食光吃净，树枝似干枯如死树一般。
寄　　主	沙枣、杨、柳、榆、槐树、梧桐、苹果、桑等。
主要形态特征	雌蛾无翅，体灰褐色，复眼黑色，触角丝状，腹部各节背面有数目不等的成排黑刺，刺尖端圆钝，腹部末端臀板有突起和黑刺列。雄蛾触角羽毛状，前翅淡灰褐色至黑褐色，从前缘至后缘有3条褐色波状横纹，中间一条不明显。成虫体色因寄主不同而不同，以梨、沙果、柳等为食料者，体色淡黄；以榆、桑为食料者，体色灰黑。老龄幼虫灰褐色，腹部第二节两侧各有1个瘤状突起，腹线均为白色，气门线一般为淡黄色。
生物学特性	该虫一年发生1代，以蛹在土中越冬。翌年4月中、下旬羽化。羽化多在傍晚和清晨，雌虫由树干爬行到树枝上进行交配。4月下旬开始成虫大量产卵。初孵幼虫取食嫩芽、叶肉，长大后危害全叶，至4~5龄时食量猛增。6月中、下旬老熟，潜入土深0~30厘米处（在沙土层则较深）化蛹。蛹一般集中在树根附近。向阳东南面分布较多，成虫有趋光性，雄成虫一般在午后羽化，出土后在树干阴面静伏，雌成虫羽化后潜伏于表土中，黄昏后上树交尾、产卵。卵常产在枝、干皮缝或芽苞内。每只雌虫可产卵数百粒。幼虫能吐丝下垂，并随风转移危害。

春尺蠖危害状-1 (达玛西提供)

春尺蠖危害状-2 (达玛西提供)

· **152** ·

春尺蠖雌雄成虫 (达玛西提供)

春尺蠖卵和雌成虫 (达玛西提供)

春尺蠖幼虫-1 (达玛西提供)

春尺蠖幼虫-2 (达玛西提供)

春尺蠖防治历　　　　(以北方地区为例)

时间	虫态	防治方法	要点说明
3月	蛹、成虫、卵	在树干基部缠1圈6～8厘米的塑料膜带，下部用湿土培堆压实，每日清晨在膜带下扑杀集中的雌虫。或在树干1.5米以下至树盘内，喷洒20%氰戊菊酯乳油1000～2000倍液，毒杀和阻止春尺蠖的雌成虫上树。	成虫羽化初期进行。
4～5月	幼虫	3%高渗苯氧威乳油2000～5000倍液、Bt乳剂孢子浓度为10亿～20亿/毫升喷雾。	80%的幼虫为2龄、3龄时为最佳防治时期。
		1%苦参碱可溶性液剂2000倍、1.2%苦参碱·烟碱乳油300～450克/公顷或春尺蠖核型多角体病毒500～1000倍液喷雾。	80%的幼虫为3龄、4龄时为最佳防治时期。
6～12月	蛹	人工挖蛹。秋季在树干捆一卷干草，引诱越冬虫到此越冬，于早春烧毁。	结冻前翻地，晒蛹和冻蛹，杀死越冬蛹。

参考文献

[1] 曾文秀, 王登亚. 春尺蠖的特征特性及防治方法 [J]. 农技服务, 2008, 25(3): 47.
[2] 张军春. 尺蠖综合防治技术 [J]. 农技服务, 2008, 25(11): 85.
[3] 孙静双. 不同药剂防治春尺蠖试验 [J]. 河北林业科技, 2008(2): 7.15.
[4] 苏元吉, 孙德莹. 3%高渗苯氧威防治春尺蠖效果 [J]. 现代化农业, 2009(8): 14.
[5] 肖殿武, 敖特根, 刘恒鑫. 6HW-50车载高射程喷雾机防治春尺蠖 [J]. 内蒙古林业调查设计, 2007, 30(6): 73-74.

（赵铁良　李东军）

黄翅缀叶野螟

Botyodes diniasalis Walker

分布与危害	又名杨黄卷叶螟。分布于黑龙江、吉林、辽宁、北京、河北、河南、陕西、宁夏、山西、山东、江苏、安徽、上海、广东等地。主要以幼虫危害树木嫩梢的叶片，受害叶被幼虫吐丝缀连呈"饺子"状或筒状，发生严重时常把叶片吃光，形成"秃梢"，影响树木生长。
寄　　　主	杨、柳。
主要形态特征	成虫头部褐色，两侧有白条。胸、腹部背面淡黄褐色。下唇须向前伸，末节向下，下面为白色，其余为褐色。前、后翅均为金黄色，散有波状褐色斑纹。外缘有褐色带，前翅中室端部有褐色环状纹，环心白色。老熟幼虫黄绿色，头部两侧近后缘各有1条黑褐色斑点与胸部两侧的黑褐色斑纹相连，形成2条纵线。体两侧沿气门各有1条浅黄色纵带。
生物学特性	一年发生4代，少数3代或5代、6代。以初龄幼虫在落叶、地被物及树皮缝隙中结茧过冬，翌年4月树木萌芽后开始出蛰危害。越冬成虫6月上旬开始羽化。成虫具强趋光性，并寻找蜜源。卵产于叶背面，以中脉两侧最多，呈块状或串状。初孵幼虫喜群居啃食叶肉，3龄后分散缀叶呈"饺子"状虫苞或叶筒内栖息取食，尤喜危害嫩叶。7～8月阴雨连绵年份危害严重，3～5日内即把嫩叶吃光，形成"秃梢"。幼虫极活泼，稍受惊扰，即从卷叶内弹跳逃跑或吐丝下垂。老熟幼虫在卷叶内吐丝结白色稀疏的薄茧化蛹。最后一代幼虫10月底先后越冬。

黄翅缀叶野螟成虫 (徐公天提供)

黄翅缀叶野螟幼虫缀叶危害杨叶 (徐公天提供)

黄翅缀叶野螟幼龄幼虫吐丝结网 (徐公天提供)

黄翅缀叶野螟防治历　　　　(以河南地区为例)

时间	虫态	防治方法	要点说明
1~4月，11~12月	越冬幼虫	冬春时节，结合抚育管理，人工清理树下落叶，杀死越冬幼虫。	集中销毁，可有效降低越冬基数。
5~10月	幼虫 成虫	低龄幼虫期，采用苏云金杆菌30亿~45亿IU/公顷、25%灭幼脲Ⅲ号1500~2000倍液、3%高渗苯氧威2500~4000倍液、1.2%苦参碱·烟碱乳油800~1000倍液、1.8%阿维菌素3000~6000倍液等喷雾防治；或1.2%苦参碱·烟碱烟剂7.5~30千克/公顷和2%敌敌畏烟剂7.5~15千克/公顷、2.5%溴氰菊酯乳油与柴油1∶20比例混合喷烟防治。	加强虫情监测，特别要掌握第三代幼虫发生情况。 防治必须在3龄前进行效果最佳。 喷烟适于面积大、树高、郁闭度大的林地，宜早、晚无风或风速小于2米/秒的条件下进行。
		幼虫大发生时，采用2.5%高效氯氟氰菊酯2500~3000倍液、3%高效氯氟氰菊酯2000~3000倍液喷雾防治。	仅限于大发生后的应急防治。
		设置高压电网黑光灯、杀虫灯诱杀成虫。	布置应严格按不同产品使用说明和《诱虫灯林间使用技术规程》操作。

黄翅缀叶野螟卵、幼虫寄生性天敌较多，特别是赤眼蜂能有效控制第四代幼虫发生，8月中旬后应尽可能不用化学防治，以免杀伤天敌。

参考文献

[1]　国家林业局森林病虫害防治总站.林用药剂药械使用技术手册 [M].北京:中国林业出版社,2008.
[2]　张萍.杨黄卷叶螟及其防治 [J].安徽林业,2004(5): 34.

（柴守权　陈义周　曾智坚）

柳毒蛾

Stilpnotia salicis (Linnaeus)

分布与危害	又名雪毒蛾。分布于天津、河北、内蒙古、辽宁、吉林、黑龙江、江苏、山东、河南、西藏、陕西、宁夏、青海、甘肃、新疆。猖獗时，短期内将树木叶子全部吃光，严重影响树木生长。
寄　　　主	主要危害杨、柳，其次危害白蜡、槭、榛子。
主要形态特征	成虫全体着生白色绒毛。复眼圆形、黑色。雌蛾触角短双栉齿状，触角干白色；雄蛾触角羽毛状，干棕灰色。足胫节和跗节有黑白相间的环纹。体翅白色，有丝质光泽。老熟幼虫，头黑色，有棕白色绒毛，体背各节有黄色或白色接合的圆形斑11个，第4、5节背面各生有黑褐色短肉刺2个。除最后一节外，其余两侧横排棕黄色毛瘤3个，各毛瘤上分别着生长、短毛簇；体背每侧有黄或白色细纵带各1条，纵带边缘黑色。胸足黑色。
生物学特性	乌鲁木齐地区一年发生2～3代，以2、3龄幼虫越冬。4月下旬越冬幼虫开始活动，5月上、中旬为越冬代幼虫危害盛期。5月中旬开始化蛹，下旬出现成虫并交尾产卵。6月中、下旬为第一代幼虫危害期，8月上、中旬为第二代幼虫危害期。第二代幼虫于8月下旬在树皮缝内吐丝做一小槽或结一灰色薄茧越冬。而一年3代的9月中、下旬，幼虫轻度危害后于月底或10月初越冬。卵产在树干表皮、枝条、叶背等处，幼虫多数6龄，少数5龄。1、2龄时隐于叶背，只取食叶肉。有群集性，一般10条左右聚集在一起。触动时能吐丝下垂。3龄后分散取食整个叶片，没有吐丝下垂习性。末龄幼虫食叶量占总食叶量的80.7%。蜕皮前吐灰色薄丝做一小巢，虫体缩短。幼虫老熟后吐丝卷叶化蛹或在树皮裂缝、节疤、残留的叶柄等处吐丝缠身后化蛹。成虫白天多数隐蔽于树干、叶背等处，趋光性很强。纯杨树林受害严重。混交林带，如杨、榆、白蜡、沙枣、樟子松等树种混交的林分受害轻，并能抑制害虫传播蔓延。

柳毒蛾成虫

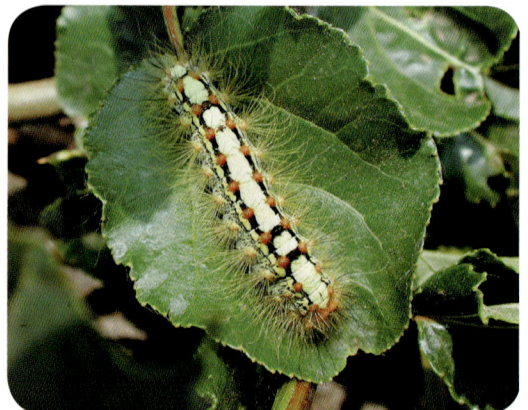

柳毒蛾幼虫

柳毒蛾防治历 （以新疆地区为例）

时间	虫态	防治方法	要点说明
4~5月	幼虫	用25%敌杀死、氧化乐果、废机油按1∶1∶10的比例（体积比）配成药油混合液充分搅拌均匀后，在树干高1.2米处涂毒环，环宽15厘米为宜。 也可用2.5%溴氰菊酯与废机油按1∶1比例混合，配成药油混合液，浸泡包装用纸绳制成毒绳，在树干胸径处绑缚。 老熟幼虫开始活动后，树下喷洒45%辛硫磷乳油300~500倍液，可杀死下树昼伏幼虫。	树干上涂毒环、绑毒绳一定要闭合。
		用1%苦参碱可溶性液剂800倍液、25%灭幼脲Ⅲ号3000倍液、Bt乳剂500倍液等树冠喷药。	在卵孵化盛期及初龄幼虫期施药。
6月	成虫	成虫期用杀虫灯诱杀，或采用性诱捕器诱杀成虫，诱捕器每隔3~5棵树挂1个，可诱杀10米以内的成虫。	在成虫产卵前设置。
7~8月	小幼虫	选用1.8%阿维菌素乳油1000~2000倍液、35%吡虫啉乳油1000~2000倍液、2.5%敌杀死乳油3000~4000倍液等树冠喷雾。	

注意保护寄生蜂和招引灰喜鹊等天敌。营造阔叶混交林、针阔混交林。封山育林，改善林分环境，促进森林健康。

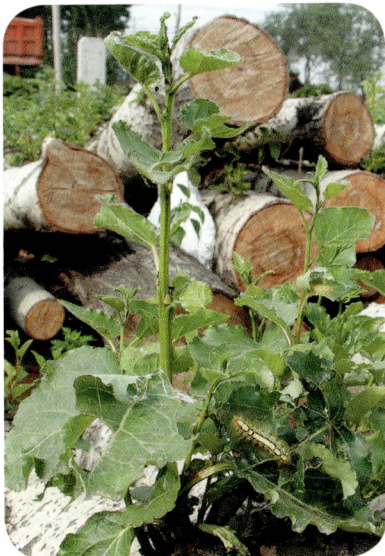

柳毒蛾危害状

参 考 文 献

[1] 萧刚柔.中国森林昆虫[M].北京:中国林业出版社,1992.

[2] 彭浩.利用无公害药剂防治柳毒蛾试验研究[J].林业建设,2008(2): 53-54.

[3] 柳培华,朱卫华,刘万军.柳毒蛾发生期预测预报的初步研究[J].陕西林业科技,2006(3):50-53.

[4] 申洪利,陆建高.浅析柳毒蛾生物学特性及防治[J].天津农林科技,2003(6): 35.

（张旭东　陈国发　刘自祥）

柳瘿蚊

Rhabdophaga salicis (Schrank)

分 布 与 危 害	分布于河南、山东、安徽、江苏、湖北等地。初孵幼虫就近扩散危害，从嫩芽基部钻入枝干皮下，6月下旬幼虫蛀入韧皮部，取食韧皮部和形成层。初次危害形成层的同时刺激了受害部位细胞畸形生长，出现轻度肿瘤；重复产卵，重复危害，引起新生组织不断增生，瘿瘤越来越大，呈纺锤形瘤状突起，俗称"柳树癌瘤"。虫口密度比较大时，树干生长很快衰弱，会在两三年内干枯死亡。
寄 主	柳树。
主要形态特征	成虫紫红色或紫黑色，腹部各节着生环状细毛。触角灰黄色，念珠状，各节有轮生细毛。前翅膜质透明，卵圆形，翅基渐狭窄。老熟幼虫橘黄色，前胸有一"Y"状骨片。
生物学特性	一年发生1代，以成熟幼虫集中在树皮瘿瘤内越冬。翌年3月开始化蛹，3月下旬至4月中旬羽化为成虫，4月上旬为成虫羽化盛期，羽化时间在每日09：00～10：00，气温高羽化多，尤其在雨后晴天羽化量大。成虫羽化后的蛹皮密集在羽化孔上，极易发现。羽化后的成虫很快交配产卵。卵大多产在原瘿瘤上旧的羽化孔里，深度在形成层与木质部之间，每卵孔内产卵几十粒到几百粒不等。初孵幼虫就近扩散危害，从嫩芽基部钻入枝干皮下，6月下旬绝大部分幼虫蛀入韧皮部，取食韧皮部和形成层。由于连年危害，致使瘿瘤逐渐增大。

柳瘿蚊越冬幼虫(徐公天提供)

柳瘿蚊虫瘿(徐公天提供)

柳瘿蚊成虫羽化孔(徐公天提供)

柳瘿蚊防治历

(以安徽地区为例)

时间	虫态	防治方法	要点说明
1～2月, 11～12月	蛹	被危害树木较小或初期危害的, 在冬季或在3月底以前, 把危害部树皮刮下, 或把瘿瘤锯下, 集中烧毁。	应结合冬季修剪枝条时进行。
		在成虫羽化前用机油乳剂或废机油仔细涂刷瘿瘤及新侵害部位, 可杀死未羽化蛹和新羽化的成虫。	涂抹时先刮去死皮, 露出新鲜表皮, 但最好别伤及表皮, 并适当增加涂抹宽度。
3月	蛹、成虫	3月下旬用40%氧化乐果原液, 兑水2倍涂刷瘿瘤及新侵害部位, 杀死幼虫、卵和成虫。	可用塑料薄膜包扎涂药部位, 杀虫效果更为明显。
4～5月	成虫、卵、幼虫	5月用40%氧化乐果2倍液在树干根基打孔, 孔径0.5～0.8厘米、深达木质部3厘米, 用注射器注药1.5～2毫升。或刮皮涂药, 毒杀瘿瘤内幼虫。	注药后用泥浆将孔密封, 防止药液向外挥发。操作时要注意安全。
6～10月	幼虫	6月在瘿瘤上钻2～3个孔, 孔径0.5～0.8厘米、深入木质部3厘米, 然后用40%氧化乐果3～5倍液向孔注射1～2毫升。	注药后用泥浆将孔密封, 防止药液向外挥发。操作时要注意安全。

加强检疫, 避免直接用柳干扦插造林, 杜绝带虫苗出圃, 禁止未经处理的带虫干枝外运。

参考文献

[1] 汪军良, 何长平. 柳瘿蚊的防治 [J]. 安徽林业, 2007(6): 46.
[2] 赵绪慧. 柳瘿蚊生物学特性及防治试验 [J]. 山东林业科技, 1990(4): 58-60.

（刘　枫　柴守权　谭宏利）

榆毒蛾

Lvela ochropoda (Eversmann)

分布与危害	分布于辽宁、吉林、北京、天津、河北、山东、河南、山西、宁夏等地。幼龄幼虫危害叶肉，残留叶脉，受害部分干枯而呈现孔洞。大龄幼虫由边缘蚕食，呈现缺刻，其停留之处密布丝网，以便其附着站立，严重时整株树叶全被吃光，尤其早春幼虫危害最重。
寄　　主	榆树。
主要形态特征	成虫体白色，被有白色鳞毛，触角栉齿状，雄虫栉齿显著，雌虫甚短。前足腿节端半部及胫节和跗节，中后足胫节端部及跗节均为橙黄色。卵鼓形，灰黄色，外被灰黑色分泌物，成串排列。幼虫各体节背面具白色毛瘤，毛瘤基部周围为白色，瘤毛颇长，灰褐色。通体黄色，背线为明显黄色。
生物学特性	一年发生2代，以幼龄幼虫在树皮缝隙中群居越冬。4月上、中旬越冬幼虫开始活动取食，6月上、中旬开始化蛹和成虫羽化。第一代幼虫于6月下旬出现，7月底、8月初成虫大量羽化。9月底、10月初第二代幼虫开始在树皮下或缝隙空洞中越冬。成虫夜间活动为主，有时白天出现活动，趋光性强，白天多隐伏在叶片背面或树丛枝条上不动。卵多产在幼嫩枝条或叶片背面，成串排列，外被灰黑色分泌物，非常坚固。老熟幼虫在树叶背面或树下灌木丛叶上或杂草上，吐丝连缀毒毛化蛹。

榆毒蛾幼虫

榆毒蛾防治历 （以北方地区为例）

时间	虫态	防治方法	要点说明
1~3月，11~12月	越冬幼虫	搜寻树皮处，刮除越冬幼虫。	集中烧毁。
4~5月，9~10月	幼虫	用1%苦参碱可溶性液剂800倍液、25%灭幼脲Ⅲ号3000倍液、Bt乳剂500倍液、1.8%阿维菌素乳油1000~2000倍液、35%吡虫啉乳油1000~2000倍液等树冠喷雾。	幼虫盛发期喷洒。
7~8月	成虫、卵	利用杀虫灯诱杀成虫。	晚上开灯，底部距地面1.0~1.5米为宜。无杀虫灯时用白炽灯也可。

榆毒蛾危害状

榆毒蛾成虫

参考文献

[1] 崔文娟.榆树常见食叶害虫及综合防治 [J].新疆农业科技，2008(5): 68.

[2] 萧刚柔.中国森林昆虫 [M].北京:中国林业出版社，1992.

（赵铁良　王志勇）

榆紫叶甲

Ambrostoma quadriimpressum Motschulsky

分布与危害 分布于黑龙江、吉林、辽宁、河北、贵州、内蒙古等地。成虫取食榆树芽苞、不能正常发芽，成虫、幼虫取食叶片，严重时将叶片食光，连年危害，使榆树成为"干枝梅"、"小老树"，树势衰弱并引起其他病虫危害。

寄　　　主 榆树。

主要形态特征 成虫体近椭圆形，鞘翅背面呈弧形隆起；前胸背板及鞘翅上有紫红色与金绿色相间的色泽，尤以鞘翅上最为显著。腹面紫色有金绿色光泽；头及足深紫色，有蓝绿色光泽；触角细长，棕褐色；上颚钳状。前胸背板两侧扁凹，具粗而深的刻点；鞘翅上密被刻点，后翅鲜红色。雄虫第五腹节腹板末端凹入，形成一向内凹入的新月形横缝。雌虫第五腹节末端钝圆。成虫体色以上述体色最多，此外尚有下列4种色泽：紫褐色、蓝绿色、深蓝色、铜绿色。1龄幼虫孵化时全体棕黄色，全身密被微细的颗粒状黑色毛瘤，其上着生淡金黄色刺毛；2龄幼虫体灰白色，头部呈淡茶褐色，头顶有4个黑色斑点，前胸背板有2个黑色斑点，背中线灰色，下方有1条淡金黄纵带。近老熟时，通体乳黄色。

生物学特性 该虫一年发生1代，以成虫在榆树下土壤内2～11厘米越冬。越冬成虫翌年5月上旬，当榆树刚刚萌芽时上树活动，取食芽苞危害。5月中旬为交尾盛期，产卵初期成虫在榆树展叶前，常产卵于枝梢末端，卵成串排列，榆展叶后产卵于叶片背面成块状。幼虫孵化后即取食叶片，6月中旬幼虫开始下树入土化蛹，7月上旬开始见新成虫羽化。经过大量取食叶补充营养，当温度较高时（气温达30℃左右），新成虫与上一代成虫一起群集于庇荫处夏眠。一般于7月下旬至8月上旬气温转凉时出蛰活动，10月上旬随着天气变冷，相继下树入土越冬。成虫不能飞翔，新成虫及越冬后刚刚出现的成虫假死性较强。幼虫行动缓慢，不活泼，老熟幼虫易常被风摇落。

榆紫叶甲卵(徐公天提供)

榆紫叶甲成虫

榆紫叶甲幼虫-1 (徐公天提供)

榆紫叶甲1龄幼虫 (徐公天提供)

榆紫叶甲幼虫-2

榆紫叶甲危害状

榆紫叶甲防治历　　(以北方地区为例)

时间	虫态	防治方法	要点说明
1～4月，10～12月	越冬成虫	用20%灭扫利乳油、20%速灭杀丁乳油分别与柴油、机油按1：1：8比例制作毒绳，绑缚在树干胸径处，阻杀成虫上树。	在越冬成虫上树危害前进行。
5～6月	成虫、卵、幼虫、蛹	利用成虫假死习性，危害盛期震落捕杀。	成虫上树后产卵前进行。
		2.5%溴氰菊酯乳油8000～10000倍液、8%氯氰菊酯微囊悬浮剂2000倍液等喷雾防治成虫。	成虫初上树期和幼虫盛发期进行。
		卵期或初孵幼虫期喷施25%灭幼脲悬浮剂1500～2000倍液，或用10%吡虫啉乳油4000～6000倍液喷雾防治卵和幼虫。	
7～9月	成虫	同1～4月。	成虫夏眠后上树时进行。

参考文献

[1] 李彬,苏元吉,李海山.牡丹江榆树新记录害虫——榆紫叶甲的生物学特性与防治 [J].中国林副特产,2007(2): 59.
[2] 张文学,王明琴,陈瑛.利用毒绳技术防治榆紫叶甲 [J].辽宁林业科技,2001(4): 40-41.
[3] 安瑞军,李秀辉,张冬梅.榆紫叶甲生物学特性的研究 [J].林业科技,2005,30(5): 18-20.
[4] 张强,张德军,崔殿军.黑龙江省西部地区榆紫叶甲发生与防治 [J].防护林科技,2009(1): 115-116.
[5] 安丽萍,许铁军,王威,等.榆紫叶甲不同发育历期药剂防治 [J].林业勘查设计,2006(4): 35-38.

(赵铁良)

榆蓝叶甲

Pyrrhalta aenescens (Fairmaire)

分布与危害	又名榆绿叶甲、榆毛胸萤叶甲、榆蓝金花虫。分布于河北、河南、江苏、湖南、山东、山西、陕西、甘肃、辽宁、吉林、黑龙江、内蒙古、台湾等地。成虫和幼虫均危害榆树，是榆树的主要害虫之一。以成虫、幼虫取食叶片，将榆树叶片吃成网状眼，甚至把叶片啃光，致使树体提早落叶，严重时整个树冠一片枯黄，形同火烧，影响当年木材生长量。榆蓝叶甲化蛹前常群集树干上分泌黏液，致使树干发霉变黑腐朽影响景观环境。
寄　　　主	榆树。
主要形态特征	成虫通体深蓝色，有强烈金属光泽。头部横阔，触角11节，1～6节较小，褐色；7～11节粗大，色深褐，有细毛。复眼黑色。前胸背板光滑，横阔，前缘呈弧形凹入。鞘翅上有刻点，略成行列。体腹面及足深蓝色，有金属光泽。幼虫体灰黄色。头黑褐色，有明显触角1对，前胸背板上有左右2个大褐斑；中胸背板侧缘有较大的乳状黑褐突起。顶端如瓶口，亚背线上有黑斑2个，前后排列。腹部1～7节的气门上线各有一黑褐色较小乳头状突起，在气门下线，各有1个黑斑，上有毛2根。腹部腹面各有黑斑6个，均有毛1～2根。腹端有黄色吸盘。
生物学特性	在东北、华北、河南一年发生2代，山东及以南一年3代，均以成虫在石块、枯枝落叶层以及建筑物缝隙中越冬，翌年3月下旬至4月上旬越冬成虫开始上树危害。卵产于榆叶背面或小枝上，排成两行，一般20粒左右，卵期5～11天。4月底5月初开始出现第一代幼虫，幼虫分3龄，幼虫期约23～27天，5月下旬至6月上旬幼虫老熟，爬至树干枝杈、树皮裂缝等处群集化蛹，蛹期10～15天。6月上旬或中旬出现第一代成虫，成虫期可持续30～33天。第二代卵始见于6月中或下旬，6月下旬至7月上旬出现第二代幼虫，幼虫期22～30天。7月下旬第二代成虫开始羽化；8月中旬出现第三代幼虫，9月上旬第三代成虫出现。9月中旬后成虫不再取食，寻找适宜场所准备越冬，10月进入越冬休眠期。成虫有假死性，初孵幼虫群集卵壳周围剥食叶肉成网状，2龄后分散咬食成孔洞，3龄后食量大增。

榆蓝叶甲产几天后的卵 (徐公天提供)

榆蓝叶甲老龄幼虫 (徐公天提供)

榆蓝叶甲老熟幼虫 (徐公天提供)

榆蓝叶甲成虫和老龄幼虫食害榆叶状 (徐公天提供)

榆蓝叶甲幼虫群集树干待蛹 (徐公天提供)

榆蓝叶甲成虫食叶 (徐公天提供)

榆蓝叶甲防治历

(以华北地区为例)

时间	虫态	防治方法	要点说明
1～3月	越冬成虫	收集枯枝落叶，清除杂草，深翻土地，消灭越冬虫源。	枯枝落叶层、杂草是其重要越冬场所。
		营造混交林。	榆蓝叶甲食性单一，种植时应与其他树种混种。
4～7月中旬	蛹、成虫、卵、幼虫	用毒笔在树干基部涂2个闭合圈，毒杀越冬后上树成虫。	4月上旬越冬成虫出土上树前。
		喷洒50%杀螟松乳油或40%乐果乳油800倍液防治成虫。	
		利用成虫假死性，人工震落捕杀。	
		5%吡虫啉乳油树干注药，用量每厘米胸径1毫升。	打孔注药一般在干基部距地面30厘米处钻孔，钻头与树干成45度角，钻6～8厘米深的斜向下孔。视树木胸径大小绕干钻3～5个孔，注药后以泥浆封孔。
		人工刮除榆树树干上的蛹及老熟幼虫，集中烧毁。	多在树干隐蔽处。
7月下旬至9月中旬	成虫	喷洒50%杀螟松乳油800倍液。	成虫集中在树上补充营养阶段。

对苗木的调出调入，必须严格检疫。注意保护和利用瓢虫、螳螂、蠼螋等天敌。

参考文献

[1] 付丽,徐连峰,刘景江,等.齐齐哈尔市园林景区榆蓝叶甲的发生特点与防治技术 [J].防护林科技,2008(2): 91-92.

[2] 宋华茹,曹满芝.榆蓝叶甲发生规律及预测预报 [J].河北林业科技,1991(3): 38-41.

[3] 陈钦华,姜平,于顺龙.榆树食叶害虫榆蓝叶甲综合防治技术初步研究 [J].防护林科技,2006(4): 29-31.

（孙德莹　梁佳林　徐志华）

榆掌舟蛾

Phalera fuscescens Butler

分布与危害	榆掌舟蛾又名榆黄斑舟蛾、黄掌舟蛾、榆毛虫。分布于黑龙江、辽宁、河北、山东、河南、陕西、江苏、浙江、福建、江西、湖南等地。以幼虫取食榆树叶片，严重发生时常将叶片蚕食一光，影响树木正常生长与绿化效果。
寄　　　　主	榆、樱花、梨、海棠、沙果、樱桃、杨、麻栎和板栗等多种植物。
主要形态特征	成虫黄褐色，头顶淡黄色；胸背前半部黄褐色，后半部灰白色，有2条暗红褐色横线；腹背黄褐色；前翅灰褐色带银白色光泽，前半部较暗，后半部较亮，顶角有1个较大的掌形淡黄色斑，翅中央环形纹和肾形纹较明显，基线、内横线和外横线黑褐色，近臀角处有1个暗褐色斑。末龄幼虫深褐色；头部黑褐色，体被白色细长毛；背面纵贯青黑色条纹，体侧具青黑色短斜条纹。尾部向后方翘起，体似舟形。
生物学特性	东北、华北、西北地区一年发生1代，以蛹在土中越冬。翌年5～6月成虫羽化，趋光性较强，夜间将卵产在叶背面，块状排列，卵期约10天。初孵幼虫群居啃食叶肉，叶片呈箩网状。幼虫静止时，头朝一个方向整齐排列。因臀足退化，尾部向上翘起，体似舟形。遇惊吐丝下垂，叶片食光后成群迁移危害。大龄幼虫有假死性，遇惊下落，其后沿干上爬继续危害。以8～9月危害最严重，9月下旬幼虫老熟，入土化蛹越冬。

榆掌舟蛾成虫（展翅）（徐公天提供）

榆掌舟蛾成虫（停歇）（徐公天提供）

榆掌舟蛾幼虫

榆掌舟蛾幼龄幼虫食害榆叶(徐公天提供)

榆掌舟蛾防治历

(以上海地区为例)

时间	虫态	防治方法	要点说明
5~8月	成虫	设置杀虫灯诱杀成虫。	成虫羽化前开始设灯。
4~9月	卵、幼虫	人工摘除带卵叶片和虫苞。	集中销毁。
		Bt乳剂600倍液、20%灭幼脲Ⅲ号悬浮剂4000倍液防治幼虫。	应以生物或仿生药剂为主,以利于保护天敌。
		注意保护和利用天敌。	卵期天敌有舟蛾赤眼蜂、黑卵蜂。幼虫期有益鸟、中华茧蜂、金小蜂、毛虫追寄蝇、绒茧蜂和颗粒体病毒等。蛹期有广大腿小蜂、家蚕追寄蝇等。
10月至翌年3月	蛹	冬季深翻土壤,可消灭部分地下越冬蛹。	

参考文献

[1] 萧刚柔. 中国森林昆虫 [M]. 北京: 中国林业出版社, 1992.

[2] 居峰, 董丽娜, 钮仁章, 等. 紫金山主要有害生物现状及其防治对策 [J]. 江苏林业科技, 2006, 33(6): 51-54.

(周茂建　王志勇)

榆黄毛莹叶甲

Pyrrhalta maculicollis (Motschulsky)

分布与危害　又名榆黄叶甲、黑角毛胸莹叶甲。分布于吉林、辽宁、内蒙古、河北、河南、山东、江苏、浙江、福建、广东、江西、陕西、甘肃等地。常与榆绿叶甲混同发生，共同危害,生长季常将树叶多次吃光。严重影响树木生长和园林景观。

寄　　　主　榆树。

主要形态特征　成虫近长方形，棕黄色，密布浅黄色柔毛和刻点；头部额中有深纵纹1条，头顶中央及后方具黑斑；触角细长黑色，被浅色毛，触角间隆起呈脊状；前胸背板刻点粗密，有黑斑3个，中央斑狭长，侧斑椭圆形，鞘翅宽于前胸背板，沿肩部有黑色纵纹1条。幼虫体长形，稍扁平，黄褐色，周围毛瘤黑色；前胸背板两侧各有黑斑1个，中、后胸及第一至八腹节背面分成两小节，每节有毛瘤4个，中、后胸两侧有毛瘤2个，腹部两侧各有毛瘤3个，腹面每节各有毛瘤6个。

生物学特性　一年发生2代，以成虫在屋檐、墙缝或石块及枯枝落叶层越冬。翌年4～5月越冬成虫开始活动，盛期为5月中旬。成虫出现后即交尾产卵，卵成块产在叶背，每个卵块的粒数一般在20粒，最多24粒，最少3粒。每头雌虫可产卵500余粒，最多达571粒。卵经5～7天孵化为幼虫，幼虫共3龄，整个幼虫期21～25天。初孵幼虫啃食叶肉，使叶片呈箩网状，大龄幼虫食全叶，使叶片穿孔。6月中旬老熟幼虫开始下树，群集于树干伤疤、树洞、裂缝等处化蛹，蛹经5～7天羽化为成虫。成虫善于飞翔与爬行，具有假死性。成虫期食叶补充营养，穿孔往往连片。6～7月间，天气炎热时，白天静止于叶背面，早晚或夜间取食。

榆黄毛莹叶甲成虫 (王焱提供)

榆黄毛莹叶甲卵(王焱提供)

榆黄毛莹叶甲蛹和幼虫(王焱提供)

榆黄毛莹叶甲防治历 （以华北地区为例）

时间	虫态	防治方法	要点说明
1～3月	越冬成虫	收集枯枝落叶，清除杂草，集中销毁，深翻土地，消灭越冬虫源。 营造混交林。	
4月至7月中旬	卵、幼虫、蛹、成虫	用毒笔在树干基部涂2个闭合圈，毒杀越冬后上树成虫。 人工震落捕杀、除卵块。	4月上旬越冬成虫出土上树前。 利用成虫假死性。
		树冠喷洒25%灭幼脲Ⅲ号1500～2000倍液，或1.2%苦参碱·烟碱乳油800～1000倍液。	幼虫初孵期、活动期。
		5%吡虫啉乳油树干注药，每厘米胸径注射1毫升。	打孔注药一般在干基部距地面30厘米处钻孔，钻头与树干成45度角，钻6～8厘米深的斜向下孔。视树干胸径大小绕干钻3～5个孔，注药后以泥浆封孔。
		人工刮除榆树树干上的蛹及老熟幼虫，集中烧毁。	幼虫在树干上集中化蛹时，多在树干隐蔽处。
7月下旬至9月中旬	成虫	使用高效氯氰菊酯、敌马烟剂，每公顷用药15千克。	适宜已郁闭的榆树林，日出前、傍晚应用。
		喷洒50%杀螟松乳油或40%乐果乳油800倍液。	成虫集中上树补充营养阶段。
		用3波美度石硫合剂喷洒主干，消灭越冬成虫。	初冬季节

保护和利用瓢虫、螳螂以及灰喜鹊和大山雀等天敌。

参考文献

[1] 王焱. 上海林业病虫 [M]. 上海：上海科学技术出版社，2007：132-133.

[2] 萧刚柔. 中国森林昆虫 [M]. 北京：中国林业出版社，1992：552-553.

（崔振强）

灰斑古毒蛾

Orgyia ericae Germar

分 布 与 危 害	分布于黑龙江、吉林、辽宁、内蒙古、北京、河北、河南、山东、山西、陕西、宁夏、甘肃、青海、新疆等地。以幼虫取食多种林木及沙生植物的叶片、花苞、嫩枝皮层危害，常将叶片全部吃光，造成树势减弱，影响沙地林木生长甚至死亡，是沙漠地区灌木林危害最严重的害虫之一。
寄 主	花棒、沙冬青、柠条、杨柴、沙拐枣、沙棘、梭梭、沙枣、沙蓬、胡杨、盐豆木、山毛榉、杨、柳、桦、栎、杜鹃、柽柳、苹果、山楂等。
主要形态特征	成虫雌雄异型。雌虫体大，黄褐色，被环状白绒毛，翅退化。雄虫体小，黑褐色，触角长双栉齿状。翅黄褐或咖啡色，前翅具深色"S"形纹3条，最内一条有深褐圆斑1个，近臀角处有一半月形白斑，前缘中间还有2个较大的白斑。老熟幼虫前胸背面两侧和第八腹节背面中央各有1束黑色瓶刷状毛，第一至四腹节背面各有1撮淡黄或棕色刷状短毛，腹侧具橘黄底浅黄色花斑瘤数列或不明显。
生物学特性	宁夏一年发生2代，以卵在茧内越冬。翌年6月上、中旬越冬卵开始孵化，6月下旬至7月上旬为幼虫孵化高峰期，7月上中旬老熟幼虫大部分结茧化蛹，7月中下旬成虫开始产卵。7月下旬至8月中旬出现第二代幼虫，8月中旬至9月上旬结茧化蛹，8月下旬至9月中、下旬成虫羽化，交尾产下越冬卵。雄成虫具趋光性。

灰斑古毒蛾雌成虫(盛茂领提供)

灰斑古毒蛾雄成虫(韩国升提供)

灰斑古毒蛾茧 (盛茂领提供)

灰斑古毒蛾卵 (盛茂领提供)

灰斑古毒蛾蛹 (盛茂领提供)

灰斑古毒蛾幼虫 (盛茂领提供)

灰斑古毒蛾防治历 (以宁夏地区为例)

时间	虫态	防治方法	要点说明
1~5月	卵	利用老熟幼虫结茧化蛹、以卵越冬的习性，可人工摘茧、灭卵。	集中销毁。
6~9月	幼虫、成虫	成虫羽化初期至羽化高峰期，利用杀虫灯或人工合成性诱剂，诱杀雄成虫。 6月下旬或8月上旬用白僵菌粉炮防治第一、二代幼虫。成虫、幼虫期喷施5%吡虫啉乳油2000倍液、25%灭幼脲Ⅲ号3000倍液、灰斑古毒蛾核型多角体病毒等进行防治。	杀虫灯、性诱剂在成虫羽化前设置。
10~12月	卵	同1~5月。	

保护利用天敌，如毒蛾卵啮小蜂、舞毒蛾黑瘤姬蜂、黑青金小蜂、蓝绿啮小蜂等。

参考文献

[1] 胡秋兰,张小波.灰斑古毒蛾(*Orgyia ericae* Germar)核型多角体病毒毒力测定及防效 [J].河南农业科学,2006(9): 77-79.
[2] 金格斯.阿勒泰地区灰斑古毒蛾生物学特性观察及其防治措施 [J].新疆林业,2009(1): 43-44.
[3] 李海燕,宗世祥,盛茂领,等.灰斑古毒蛾寄生性天敌昆虫的调查 [J].林业科学,2009,45(2): 167-170.
[4] 孙耀武,黄春红,刘玲.灰斑古毒蛾生物学特性及防治试验研究 [J].现代农业科技,2008(4): 73,75.
[5] 王雄,刘强.濒危植物沙冬青新害虫——灰斑古毒蛾的研究 [J].内蒙古师范大学学报自然科学(汉文)版,2002,31(4): 374-378.
[6] 王占军,郝秀萍,杨美丽.灰斑古毒蛾及其寄生性天敌的初步调查 [J].内蒙古林业科技,2008,34(1): 27-28.
[7] 萧刚柔.中国森林昆虫 [M].北京:中国林业出版社.1992.
[8] 于洁,贾文军,杨红娟,等.灰斑古毒蛾生物学特性及防治措施 [J].陕西林业科技,2007(4): 124-125,132.

(李 涛)

大袋蛾

Clania variegata Snellen

分 布 与 危 害	分布于河南、山东、安徽、江苏、浙江、江西、湖北、湖南、四川、云南、广东、福建、台湾等省。以幼虫取食叶片,吐丝缀合碎叶成虫囊,严重发生时将成片树叶食光,造成灾害,影响树木正常生长与绿化效果。
寄 主	泡桐、蔷薇、玫瑰、紫薇、紫荆、月季、梅花、丁香、茶花、梅、柑橘、桃、柿、石榴、枇杷、葡萄、梨、荔枝、龙眼、枇杷、橄榄等。
主要形态特征	雄蛾体暗褐色,触角双栉齿状。前翅沿翅脉黑褐色,翅面前后缘略带黄褐至赭褐色。雌成虫足与翅均退化,蛆状,体软,乳白色,表皮透明,胸背中央有1条褐色隆脊,腹内卵粒在体外可察见,后胸腹面及第七腹节后缘密生黄褐色绒毛环。雄性老熟幼虫头黄褐色,中央有一白色"八"字形纹,胸部灰黄褐色,背侧亦有2条褐色纵斑;雌性老熟幼虫粗肥,头部赤褐色,头顶有环状斑,胸部背板骨化,亚背线、气门上线附近有大型赤褐色斑,呈深褐淡黄相间的斑纹,腹部各节有皱纹。雄蛹第三至五腹节背板前缘各具一横列的刺突,尾部具2枚小臀棘。雌蛹红褐色。袋囊长纺锤形,长50~80毫米,丝质密实,外缀附大量枝叶。
生物学特性	一年发生1~2代,华南和福建部分地区一年发生2代,其他地区一年1代。以老熟幼虫在树干护囊内越冬。在合肥,大袋蛾幼虫于4月中旬至6月下旬化蛹,5月上旬为化蛹盛期,5月中旬至7月上旬为成虫羽化期,5月下旬为羽化盛期,并很快交尾产卵。5月下旬至7月下旬为幼虫孵化期,6月上旬为孵化盛期,直至11月以老熟幼虫封囊过冬。成虫白天羽化,夜间交配,卵产于虫囊内。初孵幼虫取食卵壳,经3~5天后吐丝下垂,随风飘逸扩散,落于寄主上后,吐丝缀合碎叶成为虫囊,终身带护囊而行,危害叶片。

大袋蛾雄成虫(徐公天提供)

大袋蛾幼虫-1(徐公天提供)

大袋蛾幼虫-2(徐公天提供)

大袋蛾危害状(靳爱荣提供)

袋蛾蛹(张迎然提供)

大袋蛾护囊(早期)(徐公天提供)

大袋蛾护囊(后期)(徐公天提供)

大袋蛾防治历

(以安徽地区为例)

时间	虫态	防治方法	要点说明
5～8月	成虫	杀虫灯诱杀成虫。	成虫羽化前开灯。
6～9月	卵、幼虫	利用天敌。天敌有桑蟥聚瘤姬蜂、袋蛾瘤姬蜂、大腿小蜂、黑点瘤姬蜂、脊腿姬蜂、小蜂及寄生蝇、线虫和细菌等。	注意保护天敌。
		2～3龄幼虫期，Bt菌粉200倍液＋0.3%洗衣粉喷雾（气温30℃以上效果好）；5%溴氰菊酯或10%高效氯氰菊酯乳油5000～6000倍液树冠喷雾。含100亿活孢子/克青虫菌1000倍液喷雾。	施药要均匀。
		或20%灭幼脲胶悬剂1000～2000倍液喷雾，或50%灭幼脲胶悬剂1000～2500倍液喷雾。	
11月至翌年3月	幼虫	冬季结合修剪摘除虫囊。	集中销毁摘除的虫囊。

参考文献

[1] 孔祥贞、陈复华、陈义周、李素英.大袋蛾的发育起点温度及有效积温 [J].昆虫知识, 1994 (4): 226-227.
[2] 张忠义、张超英、何瑞珍，等.大袋蛾发生级别的两种回归测报模型研究 [J].河南农业大学学报, 2001 (3): 44-47.
[3] 陈曙生.大袋蛾防治技术 [J].安徽林业, 2001 (3): 25.
[4] 陈桂华、唐有奇、赵金录，等.大袋蛾白僵病的研究 [J].林业科技通讯, 1998 (4): 11-12.
[5] 马建德.大袋蛾的防治技术 [J].青海农技推广, 2002 (4): 31-33.
[6] 李森.大袋蛾安全控害技术应用 [J].中国园艺文摘, 2009(10):53-54.

(周茂建　梁佳林　王　敏　徐志华)

花布灯蛾

Camptoloma interiorata (Walker)

分布与危害	分布广东、广西、湖南、湖北、福建、浙江、安徽、江苏、山东、辽宁、吉林、黑龙江等地。幼虫群集食叶危害，可将叶片全部吃光，早春可取食芽苞。是柞蚕场主要害虫，可造成柞蚕减产或绝产。可导致栎（栗）树减产甚至颗粒无收。
寄　　　主	板栗、麻栎、槲栎、东北楠、乌桕、槠等。
主要形态特征	成虫体橙黄色，前翅黄色，翅上有6条黑线，自后角区域略成放射状向前缘伸出，近翅基的两条呈"V"形，其外侧的一条位于中室，较短；在外缘的后半部，有朱红色的斑纹2组，每组分出2支伸向翅基；靠后角沿外缘处有方形小黑斑3个。后翅橙黄色。雌蛾腹端有密厚的粉红色绒毛。卵淡黄色，卵粒排列整齐成块状，卵块表面覆盖有粉红色的绒毛。幼虫头部黑色，前胸背板黑褐色，被黄白色细线分成4片。胸、腹部灰黄色，有茶褐色纵线13条，各节生有白色长毛数根，腹足基部及臀板均为黑褐色。
生物学特性	北京一年发生1代，以3龄幼虫在树干或枝丫处结虫苞群聚越冬，虫苞内平均有幼虫800多头。翌年春季，越冬幼虫出蛰，群集食叶危害，早春取食叶芽尤甚，常分散在枝条上做小虫苞。5月上中旬幼虫老熟，在地面枯枝落叶层或石块下作茧化蛹。6～7月成虫羽化，成虫白天停息在叶背，黄昏后交尾，次日在叶背面产卵，成圆块状，卵块上覆盖雌蛾脱下的粉红色绒毛。卵期8～20天。幼虫孵化时，从卵底咬破卵壳爬出，群集危害，取食叶肉，残留表皮，使一些叶片远看似"白叶"。10月中旬以后，幼虫从树冠陆续向树干或向大枝上转移，成纺锤形丝囊，在其中群集越冬。

花布灯蛾幼虫(徐公天提供)

花布灯蛾成虫-1(徐公天提供)

花布灯蛾幼虫 (绿型)

花布灯蛾虫苞 (韩国升提供)

花布灯蛾及危害状 (韩国升提供)

花布灯蛾幼虫 (蓝型)
(韩国升提供)

花布灯蛾越冬虫苞及幼虫 (韩国升提供)

花布灯蛾成虫-2 (韩国升提供)

花布灯蛾防治历   (以北京地区为例)

时间	虫态	防治方法	要点说明
1～4月， 8～10月	幼虫	幼虫群集在树皮上筑虫苞期间，人工摘除。 喷洒20%除虫脲悬浮剂7000倍液或25%噻虫嗪水分散剂4000倍液。 蚕场外栎林喷洒2.5%溴氰菊酯3000倍液、5%氟虫脲1000～2000倍液。	人工捕杀时要把握时机，在越冬期间完成。注意将树干上幼虫清理干净，将收集的幼虫集中处理。此防治方法经济有效。 喷药防治要均匀周到。在蚕场使用要注意安全。
6～7月	成虫	黑光灯、杀虫灯诱杀成虫。	杀虫灯要设置在空旷部位，灯底部距地面1.5～1.7米，及时收集和处理诱到的成虫。

参考文献

[1] 徐公天, 杨志华. 中国园林害虫 [M]. 北京: 中国林业出版社, 2007.
[2] 萧刚柔. 中国森林昆虫 [M]. 北京: 中国林业出版社, 1992.
[3] 郑文云, 高德三. 柞树害虫花布灯蛾生物学特性的研究 [J]. 林业科技, 2001, 25(4): 22-25.

（尤德康　刘铉基）

绿尾大蚕蛾

Actias selene ningpoana Felder

分 布 与 危 害	分布于北京、河北、辽宁、河南、江苏、浙江、江西、湖北、湖南、广东、福建、台湾等地。幼虫取食叶片，严重危害造成树势衰弱，影响果实产量。
寄 主	核桃、苹果、柳、杨、樱花、紫薇、枫杨、枫香、火炬树等。
主要形态特征	成虫体表有浓厚的白色绒毛，翅粉绿色，前翅前缘暗紫色，中央有1个眼状斑纹；后翅也有眼斑1个，后翅后角有长尾突。1龄幼虫黑褐色，2龄幼虫第二、三胸节及第五、第六腹节橘黄色，前胸背板黑色；3龄幼虫通体橘黄色；4龄嫩绿色；老龄黄绿色；老熟幼虫气门上线上红下黄，各节体背有枯黄色瘤突，其上着生黑色刺毛和白色长毛。尾足大，肛上板暗紫色。
生物学特性	北京地区一年发生2代，在树木下部枝干分杈处结茧越冬。越冬蛹翌年4月中旬至5月上旬羽化、交尾和产卵。5月中旬幼虫孵出，幼虫5龄。6月上旬老熟幼虫开始化蛹，中旬达盛期。第一代成虫6月末7月初羽化并产卵，幼虫7月上、中旬开始孵化，9月上、中旬幼虫结茧化蛹。成虫有趋光性，羽化当晚可交尾，翌日产卵，产卵量250～300粒。1、2龄幼虫有群集性，较活跃，3龄后分散，食量大增，行动迟缓。

绿尾大蚕蛾成虫(徐公天提供)

绿尾大蚕蛾3龄幼虫 (徐公天提供)

绿尾大蚕蛾老龄幼虫 (徐公天提供)

绿尾大蚕蛾防治历　　　　　（以北京地区为例）

时间	虫态	防治方法	要点说明
4月中旬至5月上旬；6月末至7月初	成虫	灯光诱杀。	杀虫灯要设置在空旷部位，灯底部距地面1.5~1.7米，及时收集和处理诱到的成虫。
5~6月初，7月上旬至8月末	幼虫	低龄幼虫期喷洒Bt500倍液；20%除虫脲悬浮剂7000倍液。25%灭幼脲Ⅲ号3000倍液、1%阿维菌素2000倍液等喷雾。人工捕捉幼虫。	2~3龄是防治关键期，喷药要均匀周到。1~2龄群居有利于人工捕捉，人工捕捉的幼虫要集中处理。
9月上中旬	结茧化蛹	人工采茧灭蛹。	
5月，6~7月	卵	保护和释放天敌。	保护土蜂、马蜂、麻雀等天敌。释放赤眼蜂，30万头/公顷。

参考文献

[1] 徐天森, 王浩杰. 中国竹子主要害虫 [M]. 北京: 中国林业出版社, 2004.

[2] 陈碧莲, 孙兴权, 李慧萍, 等. 上海地区绿尾大蚕蛾生物学特性及其防治 [J]. 上海交通大学学报(农业科学版), 2006, 24(4): 289-293.

（尤德康　王志勇）

银杏大蚕蛾

Dictyoploca japonica Moore

分布与危害　分布于辽宁、吉林、黑龙江、河北、河南、陕西、云南、贵州、江苏、湖北、湖南、广西、广东、福建、台湾等，在我国分布广泛。初孵及1~3龄幼虫群集危害，3龄以后分散危害。虫口密度大时，能把全树的叶片吃光，造成结果树严重落果甚至枯死。

寄　　主　银杏、核桃楸、核桃、漆树、枫杨、栗、蒙古栎、柳、樟、柿、李、榛、苹果、梨等20科30属38种经济林木。

主要形态特征　成虫体色灰褐、黄褐或紫褐色。前翅中室端部有新月形透明斑，并在翅脊形成眼珠状，周围有白色、紫红色和暗褐色轮纹；顶角向前缘处有1个黑色半圆形斑；后角有1个白色月牙形斑纹。后翅中室端有1个大的圆形眼斑，中间黑色如眼珠，外围有1条灰橙色圆圈及2条银白色线圈；后角有1个新月形白斑。幼虫体色分黑色型和绿色型2种，前者从气门上线至腹中线两侧均为黑色，中间夹有少数不规则的褐黄色小点，亚背部至气门上部各节毛瘤上有3~5根黑色长刺毛；后者气门上线至腹中线两侧为淡绿色，亚背部至气门上部毛瘤上有1~2根黑色长刺毛。蛹黄褐色，受惊扰时，蛹体在茧内能摆动发出声响。

生物学特性　该虫一年发生1代，以卵越冬。卵期延续到翌年5月中旬，中旬起孵化出幼虫。成虫10月下旬至11月中旬多在晚间羽化，翅展开后次晚或第三天交尾，产卵量100~600粒，一般300粒左右。成虫白天静伏于蛹茧附近的庇荫处，傍晚开始活动，具趋光性，雄蛾飞翔力较强。卵多产于树干的裂缝中。幼虫孵化后沿树干向上爬行，常群集于距地面最近的叶片上取食，3龄后分散取食，危害部位波及全树。食料不足时常成群转移危害。幼虫老熟后选择隔年生细枝条，在叶片遮盖处缀少许叶片做茧。对纯林的危害比混交林大。

银杏大蚕蛾雌成虫(徐公天提供)

银杏大蚕蛾雄成虫(徐公天提供)

银杏大蚕蛾茧-1（徐公天提供）

银杏大蚕蛾茧-2

银杏大蚕蛾老熟幼虫

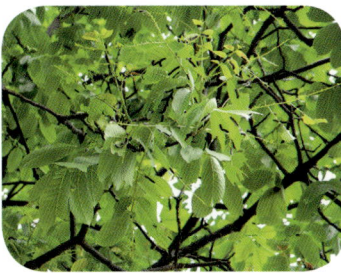
银杏大蚕蛾危害状

银杏大蚕蛾防治历 （以南方地区为例）

时间	虫态	防治方法	要点说明
1～2月，12月	卵	人工除卵。 释放赤眼蜂30万头/公顷。	树干以及低矮的幼树上，用棒敲击卵块或刮去卵块。
3～4月	幼虫	选用5%吡虫啉乳油或20%吡虫啉可溶性液剂或40%氧化乐果3倍液，树干基部钻孔注药防治。用量1毫米/厘米胸径。	幼虫3龄前进行。特别适合立地条件差和树体高大喷药不便地区。
		喷洒Bt可湿性粉剂（8000IU/毫克500～800倍）、白僵菌高孢粉（450克/公顷），核型多角体病毒（3750亿多角体/公顷）等进行生物防治。	幼虫3～4龄前群集危害期喷雾防治，施药部位应集中在中部树干和下部嫩叶。
5～9月	蛹	人工摘蛹。	茧悬挂在寄主的枝条上和寄主附近的灌木上，或贴附于石壁、老树干基部。蛹可装入筐中罩上塑料纱网收集天敌放回林中。此防治方法经济有效。
10～11月	成虫	利用杀虫灯或黑光灯（无电山区可用马灯）诱杀成虫。	注意林区防火。

参考文献

[1] 丁冬荪，衷龙云，陈华，等.银杏大蚕蛾生物学及无公害防治[J].江西林业科技，2006(4): 21-22.
[2] 桂红兵.银杏大蚕蛾的生物学特性与科学防治[J].现代农业科技，2007(18): 86.
[3] 杨宝山，张希科，曹兰娟，秦利.银杏大蚕蛾生物学特性及防治技术[J].农药，2008，47(2): 153-154.

（赵铁良 姜海燕）

蓝目天蛾

Smerinthus planus Walker

分布与危害	分布于辽宁、内蒙古、河北、河南、山西、山东、江苏、浙江、安徽、江西、陕西、宁夏、甘肃和青海等地。主要以幼虫取食叶片危害，常将树叶吃光，仅剩枝条，严重影响树木的生长和发育。
寄　　主	杨、柳、榆、苹果、桃、梅、核桃、海棠、李、杏和樱桃等。
主要形态特征	成虫体翅黄褐色。复眼大，暗绿色。胸部背面中央有1个深褐色大斑，前翅外缘翅脉间内陷成浅锯齿状，缘毛极短。亚外缘线、外横线、内横线深褐色；肾状纹清晰，灰白色；外横线、内横线下段被灰白色剑状纹切断。后翅淡黄褐色，中央有1个大蓝目斑，斑外有1个灰白色圈，最外围蓝黑色，蓝目斑上方为粉红色。老熟幼虫头较小，绿色，近三角形，两侧色淡黄；前胸有6个横排的颗粒状突起；中胸有4个小环，每环上左右各有1个大颗粒状突起；后胸有6个小环，每环也各有1个大颗粒状突起。第一至第八腹节两侧有淡黄色斜纹，最后1条斜纹直达尾角，尾角斜向后方。
生物学特性	在辽宁、北京、兰州、西宁一年发生2代，在陕西、河南一年3代，江苏一年4代；均以蛹在土中越冬。2代区成虫发生期为5月中下旬、6月中下旬，3代区为4月中下旬、7月和8月，4代区为4月中旬、6月下旬、8月上旬及9月中旬。成虫多夜间羽化、活动及产卵，具趋光性，飞翔力强；羽化后第二天交尾，第四天产卵，卵单产于叶背、枝及枝干，偶见卵成串，每雌产卵200～400粒，卵期7～14天。4～5龄幼虫取食量极大，以第一代的幼虫危害较重，被害枝常成光秃状。老熟幼虫下树入土55～155厘米营土室越冬。

蓝目天蛾成虫(展翅)(徐公天提供)

蓝目天蛾幼虫(徐公天提供)

蓝目天蛾老龄幼虫(徐公天提供)

蓝目天蛾幼虫在柳枝上(徐公天提供)

蓝目天蛾防治历 (以北京地区为例)

时间	虫态	防治方法	要点说明
1～4月中旬	蛹	人工挖越冬蛹。	集中烧毁或深埋。
4月中下旬至5月上旬，7月中旬至8月上旬	成虫	利用成虫具有很强的趋光性，用杀虫灯诱杀成虫。	不同地区成虫发生期不同，做好预测预报，掌握好诱杀时间。
4月下旬至6月中旬，8～9月	幼虫	喷洒100亿孢子/毫升以上的苏云金杆菌600倍液或1.2%苦参碱·烟碱乳油1000倍液、24%米满1000～2000倍液等喷雾防治。 当幼虫老熟时人工抖动枝干捕杀跌落幼虫。	
8月下旬至12月	蛹	秋末冬初落叶后耕翻园区土壤杀伤越冬蛹。	

保护和利用天敌，如绒茧蜂等。

参考文献

[1] 马琪,祁德富,刘永忠.蓝目天蛾生物学特性 [J].青海大学学报(自然科学版),2006,24(2): 69-72.

[2] 沈荣武,吴德龙,桂爱礼.蓝目天蛾生物学观察 [J].江西林业科技,1990 (1) : 15-17.

[3] 赵爱玲,马永亮,孙强,等.佳多频振式杀虫灯诱杀杨树食叶害虫初报 [J].中国森林病虫,2002,21(增刊): 35-36.

[4] 徐公天,杨志华.中国园林害虫 [M].北京:中国林业出版社,2007: 290.

[5] 萧刚柔.中国森林昆虫 [M].北京:中国林业出版社,1992: 1010-1011.

(陈国发　姜海燕)

黄刺蛾

Cnidocampa flavescens (Walker)

分布与危害　黄刺蛾分布极其广泛，除宁夏和西藏目前尚无记录外，全国各地均有发生。以幼虫危害寄主叶片，初孵幼虫群集取食叶肉呈网状，4龄后幼虫分散取食叶片呈缺刻或仅剩叶柄和叶脉。严重发生时能吃光树叶，影响树木生长、发育及果实产量。

寄　　　主　黄刺蛾食性杂，已知有寄主120多种。主要危害石榴、苹果、梨、柑橘、桃、李、杏、梅、枣、樱桃、柿、山楂、枇杷、杧果、核桃、栗等果树，以及杨、柳、榆、枫、榛、梧桐、油桐、桤木、乌桕、楝、桑、茶等。

主要形态特征　成虫前翅黄褐色，自顶角有1条细斜线伸向中室，斜线内方为黄色，外方为褐色。在褐色部分有1条深褐色细线自顶角伸向后缘中部，中室部分有1个黄褐色圆点。后翅灰黄色。幼虫体肥胖，黄绿色，前胸膨大，前胸背部及臀部有1条宽大而相连的紫褐色大斑，胸部及臀部宽广呈"哑铃"形，其边缘常带蓝色，前胸盾片半月形，左右各有一黑色斑点，臀板上有2个黑点。腹部除第一节外，每节有4个横列肉质突起，每个突起上生刺毛和毒刺。茧形似鸟卵，石灰质、坚硬，椭圆形，上有灰白色和褐色纵条纹。

生物学特性　东北、华北、西北大多一年发生1代，河南、安徽、四川等地直到长江流域一年发生2代。以老熟幼虫在树枝分叉处和主侧枝及树干粗皮上结茧越冬。一年1代地区成虫约在6月中旬至7月上旬羽化，幼虫在7月中旬至8月下旬发生危害。一年2代地区越冬幼虫一般于5月上旬化蛹，5月下旬至6月上旬越冬代成虫羽化。成虫昼伏夜出，有趋光性。卵多产于叶背，散产或数粒在一起。每头雌蛾产卵49～67粒。卵期7天左右。初孵幼虫先取食卵壳，然后多群集于叶背，取食下表皮及叶肉残留上表皮。4龄后幼虫分散危害，可将叶片吃成孔洞或缺刻，仅残留叶脉。7月上旬为幼虫危害盛期，幼虫历期22～33天，老熟幼虫结较小的薄茧在其中化蛹，茧做在叶柄或叶片主脉上。第一代成虫于7月中、下旬开始羽化。卵期4～5天。幼虫危害盛期在8月上、中旬。8月下旬至9月幼虫陆续成熟，在树体上结茧越冬。

黄刺蛾幼龄幼虫
（徐公天提供）

黄刺蛾成虫

黄刺蛾老龄幼虫(徐公天提供)

黄刺蛾茧 (徐公天提供)

黄刺蛾幼龄幼虫食害状 (徐公天提供)

黄刺蛾幼虫

黄刺蛾防治历　　(以安徽省合肥地区为例)

时间	虫态	防治方法	要点说明
1~4月或6~8月	结茧老熟幼虫、蛹	人工摘除虫茧。	用尼龙沙网袋将摘除的虫茧收集起来，扎紧袋口置于林地内，网眼要略小于成虫胸部，便于寄生性天敌跑出。
5~6月或7~8月	成虫	利用杀虫灯诱杀。	在羽化始盛期夜间进行。间距100~150米或每1~1.5公顷设置1个杀虫灯。
5~6月或8~9月	卵、幼虫	人工摘除卵块和捕杀低龄群集幼虫。	利用低龄幼虫期群集叶背危害习性，摘除带虫叶片集中处理。
		20%的除虫脲5000倍液、Bt乳剂500倍液、25%灭幼脲Ⅲ号2500倍液等喷雾防治。	3龄幼虫前进行喷药防治。尽可能使用生物农药进行防治，以保护天敌。
10~12月	老熟幼虫	人工摘除虫茧。	

参考文献

[1] 龙见坤,罗庆怀,曾锡琴,等.贵阳地区黄刺蛾种群发生规律及防治策略 [J].昆虫知识,2008,45(6): 913-918.
[2] 吴德平,朱小兵,王涛,等.几种林业害虫在崇明岛的发生规律研究 [J].安徽农业科学,2008,36(28): 12326-12329.
[3] 唐志祥.枣树黄刺蛾的发生与防治 [J].浙江林业科技,2001,21(4): 46-47.
[4] 周伯军,王瞿华,徐衡,等.刺蛾的发生与综合防治技术 [J].中国农学通报,2002,18(6): 149-150.
[5] 萧刚柔.中国森林昆虫 [M].北京:中国林业出版社,1992.
[6] 国家林业局森林病虫害防治总站.中国林业有害生物概况[M].北京:中国林业出版社,2008.
[7] 徐公天,杨志华.中国园林害虫 [M].北京:中国林业出版社,2007.

（常国彬　方明刚）

双齿绿刺蛾

Latoia hilarata Staudinger

分布与危害　分布于河北、北京、黑龙江、吉林、辽宁、山东、河南、山西、陕西、江西、湖南、江苏、四川、福建、云南、浙江、台湾等地。以幼虫取食叶片危害，低龄幼虫群集叶背取食下表皮和叶肉，残留上表皮和叶脉成筛箩底状半透明斑，数日后干枯常脱落，3龄后幼虫开始分散食叶成缺刻或孔洞，严重时常将叶片吃光。

寄　　　主　杨、柳、刺槐、核桃、栎、槭、桦、悬铃木、榆、泡桐、毛白杨、乌桕、苹果、梨、枣、杏、桃、柿、樱桃、丁香、樱花、海棠、山茶、柑橘等。

主要形态特征　成虫头部、触角、下唇须褐色，头顶和胸背绿色，腹背苍黄色。前翅绿色；基斑褐色，在中室下缘呈角状外突，略呈五角形；外缘线较宽，外缘及缘毛黄褐色。后翅淡黄色，外缘稍带褐色，臀角暗褐色。雌虫触角线状，雄虫触角双栉状。头顶和胸背绿色。复眼褐色，体为黄色。幼虫绿色。前胸背板有1对黑斑，背线天蓝色，两侧衬较宽的杏黄色线。胸足退化，腹足小。各体节上均有4个瘤状突起，丛生粗毛，在中、后胸背面及腹部第六节背面上的刺毛为黑色，腹部末端并排有4丛黑色细密的刺毛。

生物学特性　一年发生1代或2代。在河北一年发生2代，以幼虫在树上结茧越冬。翌年4月下旬开始化蛹，蛹期25天左右，5月中旬开始羽化，越冬代成虫发生期5月中下旬至6月下旬。成虫寿命10天左右。成虫昼伏夜出，有趋光性。卵多产于叶背中部主脉附近，成块、形状不规则，多为长圆形，每块有卵10余粒，雌虫平均产卵100余粒，卵期7～10天。第一代幼虫发生期6月上旬至8月上旬，低龄幼虫有群集性，3龄后多分散活动，日间静伏于叶背，夜间和清晨常到叶面上活动取食，老熟后爬到枝干上结茧化蛹。第一代成虫发生期8月上旬至9月上旬，第二代幼虫发生期8月中旬至10月下旬，10月上旬陆续老熟，爬到枝干上结茧越冬，以树干基部和粗大枝杈处较多，常数头至数十头群集在一起。

双齿绿刺蛾初孵幼虫群居 (徐公天提供)

双齿绿刺蛾幼龄幼虫食害状 (徐公天提供)

双齿绿刺蛾防治历 （以河北地区为例）

时间	虫态	防治方法	要点说明
1～4月 或7～8月	老熟幼虫 或蛹	人工摘除虫茧。	用尼龙沙网袋将摘除的虫茧收集起来，扎紧袋口置于林地内树干周围妥善保管，网眼要略小于成虫，便于寄生蜂羽化跑出。
5～6月 或8～9月	成虫	利用杀虫灯诱杀。	在羽化始盛期进行。杀虫灯间距100～150米或每1～1.5公顷设置1个杀虫灯。
6～7月 或8～9月	卵、 幼虫	人工摘除卵块和捕杀低龄群集幼虫。	
		10%吡虫啉3000倍液、25%灭幼脲Ⅲ号2500倍液、20%除虫脲5000倍液、1.2%苦参碱·烟碱乳油1000倍液等喷雾防治。	3龄前进行喷药防治。尽可能使用生物农药进行防治，以保护天敌。
11～12月	老熟幼虫	人工摘除虫茧。	

双齿绿刺蛾成虫 (徐公天提供)

参考文献

[1] 靳爱荣.双齿绿刺蛾的综合防治技术 [J].河北果树, 2005(4): 55-56
[2] 徐公天、杨志华.中国园林害虫 [M].北京: 中国林业出版社, 2007.
[3] 林业部林政保护司.中国森林病虫普查名录.沈阳: 内部发行, 1988.
[4] 萧刚柔.中国森林昆虫 [M].北京: 中国林业出版社, 1992.

（常国彬）

褐边绿刺蛾

Latoia consocia Walker

分布与危害	除宁夏、甘肃、青海、新疆和西藏等地目前尚无记录外，国内其他各地均有分布。以幼虫取食叶片。低龄幼虫群集取食叶肉，仅留表皮，老龄幼虫将叶片吃成孔洞或缺刻，有时仅留叶柄，严重影响被害树木生长。
寄　　　主	悬铃木、白榆、刺槐、梨、苹果、柿、核桃、青桐、栎、紫薇、紫荆、黄连木、无患子、红叶李、珊瑚树、白蜡、杨、柳、枫杨、香樟、泡桐、苦楝、乌桕、喜树、月季、桂花、梅、樱花、海棠、山茶、柑橘、牡丹、芍药等。
主要形态特征	雌蛾触角丝状；雄蛾触角近基部单栉齿状。头、胸粉绿色，胸背中央具一棕色线。腹部黄色；前翅绿色，基角略带放射状褐斑，外缘线褐色。后翅浅褐色。老熟幼虫翠绿色，头红褐色，前胸背板黑色。中胸、第八腹节各有1对蓝黑色斑，后胸至第七腹节各有2对蓝黑色斑。中胸至第九腹节各具1对枝刺，侧部8对，无腹足。
生物学特性	东北、华北地区一年发生1代，河南及长江下游地区一年发生2代，广东、广西、江西一年发生2代或3代。均以老熟幼虫结茧越冬。在1代区，结茧越冬场所多在树冠下草丛浅土层内或在主干基部土下贴树皮处；在2代区，除上述场所外还在落叶下、主侧枝树皮上结茧越冬。在1代区，越冬幼虫于翌年5月中下旬开始化蛹，6月上中旬羽化。成虫昼伏夜出，有趋光性，卵主要产于叶片背面靠近主脉附近，常数十粒集聚成块，呈鱼鳞状排列，每头雌虫产卵约150粒。幼虫在6月下旬孵化，8月危害重，8月下旬至9月下旬，幼虫老熟入土结茧越冬；在2代区，越冬幼虫于翌年4月下旬至5月上中旬化蛹，成虫期在5月下旬至6月上中旬，第一代幼虫期在6月末至7月，成虫发生期在8月中下旬。第二代幼虫发生在8月下旬至10月中旬，10月上旬幼虫陆续老熟，在枝干上或树干基部周围的土中结茧越冬。

褐边绿刺蛾成虫 (徐公天提供)

褐边绿刺蛾幼虫危害状 (徐公天提供)

褐边绿刺蛾幼虫-1 (王焱提供)

褐边绿刺蛾幼虫-2 (徐公天提供)

褐边绿刺蛾茧 (徐公天提供)

褐边绿刺蛾防治历 （以上海地区为例）

时间	虫态	防治方法	要点说明
5～6月或8月	成虫	杀虫灯诱杀。	利用成虫趋光性，在羽化始盛期夜间开灯。
6～7月或8～9月	卵、幼虫	人工摘除卵块、捕杀低龄幼虫。	捕杀时注意防护幼虫毒毛。
		10%吡虫啉3000倍液、Bt乳剂500倍液、5%甲维盐颗粒剂4000倍液喷雾；按15千克/公顷施放1亿孢子/克白僵菌粉剂。	3龄幼虫前进行喷药防治。尽可能使用生物农药进行防治，以保护天敌。
10～12月	老熟幼虫	摘除虫茧。	虫茧要放入纱笼，网孔以成虫不能逃出为宜，待寄生蜂羽化后集中销毁，以保护天敌。

参考文献

[1] 萧刚柔.中国森林昆虫 [M].北京:中国林业出版社,1992.

[2] 徐公天,杨志华.中国园林害虫 [M].北京:中国林业出版社,2007.

[3] 王凤,鞠瑞亭,李跃忠,等.褐边绿刺蛾的取食行为和取食量 [J].昆虫知识,2008,45(2):233-235.

[4] 王金荣,巫冬江,吕爱华,等.褐边绿刺蛾幼虫生物农药防治试验 [J].浙江林业科技,2008,28(3):66-68.

[5] 王凤,鞠瑞亭,杜予州,等.绿化植物五种刺蛾生物学特性比较 [J].中国森林病虫,2006,25(5):11-15.

[6] 鞠瑞亭,王凤,李跃忠,等.上海市绿化植物中四种常见刺蛾的生态位及其种间竞争 [J].生态学杂志,2007,26(4):532-527.

（常国彬　方明刚）

扁刺蛾

Thosea sinensis (Walker)

分布与危害	分布于北京、吉林、辽宁、山东、河北、天津、河南、陕西、安徽、江苏、浙江、江西、湖北、湖南、四川、福建、云南、广西、广东、台湾。以幼虫蚕食寄主叶片，严重危害致树势衰弱，影响果实产量。
寄　　主	扁刺蛾食性较杂，已知有寄主植物近100种。主要有石榴、枇杷、海棠、山楂、桃、李、梅、杏、樱桃、柑橘、樱花、牡丹、月季、枫、花椒、茶树、核桃、柿、枣、苹果、梨、乌桕、枫香、枫杨、杨、柳、桂花、苦楝、香樟、泡桐、油桐、梧桐、喜树、银杏、桑、栎、板栗等林木、花卉和果树。
主要形态特征	雌蛾触角丝状，基部数十节呈栉齿状；雄蛾触角单栉齿状，栉齿比雌蛾更发达。头部、胸部灰褐色，复眼黑褐色。翅灰褐色，前翅自前缘近顶角处向中部后缘斜伸1条褐色线。前足各关节处具1个白斑。老熟幼虫扁平椭圆形，翠绿色。背部有白线条贯穿头尾。背侧各节枝刺不发达，上着生多数刺毛。后胸枝刺明显较腹部枝刺短，腹部各节背侧与腹侧间具1条白色斜线，基部各有红色斑点1对。蛹近纺锤形，初化蛹乳白色，羽化前黄褐色。茧近圆球形，黑褐色。
生物学特性	在东北、华北地区一年发生1代，在长江以南地区一年发生2代或3代，以老熟幼虫在寄主树干周围土中结茧越冬。在1代区，越冬幼虫5月中旬开始化蛹，6月上旬开始羽化、产卵，发生期不整齐，6月中旬至8月上旬均可见初孵幼虫，8月危害最重，8月下旬开始陆续老熟入土结茧越冬。在2~3代区，越冬幼虫4月中旬化蛹，成虫5月中旬开始羽化。第一代发生期为5月中旬至8月底，第二代发生期为7月中旬至9月底。少数的第三代始于9月初止于10月底。第一代幼虫发生期为5月下旬至7月中旬，盛期为6月初至7月初；第二代幼虫发生期为7月下旬至9月底，盛期为7月底至8月底。成虫羽化多集中在黄昏时分，羽化后即行交尾产卵，卵多散产于叶面，初孵幼虫不取食，2龄幼虫啃食卵壳和叶肉，并残留上表皮，4龄以后逐渐咬穿表皮，6龄后幼虫取食全叶，虫量多时常从一枝的下部叶片吃至上部叶片，每枝仅存顶端几片嫩叶。老熟幼虫下树入土结茧多在晚20：00至翌日清晨06：00，以凌晨02：00~04：00数量最多。距离树干较近的地方，茧的数量多而且比较集中，距离树干远的地方，茧的数量少而且比较分散；黏土地结茧位置较浅，腐殖质多及砂壤土地结茧位置较深。

扁刺蛾成虫 (徐公天提供)

扁刺蛾中龄幼虫 (徐公天提供)

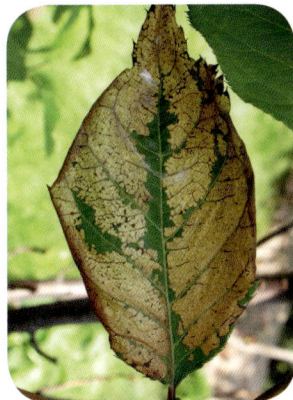

扁刺蛾幼虫食害状 (徐公天提供)

扁刺蛾防治历 (以浙江地区为例)

时间	虫态	防治方法	要点说明
5~6月或7~8月	成虫	成虫具有趋光性，利用杀虫灯诱杀。	成虫羽化始盛期开始开灯诱杀。
6~7月或8~9月	卵、幼虫	20%除虫脲5000倍液、Bt乳剂500倍液、25%灭幼脲Ⅲ号2500倍液、0.5亿孢子/毫升青虫菌液等喷雾防治。	3龄幼虫前进行喷药防治。尽可能使用生物农药，以保护天敌。
9~10月	结茧的老熟幼虫或蛹	利用幼虫下树入土做茧越冬的习性，翻耕灭虫。	幼虫下树前，疏松树基周围土壤，诱集幼虫结茧，而后挖筛并消灭虫茧。

参考文献

[1] 萧刚柔.中国森林昆虫 [M].北京:中国林业出版社,1992.

[2] 徐公天,杨志华.中国园林害虫 [M].北京:中国林业出版社,2007.

[3] 林业部林政保护司.中国森林病虫普查名录.沈阳:内部发行,1988.

[4] 魏忠民,武春生.中国扁刺蛾属分类研究 (鳞翅目,刺蛾科) [J].动物分类学报,2008,33(2):385-390.

[5] 方永健,程观泰.Bt防治扁刺蛾药效试验 [J].蚕桑茶叶通讯,2001(2):32.

[6] 崔林,刘月生.茶园扁刺蛾的发生及防治 [J].中国茶叶,2005(2):21.

[7] 王凤,鞠瑞亭,杜予州,等.绿化植物五种刺蛾生物学特性比较 [J].中国森林病虫,2006,25(5):11-15.

[8] 杨国华.石榴扁刺蛾的危害及防治 [J].农村实用技术,2005(5):20.

(常国彬　雷银山)

两色绿刺蛾

Latoria bicolor (Walker)

分布与危害　分布于安徽、江苏、浙江、上海、福建、江西、湖南、湖北、四川、云南、广东、广西、贵州、陕西、台湾。以幼虫取食竹叶危害，严重发生可造成竹子枯死，下年度出笋减少，退死笋率增加，新竹眉围下降。

寄　　主　毛竹、淡竹、刚竹、红壳竹、桂竹、乌哺鸡竹、石竹、木竹、斑竹、篦竹、唐竹、苦竹、茶。

主要形态特征　成虫头顶、前胸背面绿色，腹部棕褐色。雌虫触角丝状，雄虫栉齿状，末端2/5为丝状。前翅绿色，前翅的边缘、外缘、缘毛黄褐色，在亚外缘线、外横线上有2列棕褐色小斑点，外横线上2点较大，亚外缘线上可见4~6个小斑点。后翅棕黄色。老熟幼虫黄绿色，背线青灰色，体背每节刺瘤处有1个半圆形墨绿色斑，镶入背线内，共8对。中后胸及第一、七、八腹节刺瘤上枝刺特别长。第八、九腹节各着生黑色绒球状毛丛1对，每个毛丛外有棕红色刺瘤1个。

生物学特性　浙江、江苏、上海、湖南等地一年发生1代，福建一年发生2代，广东一年发生3代，以老熟幼虫在土壤中结茧越冬。在福建闽北地区，3月下旬老熟幼虫开始化蛹，4月下旬成虫羽化。第一代幼虫5月上旬开始孵化，6月底第一代幼虫开始化蛹，7月底成虫羽化，8月上旬第二代幼虫孵出，10月下旬幼虫陆续入土结茧越冬。成虫于每天傍晚开始羽化，以19：00~21：00羽化最多，羽化后当晚即可交尾。雌成虫交尾后次日开始产卵。卵多以单行或双行排列在竹叶背面中脉两边，呈块状，每块有卵6~41粒不等，每头雌虫可产卵7~13块，雌成虫平均产卵量186.5粒。成虫白天静伏，晚上活动频繁，以18：00~19：00最活跃。成虫具趋光性、趋绿性，雌虫多选择生长浓绿的竹林产卵。一年有2个危害高峰期，第一个高峰期在6月上、中旬，林间发生量大，继而在6月中、下旬竹林严重被害；第二个高峰期出现在9月下旬至10月上旬，发生量和危害程度明显低于第一高峰期。

两色绿刺蛾老熟幼虫 (徐天森提供)

两色绿刺蛾幼龄幼虫 (徐天森提供)

两色绿刺蛾防治历　　　(以福建省闽北地区为例)

时间	虫态	防治方法	要点说明
4～5月或7～8月	成虫	杀虫灯诱杀。	利用成虫趋光性，在羽化始盛期夜间开灯诱杀。
5～6月或8～10月	卵、幼虫	10%吡虫啉3000倍液、Bt乳剂500倍液、5%甲维盐颗粒剂4000倍液喷雾；白僵菌粉剂15千克/公顷喷粉。	3龄幼虫前进行喷药防治。尽可能使用生物农药进行防治，以保护天敌。
10～12月	老熟幼虫	翻耕灭虫。	利用幼虫下树入土做茧越冬的习性，在下树前疏松树周围土壤，诱集幼虫结茧而后挖筛虫茧进行消灭。

两色绿刺蛾茧 (徐天森提供)

两色绿刺蛾成虫 (徐天森提供)

参 考 文 献

[1] 萧刚柔. 中国森林昆虫 [M]. 北京: 中国林业出版社, 1992.

[2] 徐天森, 王浩杰. 中国竹子主要害虫 [M]. 北京: 中国林业出版社, 2004.

[3] 曹光明. 两色绿刺蛾生物学特性及发生规律 [J]. 华东昆虫学报, 2005, 14(1): 14-16.

[4] 黄炜东. 生物药剂防治两色绿刺蛾的研究 [J]. 安徽农学通报, 2008, 14(15): 190-192.

[5] 杨君. 应用白僵菌林间防治两色绿刺蛾 [J]. 华东昆虫学报, 2005, 14(3): 274-276.

(常国彬　方明刚)

国槐小卷蛾

Cydia trasias (Meyrick)

分 布 与 危 害	又名国槐叶柄小蛾、槐卷蛾。分布于北京、天津、河北、安徽、河南、山东、陕西、宁夏、甘肃等地。该虫主要在绿化带两侧和城区行道树上发生，以幼虫钻蛀当年生新梢危害。幼虫蛀食羽状复叶叶柄基部、花穗及果荚(槐豆)，叶片受害后萎蔫下垂，遇风脱落，树冠枝梢出现光秃枝，严重影响生长和观赏。
寄　　　主	槐树、龙爪槐、蝴蝶槐和红花槐等。
主要形态特征	成虫黑褐色，胸部有蓝紫色闪光鳞片。前翅灰褐至灰黑色，其前缘为1条黄白线，黄白线中有明显的4个黑斑，翅面上有不明显的云状花纹，后翅黑褐色。老熟幼虫圆筒形，黄色，有透明感，头部深褐色，体稀布短刚毛。蛹黄褐色，臀刺8根。
生 物 学 特 性	在河北一年发生2代，以幼虫在种子、枝条、果荚、树皮裂缝等处越冬。成虫期分别在5月中旬至6月中旬、7月中旬至8月上旬。成虫羽化时间以上午最多，飞翔力强，有较强的向阳性和趋光性，雌成虫将卵产在树冠的顶部和外缘的叶片、叶柄、小枝等处。6月下旬孵化出幼虫，初孵幼虫多从羽状复叶柄的基部蛀入枝条内危害。蛀入前先吐丝拉网并在网下咬食树皮，再蛀入木质部内，受害处排出黑褐色粪屑。幼虫有迁移危害习性。1头幼虫能造成几个复叶枯干脱落，老熟幼虫在孔内吐丝做薄茧化蛹。幼虫危害期分别在6月上旬至7月下旬、7月中旬至9月，世代重叠严重，可见到各种虫态。第二代幼虫孵化极不整齐且危害严重，8月树冠上明显出现光秃枝。8月中下旬槐树果荚逐渐形成后，大部分幼虫转移到果荚内危害，9月可见到槐豆变黑，10月幼虫进入越冬。不同环境条件下，发生情况有明显差异。纯林重于混交林、林相整齐、生长旺盛、郁闭度高的林分发生较轻。冬季温度过低，特别是早春的"倒春寒"可导致大量的幼虫冻死，夏季的阴雨、高温、高湿天气可使幼虫染病而死，蛀道内死亡个体常形成褐色胶状物。

国槐小卷蛾成虫 (黑色型) (徐公天提供)

国槐小卷蛾成虫 (棕色型) (徐公天提供)

国槐小卷蛾幼虫蛀茎 (徐公天提供)

国槐小卷蛾防治历　　　　　　(以河北地区为例)

时间	虫态	防治方法	要点说明
上年10月至4月	越冬幼虫	已结籽的树木，于秋冬季打掉槐豆处理；未结籽的幼树，结合冬季修剪，剪掉虫枝处理，消灭过冬幼虫；于4月下旬，幼虫活动前，结合整形修剪，剪掉受害枝条。越冬代初孵幼虫期喷洒20%灭幼脲悬浮剂1000倍液。	对于树冠低的龙爪槐，可利用虫粪及碎木屑排出蛀道外形成的灰白或黑色突起进行辨认。 剪除的受害枝条集中处理。
5月，7月	成虫	成虫期用杀虫灯诱杀，或采用槐小卷蛾性诱捕器诱杀。	在行道上每隔3～5棵挂1个诱捕器，挂在树冠的顶部外围1.0～1.5米处，可诱杀10米以内的成虫。
5～9月	幼虫	1.8%阿维菌素乳油1000～2000倍液、5%吡虫啉乳油1000～2000倍液等喷雾。	施药要均匀。

注意保护寄生蜂和招引灰喜鹊等天敌。

国槐小卷蛾幼虫造成嫩枝枯萎(徐公天提供)

国槐小卷蛾幼虫蛀茎排粪(徐公天提供)

参考文献

[1] 萧刚柔.中国森林昆虫[M].北京:中国林业出版社,1992.
[2] 方芳,刘建枫.国槐小卷蛾在宝坻区的生物学特性与防治研究初报J].现代农业科技,2008(22):111.
[3] 赵秀英,韩美琴,宋淑霞,等.槐小卷蛾发生初报[J].河北林业科技,2008(3):25.
[4] 刘金英,庞建军,翟善民.国槐几种主要害虫可持续防治技术[J].天津建设科技,2001,园林专刊:122-123.
[5] 张桂芬,阎晓华,孟宪佐.性信息素对槐小卷蛾雄蛾诱捕效果的影响[J].林业科学,2001,37(5):93-96.
[6] 张新峰,高九思,史先元,等.国愧小卷蛾发生及综和防治技术[J].现代农业科技,2009(18):168,172.

(张旭东　雷银山)

国槐尺蠖

Semiothisa cinerearia Bremer et Grey

分布与危害　分布于北京、河北、山东、江苏、浙江、安徽、台湾、陕西、甘肃和西藏等地。初龄幼虫仅取食嫩芽、嫩叶，叶片被剥食成圆形网状，2龄幼虫取食叶片，被害叶片呈缺刻状，3龄后幼虫可以将叶片吃成较大缺刻，最后仅残留少量中脉。发生严重时，其幼虫将树叶蚕食光，并吐丝排粪，到处乱爬，影响树木正常生长和园林景观。

寄　　　主　槐树、龙爪槐，刺槐。

主要形态特征　成虫体灰褐色，触角丝状。复眼圆形，其上有黑褐色斑点。前翅亚基线及中横线深褐色，近顶角处向外缘急弯成一锐角；亚外缘线由3列黑褐色长形斑组成；顶角浅黄褐色，其下方有一褐色三角形斑纹。后翅基横线和亚缘线相接，构成一完整的曲线；中室外缘有1个黑色小斑点。足色与体色相同，其上有黑色斑点。雄虫后足胫节最宽处较腿节大1倍半，其基部与腿节约相等；雌虫后足胫节最宽处与腿节约相等，但其基部显著小于腿节。幼虫初孵时黄褐色，取食后为绿色。部分个体体节背侧两面有黑褐色的条状或圆形斑块。老熟幼虫体背变为紫红色。

生物学特性　一年发生3代，以蛹越冬。翌年4月越冬蛹于傍晚羽化，羽化后当天交尾，时间多在夜晚，历时30分钟左右，受惊即分开。有补充营养的习性，喜欢在海棠花等蜜源植物上取食补充营养，且产卵量的多少与补充的营养有关。成虫羽化后，白天潜伏在墙壁或灌木丛中，夜晚出来活动，有明显的趋光性。卵散产于叶片、叶柄和小枝上，树冠南面居多。产卵多在19：00～20：00，同一雌蛾产卵比较整齐。幼虫有吐丝下垂的习性，常借风力迁移，具有一定的扩散力。老熟后丧失吐丝能力。多在白天沿树干向下爬或掉落地上，到土壤中化蛹。化蛹场所多位于树冠垂直投影范围内，以树冠的东南面最多。

国槐尺蠖成虫(休止)(徐公天提供)

国槐尺蠖中龄幼虫(徐公天提供)

国槐尺蠖成虫(展翅)(王信祥提供)

国槐尺蠖卵-1(王信祥提供)

国槐尺蠖卵-2(张永乐提供)

国槐尺蠖幼虫-1(张永乐提供)

国槐尺蠖幼虫-2(王信祥提供)

国槐尺蠖蛹(张永乐提供)

国槐尺蠖防治历

(以华中地区为例)

时间	虫态	防治方法	要点说明
1~3月, 10~12月	蛹	人工挖蛹。	挖蛹范围重点是树冠垂直投影面积内东南,深度5厘米(3月为最宜)。
		施肥。	播种同时施有机肥,注意追肥主要是施用无机速效肥料,提高树木生长势。
		不在国槐栽培地种植蜜源植物,使成虫不能及时顺利补充营养,减少成虫产卵量。	不可同时、同地间种国槐、刺槐、龙爪槐、金枝国槐等喜食树种。
4~9月	成虫、卵、幼虫	杀虫灯诱杀成虫。	杀虫灯距地面1.0~1.5米为宜。无杀虫灯时用白炽灯代替。
		采取突然震动树体或喷水等方式,使幼虫受惊吓,吐丝坠落地面,捕杀幼虫。	此法在行道树、庭院树经济有效。
		在幼虫盛发期,用100亿孢子/克的苏云金杆菌菌粉2000倍液喷雾、3龄前使用25%灭幼脲III号胶悬剂1000~2500倍液、Bt乳剂800倍液喷雾。成虫期和卵期,20%灭幼脲I号胶悬剂5000倍液喷雾。	气温30℃以上效果好。

参考文献

[1] 李森.国槐尺蠖的生物学特性及综合防治技术 [J]. 现代学业科技,2008(9): 89-90.

[2] 张爱玲,乔志钦.国槐尺蠖防治方法初探 [J].河南林业科技,2002, 22(3): 29-30.

[3] 唐存莲.槐尺蠖综和防治技术 [J].特种经济动植物,2006(4): 40.

(赵铁良　刘自祥)

黄连木尺蠖

Culcula panterinaria (Bremer et Grey)

分 布 与 危 害	又称木橑尺蠖，分布在山东、北京、河北、内蒙古、山西、河南、陕西、四川、云南、广西等地。主要是以幼虫对黄连木、刺槐、核桃的危害严重，大发生时，一棵大树的叶子几天内就能被吃光，严重影响树木生长和结实。
寄 主	黄连木、核桃，另外还有落叶松及葡萄科、蔷薇科、榆科、桑科、漆树科等植物50余种。
主要形态特征	成虫体黄白色。雌蛾触角丝状；雄蛾双栉状，栉齿较长并丛生纤毛。胸背面后缘、颈板、肩板边缘、腹部末端均被有棕黄色鳞片，颈板中央还有1个浅灰色斑纹。翅底白色，翅面上有灰色和橙色斑点。前、后翅的外横线上各有1串橙色和深褐色圆斑。但圆斑颜色隐显变异很大；前翅基部有1个橙黄色大圆斑，内有褐纹。翅反面斑纹和正面相同；但中室端灰斑中央橙黄色。幼虫的体色与寄生植物的颜色相近似，并散生灰白色斑点。头部正面略呈四边形，头、胸、腹部满布颗粒，头顶中央有凹陷成深棕色的"∧"形纹。前胸盾具峰状突起。气门椭圆形，两侧各有1个白色斑点。臀板中央凹陷，后端尖削。
生物学特性	在南方（广西等）一年发生3～5代，以蛹在树干周围土中和幼虫越冬。3月下旬羽化，第一代幼虫4～5月，第二代6～7月，第三代8～9月，第四代10～11月。部分第四代老熟幼虫于10月下旬至11月上旬化蛹并羽化产卵孵化第五代幼虫，并静伏在树冠下部的叶背或叶缘下越冬。在北方（安徽）一年发生1代，以老熟幼虫在被害果内或者以蛹（河北）在树冠下的土（石）块下越冬。次年4月中下旬开始化蛹，5月上中旬羽化，产卵盛期在5月下旬，卵成块状。7月中旬是危害盛期。成虫有趋光性，白天静伏于树干、树叶处。幼虫孵化后即刻分散，取食叶肉，留下叶脉，使叶片成网状。幼虫受到惊吓时，吊丝下坠落地或悬空，静止时直立于干枝上，又称为"橉虫"，之后再爬回叶部继续危害。成虫多于羽化后1～3天交尾产卵，一般每头雌成虫产卵200～300粒。

黄连木尺蠖成虫（白永祥提供）

黄连木尺蠖幼虫 (白永祥提供)

黄连木尺蠖防治历　　(以南方地区为例)

时间	虫态	防治方法	要点说明
1~4月	幼虫蛹	在虫蛹密度大的地区，于晚秋或早春在黄连木树附近进行人工挖蛹捕杀。	集中处理。
5~10月	卵、低龄幼虫、大龄幼虫、成虫、蛹	5~6月或7~8月卵或低龄幼虫期以锤击砸卵和小幼虫，或采用50%杀螟松乳油800倍液、40%乐果乳油200~400倍液喷施树干。	加强虫情观测、监测，及时发现虫源地，选择低龄幼虫期开展防治，避免造成严重危害。
		5%锐劲特悬浮剂6000倍液、5%卡死克5000~6000倍液、Bt乳剂500~800倍液或25%灭幼脲Ⅲ号1500~2000倍液等喷雾防治，同时可保护天敌。飞机低容量喷雾时，1000千克水加18千克20%菊杀乳油。	
		在成虫期设置杀虫灯诱杀。	成虫有较强的趋光性。
11~12月	成虫、蛹	同1~4月。	

参考文献

[1]　萧刚柔.中国森林昆虫 [M].北京:中国林业出版社,1983.

[2]　夏彬.黄连木三大害虫发生规律及防治方法 [J].现代农业科技,2007(6): 88-91.

[3]　于桂凤.木橑尺蠖的危害与防治 [J].山西林业,2001(5): 27-28.

（崔永三　赵恒刚　徐志华）

刺槐叶瘿蚊

Obolodiplosis robiniae (Haldemann)

分布与危害　原分布于美国，传入我国后主要分布于辽宁大部分市（区），并已传入北京和河北部分地区，最近又在山东发现该虫。此虫主要危害当年生嫩叶，幼虫一般在叶缘刺吸取食汁液，引起组织增生，刺槐小叶边缘向叶背纵卷，随着小叶生长和幼虫龄期的增大，被害叶卷缩加重，增厚变脆，轻则新叶不能完全伸展，重则使小叶枯黄脱落。同时导致刺槐白粉病严重发生，影响光合作用，削弱树势，对苗圃刺槐幼苗危害较大。

寄　　　主　刺槐和红花刺槐。

主要形态特征　雌成虫触角丝状，14节；各小节上生有2圈长刚毛，基部1圈刚毛明显长于近端部的1圈刚毛，但均比雄虫触角上的刚毛短。雄成虫触角26节，各节有长刚毛2轮。雌雄虫复眼大，几乎占据头顶大部分区域；胸部背面有3个纵长形大黑斑，侧面两个黑斑向后延伸至胸部后缘，中部的黑斑仅后伸至胸中部；前翅发达，翅面上覆有很密的黑色绒毛，翅上具有3条纵脉，后翅特化成平衡棒，其端部显著膨大。雄成虫外生殖器显著膨大而外露于腹末。雌腹部橘红色，比雄性明显粗壮，腹末稍尖，生殖器不外露。足细长，均显著长于体。幼虫乳白色至淡黄色；前胸腹面中央具一呈叉形的剑骨片，褐色；幼虫生有9对气门，分别着生于前胸、腹部第一至第八节背面两侧。

生物学特性　一年发生5代左右，以老熟幼虫在被害树冠下的土中越冬。4月上旬化蛹，中下旬羽化产卵，5月初幼虫开始危害，6月初出现第二代幼虫，7月中旬出现第三代幼虫，8月上旬出现第四代幼虫，9月中旬出现第五代幼虫。以幼虫危害树叶，8～9月为幼虫危害盛期。成虫将卵产于叶背，每处产卵3～20粒，幼虫孵出后即开始取食危害，老熟后在卷叶内或入土化蛹。在卷叶内化蛹的，成虫羽化时将蛹皮蜕出卷叶一半。10月上旬仍可见到叶内有少量幼虫。

刺槐叶瘿蚊成虫(徐公天提供)

刺槐叶瘿蚊幼虫(徐公天提供)

刺槐叶瘿蚊老龄幼虫 (徐公天提供)

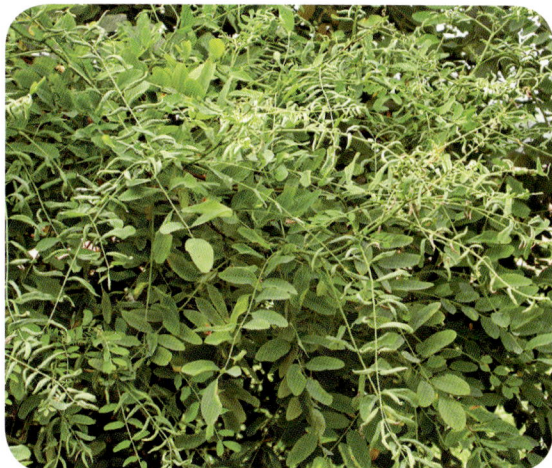
刺槐叶瘿蚊危害状 (徐公天提供)

刺槐叶瘿蚊防治历　　　　　(以辽宁为例)

时间	虫态	防治方法	要点说明
1～5月， 10～12月	大龄幼虫	营林措施，调整树种结构和造林相结合，进行更新改造，加强管理，增强树势。	通过松土、培蔸等措施杀死土中幼虫。合理适时施肥。
		剪除和焚毁受害枝叶。	
		集中连片、坡度在15度以上刺槐树林采取与当地乡土树种带状混交方式造林。	
6～9月	卵、 低龄幼虫、 大龄幼虫、 蛹、 成虫	成虫期保护利用捕食性天敌对幼虫进行防治，效果明显。	可以利用草蛉、蜘蛛、大赤螨和虎甲等。
		幼虫期采用10%吡虫啉或1%苦参碱可溶性液剂1000倍液、25%灭幼脲Ⅲ号2000～3000倍液等进行树冠喷雾。	在树冠未展叶期喷洒药剂效果比较显著。
		6月下旬到8月下旬可采用诱虫灯对成虫进行诱杀。	每天开灯时间为20：00～23：00，每5公顷设置1盏诱虫灯。

对可能携带害虫活体的苗木等严格加强检疫，防止人为传播扩散。

参考文献

[1] 杨忠岐.我国新发现一种重要外来入侵害虫——刺槐叶瘿蚊 [J].昆虫学报,2006,49(6): 1050-1053.

[2] 王润珍,王丽君,等.刺槐属新害虫——刺槐瘿蚊的初步观察 [J].辽宁农业职业技术学院学报,2008,8(4): 24-25.

（刘　枫　柴守权　刘海秀）

桑叶瘿蚊

Diplosis morivorella Naito

分布与危害 又名桑黑瘿蚊。分布于河北、浙江、山东、安徽、四川等省。近年辽宁、江苏也有发现。幼虫在桑叶的叶脉处取食，致使桑叶产生白色隆起的虫瘿，严重的桑园虫瘿叶率高达90%以上，严重影响桑叶的产量和质量。

寄　　　主 桑树。

主要形态特征 成虫体淡橙黄色，雄蚊略小。头小，略呈梨形。触角灰褐色，呈念珠状，各节触角密生短小黑刚毛。雌性触角14节，雄性26节，复眼肾形，大而黑，占头部一多半。前翅无色透明，翅具4纵脉。足细长。幼虫体蛆状，红色，13节，第一胸节腹有"Y"形剑骨片，腹末尾突4个。

生物学特性 一年发生多代，世代重叠。6～8月间发生2～3代，10月底仍可见到虫瘿。成虫寿命1天，卵期2～3天，幼虫期12天，蛹期12天左右，完成1个世代约需27天。以老熟幼虫在瘿内或入表土中结茧。翌年4月化蛹。以幼虫取食桑叶危害，致使桑叶变厚形成虫瘿包裹幼虫，产生白色隆起的虫瘿，造成叶片卷曲。

桑叶瘿蚊危害桑叶 (徐公天提供)

桑叶瘿蚊幼虫 (徐公天提供)

桑叶瘿蚊防治历

(以四川地区为例)

时间	虫态	防治方法	要点说明
1~3月	蛹	冬季进行林地翻耕，将部分幼虫和蛹翻至地表冻死。	可结合冬季施肥统一进行。
		对林地进行开沟排水，疏通排水系统，降低地下水位，含水量低，易干燥的土壤不利于其入土化蛹。	开沟排水时要注意地下水位的控制，既要防止蛹的入土，又要保护树木正常生长所需要的地下水位。
		及时清除落叶，摘除虫瘿叶烧毁。	冬季发动群众进行集中摘除。
4~6月	卵、幼虫、蛹、成虫	在成虫羽化盛期和大龄幼虫入土前，覆盖地膜及春壅土，以阻止成虫出土和入土。	覆盖地膜前要先平整树下地面，对掉落到地膜上的大龄幼虫可集中杀灭。壅土可在开春萌芽前进行。
		1、2代幼虫孵化期，喷洒48%毒死蜱乳油3000倍液、10%吡虫啉可湿性粉剂2000倍液等。	喷药时要注意对准顶芽进行"点喷"，以药液略有下滴为适度。要保证顶梢有药。
		对被害桑树应结合夏秋蚕采叶，经常剪除侧枝，促进枝条向上生长，以增加条长，减少损失。	剪除的桑叶应集中烧毁。
7~12月	蛹	夏季铲除桑园杂草，保持通风干燥，控制虫源基数。	结合夏季桑园管理进行。
		同1~3月。	

对可能携带害虫活体的木材、包装板、苗木等严格加强检疫，防止人为传播扩散。

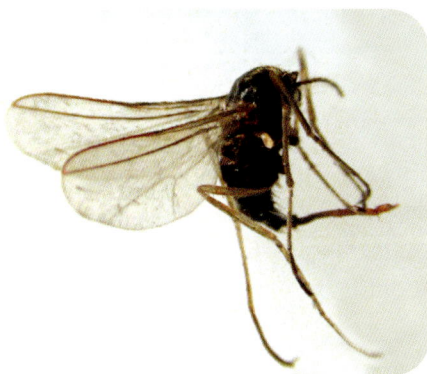

桑叶瘿蚊成虫 (徐公天提供)

参考文献

[1] 谢同建, 单步高. 桑瘿蚊生物学特性与防治方法 [J]. 安徽蚕业, 1992, 15(4): 21-23.

[2] 王军, 马晓林, 谭书生, 等. 桑瘿蚊发生规律及其防治技术研究 [J]. 中国蚕业, 2006, 27(1): 20-22.

[3] 周林巨, 王建新, 邱徐罗. 桑瘿蚊的防治技术研究 [J]. 中国蚕业, 2004, 25(3): 23-24.

（刘　枫　柴守权　谭宏利）

樗蚕

Philosamia cynthia Walker et Felder

分布与危害	又名椿蚕、乌桕樗蚕蛾。分布于山东、江苏、浙江、福建、江西、广西、四川、台湾等地。是一种杂食性、食量大、繁殖力强的害虫，也是一种经济昆虫。幼虫食叶和嫩芽，轻者食叶成缺刻或孔洞，严重时把叶片吃光。
寄 主	臭椿、乌桕、蓖麻、冬青、含笑、泡桐、梧桐、樟树、盐肤木、柑橘、核桃、枫杨、刺槐、枣树、花椒、石榴、银杏、马褂木、喜树、白兰花、柳等多种树木。
主要形态特征	成虫体大型，青褐色，前翅褐色，顶角圆突，粉紫色，具黑色半透明眼斑1个，前后翅中央各具新月斑1个，斑外侧有纵贯全翅的宽带1条，带中粉红色，外侧白色，内侧深褐色，边缘有白曲纹1条。老熟幼虫青绿色，被有白粉，各体节有枝刺6根，以背中2根为大；体粗大，头、前中胸及尾部较细。
生物学特性	南方一年发生3代，北方一年2～3代，或1代。各世代各虫态发育历期因温度和寄主不同而有差异，以蛹越冬。越冬蛹于4月下旬至5月上旬开始羽化为成虫，成虫有趋光性，有远距离飞行能力，飞行可达2000～3000米。羽化出的成虫当即进行交配，交配后即可产卵，寿命5～10天。卵产在寄主的叶背和叶面上，聚集成堆或成块状，产卵量300粒左右，卵历期10～15天。初孵幼虫有群集习性，3～4龄后逐渐分散危害。昼夜取食，并可迁移。危害期5～9月，在南方地区可延至11月。老熟幼虫在树上或灌木、杂草中吐丝结茧。在上海一年发生2代。在河北一般分别在7月中旬、9月上旬出现第二代、第三代幼虫，发育不整齐。

樗蚕成虫

樗蚕成虫展翅态

樗蚕危害状（王焱提供）

樗蚕幼虫-1（王焱提供）

樗蚕茧

樗蚕幼虫-2 (王焱提供)

樗蚕大幼虫 (王焱提供)

樗蚕卵 (王焱提供)

樗蚕防治历

(以北方地区为例)

时间	虫态	防治方法	要点说明
1~4月	越冬蛹	人工摘除越冬虫茧，集中销毁或天敌饲养。	虫茧放于专用饲养室或饲养笼（纱网25目左右）中，保护蛹天敌，成虫羽化后处理或食用。
5月	成虫、卵、第一代幼虫	在成虫羽化时，设置杀虫灯诱杀成虫。	诱虫灯高度1.5米，掌握好成虫的羽化期。
6月	第一代幼虫、蛹	幼虫危害初期，用每克100亿孢子的Bt粉剂400倍液、2.5%增效氯氰菊酯乳油300~450毫升/公顷喷雾，20%敌敌畏烟剂5~7千克/公顷防治幼龄幼虫。 人工摘除有卵和群居幼虫的叶片，烧毁或深埋。	
7月，8月	蛹、成虫、卵、第二代幼虫	诱虫灯、杀虫灯诱杀成虫。 喷雾、熏烟防治第二代幼虫。	
9~12月	蛹、越冬蛹、成虫、卵、第三代幼虫	诱虫灯、杀虫灯诱杀第二代成虫。 结合冬季修剪，摘除越冬虫茧，集中放于天敌保护室（笼），保护天敌。茧可绞丝。	蛹可食用； 雄蛾具有保健作用。

参考文献

[1] 姜秀华,张治海,等.樗蚕生物学特性研究 [J].河北林业科技,2002,4(2): 171-174.

[2] 孙兴全,刘志诚,等.上海地区危害樟树的樗蚕生物学特性及其防治 [J].上海师范大学学报(自然科学版),2003(4): 82-85.

[3] 栾家良.樗蚕 (*Philosamia cynthia*)生物学特性及其防治研究 [J].沈阳农业大学学报,1994(1): 66-69.

[4] 张秀梅,纪清巨,等.野生樗蚕生物学特性的研究 [J].蚕业科学,1996(2): 132-133.

（苏宏钧　梁佳林　徐志华）

苹果巢蛾

Yponomeuta padella Linnaeus

分布与危害	分布于黑龙江、吉林、辽宁、内蒙古、河北、山东、山西、陕西、甘肃、青海、新疆等地。以幼虫结网取食叶片危害,危害严重时影响树木的生长,甚至造成树木死亡。
寄　　主	山丁子、苹果、沙果、海棠、山楂,也取食樱桃、梨、杏及其他木本蔷薇植物。
主要形态特征	成虫白色,通体有丝质的银色闪光。丝状触角,黑白相间,胸背有5个黑点;前翅白色带灰,狭长,有小黑点约40个,排列成不规则的4列,近前缘2列靠的很近,第1列端半部和第2列基半部消失,沿中室下方和后缘各1列,翅端散布小黑点7~10个;外缘毛和后翅灰褐色。老龄幼虫黑灰褐色,单眼排成"1"字形,第一至第八腹节背面各有黑点2个。
生物学特性	一年发生1代,幼虫5龄,各龄期约为4~12天,平均9天。1龄幼虫在卵壳下越夏、越冬。历年5月中旬开始出壳危害。越冬后的幼虫从卵壳的一端开1个小孔钻出开始危害。遇早春乍寒时,出蛰幼虫还可再度潜入卵壳内。出蛰幼虫成群地将嫩叶用丝缚在一起,取食叶肉、留下表皮而干枯。小幼虫在干枯而卷曲的叶内栖息。随着幼虫生长,吐丝缠绕枝叶成丝巢,将巢内叶片食尽,再进一步扩大丝巢,形成很大的网巢。严重时,整个树冠形成丝巢,幼虫取食危害约40天。幼虫老熟后,6月中、下旬陆续在巢内吐丝结薄茧化蛹。预蛹期3天,蛹期约11天。7月初为羽化盛期,产卵延至7月末结束。早期所产卵块于8月初陆续孵化。卵期约为14天。

苹果巢蛾雌成虫 (徐公天提供)

苹果巢蛾幼龄幼虫 (徐公天提供)

苹果巢蛾老龄幼虫 (徐公天提供)

苹果巢蛾幼虫食害山定子 (徐公天提供)

苹果巢蛾雄成虫 (徐公天提供)

苹果巢蛾幼虫危害状 (徐公天提供)

苹 果 巢 蛾 防 治 历　　　　　(以北方地区为例)

时间	虫态	防治方法	要点说明
1~4月	幼虫	冬季修剪时，剪除卵鞘，减少越冬虫源。	集中销毁。
5~8月	幼虫、蛹、成虫	25%灭幼脲Ⅲ号2000倍液、0.9%阿维菌素2000倍液、Bt乳剂800倍液等喷雾。 根据苹果巢蛾群集结网和在网巢中化蛹的特点，在春季和发生期人工捕杀幼虫和蛹，摘除被害虫巢。 保护跳小蜂、大腿小蜂、寄蝇等天敌。	化学防治应在发芽期和花序分离期； 幼虫已结巢，喷药前应挑开巢网，否则防治效果不佳。
9月 12月	卵、幼虫	冬季修剪时，剪除卵鞘，减少越冬虫源。	

参 考 文 献

[1]　萧刚柔.中国森林昆虫 [M].北京:中国林业出版社,1983.

[2]　刘寿民.甘肃陇东苹果巢蛾生物学特性及其防治 [J].甘肃科技,2002(1): 62.

[3]　孙玉玲.苹果巢蛾生物学特性研究 [J].呼伦贝尔学院学报,2001(4): 98-99.

[4]　阎任沛.苹果巢蛾的药剂防治试验 [J].植物医生,2001(3): 43-44.

（孙玉剑）

稠李巢蛾

Yponomeuta evonymellus (Linnaeus)

分布与危害 分布于黑龙江、吉林、辽宁、河北、山西、山东等省。幼虫拉网成大丝巢，在网内取食叶片，常发生在林缘和城市绿化林内，严重时树叶全部被吃光。影响树木生长和园林景观。

寄　　　主 稠李、苹果、卫矛、酸樱桃、夜合花。

主要形态特征 成虫通体白色。胸背黑点4个；前翅狭长，具40多个小黑点，排列成5列；近外缘处有较细的黑点10个，成横行排列，前翅反面为灰黑色；缘毛和前缘为白色。后翅灰黑色，缘毛为淡灰黑色。老熟幼虫灰白色，头部、前胸硬皮板、腹足及臀板均为黑色；各腹节背部均有黑斑4个，前2个大，后2个小，排列成2纵行。

生物学特性 一年发生1代，以幼龄幼虫在卵壳覆盖物下越冬。翌年4月下旬稠李发叶时出蛰，群集于新芽和嫩叶上危害，并吐丝缀叶成巢，幼虫在巢内将嫩叶食光后再更换新叶重新做丝巢，继续危害。危害严重时，只见树上一个个丝巢，而见不到完整叶片。6月中旬老熟幼虫在丝巢内开始集中在一起结茧化蛹。6月下旬7月上旬成虫羽化。成虫产卵于当年生枝条芽附近。成虫有趋光性。随着寄主植物的生长以及幼虫的增大，网巢逐渐增大，笼罩整个寄主树冠，把网巢内叶片食光。

稠李巢蛾成虫 (展翅) (徐公天提供)

稠李巢蛾幼虫 (徐公天提供)

稠李巢蛾蛹 (徐公天提供)

稠李巢蛾茧 (徐公天提供)

稠李巢蛾幼虫网幕 (徐公天提供)

稠李巢蛾防治历　　　　(以辽宁地区为例)

时间	虫态	防治方法	要点说明
1～4月	幼虫	人工剪除卵块或网幕（虫巢），集中烧毁。	幼龄幼虫期是剪除网幕最佳时期。
5～8月	幼虫、蛹、成虫	20%吡虫啉5000倍、Bt乳剂800倍液、25%灭幼脲Ⅲ号2000倍液、0.9%阿维菌素2000倍液等喷雾防治。	在幼虫幼龄期施药效果好。最好先破坏网幕再施药。
9月，12月	成虫	利用成虫趋光性，采用杀虫灯进行诱杀。	

参考文献

[1]　蒋妮,商陆,等.6种药用植物粗提物对扶芳藤稠李巢蛾的杀虫活性 [J].中国农学通报,2006(10): 297-298.

[2]　萧刚柔.中国森林昆虫 [M].北京:中国林业出版社,1992.

（孙玉剑　刘　荣）

山楂粉蝶

Aporia crataegi Linnaeus

分布与危害	分布于辽宁、吉林、河北、内蒙古、山西、陕西、甘肃等地。以幼虫取食叶片、嫩芽和花。严重危害造成树势衰弱和影响结实。
寄　　主	山楂、海棠、杏、李、丁香、刺梅等。
主要形态特征	成虫体黑色，头胸及足被淡黄白色或灰色鳞毛。触角棒状黑色，端部黄白色，前后翅白色，翅脉和外缘黑色。幼虫头黑色，疏生白色长毛和较多的黑色短毛；胸、腹部腹面紫灰色，两侧灰白色，背面紫黑色，每节的黄斑串连成纵纹，体躯各节有许多小黑点，疏生白色长毛；老熟幼虫体背面有3条黑色纵条纹，其间有2条黄褐色纵带。蛹黄白色，体上分布许多黑色斑点，腹面有1条黑色纵带。以丝将蛹体缚于小枝上，即缢蛹。
生物学特性	一年发生1代。以2～3龄幼虫群集在树梢吐丝缀叶虫巢里越冬，一般每巢十余头。春季果树发芽后，越冬幼虫出巢，先食害芽、花，而后吐丝连缀叶片成网巢，于内危害。较大龄幼虫离巢危害。此时寄主受害最重。发生严重年份，很多树木的叶子被吃光，状若枯死。待其老熟，在枝干、叶片及附近杂草、石块等处化蛹。在河南西部5月中、下旬为化蛹盛期，蛹期14～23天，成虫发生在5月底至6月上旬，成虫多喜欢在枯树枝上进行交尾，产卵于嫩叶正面，成块，每块有卵数十粒。卵期10～17天。6月中旬幼虫孵化，初孵幼虫群集啃食叶片，仅残留表皮，每食尽一叶，群体另转叶危害。于8月上旬开始陆续营巢越冬。

山楂粉蝶成虫(展翅)(徐公天提供)

山楂粉蝶中龄幼虫(徐公天提供)

山楂粉蝶老龄幼虫 (徐公天提供)

山楂粉蝶蛹 (徐公天提供)

山楂粉蝶防治历　　　　(以北方地区为例)

时间	虫态	防治方法	要点说明
1～4月	幼虫	人工摘除越冬虫巢。	人工摘除越冬虫巢。 秋季果树落叶后，春季发芽前，结合冬季果园管理，摘除并销毁树枝枯叶上的越冬虫巢。
5～6月	幼虫、蛹、成虫	2.5%溴氰菊酯乳油2000倍液、25%灭幼脲Ⅲ号4000倍液、Bt乳剂800倍液等喷雾。	在早春越冬幼虫出蛰期和当年幼虫孵化盛期喷药最佳。
9月 12月	卵、幼虫、蛹、成虫	人工摘除越冬虫巢，保护和利用天敌黄绒茧蜂。	幼虫期寄生性优势天敌有菜粉蝶绒茧蜂，卵期寄生性天敌有凤蝶金小蜂、舞毒蛾黑瘤姬蜂，捕食性天敌主要有白头小食虫虻、胡蜂、蜘蛛、步甲等种类。对这些天敌进行有效保护，可在一定程度上控制山楂粉蝶的危害。

参考文献

[1] 吉林省教委.农业昆虫学 [M].吉林：吉林科学技术出版社，1990：277-279.
[2] 姜双林.山楂绢粉蝶的生物学及防治 [J].昆虫知识，2001，38(3)：198-199.
[3] 姜婷.黄人舞绢粉蝶和朱蛱蝶在新疆危害林木的初步观察 [J].昆虫知识，2004，41(3)：238-240.
[4] 朱淑梅.山楂粉蝶的生物防治措施 [J].河北果树，2008(4)：54-55.
[5] 沈莉.山楂粉蝶的生物防治措施 [J].北京农业，2008(13)：33-34.
[6] 温雪飞，邹继美.山楂粉蝶的发生与防治 [J].北方园艺，2007(9)：218-219.

(孙玉剑)

核桃扁叶甲

Gastrolina depressa thoracica Baly

分 布 与 危 害	又称核桃金花虫。分布于黑龙江、吉林、辽宁、河南、河北、甘肃、陕西、湖南、湖北、广东、广西、福建、江苏、四川、云南、山东等地。主要以幼虫、成虫危害叶片，树叶被食光的现象经常出现，致使果实量减少，造成部分枝条或幼树死亡。连年危害时，树势衰弱，甚至使植株枯死。是一种发生普遍、危害严重的害虫。
寄　　　　主	核桃、核桃楸、枫杨。
主要形态特征	成虫体略呈长方形，背面扁平。头和鞘翅紫、紫蓝、古铜或蓝黑色，前胸背板中部黑色，有金属光泽，两侧区棕黄、棕红色，头顶平，额中央低凹，刻点粗密。鞘翅刻点粗深混乱，每鞘翅有3条等距的纵肋纹，肩外边缘显著隆起。各足跗节末端两侧呈齿状突出。老熟幼虫污白色，前胸背板淡红色，余者淡赤色，具褐斑和瘤。
生物学特性	辽宁一年发生1代，山东、江苏一年2～3代。以成虫在枯枝落叶层、树皮缝内越冬。辽宁4月下旬越冬成虫开始活动，5月上旬成虫开始产卵，5月中旬幼虫孵化，6月上旬老熟幼虫化蛹，6月中旬为新1代成虫羽化盛期，10月中旬成虫开始越冬。越冬成虫开始活动后，取食刚萌发的核桃楸叶片补充营养，并交尾产卵。成虫有多次交尾和产卵的习性。每雌产卵量为90～120粒，最高达167粒。卵呈块状，多产于叶背，也有的产在枝条上。新羽化成虫多于早晚活动取食，活动一段时间后，于6月下旬开始越夏，至8月下旬再上树取食。成虫不善飞翔，有假死性，无趋光性。初孵幼虫有群集性，食量较小，仅食叶肉。幼虫进入3龄后食量大增并开始分散危害，此时不仅取食叶肉，当食料缺乏时也取食叶脉，甚至叶柄。残存的叶脉、叶柄呈黑色进而枯死。幼虫老熟后多群集于叶背呈悬蛹状化蛹。

核桃扁叶甲成虫 (徐公天提供)

核桃扁叶甲幼虫 (徐公天提供)

核桃扁叶甲防治历　　(以辽宁地区为例)

时间	虫态	防治方法	要点说明
3月，10～12月	越冬成虫	消灭越冬虫源：冬季收集枯枝落叶，刮除树干基部老翘皮。	集中烧毁。
4月	越冬成虫	25%敌杀死、20%氰戊菊酯制成毒笔、毒绳，毒笔在树干基部涂两个闭合圈，毒绳扎两道毒杀成虫。	在4月中旬越冬成虫出土上树前。
		可于4月下旬利用越冬成虫刚出现时有较强的假死性震落杀灭。	
		喷施8%氯氰菊酯微囊悬浮剂200倍液。	4月底越冬成虫初上树取食产卵前。
5月至6月下旬	卵、初孵幼虫、老熟幼虫	人工捕杀。	利用产卵、幼虫期的群集性人工摘除虫叶，集中烧毁。
	幼虫、新羽化成虫	树干注药，用5%的吡虫啉乳油每厘米胸径注射1毫升。	打孔注药一般在干基部距地面30厘米处钻孔，钻头与树干成45度角，钻6～8厘米深的斜向下孔，视树木胸径大小绕干钻3～5个孔，注药后以泥浆封孔。
		叶面喷施0.9%阿维菌素乳油1000倍液、8%氯氰菊酯微囊悬浮剂200倍液。	幼虫及新羽化成虫集中上树补充营养期。

参考文献

[1] 仲秀林, 范里. 核桃扁叶甲的危害及防治 [J]. 江苏林业科技, 2001, 28(2): 17.
[2] 汪恒兴. 清水县核桃叶甲发生规律调查 [J]. 北方果树, 2005 (6): 32-33.
[3] 宋磊, 申卫星, 万光生, 等. 泰山地区核桃扁叶甲生物学特性防治试验 [J]. 山东林业科技, 2005(4): 46.
[4] 许水威, 祝建阁, 王立明, 等. 核桃楸扁叶甲生物学特性及防治方法研究 [J]. 辽宁林业科技, 2004(3): 10, 46.

(孙德莹)

核桃扁叶甲危害状 (徐公天提供)

枣尺蠖

Chihuo zao Yang

分布与危害	分布于山东、河北、河南、山西、陕西、浙江、安徽。在河北、山东、河南、山西、陕西五大产枣区常猖獗成灾。该虫不仅危害枣树、酸枣的叶片，并食嫩芽、花蕾。严重影响树木生长和果实产量。
寄　　主	枣、苹果、梨。
主要形态特征	成虫雌雄异型。雌蛾无翅型，黑褐色，触角丝状，各足胫节有白环5个；雄虫淡灰色，触角双栉齿状，前翅外横线、内横线与基线较清晰；后翅灰色，内侧有1个黑点。幼虫共5龄，1龄黑色，前胸前缘和第一至五腹节背各有白色环带1条；2龄体表有7条白色纵纹；3龄体表有13条白色纵纹；4龄有13条黄白与灰白相间纵条纹；5龄体表有灰白断续纵纹25条。
生物学特性	河南一年发生1代，个别两年1代，以蛹在树冠下土壤中8～20厘米处越冬。翌年3月中旬开始羽化，3月下旬至4月中旬羽化盛期，羽化期长达50天，该虫雌雄比一般为2∶1，成虫寿命为5～6天，雌成虫无翅。成虫羽化后，雄蛾直接飞到树干或枝条阴面休栖，雌蛾则先在土表潜伏一段时间，傍晚才开始大量出土，然后向树上爬去，寻找配偶进行交配。交配后2～3天，雌虫进入产卵高峰期，卵产于枝杈粗皮缝内，几十至几百粒排列成整齐的片状或不规则状，每雌产卵约1200粒，卵期15～25天，长的可达34天。4月中下旬幼虫开始孵化，4月下旬至5月上旬为盛期，幼虫5龄，5月下旬枣树开花，为孵化末期。散居，爬行迅速，幼虫静止时，常用腹足和尾足抓住树枝，使虫体向前斜伸，颇像枯枝，有假死性，受惊时即吐丝下垂，常借风力传播。5月中旬老龄幼虫入土化蛹，越夏和越冬。

枣尺蠖卵 (苗振旺提供)

枣尺蠖幼虫危害 (苗振旺提供)

枣尺蠖蛹 (苗振旺提供)

枣尺蠖危害状 (苗振旺提供)

枣尺蠖防治历 （以河南地区为例）

时间	虫态	防治方法	要点说明
2月至3月上旬	蛹	人工土中挖蛹。	枣园冬耕使蛹外露冻死。
3月中旬至4月	成虫	灯光诱杀雄成虫。雌成虫无翅，可在树干基部绑一圈15厘米宽的塑料薄膜带或在树根周围堆沙阻止雌虫上树。	在羽化前设置杀虫灯，间距100米或每公顷设置1个。
4月下旬至5月上旬	幼虫	10％吡虫啉3000倍液、20％除虫脲7000倍液、1.2％苦参碱·烟碱乳油5000倍液、5％氟虫脲乳油1000倍液等树冠喷雾。 或摇树震落幼虫，就地捕杀。	3龄前进行喷药防治。尽可能使用生物农药进行防治，以保护天敌。

参考文献

[1] 徐公天, 杨志华. 中国园林害虫 [M]. 北京: 中国林业出版社, 2007.

[2] 林业部林政保护司. 中国森林病虫普查名录. 沈阳: 内部发行, 1988.

[3] 萧刚柔. 中国森林昆虫 [M]. 北京: 中国林业出版社, 1992.

（熊惠龙）

油桐绒刺蛾

Phocoderma velutina Kollar

分 布 与 危 害	分布在吉林、江西、广东、云南、四川、重庆、贵州等地。以幼虫食叶危害，发生严重时可将叶片食光，影响树木生长和果实产量，甚至造成树木死亡。
寄　　　　主	主要危害油桐、乌桕、麻栎、茶、核桃等。
主要形态特征	成虫身体暗紫色，雌成虫触角丝状，雄虫触角栉齿状；初孵幼虫体背与体侧各具2条微红色波状纵线，中胸至第八腹节每节背侧具1对枝刺，以第二、三、九、十节枝刺为长，每个枝刺上着生6根黑色刺毛；老熟幼虫体绿色，体背具10个椭圆形梯形黄斑，以第二、九节上两个梯形黄斑为大，体侧两边各具9个似圆形黄斑；由前胸至第八腹节腹侧各具枝刺1对。腹部第一至第五节背侧上的枝刺短小，中后胸及腹部第六、七节上的4对刺特别发达，绿色，上着生散射状长刺毛，刺毛端部黑色，基部淡绿色；蛹初为淡黄色，近羽化时为黑褐色，体背面各节上半段着生很多棕褐色小刺。
生 物 学 特 性	在贵州省一年发生1代，以老熟幼虫在茧内越冬。翌年3月中旬开始羽化,3月中下旬至4月上旬产卵，卵产于叶背面，经5～8天孵化出幼虫，开始取食危害。幼虫期共8龄。7月底或8月初老熟幼虫停止取食2～3天后，沿树干爬下或直接坠落，寻找疏松土，在1～2厘米深处做茧越冬。茧直立，做茧时幼虫在顶端预先咬一圈，作为羽化孔。成虫白天在树荫或草丛中停息，夜间活动，具趋光性。雌蛾交尾后次日产卵，卵散产或数粒叠置产在叶背后。初孵幼虫不取食，第三天蜕皮为2龄，即行分散取食，6龄后幼虫枝刺上的刺毛有毒，接触人皮肤疼痛异常，立即引起红肿。

油桐绒刺蛾蛹及蛹壳(蔡卫东提供)　　　　　　　　油桐绒刺蛾幼虫(蔡卫东提供)

油桐绒刺蛾防治历

(以西南地区为例)

时间	虫态	防治方法	要点说明
冬春害虫越冬期	越冬虫茧	全垦林地，清除林下枯枝落叶及杂草并烧毁。 冬春害虫越冬期和1月化蛹盛期，人工清除越冬虫茧。	垦抚既可消灭越冬茧，又可增强树的抗性。 挖除虫蛹集中处理。
3～4月	成虫期	利用其夜间活动并具趋光性，灯光诱杀成虫。	成虫羽化前设置杀虫灯。
4～6月	幼虫期	2.5%敌杀死乳油5000倍液、1.2%苦参碱·烟碱乳油2000倍液树冠喷雾。	可尽量采用无公害农药、生物农药和生物防治措施，保护天敌。
8～9月	化蛹盛期	人工挖蛹。	人工挖蛹是经济有效的防治措施。

油桐绒刺蛾雌雄成虫(蔡卫东提供)

油桐绒刺蛾危害状(蔡卫东提供)

参考文献

[1] 聂飞,李顺琴.绒刺蛾种群发生规律林间分布型及防治 [J].贵州林业科技,1994,22(3): 18-20.

[2] 黄雅志,裴汝康.云南芒果害虫的预测和防治措施 [J].热带农业科技,1987(1): 9-14.

(赵　杰　杨长林)

油桐尺蛾

Buzura suppressaria Guenée

分布与危害	分布于福建、浙江、江西、湖北、湖南、广东、广西、贵州、四川等地。该虫幼虫咬食叶片，是一种暴食性害虫，严重时，寄主叶子被成片吃成光杆，严重影响果实产量。
寄　　　主	油桐、油茶、茶树、乌桕、柿、杨梅、板栗、肉桂、枣、刺槐、漆树、桉树。
主要形态特征	雌成虫灰白色，触角丝状，胸部密被灰色细毛。翅基片及腹部各节后缘生黄色鳞片。前翅外缘为波状缺刻，缘毛黄色；基线、中横线和亚外缘线为黄褐色波状纹，翅面由于散生的蓝黑色鳞片密度不同，由灰白色到黑褐色；翅反面灰白色，中央有1个黑斑；后翅色泽及斑纹与前翅同。腹部肥大，末端有成簇黄毛。雄蛾触角双栉齿状，体、翅色纹大部分与雌蛾同，但有部分个体，前后翅的基横线及亚外缘线甚粗，与雌蛾显著不同，腹部瘦小。幼虫共6龄。初龄灰褐色，5龄时第五腹节气门上方开始出现1个颗粒状突起，气门紫红色。
生物学特性	在湖南、浙江一年发生2～3代，在广东一年发生3～4代，以蛹在根际表土中越冬。翌年4月上旬成虫开始羽化，4月下旬到5月初为羽化盛期，5月中旬为羽化末期，整个羽化期1个多月。5～6月间为第一代幼虫发生期，幼虫期40天左右。7月化蛹，蛹期15～20天。7月下旬成虫开始羽化产卵，卵期7～12天。第二代幼虫发生在8～9月中旬，幼虫期35天。9月中旬开始化蛹越冬。少部分发生3代的，成虫于9月中旬羽化，幼虫发生于9月中旬至10月下旬，11月化蛹越冬。越冬代羽化高峰较集中，以后各虫态发生均不整齐。幼虫期最短30天，最长可达54天，同一地区发生代数亦不一致。成虫夜间羽化，白天静伏在寄主树及建筑物上，受惊后即跌落地假死，或短距离迁飞。成虫趋光性弱，但对白色物体有一定趋性，喜栖息在涂白的树干上。卵成堆产于树木的皮层缝隙内或树丛枝丫间。初孵幼虫迅速爬行或吐丝下垂，借风力传送至树丛危害，5龄起食量大增。幼虫怕光，白天多静息于枝叶间，傍晚、早晨和阴天大量取食，老熟后爬至根际松土3～7厘米深处化蛹。

油桐尺蛾危害状

油桐尺蛾雌成虫

油桐尺蛾雄成虫

油桐尺蛾幼虫-1

油桐尺蛾在土内越冬

油桐尺蛾幼虫-2

油桐尺蛾防治历 (以浙江地区为例)

时间	虫态	防治方法	要点说明
3月中下旬，10月下旬	蛹	翻土挖蛹，集中深埋。	土不要翻太深，7～10厘米。
5～6月，8～9月	幼虫	10%吡虫啉3000倍液、Bt乳剂500倍液、5%甲维盐水溶剂8000倍液喷雾按15千克/公顷施放100亿孢子/克白僵菌粉剂。	在3龄幼虫前施药防治，尽可能使用生物农药、病毒，以保护天敌。
6月下旬，9月，10月下旬	老熟幼虫	在树干周围铺设薄膜，上铺湿润的松土，引诱幼虫化蛹，加以杀灭。	幼虫化蛹前。

参考文献

[1] 萧刚柔. 中国森林昆虫 [M]. 北京: 中国林业出版社, 1992.

[2] 徐公天, 杨志华. 中国园林害虫 [M]. 北京: 中国林业出版社, 2007.

[3] 陶杨娟, 徐旭士, 谭啸, 等. 油桐尺蠖核型多角体病毒基因的克隆及在大肠杆菌中的表达 [J]. 中国生物防治, 2005, 21(2): 99-103.

（熊惠龙　李崇荣　叶学斌）

椰心叶甲

Brontispa longissima (Gestro)

分布与危害	分布广东、广西、海南、香港、台湾等地。该虫以成虫、幼虫危害寄主尚未展开和初展开的心叶，影响寄主植物的生长，严重时可导致植株死亡。现已有数百万株棕榈科植物严重受害，对椰子产业和观赏棕榈科植物的种植构成了严重威胁，对景观建设、旅游业产生了一定影响。椰心叶甲是国家禁止进境的国际二类植物检疫对象。
寄　　　主	椰树、大王椰子、克利椰子、蒲葵、华盛顿椰、光叶加州蒲葵、孔雀椰子、红棕榈、椰枣、西谷椰子、桃榔、油棕、糖棕、海枣、刺葵、假槟榔、山葵、散尾葵、酒瓶椰子、槟榔、鱼尾葵属、贝叶棕属、巴拉卡棕属、肖斑棕属、省藤属等。
主要形态特征	成虫体狭长，扁平状。头部显著比前胸背板窄。触角黄褐色，顶端深褐色、有绒毛。前胸红黄色，鞘翅前缘约1/4表面红黄色，余部蓝黑色。幼虫体扁平，乳白色至白色。体缘近平行，腹部9节，前胸及第一至第八腹节各具刺突1对，各节在背腹面的中部有1条横沟纹。尾端有周缘具锐刺的1对尾突。
生物学特性	在海南一年发生3～5代，每个世代需要55～110天，其中卵期3～5天，幼虫期30～40天，预蛹期3天，蛹期5～6天，成虫羽化2～8个星期后开始产卵。成虫惧光，见光即迅速爬离，寻找隐蔽处。成虫具有一定的飞翔能力及假死现象。产卵期长，单雌平均产卵119粒，卵产于未展开的心叶上，卵上常覆盖排泄物或嚼碎的叶片。幼虫6～7龄，孵化后，沿箭叶叶轴纵向取食叶片的薄壁组织，在叶上留下与叶脉平行、褐色至深褐色的狭长条纹，严重时食痕连成坏死斑，叶尖枯萎下垂，整叶坏死。成虫及幼虫常聚集取食，喜聚集在未展开的心叶基部活动，导致树势减弱、果实脱落、茎干变细，甚至整株死亡。

椰心叶甲成虫 (徐公天提供)

椰心叶甲成虫在心叶 (徐公天提供)

椰心叶甲幼虫取食 (徐公天提供)

椰心叶甲危害状

椰心叶甲成虫取食未开心叶 (徐公天提供)

椰心叶甲危害心叶状

椰心叶甲防治历　　　　　　　　　（以海南地区为例）

时间	虫态	防治方法	要点说明
2月，9~11月	成虫、幼虫	释放椰扁甲啮小蜂、黄蚁、赤眼蜂、蚂蚁、树蛙和壁虎。	椰扁甲啮小蜂寄生椰心叶甲的蛹和幼虫， 一年四季均可释放。
2~4月，8~10月	各虫态	可在心叶的叶片上挂1~2个绿僵菌药包和化学药包（45%啶虫脒·杀虫丹可溶性粉剂和33%吡虫啉·杀虫丹可溶性粉剂）。1~2个月换药1次。 对危害严重的地段，分上半年和下半年两个阶段各喷药3~5次。一般选用菊酯类农药、1.2%苦参碱·烟碱乳油、噻虫啉1000倍液等全株喷雾，喷至药液下滴为止。	先把未展开的心叶松开，然后进行树冠心部洒药，一株树施药一包，该药包2/3的绿僵菌粉剂均匀施于心叶及周边的1~2片新叶的中上部，主要用于灭杀棕榈科植物中上部的椰心叶甲。1/3的绿僵菌粉剂均匀地施于心叶基部，用于杀死基部的椰心叶甲。

此虫是检疫对象，要加强检疫封锁，禁止从疫区调入棕榈科植物，加强对棕榈科植物调运检疫。重点对椰心叶甲喜食的棕榈科植物进行检查，发现疫情及时处理。

参考文献

[1] 黄法余,梁广勤,梁琼超,等.椰心叶甲的检疫及防除 [J].植物检疫,2000,14(3): 158-160.
[2] 周荣,曾玲,崔志新,等.椰心叶甲的形态特征观察 [J].植物检疫,2004,18(2): 84-85.
[3] 钟义海,刘奎,彭正强,等.椰心叶甲——一种新的高危害虫 [J].热带农业科学,2003,23(4): 67-71.
[4] 黄法余,梁琼超,赖天忠,等.南海口岸多次截获椰心叶甲和红棕象甲 [J].植物检疫,2000,14(2): 69.
[5] 陆永跃,曾玲.椰心叶甲传入途径与入侵成因分析 [J].中国森林病虫,2004,23(4): 12-15.
[6] 周荣,曾玲,梁广文,等.椰心叶甲实验种群的生物学特性观察 [J].昆虫知识,2004,41(4): 336-339.

（熊惠龙　黄茂俊）

樟叶蜂

Mesoneura rufonota Rohwer

分布与危害　分布在湖南、湖北、江西、福建、浙江、广东、广西、四川及上海等地。只危害樟树，幼虫咀食樟树嫩叶、嫩梢，严重时将整株树叶吃光，造成嫩枝干枯，直至植株死亡，严重影响樟树育苗和樟树正常生长。

寄　　主　樟树。

主要形态特征　成虫触角及头部黑色有光泽。前胸背板两侧、中胸前盾片、盾片、小盾片、中胸前侧片褐黄色，有光泽；后背片、中胸背板其余部分、中胸腹板、腹部均黑色，有光泽。翅膜质透明，脉明晰可见。足浅黄色，腿节（大部分）、后胫和跗节黑褐色。腹部蓝黑色，有光泽。幼虫浅绿色，全身多皱纹，头黑色。4龄以后胸部及第一至第二腹节背面密生黑色小点，胸足黑色间有淡绿色斑纹。

生物学特性　在江西、浙江、四川一年1～2代。江西以南一年1～3代，广州地区一年1～7代。以老熟幼虫在土中结茧变为预蛹越冬，茧多分布于树干基部半径70厘米以内。各代均有一些虫量滞育，滞育期从数周至1年以上。因此，在同一地区，1年内完成的世代数也不相同，世代重叠。越冬老熟幼虫于翌年早春陆续化蛹、羽化或继续滞育。成虫羽化后白天活跃，夜晚静伏产卵。雌虫喜产卵于林缘、光照好的冠外层嫩叶片主脉两侧，产卵处叶面稍向上隆起。一片嫩叶上可产卵数粒，最多达16粒。单雌可产卵平均109粒。雌成虫能孤雌生殖，其子代全为雄性。上海地区4月中下旬出现第一代幼虫。初孵幼虫群集在叶背危害，啃食叶肉，2～3龄后食全叶。4龄入土结茧，其中一部分以幼虫滞育越冬，另一部分继续发育，幼虫取食15～20天。5月上、中旬第一代成虫羽化，产第二代卵；5月中旬1/3左右卵孵化，第二代幼虫危害期在5月中、下旬；6月上旬第二代羽化，第三代幼虫危害期在7月。每代历期19～33天，卵期3～11天，幼虫期8～16天，蛹期7～13天，成虫期2～5天。

樟叶蜂成虫（王焱提供）

樟叶蜂卵（王焱提供）

樟叶蜂幼虫(王焱提供)　　　　樟叶蜂茧(王焱提供)　　　　樟叶蜂危害状(王焱提供)

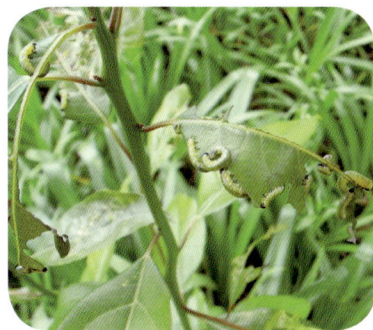

樟叶蜂防治历　　　　　　(以上海地区为例)

时间	虫态	防治方法	要点说明
1～3月	老熟幼虫、蛹	适时中耕除草,冬季翻耕。	消灭土中虫茧。
4～5月	老熟幼虫、蛹	于4月底至5月初,在苗圃地和林地喷洒农药,毒死树下的害虫。	做好预测预报工作,利用老熟幼虫落地化蛹的习性。
6～11月	卵、低龄幼虫、大龄幼虫、成虫	发生初期利用蜘蛛和采用核多角体病毒防治。	在害虫发生早期应保护和利用捕食性天敌,如蜘蛛、蝽象、蚂蚁等。
		0.3%印楝素乳油1000～2000倍液、0.5%阿维菌素乳油3000倍液、2.5%溴氰菊酯1200倍液等喷雾。	幼虫1～2龄高峰期时进行。
		利用幼虫群集的特性,人工捕捉、剪枝消灭幼虫。	此方法适用于较低矮的幼龄树木。
11～12月	卵、幼虫、蛹	适时中耕除草,冬季翻耕,消灭土中虫茧。 在苗圃地和林地喷洒农药,毒死树下的害虫。减少虫口密度。	

参考文献

[1] 王焱.上海林业病虫[M].上海:上海科学技术出版社,2007:290.

[2] 萧刚柔.中国森林昆虫[M].北京:中国林业出版社,1992:1190-1191.

[3] 萧刚柔,黄孝运,周淑芷,等.中国经济叶蜂志(Ⅰ)[M].陕西杨陵:天则出版社,1991:123-124.

[4] 袁盛华.樟叶蜂的化学防治[J].科技创新导报,2008(3):235.

[5] 樊敏,徐薇玉,管丽琴,等.樟巢螟、樟叶蜂发生危害和防治技术研究[J].上海农业学报,2006,22(3):51-54.

(崔振强　郭志红)

刺桐姬小蜂

Quadrastichus erythrinae Kim

分布与危害　分布于福建、广东、海南、台湾等省。受害植株叶片、嫩枝等处出现畸形、肿大、坏死、虫瘿等症状，严重的出现大量落叶、直至植株死亡。刺桐姬小蜂是我国新记录种。

寄　　　主　刺桐、杂色刺桐、金脉刺桐、珊瑚刺桐、鸡冠刺桐。

主要形态特征　雌成虫体黑褐色，间有黄色斑。头黄色，颊后棕色。触角膝状，红色单眼3个，略呈三角形排列；前胸背板黑褐色，有3～5根短刚毛，中间具一凹形浅黄色横斑，小盾片棕黄色，具2对刚毛，少数3对，中间有2条浅黄色纵线；翅无色透明，翅面纤毛黑褐色，翅脉褐色，亚前缘带基部到中部具刚毛1根，翅室无刚毛，后缘脉几乎退化。前、后足基节黄色；中足基节浅白色。腹部背面第一节浅黄色，第二节浅黄色斑从两侧斜向中线，止于第四节。肛下板较长，可达腹部长度的0.8～0.9倍，达到了腹部第六节的内缘。雄成虫体白色至浅黄色，有棕色斑。头和触角浅黄白色；单眼3个红色，略呈三角形排列。触角膝状；前胸背板暗褐色、中部有浅黄白色斑；小盾片浅黄色，中间有2条浅黄白色纵线。足全部黄白色。腹部上半部浅黄色，下半部深褐色。

生物学特性　刺桐姬小蜂常年发生。一个世代大约1个月，一年可发生多个世代，在深圳一年发生9～10个世代，世代重叠严重。成虫羽化不久即能交配，雌虫产卵前先用产卵器刺破寄主表皮，将卵产于寄主新叶、叶柄、嫩枝或幼芽表皮组织内，幼虫孵出后在该组织内取食，形成虫瘿，大多数虫瘿内只有1头幼虫，少数虫瘿内有2头幼虫。幼虫在虫瘿内完成发育并化蛹，成虫从羽化孔内爬出。该虫生活周期短，繁殖能力很强，通常一旦出现轻微感染，短时间内便会扩散到全株。

刺桐姬小蜂雌成虫

刺桐姬小蜂雄成虫

刺桐姬小蜂危害状

刺桐姬小蜂防治历　(以深圳地区为例)

时间	虫态	防治方法	要点说明
上年12月中旬至1月中旬	幼虫、蛹、成虫	根据刺桐姬小蜂在树上越冬的习性，可在冬季剪除和收集树上受害叶、叶柄、嫩枝及花蕾、叶、茎。 喷洒"虫线清"乳油100倍液至树枝、树叶表面湿润，以防止刺桐姬小蜂成虫羽化迁飞。	集中烧毁，消灭虫源。 在新叶芽抽出前，树干、树枝进行表面喷药或根部施药。
全年	成虫	利用世代重叠严重和成虫具有趋光性的特点，杀虫灯诱杀成虫。 16%虫线清100倍液喷洒树枝、树叶表面，防止成虫羽化迁飞。	在羽化始盛期傍晚利用杀虫灯诱杀，每公顷1个灯。
	幼虫	10%吡虫啉3000倍液、噻虫啉4000倍液、5%甲维盐4000倍液喷雾防治。	尽可能使用生物农药进行防治，以保护天敌。

严格检疫，发现疫苗立即清除烧毁，禁止疫区苗木外运。

参考文献

[1] 中华人民共和国农业部,中华人民共和国国家林业局,中华人民共和国国家质量监督检验检疫总局.公告.2005年第538号.
[2] 黄蓬英,方元炜,等.中国大陆一新外来入侵种—刺桐姬小蜂 [J].昆虫知识,2005,42(6): 731-733.
[3] 杨伟东,余道坚,等.刺桐姬小蜂的发生、危害与检疫 [J].植物保护,2005,31(6): 36-38.
[4] 傅立国,陈潭清,郎楷永,等.中国高等植物(第7卷) [M].青岛:青岛出版社,2001.
[5] 蒋青,梁忆冰,王乃杨,等.刺桐姬小蜂在中国的适生区分析 [J].植物检疫,1994,8(6): 331-334.
[6] 杜予州,郭建波,郑福山,等.有害生物危险性评价指标体系的初步确立 [J].植物保护,2006,32(1): 63-66.

(熊惠龙)

黄脊竹蝗

Ceracris kiangsu Tsai

分布与危害	分布于湖南、四川、重庆、江西、福建、广西、广东、湖北、江苏、浙江、安徽、贵州、云南等地。以若虫和成虫取食竹叶危害。大发生时常使大面积竹林枯死，是毛竹的重要害虫。在食料缺乏时，还可危害水稻及玉米等农作物。
寄　　　主	以毛竹为主的刚竹属各主要竹种、以青皮竹为主的箣竹属各主要竹种、玉米、水稻等农作物，杂草近百种。
主要形态特征	成虫体以绿、黄为主，额顶突出使额面成三角形，由额顶至前胸背板中央有一黄色纵纹，愈向后愈宽。触角丝状，末端淡黄色。复眼卵圆形、深黑色；后足腿节黄绿色，中部有排列整齐"人"字形的褐色沟纹；胫节蓝黑色，有刺两排。蝗的若虫称作蝗蝻又名跳蝻，共5龄。5龄蝗蝻体翠绿色，前胸背板后缘覆盖后胸大部分。
生物学特性	一年发生1代，以卵在土中越冬。越冬卵于4月底5月初开始孵化，孵化期可延续到6月上旬。初孵跳蝻有群聚特性。卵孵化盛期为每日的14：00～16：00，约占54%。初孵跳蝻多群聚于小竹及禾本科杂草上，1龄末2龄初开始上竹，3龄后全部上大竹。5龄跳蝻食量最大，约占总食量的60%以上。成虫羽化时间以08：00～10：00为最盛，产卵多在02：00～06：00。跳蝻和成虫有嗜好咸味和人尿的习性。

黄脊竹蝗危害状

黄脊竹蝗成虫

黄脊竹蝗受害林分

黄脊竹蝗4龄跳蝻

黄脊竹蝗跳蝻

黄脊竹蝗防治历
（以西南地区为例）

时间	虫态	防治方法	要点说明
1～5月	卵	在竹林间栽植泡桐树。人工繁殖红头芫菁，捕食卵块。	每1～2年对竹林进行垦复施肥1次。种植泡桐，5～10棵/公顷，常灾区密度大些，其他地方可疏一些。
5～7月	跳蝻、成虫	在1～2龄跳蝻期，用25%灭幼脲Ⅲ号胶悬剂150～300克/公顷、5%吡虫啉乳剂7.5～15克/公顷喷雾，25%灭幼脲Ⅲ号粉剂75～100克/公顷喷粉。蜡状芽孢杆菌、枯草芽孢杆菌、微孢子虫液，均按$1×10^8$孢子/毫升的浓度喷雾。或使用50亿孢子/克白僵菌粉剂7.5千克/公顷或50亿孢子/克绿僵菌粉剂3.0～4.5千克/公顷喷粉。	按顺风方向喷药，药液(粉)务必向上喷施到竹梢。喷药时要掌握天气变化情况，注意风速、风向，一般风速超过3米/秒停止作业。喷粉应在叶面露水未干的早上或雨后进行，尽量避免雨天作业，防止药物被雨水冲刷流失。
		跳蝻上竹后，竹腔注射5%吡虫啉1～4毫升，或1%阿维菌素油剂300～4450毫升/公顷与柴油按1:15的比例混合后喷烟。	喷烟时风速要在1.5米/秒以下，在林内风速以0.3～1米/秒为宜，以清晨东方快要发白至日出和傍晚日落前1小时至22：00为最佳喷烟时机。
		用新鲜人尿加少量农药配成药液，浸泡稻草把24小时后将稻草把散放在竹林中，或将竹子一劈为二后，直接将液体盛放在竹腔内，置于竹林内诱杀成蝗。	
8～12月	卵	人工挖除卵块。	竹蝗产卵集中，产卵地常有红头芫菁，要加以保护利用。

参考文献

[1] 萧刚柔. 中国森林昆虫 [M]，北京: 中国林业出版社，1992.

[2] 赵仁友. 竹子病虫害防治彩色图鉴 [M]. 北京: 中国农业科学技术出版社，2006.

[3] 陈兴安，等. 黄脊竹蝗防治技术 [J]. 湖北林业科技，2006(6):71,59.

（牟文彬　雷姚生）

刚竹毒蛾

Pantana phyllostachysae Chao

分布与危害　分布于浙江、福建、江西、湖南、四川、重庆、广西、贵州等地。大发生时可将竹叶吃光，使竹腔各节内积水，致被害竹林成片死亡，下年度竹笋减少，成竹眉围下降，竹林荒芜。

寄　　　主　主要危害毛竹、淡竹、刚竹、石竹、白夹竹、慈竹、寿竹等刚竹属各竹种以及苦竹等。

主要形态特征　雄成虫体黄色，头顶覆黄色毛，触角栉齿状，触角干淡白色，栉齿灰黑色；前翅淡黄至棕黄色，后缘中央偏前有1个较大的橙红色斑，后翅黄白色无斑；腹部瘦，暗黑色，上覆黄色绒毛。雌成虫体白色略带黄，头部覆毛较少。触角短栉齿状，触角干灰白色，栉齿短稀，灰黄白色；前、后翅均浅黄白色，半透明，前翅后缘与雄成虫同位置有很浅橙黄色斑；腹部粗大，暗黑色，上覆短白色绒毛。3龄幼虫第一至四腹节背面各有1束刷状毛，锈黄色。老熟幼虫体灰黑色，背黄色毛和黑色长毛，前胸背板两侧各有1束向前伸的灰黑色羽状毛。第一至四腹节背面中央各生1束红棕色刷状毛，4个毛刺常聚在一起呈一大红色刺块；第八腹节背中有1个红棕色的毛瘤，上着生黑色毛束，此毛束比华竹毒蛾同位置的毛束短，而且末端膨胀成1个毛绒球，毛束内混有羽状毛，这是与华竹毒蛾重要的区别点。

生物学特性　一年发生3～4代，以卵和1～2龄幼虫在竹上越冬。幼虫翌年3月中旬出现并取食危害，10月中旬成虫产卵越冬。刚竹毒蛾喜温暖湿润环境，多半发生在背风向阳的山腰或山脚处，然后向周围扩散。成虫一般在黄昏或清晨活动，具有趋光性，卵多产于竹叶背面，每次产卵3～14粒，成直线排列。幼虫食性单一，以食毛竹为主，在食料缺乏时，也食林地周围其他禾本科植物。幼虫一般5龄，1～2龄有吐丝下垂随风扩散习性，善爬行，能倒退，受惊时会弹。老熟幼虫多在竹叶背面和竹秆的竹节线下群集结茧。

刚竹毒蛾成虫

刚竹毒蛾危害状

刚竹毒蛾幼虫

刚竹毒蛾防治历　　(以南方地区为例)

时间	虫态	防治方法	要点说明
1～2月，11～12月	卵、幼虫	摘卵、刮卵，消灭越冬虫卵。 加强抚育，合理采伐，控制密度。	集中销毁。
3～4月，6～10月	幼虫	使用白僵菌50亿孢子/克粉剂3.0～4.5千克/公顷喷粉；1.8%阿维菌素油剂与零号柴油按1∶20的比例混合后喷烟；1.2%苦参碱·烟碱乳油800～1200倍液、5%苯氧威乳油2000～4000倍液、5%吡虫啉乳油1500～3000倍液等喷雾。	按顺风方向喷药，药液(粉)务必向上喷施到竹梢；喷药时要注意风速、风向，一般风速超过3米/秒停止作业。 喷粉应在叶面露水未干的早上或雨后进行，尽量避免雨天作业，防止药物被雨水冲刷流失。 喷烟时风速要在1.5米/秒以下，清晨至日出和傍晚日落前1小时至22:00时为佳。
5月	卵、成虫	杀虫灯诱杀成虫。	杀虫灯按2台/公顷，悬挂在离地面高1.5～2.0米处，及时清理被捕杀的成虫。

参考文献

[1] 赵仁友.竹子病虫害防治彩色图鉴[M].北京:中国农业科学技术出版社,2006.
[2] 吴圭善.刚竹毒蛾生物学特性及其防治[J].安徽林业,2008(3):49.
[3] 梁尚兴,钱石生.刚竹毒蛾的生物学特性及其防治[J].昆虫知识,2004,41(5):464-467.

(张天栋)

华竹毒蛾

Pantana sinica Moore

分 布 与 危 害	分布于安徽、江苏、上海、浙江、福建、江西、湖北、湖南、重庆、四川、广东、广西、贵州、云南等地。以幼虫取食竹叶危害，通常仅在山洼小面积竹林内危害。危害严重时，可将竹叶吃光，竹材质量严重下降，甚至造成竹枯死，下年度出笋减少或不出笋。该虫幼虫体被毒毛，触及人体会引起红肿、痒痛，影响上山作业。
寄 主	毛竹、黄槽竹、黄秆京竹、白夹竹、甜竹、刚竹、水竹、红竹、淡竹、紫竹等刚竹属竹种。
主要形态特征	成虫体具三型（雄虫冬型、雄虫夏型、雌虫型），雌成虫翅灰白色；触角短双栉齿状，主干黄色，栉齿黑色；下唇须棕黄色；前翅黄白色，后翅乳白色、无斑。越冬代雄成虫触角长双栉齿状，黑色；下唇须锈黄色；前翅前缘及由中横线到外缘部分全为黑色或灰黑色；在与雌成虫前翅同等位置处有4个深黑色斑，余为白色；后翅白色，翅基及顶角偶为暗灰色；足腿节、胫节上方为灰黑色，下方为白色。初孵幼虫淡黄色，有黑色毛片；前胸侧毛瘤有黑色长毛两束。老熟幼虫黄褐色；前胸两侧毛瘤突出较长，着生两束向前伸出的黑色长毛；气门白色；腹部第一至第四节背面有4排棕色刷状毛。各节侧毛瘤及亚腹线毛瘤均着生短毛丛，尾节背面有1束向后竖起的黑色长毛，基部具红色短毛丛。
生物学特性	浙江一年发生3代，以蛹越冬。雄成虫羽化以下午为多，雌成虫以上午为多。成虫有弱趋光性，飞翔能力很强，尤以雄成虫为甚。卵多产于竹秆中、下部，以1米左右高处产卵最多。每头雌虫一生平均产卵约70粒。初孵幼虫可吐丝下垂，随风吹转移，在竹秆上爬行迅速，遇到惊扰有弹跳习性。遇异常天气，如台风、暴雨或突然降温，幼虫没有下竹躲避的习性。幼虫老熟后顺竹秆下行，大约在离地面1米以下的竹秆上、竹箨内和竹蒲头附近的石块、枯枝落叶下结茧。

华竹毒蛾卵(徐天森提供)

华竹毒蛾蛹(徐天森提供)

华竹毒蛾成虫 (徐天森提供)

华竹毒蛾幼虫 (徐天森提供)

华竹毒蛾防治历 (以浙江地区为例)

时间	虫态	防治方法	要点说明
1～5月, 10～12月	蛹、幼虫、成虫、卵	摘卵、刮卵,消灭越冬虫卵。 加强抚育,合理采伐,控制密度。	集中销毁。
6～9月	幼虫、蛹、成虫、卵	使用白僵菌50亿孢子/克粉剂3.0～4.5千克/公顷喷粉;1%阿维菌素油剂300～450毫升/公顷与柴油按1:15的比例混合后喷烟;1.2%苦参碱·烟碱乳油800倍喷雾;4.5%高效氯氰菊酯乳油注射或喷烟、喷雾。	按顺风方向喷药,药液(粉)务必向上喷施到竹梢。一般风速超过3米/秒停止作业。 喷粉应在叶面露水未干的早上或雨后进行,尽量避免雨天作业,防止药物被雨水冲刷流失。 喷烟时风速要在1.5米/秒以下,清晨至日出前和傍晚至22:00时为佳。
		杀虫灯诱杀成虫。	杀虫灯2台/公顷悬挂在离地面高1.5～2.0米处,及时清理被捕杀的成虫。

参考文献

[1] 赵仁友.竹子病虫害防治彩色图鉴[M].北京:中国农业科学技术出版社,2006.
[2] 萧刚柔.中国森林昆虫[M].北京:中国林业出版社,1992.

(张天栋)

竹镂舟蛾

Loudonta dispar (Kiriakoff)

分布与危害　分布于安徽、江苏、浙江、福建、江西、湖北、湖南、四川、广西、贵州、云南等地。幼虫取食竹叶，咬断竹柄，造成大量落叶，严重危害时将竹叶吃尽，使竹子枯死，影响下年度出笋，新竹眉围下降，成竹质量降低，被害竹林一时难以恢复。

寄　　　主　毛竹、黄槽竹、黄秆京竹、毛环水竹、甜竹、红竹、雷竹、水竹、刚竹、石竹等刚竹属各竹种及苦竹属竹种。

主要形态特征　雌成虫体黄白至淡黄色，触角丝状，黄白色，头顶与复眼间有黄白色绒毛。前翅黄白色，近前缘与基角处深黄色，亚外缘线位置上有5～6个不太明显的黑点，翅中有1个明显的黑点；后翅淡黄或白色。前足被锈黄色长绒毛，中、后足被白色短绒毛。雄成虫体黄褐色，复眼黑色，触角羽状，灰黄色，触角干褐色。前翅锈黄色，缘毛密厚，灰黑色，翅中有1个黑点；后翅黑褐色，缘毛黄白色。雌雄成虫均有少数个体前翅中部有若干锈黄色斑纹。初孵幼虫体紫红色，头黑色，背线紫褐色；中、后胸、第三腹节的气门上线处各有紫褐色斑1块；以后各龄幼虫土黄色，有黄色的亚背线。老熟幼虫头土黄色；体翠绿色；前胸背面前缘有1个黑色绒斑；背线灰黑色。

生物学特性　一年发生3～4代，3代者以蛹在土表茧中越冬，4代者以老熟幼虫在竹上越冬。成虫羽化多在23：00～24：00及04：00～05：00，白天在竹林杂草灌木下或竹叶上静伏，傍晚活动，有趋光性，对黑光灯反应较强，飞翔能力强。卵多产于竹叶正面，初孵幼虫需取食卵壳，幼虫取食时常留下中脉、叶尖端和基部，使残留叶成箭状，受震动，即坠落地面，不久再上竹取食。一般发生年份，世代极不分明，在竹林中随时可见各种虫态，而在大发生时，世代则比较整齐。

竹镂舟蛾老熟幼虫结茧待化蛹 (徐天森提供)

竹镂舟蛾受精卵 (徐天森提供)

竹镂舟蛾展翅的成虫(徐天森提供)

竹镂舟蛾2龄幼虫正在脱皮
(徐天森提供)

竹镂舟蛾5龄幼虫(徐天森提供)

竹镂舟蛾防治历　　　　(以浙江地区为例)

时间	虫态	防治方法	要点说明
1～4月,12月	越冬预蛹	人工林下挖土杀死越冬预蛹。	冬季抚育翻土注意不损伤竹根。
5～9月	卵、幼虫、成虫	低龄幼虫期,可用球孢白僵菌15万亿～45万亿孢子/公顷或苏云金杆菌6亿～30亿IU/公顷喷施。	按顺风方向喷药,药液(粉)务必向上喷施到竹梢。一般风速超过3米/秒停止作业。喷粉应在叶面露水未干的早上或雨后进行,尽量避免雨天作业,防止药物被雨水冲刷流失。
9～11月		幼虫期,用25%灭幼脲Ⅲ号胶悬剂150～300克/公顷喷雾。1.8%阿维菌素乳油6000～8000倍液或1.2%苦参碱·烟碱乳油800～1000倍液喷雾或喷烟(药剂：柴油＝1：9)。	喷烟时风速要在1.5米/秒以下,清晨至日出前和傍晚至22:00为最佳。
		杀虫灯诱杀成虫。	杀虫灯悬挂在离地面高1.5～2.0米处,及时清理被捕杀的成虫。

参考文献

[1] 赵仁友.竹子病虫害防治彩色图鉴[M].北京:中国农业科学技术出版社,2006.

[2] 萧刚柔.中国森林昆虫[M].北京:中国林业出版社,1992.

(张天栋)

竹篦舟蛾

Besaia goddrica (Schaus)

分布与危害	又名纵褶竹舟蛾、竹青虫。分布于我国陕西、河南、安徽、江苏、浙江、福建、江西、湖北、湖南、广东、广西、四川、重庆等地。初孵幼虫将竹叶边缘吃成整齐的小缺刻，随着虫体增大，竹叶被害面积也增大，严重时将叶片吃光，造成竹子枯死，下年新竹减少，新竹眉围下降，竹林荒芜。
寄　　　主	主要危害毛竹、刚竹、淡竹、红壳竹等。
主要形态特征	成虫体灰黄或灰褐色。雌蛾前翅黄白色或灰黄色，斑纹色浅，缘毛色深，顶角突出，从顶角到外横线下，有1个灰褐色斜纹。雄蛾前翅灰黄色，前缘黄白色，中央有1条暗灰褐色纵线，下衬浅黄白色边，外缘线脉间有5～6个黑点，亚外缘线有10余个黑点。初孵幼虫淡黄绿色，老熟幼虫粉绿色，背线、亚背线、气门上线粉青色，各有1条狭黄色线，气门线黄色。
生物学特性	在浙江、福建、江西、广东等地一年发生4代，以幼虫在竹林中缀叶为苞，匿居其中越冬。在安徽等地一年3代，以蛹或幼虫在地面竹叶、枯草中越冬。在浙江3月上旬开始取食，4月下旬越冬幼虫开始化蛹。1～4代成虫约分别出现在5月上旬、6月下旬、8月上旬和9月下旬，雌虫产卵量200～300粒，产卵期4～10天。幼虫5～7龄，龄期不一，老熟幼虫食叶量占幼虫期食量的70%以上。幼虫老熟后，坠落地面或沿竹秆下行落地，在竹秆下方土层疏松处入土，做土室化蛹，蛹期2～9天。

竹篦舟蛾幼虫

竹箆舟蛾成虫

竹箆舟蛾防治历 （以浙江地区为例）

时间	虫态	防治方法	要点说明
1～5月	越冬代幼虫、蛹、成虫	在成虫羽化时，设置杀虫灯诱杀成虫。	林缘空旷处设置杀虫灯，高度1.5米。
6～10月	幼虫、蛹、成虫、卵	竹干基部竹腔注射5%吡虫啉乳油或40%氧化乐果乳油2毫升或5倍稀释液10毫升。	幼虫期防治以第一代、第二代为主。
		1.2%苦参碱·烟碱乳油加白石粉配制成含药量4%的杀虫粉剂7.5～11.25千克/公顷喷粉；第一代幼虫盛发期应用白僵菌粉炮防治，菌粉含孢量120亿/克以上，30个/公顷；第二、三代幼虫盛发期可飞机喷洒5亿～10亿孢子/毫升的苏云金杆菌；大发生时，用喷雾机喷溴氰菊酯＋敌敌畏＋柴油（1：1：10）烟剂。	密切监测虫情，4龄前喷药、熏烟防治幼虫。
11～12月	幼虫、蛹	加强竹林抚育管理，清理虫苞、枯枝落叶，杀死越冬幼虫和蛹。	集中销毁。
		进行竹杉、竹松等混交，提高竹林抗灾防虫能力。	尤其是处于阴坡的坡下、坡地、洼谷地的竹林要进行混交改造。

参考文献

[1] 江正明,徐光余,等.纵褶竹舟蛾的生物学特性及综合防治技术 [J].农技服务,2008,25(7):149,156.

[2] 张华庭,黄文玲,洪宜聪,等.苦参碱·烟碱杀虫粉剂防治竹箆舟蛾药效分析 [J].竹子研究汇刊,2007,26(4):34-36.

[3] 张思禄.竹箆舟蛾发生规律及综和防治研究 [J].华东昆虫学报,2003,12(1):56-59.

[4] 余美杰.竹箆舟蛾发生危害的影响因素及其防治 [J].安徽农学通报,2008,14(1):163,127.

（苏宏钧　张天栋　方明刚）

竹笋禾夜蛾

Oligia vulgaris (Buter)

分布与危害	分布于陕西、河南、山东、安徽、浙江、江苏、上海、福建、江西、湖北、湖南、四川、广东、广西等地。危害绝大多数刚竹属的竹笋及鹅观草等中间寄主,幼虫在竹笋两箨叶交界处蛀入笋内,取食笋肉,虫粪排于蛀道中。幼虫可以随着竹笋生长,咬穿笋节向上取食直到笋梢。造成竹子节间缩短、断头、折梢、心腐、材脆等现象,严重时可致竹笋死亡。
寄　　　主	毛竹、红竹、淡竹等绝大多数刚竹属的竹子。
主要形态特征	成虫体灰褐色,雌蛾色较浅。雌蛾翅褐色,缘毛锯齿状,外缘线内有1列7~8个黑点;雄蛾翅灰白色,外缘线由7~8个黑点组成。雌蛾亚外缘线、楔状纹与外缘线在顶角处组成灰黄色斑,雄蛾斑灰白色。初孵幼虫淡紫褐色,老熟幼虫头橙红色,体紫褐色。背线白色很细,亚背线白色较宽。前胸背板及臀板黑色,第九腹节背面臀板前沿有6个小黑斑,在背线两侧呈三角形排列,近背线的2个斑特大。蛹初化时翠绿色,后为红褐色,臀棘4根,中间2根粗大。
生物学特性	一年1代,以卵越冬。翌年1~2月幼虫孵化,在杂草茎中取食,初龄幼虫爬行能力强,有转株危害现象。4月上、中旬,各种竹笋出土,幼虫出草便开始钻入竹笋内危害。5月中旬老熟幼虫咬穿竹笋坠地化蛹,入土1~2厘米处吐丝结茧或地面粘落叶结茧化蛹。成虫6月中旬至7月上旬羽化,当日可以交尾,隔日可以产卵,每雌产卵135~284粒。成虫具有较强趋光性。卵多数呈条状产于禾本科杂草叶上,产后草叶会卷起,将卵包裹在叶子中。也可产在枯竹、地面、竹下部的竹叶基部。

竹笋禾夜蛾展翅成虫(徐天森提供)

竹笋禾夜蛾幼虫危害状
(徐天森提供)

竹笋禾夜蛾幼虫 (徐天森提供)

竹笋禾夜蛾初孵幼虫危害杂草
(徐天森提供)

被幼虫危害的毛竹呈高
脚退笋状 (徐天森提供)

竹笋禾夜蛾防治历　　　　　（以浙江地区为例）

时间	虫态	防治方法	要点说明
上年8月至3月	卵、幼虫	加强竹林抚育管理，保持竹园清洁。清除杂草，切断害虫转主寄主。	8月至翌年2月彻底清除竹林内及林地边缘杂草，集中烧毁，消灭越冬卵。 3月前集中清除萌发嫩草，堆集沤肥，消灭其上的幼龄幼虫。 及时清除竹园内的受害竹笋，可消灭大量幼虫。
4月	幼虫	竹林出笋后，采用20%克无踪除草剂3.0～4.5升/公顷与15%杜邦安打乳油150～270毫升/公顷、12%施闲乳油1000～1500毫升/公顷、2.5%高效氯氟氰菊酯2500～3000倍液、3%高效氯氰菊酯2000～3000倍液等混合喷雾。每隔1周喷1次，连续2次。	准确抓住幼虫地面爬行觅笋期，及时用药。选用防治药剂一定要坚持高效、低毒、低残留原则，以保证食笋安全。
6月	成虫	成虫期，设置高压电网黑光灯、频振式杀虫灯诱杀。	布置应严格按不同产品使用说明和《诱虫灯林间使用技术规程》操作，注意安全。

参考文献

[1]　徐天森, 王浩杰. 中国竹子主要害虫 [M]. 北京: 中国林业出版社, 2004.
[2]　邵识烦, 陈拓, 黄焕华, 等. 茶秆竹竹笋夜蛾形态特征及生物学习性研究[J]. 广东林业科技, 2002, 18(3): 33-36.

（尤德康）

竹织叶野螟

Algedonia coclesalis Walker

分布与危害　分布于陕西、河南、山东、安徽、江苏、上海、浙江、福建、江西、湖北、湖南、四川、重庆、广东、广西、台湾等地。以幼虫取食竹叶危害，4龄前数条缀叶成苞，取食当年新竹叶上表皮，5龄后取食全叶。严重时竹叶被食殆尽，被卷虫苞的竹叶会自然脱落，远看一片枯白，竹秆下部数节积水枯死。被害竹林翌年出笋减少或不出笋，新竹眉围下降，竹林衰败，甚至大面积竹子枯死。

寄　　　主　毛竹、淡竹、刚竹、红壳竹、石竹、桂竹、角竹、青皮竹、苦竹、白夹竹、绿竹等。

主要形态特征　成虫体黄色至黄褐色，腹面银白色。触角黄色，复眼与额面交界处银白色；前翅黄色至深黄色，后翅色浅，前后翅外缘均有褐色宽边。前翅外横线下半段内倾与中横线相接。后翅仅有中横线；足纤细，银白色，外侧黄色。老熟幼虫体色变化大，有暗青、黄褐、橘黄、乳白等色，以暗青色为多，乳白色少，前胸背板有6个黑斑；中、后胸背面各有2个褐斑，被背线分割为4块；腹部每节背面有2个褐斑，气门斜上方有1个褐斑。

生物学特性　因地域差异，一年发生1～4代不等，各代均以老熟幼虫在土茧中越冬，世代重叠明显，以第一代幼虫危害最重，第二代较轻，第三、四代较少见。以浙江省为例，各代成虫期分别为5月中旬至6月中旬、7月中旬至8月中旬、8月下旬至9月中旬、9月下旬至10月上旬。各代幼虫期分别为5月底至7月下旬、7月下旬至9月上旬、8月下旬至10月中旬、9月下旬至11月上旬。成虫羽化多在晚上，有补充营养习性，常群集飞出竹林，寻找蜜源植物。有一定的飞翔能力，具趋光性。产卵大多在当年新竹的中上部或梢部，林缘和林窗新竹上的卵块多于林内新竹。每头雌虫平均产卵100粒左右。每代幼虫均有部分滞育越冬。

竹织叶野螟成虫

竹织叶野螟虫苞

竹织叶野螟幼虫及受害叶片

竹织叶野螟防治历 （以南方为例）

时间	虫态	防治方法	要点说明
1～4月，10～12月	幼虫、蛹	冬季挖土杀死越冬幼虫、蛹，降低虫口密度。	注意不要伤及竹根。
5～9月	卵幼虫成虫	25%灭幼脲Ⅲ号胶悬剂，150～300毫升/公顷、5%苯氧威乳油2000～4000倍液等喷雾防治。	顺风喷药，药液务必向上喷施到竹梢；喷药时要注意风速、风向，一般风速超过3米/秒停止作业。
		竹腔注射5%吡虫啉1～4毫升；0.9%阿维菌素乳油与零号柴油按照1：25的比例混合或用2.5%溴氰菊酯乳油与零号柴油按照1：20配比混合后喷烟。	喷烟时风速要在1.5米/秒以下，时间以清晨至日出前和傍晚至22：00点为佳。
		杀虫灯诱杀成虫。	杀虫灯按2台/公顷设置，悬挂高度1.5～2.0米。

参考文献

[1] 萧刚柔.中国森林昆虫[M].北京:中国林业出版社,1992.

[2] 赵仁友.竹子病虫害防治彩色图鉴[M].北京:中国农业科学技术出版社,2006.

[3] 杜长才.织叶野螟生活习性及其防治研究[J].安徽农业科学,2003,31(4):83-85.

[4] 郑宏.织叶野螟生物学特性与防治[J].昆虫学报,2002,11(1):73-76.

（张天栋）

竹蝉

Platylomia pieli Kato

分布与危害　分布于浙江、安徽、江苏、福建、江西、湖南、四川等地。以毛竹受害最重。各龄若虫在土下竹鞭附近做穴栖息，吸食鞭根、鞭芽、鞭笋的汁液，造成竹林出笋减少，笋径减小，竹林衰退。成虫在竹等枝条上吸食汁液补充营养，造成大量枯枝。

寄　　　主　刚竹属各种竹及枫香、水杉、樟树、木荷。

主要形态特征　成虫翅长过腹，体赭绿带褐色，腹部黑褐色，体被白粉及金黄色细短毛，以腹部为多。头额中部土黄色，两侧黑色，单眼区黑色。前胸背板中间有1块暗绿或土黄色的箭状斑。两侧各有3块同样颜色的斜行斑。中胸特大，后缘有一斜十字突出纹。雌成虫尾部锥状，雄虫尾部较钝，发音器发达。老熟若虫黄褐色，复眼乳白色。体密生褐色刚毛。前足开掘式，齿为黑褐色。

生物学特性　多年1代，在浙江6年1代。以卵在立竹枯腐的竹枝中或各龄若虫在土下竹鞭附近洞穴内越冬，成虫6月下旬、7月上旬开始羽化，经补充营养后，7月下旬开始交尾，再经补充营养，7月下旬开始产卵，8月底产卵结束。成虫具有较强的趋光性。次年7月上旬卵开始孵化，从枯枝上坠落地面，爬行至立竹下方寻松土处钻入地下。若虫在竹鞭附近筑土穴，1穴1虫，性好斗。土穴与地面有垂直通气孔，孔口多有落叶等杂物覆盖。世代不整齐，各龄期若虫常可在一处同时发现。

竹蝉成虫-2 (徐天森提供)

竹蝉产卵痕 (徐天森提供)

竹蝉1龄若虫(徐天森提供)

竹蝉成虫-1(徐天森提供)

竹蝉若虫取食状(徐天森提供)

竹蝉2龄幼虫(徐天森提供)

竹蝉防治历
(以南方地区为例)

时间	虫态	防治方法	要点说明
1～6月	若虫、卵	及时砍伐林中老竹,清理枯枝烧毁,杀死产于枯枝中的蝉卵。	加强竹林管理,保持合理密度。
7～9月	若虫、成虫	人工捕捉刚出土的老熟若虫或刚羽化的成虫。	携带光源,于19:00～22:00捕捉效率高。
		挂枯竹枝,诱蝉产卵,产卵期过后烧毁。	将枯枝2～3根捆成束,绑于立竹主干高3米处,150束/公顷。
		黑光灯诱捕成虫。	
		成虫羽化期用50%杀螟松乳油100～200倍、40%乐果乳油200～400倍喷施竹林和地面杀灭刚羽化或补充营养的成虫。	10天1次,仅在虫口密度大,危害严重时适用。
10～12月	若虫、卵	清理枯枝烧毁,杀死产于枯枝中的蝉卵。	

参考文献

[1] 徐天森、王浩杰,等.竹蝉生物学特性的研究[J].林业科学研究,2001,14(4):396-402.
[2] 徐天森、王浩杰.中国竹子主要害虫[M].北京:中国林业出版社,2004.
[3] 干中南.竹蝉生物学特性的研究[J].森林病虫通讯,1984(4):5-7.

(苏宏钧　方明刚)

纵坑切梢小蠹

Tomicus piniperda Linnaeus

分布与危害　分布于江苏、浙江、湖南、江西、辽宁、河北、山西、山东、云南、四川等省。成虫、幼虫在树皮和边材之间筑坑道危害。成虫蛀食松枝梢头补充营养，自下向上逐渐深入嫩梢髓部，使梢头枯黄、断梢，严重影响幼林生长和成材。森林火灾或其他病虫危害造成树势衰弱或林地卫生状况不好等是该虫发生和成灾的重要条件。

主要形态特征　成虫头部、前胸背板黑色，鞘翅红褐色至黑褐色，有强光泽。额部隆起，额心有点状凹陷；额面中隆线突起显著，鞘翅长度为前胸背板长度的2.6倍，为两翅合宽的1.8倍。鞘翅斜面第二列间部凹陷，幼虫体长5~6毫米。头黄色，口器褐色，体乳白色，粗而多皱纹，微弯曲。蛹白色，腹面末端有1对针突，向两侧伸出。

寄　　主　油松、赤松、黑松、华山松、雪松、樟子松、马尾松、云南松。

生物学特性　东北一年发生1代，以成虫在被害树干蛀道内越冬。翌年4月上旬离开越冬场所，飞上树冠侵入去年生嫩梢补充营养，由下向上蛀入嫩梢髓部。侵入孔圆形，周围堆积1圈白色松脂。一般1头成虫至少危害10个松梢，4月下旬至5月上旬离开嫩梢，寻找衰弱树及林中贮放原木侵入。雌虫先侵入并构筑交尾室，然后雄虫进入交尾。卵密集产于母坑道两侧，每雌平均产卵79粒，最多140粒。5月卵孵化，幼虫期15~20天。坑道为单纵坑。筑于树皮内，微触及边材。母坑道一般5~6厘米，最长14厘米，子坑道在母坑道两侧，约10~15条，与母坑道略垂直。6月化蛹，7月新成虫出现并侵入健康木危害，10月开始下树集中于松树基部做盲孔或侵入风倒、风折木越冬。阳坡较阴坡先受害，立地条件差的林木先受害，衰弱树易受害，林缘树较林内树受害重。

纵坑切梢小蠹成虫 (徐公天提供)

纵坑切梢小蠹蛀道-1 (徐公天提供)

纵坑切梢小蠹危害状

纵坑切梢小蠹蛀道-2

纵坑切梢小蠹成虫羽化孔(徐公天提供)

纵坑切梢小蠹防治历　　　　　(以东北地区为例)

时间	虫态	防治方法	要点说明
4月前	越冬期	及时伐除受害木，并进行剥皮或熏蒸处理。	采伐的原木要及时运出林外，伐根要尽量低；不能及时运出的，在3月底前剥皮处理。 熏蒸时，将受害木堆垛，选用0.12毫米农用薄膜，用粘合剂将薄膜粘成帐幕，覆盖木垛。开沟将帐幕边缘用土压紧封闭，投入溴甲烷（10～20克/立方米）或磷化铝（9克/立方米），密闭2～3昼夜。
4月，7月	成虫	剪除被害枝梢，消灭成虫。	适用于小面积低矮树受害区。
		设置诱饵木诱集成虫。	成虫未扬飞前，采用衰弱木或新采伐原木，按每800平方米设置1～2根诱饵木。将饵木锯成2米长，置于林缘或林间空地，引诱成虫前来产卵。待饵木中新的子坑道大量出现而幼虫尚未化蛹时，将其运出林外，进行剥皮或水浸1周处理。
		利用诱捕器诱杀成虫。	成虫期,林间设置诱捕器,利用性信息素诱集并杀灭雄成虫。一般中度危害区设置3～7个/公顷；重度危害区8～10个/公顷；高度危害区12～15个/公顷，诱捕器间距在50～100米。设置在林缘空地的诱捕器，距林缘10～25米，诱捕器间距最少在20米以上。每天检查引诱情况，及时处理诱捕器内的成虫。
		树干基部喷施40%氧化乐果杀灭越冬成虫。	早春成虫出蛰前，在树干基部喷施40%氧化乐果100～200倍液，或用纱布袋装乐果抖撒。施药前将树干基部土壤扒开，施药后再用土培成比原先高5厘米以上。

加强林木经营管理，增强树势，提高抵御害虫侵入能力。

参考文献

[1] 徐公天,杨志华.中国园林害虫 [M].北京:中国林业出版社,2007.

[2] 杨维宇.抚顺地区森林病虫害综合防治技术 [M].沈阳:辽宁科学技术出版社,2003.

（尤德康　郭树平）

横坑切梢小蠹

Tomicus minor Hartig

分 布 与 危 害	分布于黑龙江、吉林、辽宁、江西、河南、陕西、四川、云南等省。成虫、幼虫在树皮和边材之间筑坑道。成虫蛀食松枝梢头补充营养危害，阳坡较阴坡先受害，立地条件差的林木先受害，衰弱树易受害，林缘树较林内树受害重。被害木易风折，森林火灾或其他病虫危害造成树势衰弱或林地卫生状况差等是该虫发生和成灾的有利条件。
寄　　　主	油松、黑松、马尾松、云南松、红松、樟子松。
主要形态特征	成虫鞘翅基缘突起且有缺刻，近小盾片处缺刻中断，与纵坑切梢小蠹极其相似，主要区别是横坑切梢小蠹的鞘翅斜面第2列间部与其他间部一样不凹陷，上面的颗瘤和竖毛与其他泡间部相同。幼虫头黄色，口器褐色，体乳白色，粗而多皱纹，微弯曲。
生物学特性	该虫与纵坑切梢小蠹形态和生物学特性极为相似。东北一年发生1代，成虫在被害嫩枝内蛀道或土内越冬。翌年4月成虫离开越冬场所，飞上树冠侵入上年生嫩梢补充营养，潜入孔圆形，周围堆积松脂。自下向上逐渐深入嫩梢髓部，蛀食一段时间后，退出旧孔，另蛀新孔。可侵入健康木，补充营养后离开嫩梢，潜入衰弱树的干、枝皮层。母坑道为复横坑，子坑道在母坑道两侧。雌虫先侵入并构筑交尾室，然后雄虫进入交尾。每头雌虫产卵40~50粒，卵期9~10天，产卵期长达2个多月。5月下旬孵化，由母坑向两侧危害，6月在子坑道末端化蛹。6~7月新成虫出现，蛀入新梢补充营养，9月又蛀入枝干危害和越冬。

横坑切梢小蠹成虫 (徐公天提供)

横坑切梢小蠹侵入干内排木屑 (徐公天提供)

横坑切梢小蠹蛀道(树皮)(徐公天提供)

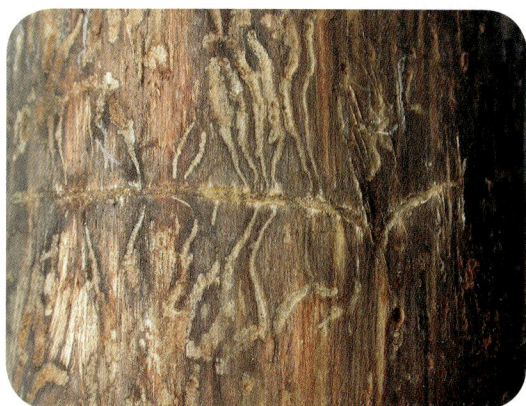

横坑切梢小蠹蛀道(木质部)(徐公天提供)

横坑切梢小蠹防治历

(以东北地区为例)

时间	虫态	防治方法	要点说明
4月前	越冬期	及时伐除受害木,并进行剥皮或熏蒸处理。	采伐的原木要及时运出林外,伐根要尽量低;不能及时运出的,在3月底前剥皮处理。 熏蒸时,将受害木堆垛,选用0.12毫米农用薄膜,用粘合剂将薄膜粘成帐幕,覆盖木垛。开沟将帐幕边缘用土压紧封闭,投入溴甲烷(10~20克/立方米)或磷化铝(9克/立方米),密闭2~3昼夜。
4月,7月	成虫	剪除被害枝梢,消灭成虫。	适用于小面积低矮树受害区。
		设置诱饵木诱集成虫。	成虫未扬飞前,采用衰弱木或新采伐原木,每800平方米放1~2根诱饵木。将饵木锯成2米长,置于林缘或林间空地,引诱成虫前来产卵。待饵木中新的子坑道大量出现时,将其运出林外,进行剥皮或水浸1周处理。
		利用诱捕器诱杀成虫。	成虫期,林间设置诱捕器,利用性信息素诱集并杀灭雄成虫。一般中度危害区设置3~7个/公顷;重度危害区8~10个/公顷;高度危害区12~15个/公顷,诱捕器间距在50~100米。设置在林缘空地的诱捕器,距林缘10~25米,诱捕器间距最少在20米以上。每天检查引诱情况,及时处理诱捕器内的成虫。
		树干基部喷施40%氧化乐果杀灭越冬成虫。	早春成虫出蛰前,在树干基部喷施40%氧化乐果,或用纱布袋装乐果、敌百虫粉抖撒。施药前将树干基部土壤扒开,施药后再用土培成比原先高5厘米以上。

加强林木经营管理,增强树势,提高抵御害虫侵入能力。

参考文献

[1] 徐公天,杨志华.中国园林害虫 [M].北京:中国林业出版社,2007.

[2] 杨维宇.抚顺地区森林病虫害综合防治技术 [M].沈阳:辽宁科学技术出版社,2003.

(尤德康 郭树平)

云杉八齿小蠹
Ips typographus Linnaeus

分布与危害　分布于吉林、黑龙江、四川、陕西、甘肃、青海、新疆等地，以吉林、青海为重。该小蠹虫是危害天然云杉林（一般为成、过熟林）的次期性害虫，成虫和幼虫取食被害木韧皮部，使林木输导组织遭到破坏，水分、养分无法传输，逐渐干枯死亡。和其他小蠹一起造成林木的大面积枯死，而以红皮云杉、鱼鳞云杉及雪岭云杉受害最严重。

寄　　主　红皮云杉、鱼鳞云杉、天山云杉、雪岭云杉、紫果云杉、青海云杉、冷杉、红松、黑松、樟子松、兴安落叶松等。

主要形态特征　成虫体黑褐色，有光泽，被褐色绒毛。额面具有粗糙的颗粒，额下部中央口器上部有1个瘤状大突起。前胸背板前半部中央具有粗糙的皱褶，后半部为稀疏的刻点。前翅具刻点沟，沟间平滑，无刻点；鞘翅后半部斜面形，斜面两侧各具4个齿突，第三个呈钮扣状，其余3个为圆锥形，4个齿单独分开，以第一和二齿间的距离最大。斜面凹窝上有分散的小刻点，斜面无光泽，似覆盖一层肥皂沫。幼虫体弯曲，多皱褶，被有刚毛，乳白色。

生物学特性　在吉林长白山林区一年发生3代，以成虫越冬。大部分成虫在枯死树皮下或旧坑道内越冬，少数成虫在受害树下的枯枝落叶层和土层中越冬。翌年4月中下旬开始活动，5月上旬侵入树干，开始蛀坑道产卵。第一代幼虫于6月中旬老熟。羽化后于6月下旬至7月上旬继续侵入树干，蛀道产卵危害。第二代幼虫于7月下旬老熟。第二代成虫于8月上旬产卵，第三代幼虫于8月中、下旬老熟，陆续进入成虫期。发育期不整齐。此虫最初危害症状不明显，仅在侵入孔下或树基地面有褐色木屑，树干有流脂，以后针叶失去光泽，变黄绿而脱落，8月下旬更为明显。此虫多寄生于树干的中、下部，在林缘立木上的分布可由树干基部到树梢部，有时也能危害粗达5厘米以上的枝条下部。

云杉八齿小蠹成虫

云杉八齿小蠹危害状和幼虫

云杉八齿小蠹危害状

云杉八齿小蠹成虫及危害状

云杉八齿小蠹坑道

林分被害状

小蠹虫诱捕器

云杉八齿小蠹防治历　　　　　　　　　（以吉林地区为例）

时间	虫态	防治方法	要点说明
上年 10～4月	越冬成虫	每年5月中旬前及时伐除和清理被害木或运离林区或就地销毁，楞场要远离林地。	
		将已被侵害的松木集中在一起，用塑料薄膜盖住，四周均匀放置熏蒸剂，然后迅速将薄膜边缘用土压住封闭，一般熏蒸2～3天即可。药剂可采用磷化铝4克/立方米、溴甲烷16克/立方米。	虫害木熏蒸处理，在小蠹虫尚未扬飞前进行。
		采伐期调整到秋末，以便在小蠹虫危害之前将采伐下的松杆全部销售完，避免人为虫源地的发生。	
		加强抚育，保持林内卫生条件。	控制森林郁闭度在0.7以上。
6月，7月，8月	扬飞成虫	5月下旬或7月中下旬，选择去枝丫、梢头2米长的饵木诱杀成虫，以3～5根为1组，下面加垫木平铺20厘米，1公顷设置8～10处。当小蠹蛀入木段高峰期过后，进行剥皮或化学药剂处理。	进行聚集信息素防治，每诱捕器间隔50～100米，放置高度距地面1.5米。
		每公顷可设置聚集信息素诱捕器1～3个。	
		虫源地周围树木和不能及时清理的树木。在小蠹虫每次扬飞前喷洒8%氯氰菊酯微囊悬浮剂200～400倍液。	以喷洒0～8米主干为主，兼顾直径大于4厘米的侧枝。
5～9月	卵、幼虫、蛹	在树干基部至中部，包塑料布，内投3～5片磷化铝片密闭熏杀；虫孔注射氧化乐果原液等，树干涂白同时磷化铝堵孔。	

注意保护大斑啄木鸟等天敌。

参考文献

[1] 孙晓玲,程彬,高长启,等.云杉八齿小蠹生态学研究进展 [J].生态学杂志,2007,26(12):2089-2095.
[2] 孙晓玲,高长启,程彬,等.应用信息素监测云杉八齿小蠹的扬飞规律 [J].东北林业大学学报,2006,34(3):7-8.
[3] 薛永贵,马永胜,王晓萍.黄南州云杉八齿小蠹发生危害及防治对策 [J].青海农林科技,2003(3):18-19.
[4] 王志明,杨斌,魏春艳,等.长白山林区云杉八齿小蠹的危害与防治[J].植物检疫,2008,22(2):89-91.
[5] 桓国江.云杉八齿小蠹虫生物学特性及防治措施研究进展[J].安徽农学通报,2006,12(10):148,150.
[6] 佟雪,杨彬,王志明.云杉八齿小蠹的有效积温 [J].昆虫知识,2007,44(6):846.
[7] 杜小明,李志强,陈国发,等.国外抑制小蠹种群数量的方法与效果 [J].宁夏农林科技,2007(5):132-133.

（张旭东　郭树平）

松褐天牛

Monochamus alternatus Hope

分布与危害 又名松墨天牛、松天牛。分布于河北、吉林、江苏、浙江、安徽、福建、江西、河南、山东、湖南、湖北、广东、广西、重庆、四川、贵州、云南、西藏、陕西等地。主要以幼虫危害生长势弱的树木或新伐倒木的韧皮部及木质部，成虫啃食嫩皮补充营养，破坏、切断输导组织，影响水分、养分运输，严重影响松树生长，造成成片松林枯死。成虫是松材线虫的主要传播媒介，在江苏、安徽、广东等省的部分地区发生危害和蔓延扩散，使我国南方松林面临严重威胁。

寄　　　主 马尾松，其次黑松、湿地松、赤松、雪松、落叶松、油松、华山松、云南松、思茅松、冷杉、云杉、栎、苹果、花红等。

主要形态特征 成虫体橙黄色至赤褐色。触角栗色。雄虫触角超过体长1倍多，雌虫触角约超出体长的1/3。前胸背板有2条较阔的橙黄色纵纹，与3条黑色绒纹相间，小盾片密被橙黄色绒毛。每鞘翅具5条纵纹，由方形或长方形的黑褐色和灰白色斑纹相间组成。幼虫乳白色，扁圆筒形，头部黑褐色，前胸背板褐色，中央有波形横线。

生物学特性 发生世代数随地理位置不同而略有不同。如广西贺州地区一年发生2代，在浙江杭州一年1代，在安徽一年发生1代，在广东一年2～3代，以2代为主。以老熟幼虫在木质部坑道中越冬。浙江翌年3月下旬，越冬幼虫开始在虫道末端蛹室中化蛹，4月中旬即有成虫开始羽化，成虫羽化后从木质部内咬一圆形羽化孔外出，5月为成虫活动盛期。成虫羽化后活动分3个阶段，即移动分散期、补充营养期和产卵期。补充营养时，主要在树干和1～2年生的嫩枝上，以后逐渐移向多年生枝取食，成虫喜食2年生枝。成虫一般在外出后10天左右开始产卵，产卵前在树干上咬刻槽。喜在衰弱木和新伐倒木产卵。成虫是传播线虫的媒介，成虫从木质部中外出后，体表即有线虫附着，可分布在整个气管系统内，1头成虫携带线虫数最高可达28.9万条，一般在成虫羽化外出后2～3周，线虫脱离虫体侵入树干危害。

松褐天牛成虫(兰星平提供)　　　　松褐天牛卵　　　　松褐天牛产卵刻槽

松褐天牛危害状

松褐天牛幼虫

松褐天牛防治历　　　（以浙江地区为例）

时间	虫态	防治方法	要点说明
上年 10～4月	蛹、成虫	将已被侵害的松木集中在一起，用塑料薄膜盖住，四周均匀放置熏蒸剂，然后迅速将薄膜边缘用土压住封闭，一般熏蒸2～3天即可。	虫害木除害熏蒸处理，必须在成虫扬飞前。药剂用磷化铝4克/立方米、溴甲烷16克/立方米或硫酰氟。
		用蒸汽热、炕房热烘处理或恒温50℃条件热处理24小时。	严格加强检疫，禁止未经任何处理的带虫木、木质包装物外运，一经发现，就地销毁
		将采伐期调整到秋末，将销售期调到冬、春季，以便在天牛危害之前将采伐下的松木全部销售完，避免人为虫源地的发生。	虫害木伐倒后林外存放12个月，新伐虫害木剖成厚度2厘米以下的木板，可杀死绝大多数松褐天牛。
		利用天然地理条件开辟4千米宽隔离带，可有效阻止松褐天牛扩散。	
5月，7月，8月	扬飞成虫	设置饵木诱杀。	诱饵木间隔100米以上，每点砍伐活松树1株，分成3段，堆成三角形架，丫枝堆放在三角架下，间隔一定时间在三角架上添加1段新伐树段。
		成虫期在林中设置诱捕器，可监测其发生及种群变动情况。撞板漏斗型或撞板水盆型诱捕器效果最佳，引诱剂按33网格状布局。	
		用450W高压汞灯诱杀松褐天牛，效果较好。	
		喷洒50%杀螟松或25%灭幼脲Ⅲ号胶悬剂1000～1500倍液、4月中旬和5月中旬用50%杀螟松·噻嗪酮100倍液喷雾，6月中下旬，8%氯氰菊酯微囊悬浮剂900毫升/公顷超低容量喷雾。	
5～9月	卵、幼虫、蛹	7月点株法释放管氏肿腿蜂，密度以0.5万头/公顷。秋季纱布袋撒白僵菌粉或侵入孔注射菌液。室内繁育花绒坚甲林间释放。	注意保护管氏肿腿蜂、白僵菌和招引啄木鸟等天敌。

参考文献

[1] 张心团,赵和平,樊美珍,等.松墨天牛生物学特性的研究进展 [J].安徽农业大学学报,2004,31(2): 156-157.

[2] 胡长效,苏新林,张艳秋.我国松墨天牛研究进展 [J].河北果树研究,2003,18(3): 293-299.

[3] 吕传海,濮厚平,韩兵,等.松墨天牛生物学特性研究 [J].安徽农业大学学报,2000,27(3): 243-246.

[4] 王志明,皮忠庆,侯彬.吉林省发现松墨天牛 [J].中国森林病虫,2006,25(3) : 35.

[5] 罗大民,彭文峰.福建松墨天牛调查及其危害病树的早期诊断方法 [J].厦门大学学报(自然科学版),2000,39(2): 278-280.

[6] 姚松,汪来发,朴春根,等.林分因素对松墨天牛种群数量的影响 [J].安徽农业大学学报,2008,35(3): 411-415.

（张旭东　余海滨）

华山松大小蠹

Dendroctonus armandi Tsai et Li

分布与危害 分布于河南、湖北、四川、陕西、甘肃等省。以成虫、幼虫危害华山松的健康立木，幼虫主要取食韧皮部，后期可及木质边材部分。该虫主要危害中龄以上的华山松林分或衰弱木，危害初期被害树小针叶部分变黄，树干有凝脂，中后期大部分针叶变黄，以至全黄，危害造成树皮、枝梢部分以至全株枯死。为我国陕西秦岭林区、大巴山南北一带华山松大量枯死的主要原因。

寄 主 华山松、油松。

主要形态特征 成虫长椭圆形，黑色或黑褐色，有光泽。触角及跗节红褐色，触角锤状部近扁圆形，有明显横缝3条。额表面粗糙，颗粒状，被有长而竖起的绒毛；前胸背板宽大于长，基部较宽，前端较窄，收缩成横缢状；背面密布大小刻点及长短绒毛；中央有1条隐约可见的光滑纵线，略成"S"形，鞘翅基缘有锯齿状突起，背面粗糙，点沟显著。腹面有较密布倒状的绒毛和细小的刻点。幼虫体长6毫米，头部淡黄色，口器褐色。单纵坑道系统形成于韧皮部内，母坑道长约30~60厘米、宽2~3毫米，子坑道形成于母坑道两侧，长度2~5厘米。

生物学特性 发生世代数因海拔高低而有不同，在秦岭林区海拔1700米以下林内，一年发生2代；在2150米以上林带内，一年发生1代。在1700~2150米的林带，则为二年3代。一般以幼虫越冬，也有以蛹和成虫越冬。4月下旬开始化蛹，5月下旬出现新成虫，在原树株下进行补充营养，7月下旬扬飞觅偶，到其他树筑坑产卵。8月下旬第二代成虫开始羽化，扬飞盛期集中在6月、7月、8月，有世代重叠现象。此虫主要栖居于树干下半部或中下部，成虫蛀入的坑道口有由树脂和蛀屑形成的红褐色或灰褐色大型漏斗状凝脂，直径10~20毫米。母坑道为单纵坑，一般坑长30~40厘米，坑宽2~3毫米。初羽化成虫在蛹室周围及子坑道处取食韧皮部补充营养，严重的树干周围韧皮部输导组织全遭破坏。成虫补充营养后，即向树皮外咬筑近垂直状的圆形羽化孔飞出。

华山松大小蠹成虫

华山松大小蠹侵入
孔和排泄物

华山松大小蠹幼虫及蛀道

林分被害状

华山松大小蠹防治历　(以陕西秦岭为例)

时间	虫态	防治方法	要点说明
上年10～5月	越冬幼虫	5月中旬前及时伐除虫源木。开展幼林抚育和成林间伐，提高其抗病虫能力。	将虫源木运离林区或就地销毁。
		用塑料薄膜盖住虫害木，四周均匀放置熏蒸剂，然后迅速将薄膜边缘用土压住封闭，一般熏蒸2～3天即可。	药剂可用磷化铝4克/立方米、溴甲烷16克/立方米或硫酰氟。
6～8月	扬飞成虫	在小蠹虫每次扬飞前，将新采伐的落叶松木作诱饵设置于林间。长1～2米左右，每1公顷放置1堆，每堆为15～30根。在空地设置诱捕器诱杀成虫。	新成虫羽化前，将饵木回收剥皮处理。
		药剂处理虫源地周围树木和不能及时清理的树木。	每次于小蠹虫扬飞前2～3天喷洒。
5～9月	卵、幼虫、蛹	5月，80%甲胺基阿维菌素苯甲酸盐30倍液树干打孔注药。	在树干30～50厘米高处打孔，每株树的注药量1毫升/厘米胸径。用泥土封好孔口。
		树干基部至中部包塑料布，内投3～5片磷化铝片密闭熏杀。虫孔注射氧化乐果原液。磷化铝堵孔。	

注意保护郭公虫、金小蜂、小茧蜂和招引大斑啄木鸟等天敌。

参考文献

[1] 萧刚柔.中国森林昆虫 [M].北京:中国林业出版社,1992.

[2] 陈小平,王兴旺,李涛,等.华山松大小蠹的研究进展 [J].四川林业科技,2008,29(4): 56-58.

[3] 王三省,蔡宗科,吴海云.几种化学药剂防治华山松大小蠹效果对比试验 [J].陕西林业科技,2008(1): 99-101.

[4] 唐光辉,戴建昌,江志利,等.6种引诱剂对几种针叶树蛀干害虫的诱捕效果研究 [J].西北林学院学报,2007,22(1): 84-86.

[5] 蔡宗科.秦岭林区华山松大小蠹的危害特征与防治措施探讨 [J].陕西林业科技,2006(3): 56-57.

[6] 赵利敏,陈锐,何杰.华山松大小蠹幼虫分布状态及最佳抽样模型 [J].西北林学院学报,2008,23(6): 129-131.

[7] 吕淑杰,谢寿安,张军灵,等.红脂大小蠹、华山松大小蠹和云杉大小蠹形态学比较 [J].西北林学院学报,2002,17(2): 58-59.

（张旭东　李有忠）

华山松木蠹象

Pissodes punctatus Langer et zhang

分布与危害　又名粗刻点木蠹象。主要分布在云南省昆明、昭通、曲靖、临沧、保山、大理、红河等地的部分县（市、区），成虫以补充营养的方式蛀孔取食寄主植物的枝、干皮层韧皮部组织及松针叶鞘，造成枝、干大量流脂，针叶大量脱落，导致树势衰弱。幼虫取食枝、干韧皮部形成层组织，在韧皮部与木质部之间蛀食危害，形成不规则的弯曲坑道。由于切断输导组织，轻者使树势衰弱，重者致整株死亡，一旦成灾将使大面积松林毁灭殆尽。被列为云南省补充森林植物检疫对象。

寄　　　主　华山松、云南松、雪松、马尾松等。

主要形态特征　成虫体长是宽的2.5倍，体深褐色被白色或乳白色鳞片；喙长筒形，上颚关节位于喙端部两侧，左右活动，触角着生喙中部膝状；前胸背板前端狭小，中线隆起，两侧有白色鳞片组成的斑点各1个，小盾片长圆形，密被乳白色鳞片；鞘翅末端窄而尖，有缺刻但仍将整个腹部遮住，鞘翅1/2处有一乳白色鳞片组成的不整齐的横斑；鞘翅上各有粗刻点纵列10行，每两行粗刻点间形成一纵隆起。雌成虫腹部第一节稍内凹。幼虫无足型，乳白色，全体散生刚毛；头褐色，额具一"人"字形纹，前胸气门较大。幼虫4龄老熟，离蛹，化蛹时间不同体色各异。头顶、前胸背板及腹部各节具数个突起，突起上各着生1根小刺。

生物学特性　一年发生1代，各虫态发育不整齐，以老熟幼虫和成虫越冬，全年可见幼虫。该虫隐蔽危害，世代重叠，成虫历期长。成虫羽化后2～4天开始补充营养，觅华山松嫩皮钻蛀皮层下取食韧皮部，形成蛀入孔，一般10～14天后交尾，卵产于蛀食孔或产卵孔内，每雌产卵平均60粒左右，主要靠迁飞及爬行扩散蔓延。孵化幼虫取食韧皮部，造成不规则弯曲坑道，次年老熟幼虫在坑道末端木质部与韧皮部之间蛀成椭圆形蛹室化蛹。5～10月为成虫羽化期，6～8月为羽化盛期。危害健康植株是华山松木蠹象的一个重要特性。

华山松木蠹象危害状

华山松木蠹象成虫

华山松木蠹象侵入孔

华山松木蠹象防治历　　　　　（以云南地区为例）

时间	虫态	防治方法	要点说明
11月至4月	卵、幼虫、蛹	适时清理虫害木。	清理时由外向里、先零星后集中发生区、先轻度后重度危害区、先新受害木及有虫萎枯木后无虫枯立木、先阳坡后阴坡、先低海拔后高海拔。 清除的受害木及时进行灭虫处理。
		虫害木除害处理可采取削皮、熏蒸、水浸等方法。	磷化铝（27克/立方米）塑料帐幕熏蒸3天；水浸泡需30天以上；枝梢、树皮等要随时伐随时烧毁。
		树干包扎或注射。	对风景林、水源林、古树名木等高价值林分，可使用内吸性农药，通过树干包扎或树干注射进行单株处理，可收到较好的防效。
		补植补造、良种壮苗。	清理迹地要及时补造藏柏等抗虫树种，同时实施封山育林，提高松林抗虫能力。
5～10月	卵、幼虫、蛹、成虫	严格检疫。	加强检疫措施，严禁有虫的木材、枝梢调运出疫区。
6～8月		药物防治成虫。	在成虫羽化盛期喷施护林神1号（巴丹＋阿维菌素）、2号（3%巴丹粉剂）、3号粉剂喷粉；拟青霉菌粉剂15千克/公顷喷粉；20%吡虫啉可溶性液剂400倍液或4.5%高效氯氰菊酯乳油400倍液喷雾，连续喷药两次，间隔时间15～25天。

华山松木蠹象危害初期

华山松木蠹象成虫羽化孔

单株被害状

参考文献

[1] 陈龙官，徐正会，和作萍. 华山松害虫研究综述 [J]. 西南林学院学报，2007, 27(5): 49-50.
[2] 刘守礼，杨水琼，杨跃奎，等. 华山松木蠹象生物学特性及综合治理研究 [J]. 林业实用技术，2005(8): 29-30.
[3] 冯仕明，司徒英贤. 云南省粗刻点木蠹象发生状况及检疫技术 [J]. 中国森林病虫，2004, 23(1): 29-30.
[4] 段兆尧，雷桂林，王丽萍，等. 华山松木蠹象危害特性的初步研究 [J]. 云南林业科技，1998(3): 81-85.
[5] 王革. 云南省天保工程华山松木蠹象监测及综合治理 [J]. 林业调查规划，2006, 31(增刊): 167-168.
[6] 刘菊华，罗正方，王莹，等. 两种护林神粉剂防治华山松木蠹象的林间套笼药效试验 [J]. 西部林业科学，2005, 34(1): 51-53.

（王忠祥　尤德康）

落叶松八齿小蠹

Ips subelongatus Motschulsky

分布与危害 分布于河北、山西、内蒙古、辽宁、吉林、黑龙江、山东、浙江、云南、甘肃、新疆等地，以吉林、黑龙江和内蒙古东部危害尤重。常因林地过火、局部干旱造成林木树势衰弱后，作为次期性害虫的先锋虫种侵害，猖獗成灾。主要以幼虫、成虫蛀食韧皮部、边材，对树冠部、基干部或全株皮层危害，严重发生可使被害树木的树皮片状脱落，引发天牛类侵入加重危害，为我国北方落叶松林的主要害虫。

寄　　　主 兴安落叶松、长白落叶松、华北落叶松、日本落叶松、樟子松、红松、赤松、红皮云杉、鱼鳞云杉等也有发生。

主要形态特征 成虫鞘翅长为前胸背板长的1.5倍，翅端凹面两侧各有4个独立齿，以第三齿最大；翅盘表面与鞘翅其余部分同样光亮。幼虫体弯曲，多皱褶，被有刚毛，乳白色，头壳灰黄色，额三角形。前胸和第一至八腹节各有气孔1对。坑道为复纵坑。母坑道1～3条、多上1、下2，长约20～40厘米，子坑道与母坑道垂直、长2.1～7.3厘米；上面母坑道两侧的子坑道数近等，下面母坑道内侧的则显著地少于外侧、短小而紊乱，整个坑道在边材上清晰。补充营养坑道极不整齐。

生物学特性 黑龙江一年发生2代，在第一、第二代之间存在明显的姊妹世代。主要以成虫在枯枝落叶层、伐根及楞场原木皮下越冬，少数个体以幼虫、蛹在寄主树皮下越冬。一年有3次扬飞高峰。第一次为越冬成虫扬飞，开始于5月上旬，5月中旬为高峰期。第二次为姊妹世代和新成虫扬飞，开始于6月下旬，7月中旬为高峰期。第三次为第二代及姊妹世代新成虫的扬飞，8月中旬为高峰期。蛀食的坑道在边材上清晰可见，母坑道复纵坑在立木上通常一上二下呈倒叉形，在倒木上3条成放射状向外伸展，长约15厘米，最长可达40厘米。可持续2～4年，以至形成虫源地。

落叶松八齿小蠹成虫

落叶松八齿小蠹坑道

落叶松八齿小蠹危害状

落叶松八齿小蠹防治历　　　（以黑龙江地区为例）

时间	虫态	防治方法	要点说明
上年10~4月	越冬成虫	及时伐除和清理虫害树木，或运离林区除害处理，或就地销毁。	5月中旬前运出。
		将被害木集中在一起，用塑料薄膜盖住，薄膜边缘用土压实封闭，四周均匀放置熏蒸剂，一般熏蒸2~3天即可。	小蠹虫扬飞前熏蒸。药剂可采用磷化铝4克/立方米、溴甲烷16克/立方米。
		合理调整采伐期，将采伐期调整到秋末，以便在5月中、下旬小蠹虫危害之前将采伐下的松木全部销售完。	
5月、7月、8月	扬飞成虫	设置饵木或信息素诱杀。在小蠹虫扬飞前，将新采伐的落叶松木作诱饵设置于林间。长1~2米左右，设置林内显眼处。每公顷放置1堆，每堆为15~30根。	小蠹虫产卵后，将饵木回收剥皮处理，消灭幼虫。
		8%氯氰菊酯微囊悬浮剂200~400倍液喷洒虫源木、虫源地周围树木和不能及时清理的树木。	时间选在小蠹虫扬飞前2~3天喷洒。
5~9月	卵、幼虫、蛹	树干基部至中部，包塑料布，内投3~5片磷化铝片密闭熏杀。树干涂白涂剂及磷化铝堵孔。	

注意保护红胸郭公虫、金小蜂、褐小茧蜂和招引大斑啄木鸟等天敌。

参考文献

[1] 萧刚柔.中国森林昆虫 [M].北京:中国林业出版社,1992.

[2] 王春娥,王淑丽.落叶松八齿小蠹的发生特点及防治措施 [J].中国林副特产,2004(4):40.

[3] 毕华明,朱凤恩,国志峰,等.塞罕坝地区落叶松八齿小蠹生物学特性及防治技术的研究 [J].河北林果研究,2004,19(4):362-366.

[4] 彭进友,宋洪普,毕华明.河北省塞罕坝机械林场落叶松八齿小蠹危害现状及防治对策 [J].河北林业科技,2004(3):34.

[5] 聂鸿飞.落叶松八齿小蠹的发生与防治方法 [J].河北林业科技,2002(2):18.

[6] 胡长效.落叶松八齿小蠹研究进展 [J].河北林业科技,2003(6):20-22.

[7] 杨静莉,林强,陈国发.落叶松八齿小蠹的危险性分析 [J].东北林业大学学报,2007,35(3):60-63.

[7] 黎明,赵君,田衍利,等.抚顺地区落叶松八齿小蠹为害规律及其防治方法 [J].吉林林业科技,2001,30(5):49-50.

（张旭东　郭树平）

萧氏松茎象

Hylobitelus xiaoi Zhang

分布与危害	分布于江西、湖南、福建、广东、广西、贵州、四川等地。主要以幼虫侵害树干基部和根颈部，蛀食韧皮部，严重时切断全部输导组织，导致树木死亡。被害的湿地松会大量流脂，降低松脂产量。
寄　　　主	湿地松、火炬松、马尾松、华山松和黄山松。
主要形态特征	成虫体壁暗黑色，胫节端部、跗节和触角暗褐色；前胸背板覆赭色毛状鳞片，鞘翅上的毛状鳞片形成两行斑，翅面有稀疏短黄毛和坑状刻点，中隆线两侧各有多块密集鳞片毛形成的对称黄斑。足和身体腹面被覆黄白色毛状鳞片。头部生有细密小刻点。幼虫体白色略黄，头黄棕色，口器黑色，前胸背板具浅黄色斑纹，体柔软弯曲呈"C"形。
生物学特性	二年发生1代，以大龄幼虫在蛀道、成虫在蛹室或土中越冬。2月下旬越冬成虫出孔或出土活动，5月上旬开始产卵。卵期12～15天。5月中旬幼虫开始孵化，11月下旬停止取食进入越冬，翌年3月重新取食，8月中旬幼虫陆续化蛹。9月上旬成虫开始羽化。11月部分成虫出孔活动，然后在土中越冬，其余成虫在蛹室中越冬。成虫靠爬行活动，极少飞翔。成虫傍晚上树行取食、交配和扩散等活动，早晨回到树干基部或土缝中。成虫需取食松枝作为补充营养，产卵于树干基部树皮下。卵孵化后即咬食松树皮层，在皮下蛀食一通道，取食韧皮部，在危害后的树皮与木质部之间留下螺旋状或不规则虫道。

萧氏松茎象成虫

萧氏松茎象凝脂

萧氏松茎象防治历　　　　(以江西地区为例)

时间	虫态	防治方法	要点说明
1～2月 10～12月	成虫、卵	树干涂白。清理杂灌木及地被物。	集中烧毁。
3～5月	成虫、幼虫	种植拒避植物，加强林间卫生。	拒避植物包括樟树、苦楝、山苍子、臭椿等。
6～9月	幼虫、蛹、成虫	人工捕杀成虫和幼虫。 白僵菌粉剂（50亿/克）15千克/公顷进行喷粉防治。 16%喹硫磷·丁硫克百威乳油或1.8%阿维菌素乳油10倍液从幼虫排泄孔注药，剂量为3毫升/孔。 16%喹硫磷·丁硫克百威乳油50倍液涂干或200～300倍液喷干防治。	成虫羽化出土后，都在寄主根际周围活动，可人工捕杀；在幼虫蛀食危害期，可采用小刀等工具剥开虫道或流脂团，顺虫道捉杀幼虫、蛹或成虫，人工挖虫必须持续2年以上。

检疫处理：对带虫原木进行剥皮处理，剥下的树皮烧毁、深埋或用2.5%溴氰菊酯乳油1500倍液喷洒毒杀。或用磷化铝片剂熏蒸处理，用药量20～30克/立方米，熏蒸24～72小时，无条件处理的严禁调运。

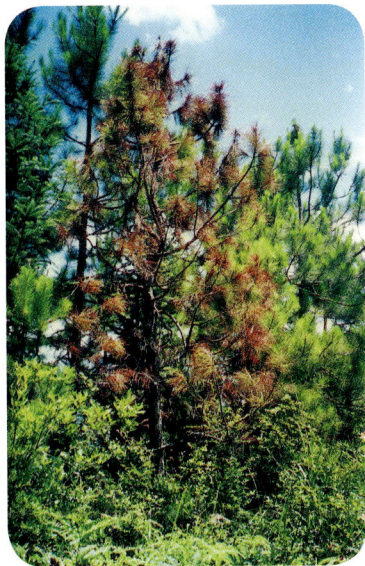

萧氏松茎象危害状

参考文献

[1] 高发祥,闵水发,雷永松,等.萧氏松茎象生物学特性及防治方法研究 [J].湖北林业科技,2005(2): 28-31.

[2] 彭龙慧,汪开鸿,龙炜,等.萧氏松茎象在江西的发生及防治 [J].江西植保,2007,30(4): 178-180.

[3] 温小遂,匡元玉,施明清,等.萧氏松茎象的生活史、产卵和取食习性 [J].昆虫学报,2004,47(5): 624-629.

[4] 邝兆勇.多树种混交对萧氏松茎象的防治作用 [J].广东林业科技,2007,23(6): 47-50.

[5] 闵水发,陶惠萍.湖北省补充林业检疫性有害生物及防治措施 [J].湖北林业科技,2006(4): 63-66.

（于治军）

云南木蠹象

Pissodes yunnanensis Longer

分布与危害　分布在云南、四川、贵州省。以幼虫在云南松幼树或2～3年生枝条韧皮部和木质部蛀食危害，造成主干或侧枝枯死，轻者使林木长势衰弱，重者整株死亡。

寄　　主　云南松、华山松、高山松。

主要形态特征　成虫黄褐色或深褐色；头部及头管黑褐色，头管向前方突出，长而粗，圆柱形，稍弯曲；触角生于头管中央的两侧，膝状，柄节较长，鞭节呈锤状，末端膨大；复眼深褐色，着生于头管基部的两侧；前胸中部有脊隆起，并覆有灰白色斑纹1条，将前胸等分为左右各半，每一半上有灰白色斑点，前胸背板两侧密布灰白色鳞片。鞘翅长约为宽的2倍，鞘翅上有近长方形的刻点纵列，覆有不规则的鳞片，在鞘翅的中后呈1条灰白色的横带，下为黑褐色。幼虫头部褐色，体肥胖多皱褶，略弯曲，白色。

生物学特性　该虫一年发生1代，以近老熟或老熟幼虫在被害树干、枝、梢内越冬。末龄幼虫于翌年3月初开始化蛹，蛹期40天左右，4月中旬开始羽化，出现成虫，5月中旬为成虫羽化盛期，成虫羽化期较长，直至8月中旬羽化才结束。6月上旬成虫开始产卵，6月下旬出现初孵幼虫，至10月开始越冬。成虫经一段时间补充营养行交尾产卵，且仅在补充营养的树木上产卵，多选择2年生枝条。初孵幼虫在松皮层内蛀食韧皮部，造成不规则的弯曲坑道，长短不一，随着幼虫的生长发育，取食量不断增加，所蛀坑道直径逐渐加大，坑道中填满了黄褐色的木屑和幼虫分泌物。在树干上危害的幼虫，老熟后在木质部表面咬成长椭圆形的蛹室化蛹；在主梢、侧枝内危害的幼虫，一般蛀入髓心危害，幼虫老熟后，在髓心或在木质部内咬成长椭圆形的蛹室化蛹。

云南木蠹象在枝梢上的危害状

云南木蠹象蛹及蛹室

云南木蠹象幼虫

正外出的云南木蠹象

云南木蠹象防治历　　　　(以西南地区为例)

时间	虫态	防治方法	要点说明
1～4月，9～12月	越冬幼虫	清理受害枯死木，整株砍除，伐桩不得高于10厘米。仅部分侧枝受害的，清除受害枝条。主梢受害的植株原则上应整株清除。	以4月中旬至下旬为最佳清理时间，清理的受害木要集中烧毁。
5～8月	成虫	采用4.5%高效氯氰菊酯乳油400倍液喷雾。	
		用5%顺式氰戊菊酯乳油1500倍液喷雾（茶叶上禁用）或兑柴油1∶75倍用喷烟机喷烟。	喷烟时风速要在1.5米/秒以下，时间以清晨至日出前和傍晚日落前1小时至22∶00为最佳时机。
		在林分边缘地带，每隔50米左右悬挂1个诱捕器，诱杀成虫。	

云南木蠹象雌成虫

云南木蠹象危害状

参考文献

[1] 张珍荫,谢振祥,牛存菊,等.云南木蠹象生物学特性及防治方法研究初报 [J].西南林学院学报,2002,22(4): 56-58.
[2] 张星.云南木蠹象和华山松木蠹象大面积防治实用技术 [J].中国森林病虫,2004,23(4): 34-36.
[3] 张毅宁,李义龙,杨富,等.云南松梢木蠹象生物学及防治研究 [J].西南林学院学报,1999,19(2) :118-121.

（于治军　兰星平）

红脂大小蠹

Dendroctonus valens LeConte

分布与危害 1998年秋季始现于山西省沁水、阳城等地，此后，陆续在该省油松林集中分布区从南到北大面积暴发成灾。1999年秋，河北、河南两省也相继发现大面积灾情。2001年5月，陕西省延安等地也发现该虫危害。红脂大小蠹主要危害胸径在10厘米以上的成材松树的主干和主侧根，以及新鲜油松的伐桩、伐木，侵入部位多在树干基部至1米左右处。以虫或幼虫取食松树韧皮部形成层。当虫口密度较大、受害部位相连形成环剥时，可造成整株树木死亡。

寄　　　主 油松、白皮松、华山松、樟子松等。

主要形态特征 成虫红褐色，头部额面具不规则小隆起，额区具稀疏黄色毛，头顶具稀疏刻点，前胸前缘中央向内凹陷，密生细毛，前胸背板及侧区密布浅刻点和黄色毛；鞘翅基缘有明显锯齿突起约12个，鞘翅刻点沟8条，幼虫体白色，蛴螬形，头淡黄色，口器黑色，两侧各有黑色肉瘤1列，尾端臀板上有褐胴痣，上下各有牛角状刺钩1列。

生物学特性 山西省一年发生1代。以成虫、幼虫及少量的蛹在树干基部或根部的皮层内越冬。越冬成虫于4月上旬开始出孔扬飞，5月中下旬为扬飞盛期，6月中下旬出孔扬飞结束。成虫产卵始期为5月中旬，6月上旬为产卵盛期。初孵幼虫始见于5月下旬，6月中旬为孵化盛期，7月下旬化蛹始期，8月中旬化蛹盛期，8月上旬成虫羽化，8月下旬羽化始盛期，9月上旬为盛期，成虫羽化后栖息于韧皮部与木质部之间，进行补充营养后，进入越冬阶段。越冬老熟幼虫于5月中旬化蛹，6月下旬为化蛹始盛期，7月中旬盛期。7月上旬成虫羽化，下旬为羽化盛期。但由于幼虫大部分在树基和根部皮层内越冬，且虫龄不整齐，7～10月上旬林内一直有成虫扬飞侵害。成虫产卵始期为7月中旬，8月上中旬为盛期；孵化始于7月下旬，8月中旬为孵化盛期，以老熟幼虫和2～3龄幼虫在韧皮部与木质部之间越冬。越冬成虫的子代和越冬幼虫于翌年发育成子代，两者世代交替、重叠。所以除冬春季见不到卵外，其他虫态全年均可见到。

红脂大小蠹危害状

红脂大小蠹漏斗状凝脂

红脂大小蠹蛀道(李计顺、苗振旺、范俊秀提供)

· 258 ·

红脂大小蠹卵(李
计顺、苗振旺提供)

红脂大小蠹幼虫
(李计顺、苗振
旺、范俊秀提供)

红脂大小蠹成虫

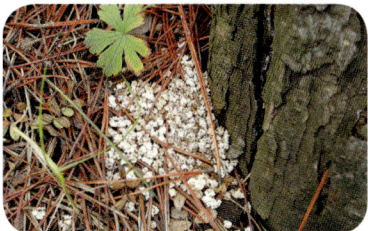

红脂大小蠹灰白色
颗粒状虫粪

红脂大小蠹防治历   (以山西地区为例)

时间	虫态	防治方法	要点说明
1～4月	成虫、幼虫、蛹	伐除林内受害严重的枯死木、濒死木。	伐除木要用磷化铝片统一进行熏蒸处理。
5～11月	卵、幼虫、蛹、成虫	成虫扬飞期,在林间挂诱捕器,或人工设置饵木引诱成虫。	饵木应当设置在郁闭度低、坡向为阳坡的成、过熟林内,以利于最大限度地发挥饵木的作用。
		树干熏蒸:在树干离地面50厘米处,用手锯绕树干锯1周凹槽,深至树皮裂缝处,挖开树干基部周围半径30厘米范围内的土层,将厚0.06毫米、宽1米的塑料布裁成梯形围绕树干1周,塑料布上缘用线绳嵌入凹槽绑紧,地面处塑料布边缘至少距干基30厘米且呈裙状,边缘用土埋实,内置磷化铝片剂3～4片后,将塑料布接口处用胶带粘牢即可。	注意塑料裙要用胶带密封严实。
		40%氧化乐果乳油5倍液虫孔注药。	先用铁丝等工具将排粪孔清理干净,每虫孔注入稀释液5毫升,而后用凝脂或湿土将虫孔堵严。

采伐的松木进行异地运输,一定要刮皮处理,并严格检疫,防止人为传播扩散。

参考文献

[1] 张强,陈安良,郝双红,等.我国红脂大小蠹生物学与防治研究概况[J].西北林学院学报,2004,19(4): 109-112.

[2] 苗振旺,周维民,霍履远,等.强大小蠹生物学特性研究[J].山西林业科技,2001(1): 34-38.

[3] 范俊秀,曲晓晨,刘建光.虫孔注药法防治红脂大小蠹试验[J].山东林业科技,2001(5): 30.

[4] 苗振旺,郭保平,张晓波,等.塑料裙干基密闭熏蒸法防治红脂大小蠹试验[J].中国森林病虫,2002,21(4): 24-25.

(李计顺 孙玉剑 郭 瑞)

松实小卷蛾

Retinia cristata Walsingham

分布与危害	又名马尾松小卷叶蛾、松梢小卷蛾。分布于北京、黑龙江、辽宁、河北、山西、山东、江苏、江西、浙江、广东、广西、云南、湖南、四川、河南、安徽等地。以幼虫蛀食新梢，导致新梢枯萎呈钩状，被害树木主干低矮、成林不成材。球果被害大量枯死，种子产量减少。
寄　　　　主	马尾松、黑松、赤松、油松等。
主要形态特征	成虫体黄褐色。头深黄色、冠丛土黄色；复眼赭红色，下唇须黄色，丝状触角静止时贴伏于前翅上；前翅黄褐色，中央有一较宽的银色横斑，靠臀角处的一肾形银色斑内有小黑点3个，翅基1/3处银色横纹3～4条，顶角处短银色横纹3～4条。后翅暗灰色，无斑纹。老熟幼虫淡黄、光滑、无斑纹。头与前胸背板黄褐色，趾钩单序环。
生物学特性	南方地区一年发生4代。以蛹在被害枯梢及球果内越冬。翌年3月初至4月上旬成虫羽化，成虫夜间活动，飞翔迅速，在阴天闷热天气，喜成群在树冠上空飞翔，产卵于针叶或球果基部鳞片上，4月中上旬第一代幼虫蛀食松树嫩梢皮部和髓心，受害后出现弯曲、分杈、丛枝等畸形，并产生枯枝现象。6月下旬、7月上旬见第二代幼虫爬到球果上危害，从球果中部咬入，先咬果皮，在啃咬四周吐丝1圈，并将啃下的碎屑粘于丝上。待咬成一定的孔洞，爬到洞内，被害果变黄枯死。第二代成虫7月下旬至8月上旬羽化，第三代成虫9月上旬至9月中、下旬羽化，第四代幼虫危害到10月下旬,在被梢或球果内化蛹越冬。化蛹时老熟幼虫在被害树梢或球果咬1个羽化孔，在孔下部吐丝做成光滑蛹室化蛹。

松实小卷蛾在柏树上危害状(王焱提供)

松实小卷蛾成虫(王焱提供)

松实小卷蛾蛹(王焱提供)

松实小卷蛾幼虫(王焱提供)

松实小卷蛾在松梢危害状(王焱提供)

松实小卷蛾在球果上危害状(王焱提供)

松实小卷蛾防治历　　(以安徽地区为例)

时间	虫态	防治方法	要点说明
1～3月	蛹	剪除被害的枯梢和球果。	集中烧毁。
3～10月	成虫、卵、幼虫、蛹	3月中、下旬对幼树树冠喷洒10%吡虫啉乳油600～800倍液。	喷药时要注意对准顶芽进行"点喷",以药液略有下滴为适度。
		第一代幼虫孵化期,在树梢上喷洒25%蛾蚜灵(灭幼脲Ⅲ号·吡虫啉复配)可湿性粉剂1500～2000倍液或50%杀螟松500倍液。	每10天1次,连续喷2次。
		卵期释放赤眼蜂。	释放密度15万头/公顷。
10～12月	蛹	同1～3月。	

参考文献

[1]　中国科学院动物研究所.中国蛾类图鉴 [M].北京:科学出版社,1983.

[2]　萧刚柔.中国森林昆虫 [M].北京:中国林业出版社,1992.

(刘　枫　柴守权　曾智坚)

松梢螟

Dioryctria rubella Hempson

分布与危害 又名微红梢斑螟，分布于北京、河北、内蒙古、辽宁、吉林、黑龙江、江苏、安徽、浙江、福建、江西、山东、河南、湖北、湖南、广东、广西、四川、云南、贵州、陕西、甘肃等地。主要以幼虫蛀害寄主主梢和幼树枝干进行危害，尤其喜欢蛀食顶梢，引起侧梢丛生，使树冠畸形呈扫帚状，不能成材。有时树梢虽能代替主梢向上生长，但树形弯曲，降低木材的利用价值。危害严重时，新梢折断枯死，树形紊乱，甚至造成毁灭性危害。此外，该虫还可蛀食球果，影响林木种子产量。

寄　　　主 油松、华山松、樟子松、黑松、马尾松、湿地松、雪松等。

主要形态特征 成虫触角丝状，雄成虫灰褐色，触角有细毛，基部有鳞片突起。前翅灰褐色，有灰白色波状横带，中室端有1个灰白色肾形斑，后缘近内横线内侧有1个黄斑。外缘黑色。后翅灰白色，足黑褐色。老熟幼虫体淡褐色，少数淡绿色。中、后胸及腹部各有4对褐色毛片，中胸及第八腹节背面的褐色毛片中部透明。

生物学特性 在吉林一年1代，辽宁、北京、河南2代，江苏2～3代，广西3代。以幼虫在被害枯梢及球果中越冬，部分幼虫在枝干伤口皮下越冬。各代成虫高峰期不显著，生活史不整齐，有世代重叠现象。成虫夜间活动，有趋光性，多在被害枯梢或断梢口产卵。卵散产，一般产在被害梢枯黄针叶的凹槽处，也可产在被害球果鳞脐处或树皮伤口处。孵化后的幼虫迅速爬到旧虫道内隐蔽，取食旧虫道内的木屑等。幼虫从旧虫道内爬出后吐丝下垂，有时随风飘荡，在植株上爬行到主梢或侧梢进行危害，也有幼虫危害球果。危害时先啃食嫩皮，形成约指头大小的伤痕，被害处有松脂凝聚，然后蛀入髓心。蛀孔圆形，外粘附黄白色蛀屑。幼虫具迁移危害习性，可转移到新梢危害。幼虫老熟后在虫道内化蛹。

松梢螟幼虫(徐公天提供)

松梢螟蛹(徐公天提供)

松梢螟成虫 (徐公天提供)

松梢螟幼虫排屑 (徐公天提供)

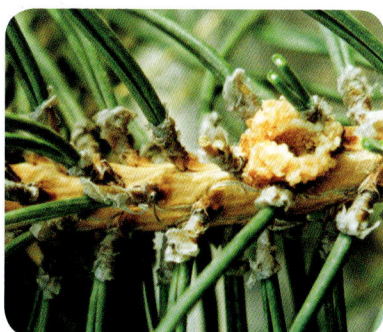
松梢螟幼虫蛀道口 (徐公天提供)

松梢螟防治历 (以北方地区为例)

时间	虫态	防治方法	要点说明
1～3月，11～12月	越冬幼虫	人工剪除虫害枝，消灭越冬代幼虫。	全部剪除，集中烧毁。
4～10月	卵、幼虫、成虫	采取堵孔防治。即用敌敌畏乳油、黄土、红油漆、柴油混合配成毒泥堵孔，于春夏两季进行。	毒泥的配制方法是，按黄土、柴油、敌敌畏、红油漆为5：3：1：1的比例配制。
		大面积防治时采用2.5%溴氰菊酯1000～2000倍液加入10%农药长效缓释剂喷雾，效果更佳；阿维烟剂1%乳油225毫升/公顷喷施；98%巴丹原粉0.05%稀释液喷雾。	初龄幼虫期。

对可能携带松梢螟的寄主植物进行严格检疫，防止该虫随寄主植物传播扩散。

通过营造针阔混交林，栽植抗性树种。对已郁闭成林、密度过大、通风透光条件不好的林分及时采取修枝、间伐以及清除枯死木、风折木、长势弱的林木等营林措施，提高林分抗性，降低虫口密度，减少危害损失。

参考文献

[1] 李箐.微红梢斑螟生物学特性及防治研究 [J].林业实用技术,2003(9): 29-30.

[2] 汪文淑.微红梢斑螟的危害及防治 [J].安徽林业科技,2005(3): 24,23.

[3] 李建妹.松梢螟的发生与防治 [J].河北林业,2000(3): 10.

[4] 张学祥.微红梢斑螟特性及防治 [J].湖南林业,2008(7): 25.

[5] 高江勇,嵇保中,刘曙雯,等.南京地区微红梢斑螟对松林的危害调查 [J].林业科技开发,2008(6): 54-56.

[6] 陈红.微红梢斑螟的初步观察 [J].安徽农学通报,2007(11): 215.

[7] 宋锋华.松梢螟对湿地松幼林的危害 [J].中国林业,2007(9): 58.

[8] 刘鹏,高辉,王振斌.松梢螟危害特点及防治技术 [J].防护林科技,2002(3): 74-79.

[9] 刘洪山,刘志军.松梢螟的发生与防治 [J].河北农业科技,2007(12): 19.

[10] 张兰英,韩丹,李雪,等.4种农药对松梢螟防治 [J].牡丹江师范学院学报,2008(1): 44-45.

[11] 李箐.微红梢斑螟生物学特性及防治研究 [J].林业实用技术,2003(9): 29-30.

(赵宇翔　刘玉芬　韩福生)

柏肤小蠹

Phloeosinus aubei Perris

分布与危害	分布于北京、河北、辽宁、江苏、山东、河南、四川、云南、陕西、青海、新疆等地。以成虫补充营养危害枝梢，幼虫蛀干危害林木干、枝，影响树形、树势，造成枯枝和树木死亡。常和双条杉天牛混合危害，加速柏树的死亡。
寄　　　主	侧柏、圆柏、龙柏、蜀桧、刺柏、杉木、油松、榆叶梅、红叶李等。
主要形态特征	成虫赤褐或黑褐色，无光泽。头部小，藏于前胸下，触角赤褐色，球棒部呈椭圆形，复眼凹陷较浅，前胸背板阔大于长，体密被刻点及灰细毛。鞘翅有9条纵纹，鞘翅斜面具凹面，雄虫鞘翅斜面有齿状突起。初孵幼虫乳白色，老熟幼虫乳白色，头淡褐色，体弯曲。
生物学特性	在山东一年发生1代，以成虫在柏树枝梢内越冬。翌年3～4月间陆续飞出。雌虫寻觅生长势弱的侧柏、圆柏蛀圆形侵入孔侵入皮下，雄虫跟踪进入，并共同筑成不规则的交配室在内交尾，交尾后的雌虫向上咬筑单纵母坑道，并沿坑道两侧咬筑卵室在其中产卵。在此期间，雄虫在坑道将雌虫咬筑母坑道产生的木屑由侵入孔推出孔外。4月中旬出现初孵幼虫，由卵室向外沿边材表面（主要在韧皮部）筑细长而弯曲的幼虫坑道。5月中、下旬老熟幼虫在坑道末端与幼虫坑道呈垂直方向咬筑1个深约4毫米的圆筒形蛹室在其中化蛹，蛹室外口用半透明膜状物封住。成虫于6月上旬开始出现，成虫羽化期一直延续到7月中旬，6月中、下旬为羽化盛期。初羽化的成虫，体色稍淡（淡黄褐色）。羽化后沿羽化孔向上爬行，经过一段时间即飞向健康的柏树树冠上部或外缘的枝梢，咬蛀侵入孔向下蛀食，进行补充营养。枝梢常被蛀空，遇风吹即折断，严重时常见树下有成堆被咬折断的枝梢，使柏树遭受严重损害。成虫至10月中旬后进入越冬状态。

柏肤小蠹成虫

柏肤小蠹幼虫及坑道

柏肤小蠹危害状(新梢落地)

柏肤小蠹防治历　　　　(以山东地区为例)

时间	虫态	防治方法	要点说明
上年10～3月	越冬成虫	剪掉枯死的枝干。	及时处理，消灭虫源。
		清除威胁最大的新侵害木、枯萎木，并立即运出林外集中焚烧。	清除时间在3～4月。
4月，6～9月	扬飞成虫	成虫转移蛀孔侵入柏树前，在受害柏树附近堆放2厘米以上的新鲜柏枝、柏木，以引诱成虫侵入待产卵后进行处理。	4、5月或9、10月进行。
		8%氯氰菊酯微囊悬浮剂200～400倍液喷洒虫源木、虫源地周围树木和不能及时清理的树木。	防治选在小蠹虫每次扬飞前2～3天喷洒。
5月	卵、幼虫、蛹	人工饲养土耳其扁谷盗，于小蠹卵期释放，捕食虫卵、幼虫和蛹。	
		在树干基部至中部，包塑料布，内投3～5片磷化铝片密闭熏杀，或虫孔注射氧化乐果原液等，树干涂白涂剂同时磷化铝堵孔。	

注意保护红胸郭公虫、金小蜂、褐小茧蜂和招引大斑啄木鸟等天敌。

参考文献

[1]　萧刚柔.中国森林昆虫 [M].北京:中国林业出版社,1992.
[2]　员连国.园林主要害虫柏肤小蠹的种群空间分布及综合防治技术研究 [J].安徽农业科学,2008,36(8): 3262-3263.
[3]　于素英,缩艳英,吴丽娟,等.柏树小蠹虫的生活习性与防治 [J].河北林业科技,2002(2): 29.
[4]　张登峰,成文荣,杨君丽,等.坎布拉林场油松小蠹科害虫研究 [J].青海农林科技,2007(4): 21-24.
[5]　苏晓红,奚耕思,王勋陵,等.黄陵古柏的虫害及防治研究 [J].西北大学学报(自然科学版),2003,33(4): 485-488.
[6]　苏晓红,岳明,王勋陵.黄陵古柏虫害现状及防治 [J].陕西环境,2001,8(4): 21-22.
[7]　赵雪云,赵博光,周振义,等.侧柏衰弱木中引诱柏肤小蠹的活性成分测定 [J].东北林业大学学报,2006,34(5): 10-12,37.

（张旭东）

云杉大墨天牛

Monochamus urussovi Fisher

分布与危害　分布于河北、内蒙古、辽宁、吉林、黑龙江、江苏、山东、陕西及新疆等地。常因林地过火、局部干旱造成林木树势衰弱，继小蠹虫侵入之后猖獗成灾。幼虫危害伐倒木、生长衰弱的立木、风倒木以及贮木场中的原木，常与其他天牛混合危害。成虫危害活树的小枝，是我国北方松林危险性害虫。

寄　　　主　危害红皮云杉、鱼鳞云杉、红松、臭冷杉、兴安落叶松、长白落叶松、白桦。

主要形态特征　成虫体黑色，带墨绿色或古铜色光泽。雄虫触角长约为体长2～3.5倍，雌虫触角比体稍长。前胸背板有不明显的瘤状突3个，侧刺突发达。小盾片密被灰黄色短毛。鞘翅基部密被颗粒状刻点，并有稀疏短绒毛，愈向鞘翅末端，刻点渐平，毛愈密，末端全被绒毛覆盖，呈土黄色，鞘翅前1/3处有1条横压痕。雄虫鞘翅基部最宽，向后渐狭。雌虫鞘翅两侧近平行，中部有灰白色毛斑，聚成4块，但常有不规则变化。老熟幼虫乳黄色。头长方形，后端圆形。约2/3缩入胸部。前胸最发达，长度为其余2胸节之和，前胸背板有凸形红褐色斑。胸、腹部的背面和腹面有步泡突，背步泡突上有2条横沟，横沟两端有环形沟，腹步泡突上有1条横沟，横沟两端有向后的短斜沟。

生物学特性　在小兴安岭二年1代，少数一年或三年1代。以幼虫越冬。成虫6月上旬开始羽化，6月下旬至9月上旬为产卵期，初孵幼虫直接钻进树皮，在韧皮与边材之间取食活动，受害部分不规则。当年蜕皮2～3次，约于8月上旬开始向木质部作坑道，9月下旬进入木质部坑道中越冬。当年坑道大部分垂直伸入，侵入孔椭圆形。第二年5月上旬，越冬幼虫从木质部回到树皮下，继续取食。7月中旬幼虫老熟，再次进入木质部作马蹄形或弧形坑道，坑道末端是蛹室，以老熟幼虫或预蛹第二次越冬，第三年5月上旬至7月中旬化蛹。整个幼虫期约2年。幼虫在边材上的取食，在木质部作大而深的坑道，使原木材质下降，并促其腐朽。成虫补充营养取食嫩枝树皮，并咬到髓心，雌虫最喜欢在云杉伐倒木上产卵。把卵产在风倒木和伐倒木上，其次是生长衰弱的树木上。雌虫在树皮上咬一眼形小槽。每槽产卵1粒，少数产2粒。

云杉大墨天牛成虫

云杉大墨天牛防治历 (以黑龙江小兴安岭地区为例)

时间	虫态	防治方法	要点说明
上年10~5月	越冬幼虫	伐除和清理受害木,运离林区或就地销毁,及时运出"困山木"。楞场要远离林地。	清理受害木6月前完成。
		虫害木帐幕熏蒸处理,一般熏蒸2~3天即可。	用磷化铝4克/立方米、溴甲烷16克/立方米。
		原木剥皮,防止天牛产卵危害。	
6月	扬飞成虫	林间设置诱饵木,将新采伐的松木截成1~2米长木段,每公顷放置1堆,每堆15~30根。当天牛产卵后,将饵木回收剥皮处理,消灭幼虫。	在成虫扬飞前设置。
		8%氯氰菊酯微囊悬浮剂200~400倍液喷洒虫源木、虫源地周围树木和不能及时清理的树木。	在成虫扬飞前2~3天喷洒。
7~9月	卵、幼虫、蛹	在树干基部至中部,包塑料布,内投3~5片磷化铝片密闭熏杀。或虫孔注射40%氧化乐果原液。	

注意保护花绒坚甲和招引大斑啄木鸟等天敌。

参考文献

[1] 萧刚柔.中国森林昆虫 [M].北京:中国林业出版社,1992.
[2] 邵显珍,闫学彬,陈振华,等.用辛硫磷防治云杉大黑天牛 [J].林业科技,2001,26(1):26.

(张旭东 王志勇)

云杉小墨天牛

Monochamus sutor Linnaeus

分布与危害 分布于辽宁、吉林、黑龙江、内蒙古、山东、青海等地。侵害活立木、伐倒木和风倒木。幼虫蛀食木质部，形成如指状粗大虫道，致使木材降低利用价值。成虫补充营养时期大量啃咬树枝韧皮部，影响树木生长。是针叶树的一种严重害虫。

寄　　　主 云杉、冷杉，或落叶松、欧洲赤松和红松。

主要形态特征 成虫体黑色，有时略带古铜色光泽。全身密被淡灰色至深棕色稀疏绒毛。头部刻点密，粗细混杂。雄虫触角超过体长1倍多，雌虫触角超过体长约1/4，从第三节起每节基部被灰色毛。前胸背板两侧有刻点；侧刺突粗壮，末端钝圆；雌虫前胸背板中区前方常有2个淡色小型斑。小盾片具灰白色或灰黄色毛斑，中央有1条无毛细纵纹。鞘翅黑色，末端钝圆；雌虫鞘翅上常有稀散不显著的淡色小斑；雄虫一般缺如，腹面被棕色长毛，以后胸腹板为密。老熟幼虫体淡黄白色。头部褐色，头壳后段缩入胸部，口器黑褐色，附近密被黄色刚毛；上颚强大，前缘及侧缘有较多的黄褐色毛。中、后胸各有1行刚毛。胸、腹部的背面和腹面有步泡突，背步泡突圆形，后方有缺口，中央有3行瘤；腹步泡突有2行瘤，其中有1条横沟。

生物学特性 在东北一年发生1代，以幼虫在木质部虫道内越冬。翌年5月继续取食，老熟后在距树皮2～3厘米的虫道内做蛹室化蛹。6月初成虫咬圆形羽化孔飞出，盛期在6月中、下旬。成虫羽化后，飞到树冠上取食树枝皮层补充营养，不仅危害大径（22毫米）的枝条，也危害极细（2毫米）的枝条。一般在粗枝上多呈带状危害，在8毫米以下的细枝上则呈环状危害。不仅咬食枝皮，并喜欢取食木段断面的韧皮部，常常咬成一个很大的缺口。成虫较活跃，有假死性，喜光，取食活动主要在白天进行。成虫交尾、产卵和补充营养同时进行，喜欢在新伐倒木或风倒木树干上产卵。产卵刻槽长棱形，均匀分布在木段上，多为单产，个别也有3粒，每头雌虫平均产卵22～39粒。卵期10天左右，初孵幼虫开始只取食周围的韧皮部，形成不规则虫道，一般经过20～30天后蛀入木质部，幼虫蛀道有"一"字形和"L"形2种。9月下旬幼虫开始在木质部虫道内越冬。

云杉小墨天牛成虫

云杉小墨天牛危害状-1

云杉小墨天牛危害状-2

云杉小墨天牛幼虫

云杉小墨天牛蛹

云杉小墨天牛防治历
（以东北地区为例）

时间	虫态	防治方法	要点说明
1～4月	越冬期	及时清理虫害严重树木。 对虫害木要及时进行除害处理，采用磷化铝（6克/立方米）、硫酰氟（40～60克/立方米）塑料帐幕熏蒸3～7天。或用10%氯氰菊酯乳油或50%辛硫磷乳油100～200倍液，从楞堆上部和两端间隙向里喷，防止产卵。	原木要及时运出林外，对贮木场的原木应及时剥皮，减少天牛适生的寄主。
5月，8～9月	幼虫	用大力士等内吸性强的药物进行打孔注药防治。	在小面积发生时用。
6～7月上旬	成虫	8%氯氰菊酯微囊悬浮剂常量喷雾300～500倍、超低量喷雾100～150倍杀成虫。	特别是羽化高峰期补充营养时进行防治，喷干或喷寄主树冠和树干。
		杀虫灯诱杀成虫。	杀虫灯要设置在空旷部位，灯底部距地面1.5～1.7米。

加强检疫，防止带虫苗木造林，阻止该虫通过苗木调运传播。

参考文献

[1] 萧刚柔.中国森林昆虫 [M].北京:中国林业出版社,1992.

（邱立新　曹川健　雷银山　刘自祥）

双条杉天牛

Semanotus bifasciatus (Motschulsky)

分布与危害	分布于东北、北京、河北、河南、山东、山西、陕西、江苏、浙江、湖北、江西、安徽、贵州、四川、福建、广东和广西等地。主要以幼虫蛀食树干韧皮部和木质部，在木质部表面形成一条条弯曲不规则的坑道，树木受害后树皮易于剥落，衰弱木被害后，上部即枯死，连续受害可使整株死亡。直径2cm以上的枝条都可被害。
寄　　　主	侧柏、圆柏、扁柏、罗汉松等。
主要形态特征	成虫体形扁，黑褐色，全身密被褐黄色短绒毛；前胸两侧弧形，背板上有5个光滑的小瘤突，排列成梅花形；鞘翅上有2条棕黄色或驼色横带，前带后缘及后带色浅，前带宽约为体长的1/3，末端圆形。腹部末端微露于鞘翅外。末龄幼虫圆筒形，略扁，乳白色；前胸背面有1个"小"字形凹陷及4块黄褐色斑纹。
生物学特性	在山东、陕西一年1代，以成虫越冬。在北京大部分一年1代，少数二年1代，以成虫、蛹和幼虫越冬，翌年3月上旬至5月上旬成虫出现。3月中旬至4月上旬为盛期。3月中旬开始产卵，下旬幼虫孵化，幼虫孵化1～2天后才蛀入皮层危害，5月中旬开始蛀入木质部内，8月下旬幼虫在木质部内化蛹，蛹期约10天。9月上旬开始羽化为成虫进入越冬阶段。翌年3月上旬开始，成虫咬破树皮爬出，在树干上形成一个个圆形羽化孔。成虫爬出后不需要补充营养。雌雄成虫都可多次进行交尾，并有边交尾边产卵的习性。雄虫寿命8～28天，雌虫寿命23～32天，每雌产卵平均为71粒。卵多产于树皮裂缝和伤疤处，每处产卵1～10粒不等，卵期7～14天。

双条杉天牛成虫-1

双条杉天牛成虫-2

双条杉天牛卵

双条杉天牛幼虫

双条杉天牛蛹

双条杉天牛幼虫蛀道(徐公天提供)

双条杉天牛危害状

双条杉天牛防治历 （以内蒙古地区为例）

时间	虫态	防治方法	要点说明
1～3月	成虫、卵、蛹	及时清理危害严重没有挽救价值的树木。	清理时要将树根一并挖出，并对虫害木进行除害处理。
		做好产地检疫，把住苗木进入造林地前的复检关，杜绝带疫苗木造林。	认真开展产地检疫。
3～5月	成虫	利用双条杉天牛成虫的趋光性，采用杀虫灯诱杀。	羽化前设置杀虫灯。
		8%氯氰菊酯微囊悬浮剂400倍液喷雾，持效期可达40天左右，连续喷2次，药效可覆盖整个成虫期。	成虫出蛰前1周施药。
4～8月	幼虫	4月幼虫刚开始孵化，蛀道短，温度适宜，释放蒲螨防治。	采用泛滥式按每厘米胸径2万头释放蒲螨。
		按蜂虫比5∶1释放肿腿蜂。	6月份，选择晴好天气，采用点株式放蜂法（即每株作为1个点）。
		干基打孔注药毒杀幼虫。	可选用10%吡虫啉或40%氧化乐果3～5倍液作为防治药剂。

参考文献

[1] 萧刚柔.中国森林昆虫 [M].北京:中国林业出版社,1992.
[2] 丘玲.应用管式肿腿蜂防治粗鞘双条杉天牛 [J].中国生物防治,1999,15(1): 8-11.
[3] 牛广瀑.双条杉天牛空间分布规律及防治技术 [J].中国森林病虫,2008,27(4): 15-17.
[4] 张佐双,等.利用天敌蒲螨控制柏树蛀干害虫双条杉天牛 [J].中国园林,2004,20(2): 75-77.

（赵胜国　赵恒刚　徐志华）

粗鞘双条杉天牛

Semanotus sinoauster Gressitt

分布与危害 分布于安徽、江苏、浙江、江西、河南、湖北、湖南、广东、广西、福建、台湾、四川、贵州、云南等地。是杉木上的一种毁灭性蛀干害虫，主要以幼虫在树干韧皮部及边材蛀食，常导致杉木生长量减低，材质变坏乃至整株枯死。

寄　　　主 杉木、柳杉、柏等。

主要形态特征 成虫小或中型，体圆筒形，略扁，黑褐色或棕色，头和前胸黑色，触角较短，雄虫触角不超过体长，雌虫仅达体长的一半；前胸具浓密淡黄色绒毛，前胸背板有5个光滑瘤突，排列成梅花形；鞘翅棕黄色，末端圆形，基部刻点粗大，其余翅面刻点较小；前翅中央及末端有2条黑色横宽带，两黑带之间为棕黄色，翅前端为驼色，每翅中部和末端各有1个大黑斑，体腹面棕色。老熟幼虫圆筒形，略扁，体乳白色，无足。与双条杉天牛的主要区别是：双条杉天牛体一般较小，鞘翅色泽淡黄褐，基部刻点较细，主要危害柏树，多分布于北方。粗鞘双条杉天牛体一般较大，鞘翅色泽棕黄，基部刻点粗皱，多分布于南方。

生物学特性 在华北地区为一年1代，以成虫越冬；少数地区二年1代，第一年以幼虫越冬，第二年以成虫越冬。成虫羽化后不需补充营养，不善飞翔，主要靠爬行活动。交尾1~3天后开始产卵，平均产卵52粒，最高达222粒，卵单产在2米以下树皮缝内，受害严重的树整株均有卵。幼虫孵化后，横向蛀入粗皮取食，然后蛀入韧皮部，也有在粗皮上蛀食一段时间后，直接穿过韧皮部取食边材的。蛀食过程中粪便及木屑不排出，前蛀后填。一般呈螺旋形，少数"S"形或"之"字形，有的甚至延伸到根部，随着取食量的增加虫道也由细变粗，蛀道扁圆，充满蛀屑和虫粪成硬块状，从外可见树皮隆起，在一些树皮破裂处可见木屑，蛀孔外流出白色树脂。幼虫老熟后，在蛀道末端8厘米内向树干髓心方向斜下蛀侵入孔，再竖直向下蛀蛹室化蛹。8年生以下杉木树干中基部受害较重，10年生以上的杉木顶部受害较重。

粗鞘双条杉天牛成虫-1(石晋提供)　　　粗鞘双条杉天牛成虫-2(石晋提供)

粗鞘双条杉天牛防治历　　　　(以华北地区为例)

时间	虫态	防治方法	要点说明
3～4月	成虫	饵木诱杀。	在柏林外堆放新鲜的柏木木段（长1m以内），每堆10段，诱集成虫入内产卵，后剥皮或烧毁。
		8%氯氰菊酯微囊悬浮剂150～300倍喷干。	树干2米以下喷湿。
		适时进行抚育间伐，清除虫害木。	对伐下的虫害木进行剥皮处理。
3～5月	成虫、卵、幼虫	氯氰菊酯胶囊剂100～200倍液喷干杀卵；20%甲氰菊酯乳油、2.5%溴氰菊酯乳油1000～1500倍液喷树干杀初孵幼虫或侵食韧皮部的幼龄幼虫。	韧皮部幼虫期为该虫最薄弱时期，是最佳防治时期，以树干喷湿为宜。
		异小杆线虫泰山1号，防治幼虫。	每头害虫1000条线虫剂量、注射法或塑料海绵塞孔法。
		释放蒲螨。采取泛滥式方式，按照每厘米树胸径20000头释放。	4月中旬进行。
5～8月	幼虫	应用管氏肿腿蜂防治。	只在幼虫期使用效果好，放蜂量以2500头/公顷为宜。

注意保护天敌，如棕色小蚂蚁、花绒寄甲、啄木鸟、蜘蛛等，还有寄生性天敌如管氏肿腿蜂、斑头陡盾茧蜂、两色刺足茧蜂、红头白腹茧蜂等，对控制粗鞘双条杉天牛有重要作用。

粗鞘双条杉天牛蛀道 (石晋提供)

粗鞘双条杉天牛羽化孔 (石晋提供)

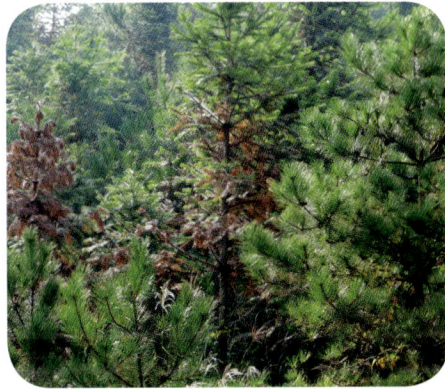

林分被害状 (石晋提供)

参考文献

[1] 胡长效. 粗鞘双条杉天牛发生及防治研究进展 [J]. 植保技术与推广, 2003, 23(1): 39-41.

[2] 徐公天、杨志华. 中国园林害虫 [M]. 北京: 中国林业出版社, 2007.

[3] 徐志忠. 粗鞘双条杉天牛生物学特性初步观察 [J]. 安徽农学通报, 2009, 15(3): 170, 199.

(邱立新　曹川健　雷银山)

光肩星天牛

Anoplophora glabripennis (Motsch.)

分布与危害	分布于辽宁、河北、山西、陕西、甘肃、宁夏、内蒙古20余省（自治区、直辖市）。主要以幼虫蛀食木质部，成虫补充营养时亦可取食寄主叶柄、叶片及小枝皮层，严重发生时被害树木千疮百孔，风折或枯死，木材失去利用价值。三北地区危害尤重。
寄　　　主	杨属、柳属、榆属、槭属等树木。
主要形态特征	成虫体黑色，有光泽，触角鞭状自第三节开始各节基部呈灰蓝色。雌虫触角约为体长的1.3倍，最后一节末端为灰白色。雄虫触角约为体长的2.5倍，最后一节末端为黑色。前胸两侧各有1个刺状突起，鞘翅上各有大小不等的由白色绒毛组成的斑纹20个左右。幼虫初孵时为乳白色，取食后呈淡红色，头部褐色。老熟幼虫身体带黄色，头盖1/2缩入胸腔中，前段为黑褐色。前胸大而长背板后半部呈"凸"字形。
生物学特性	一年发生1代或二年1代。卵、幼虫、蛹均能在被害树木内越冬，多数以幼虫越冬。成虫羽化后需补充营养，2～3天后交尾，在树干上咬出刻槽，卵单产于皮下刻槽内，每头雌虫平均产卵30粒左右。孵化幼虫取食腐坏的韧皮部及形成层，3龄末或4龄以后蛀入木质部形成坑道，翌年老熟幼虫在坑道末端筑蛹室化蛹。成虫一般于6月开始出现，7月上旬至8月上旬为羽化盛期。

光肩星天牛成虫补充营养(徐公天提供)

光肩星天牛成虫

光肩星天牛成虫羽化孔(徐公天提供)

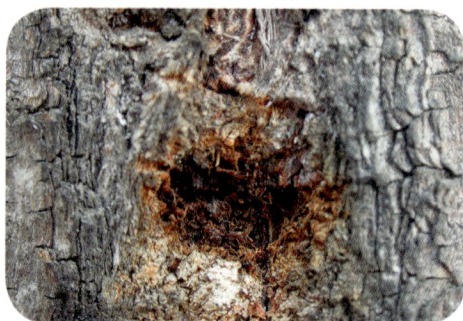

光肩星天牛成虫产卵孔(徐公天提供)

光肩星天牛防治历 （以西北地区为例）

时 间	虫 态	防治方法	要点说明
1～4月	幼虫、蛹	伐除受害严重的树木或严重受灾的林带，可利用伐根萌芽更新或嫁接毛白杨等抗性树种。	以边伐边嫁接为好，间隔较长时间嫁接前，再将伐根截去一段，使伐根截面新鲜。
		被害木除害处理采取熏蒸、破板加工、水浸等方法。可采用磷化铝（6克/立方米）、硫酰氟（40～60克/立方米）塑料帐幕熏蒸3～7天；水浸泡需30～50天。	必须在成虫羽化前完成。
		采取多树种配置模式营造混交林，目的树种、非寄主树种、诱饵树种比例一般为45～50：45～50：10～0。	目的树种即主栽树种，主要为新疆杨、河北杨、毛白杨等；非寄主树种有臭椿、白蜡、槐树类及针叶树等；诱饵树种为天牛喜食树种，主要为箭杆杨、合作杨、大官杨、槭树类等。
		对天牛集中在树干中上部危害的，自树干1.6～1.8米处截去，利用萌芽更新恢复林分。	截干时间一定要在春天叶芽萌动前进行。
5～6月，9月	卵、幼虫、成虫	5～6月或7～8月卵或低龄幼虫期以锤击刻槽，砸死卵和小幼虫，或采用50%杀螟松乳油100～200倍、40%乐果乳油200～400倍对树干上的卵刻槽及排粪孔喷施，杀灭卵和皮下小幼虫。	注意作业人员安全。
7～8月		可在蛀孔插入毒签或磷化铝片等毒泥堵孔。	堵孔时需将蛀孔中的粪便和木屑去除。
		成虫期羽化后产卵前发动群众人工捕杀。化学防治（一般在7月中上旬进行）采用8%氯氰菊酯微囊悬浮剂150～300倍常量或超低量喷干，或20%吡虫啉干基打孔注药（0.3毫升/厘米胸径）。	8%氯氰菊酯微囊悬浮剂喷干以2米高以上树木枝杈处为重点。打孔注药一般在干基部距地面30厘米处钻孔，钻头与树干成45度角，钻6～8厘米深的斜向下孔。视树木胸径大小绕干钻3～5个孔，注药后以泥浆封孔。

对可能携带害虫活体的木材、包装板、苗木等严格加强检疫，防止人为传播扩散。注意保护和招引大斑啄木鸟和花绒寄甲等天敌。

光肩星天牛幼虫 (徐公天提供)

光肩星天牛老龄幼虫排屑 (徐公天提供)

光肩星天牛片林被害状

参 考 文 献

[1] 许志春，田海燕，陈学英，等.涂干剂防治杨树天牛成虫试验 [J]. 中国森林病虫，2003, 22(4): 17-20.
[2] 骆有庆，刘荣光，许志春，等.防护林杨树天牛灾害的生态调控理论与技术 [J]. 中国森林病虫，2002, 21(1): 32-35.
[3] 金艳芳，李桂琴，陈洪军，等.8%绿色威雷和16%虫线清防治杨树天牛成虫试验 [J].防护林科技，2003(3): 28-29.
[4] 刘自祥，许效仁，张学义.伐根嫁接毛白杨更新天牛危害树的试验.中国森林病虫，2002(3): 46, 42.
[5] 李孟楼，王培新，马峰，等.花绒坚甲对光肩星天牛寄生效果研究.西北农林科技大学学报，2007, 35(6): 152-156, 162.

（邱立新 曹川健 许效仁 李德家）

星天牛

Anoplophora chinensis (Forster)

分布与危害　又名柑橘天牛。分布于辽宁、河北、山东、河南、湖南、山东、陕西、安徽、甘肃、四川、浙江、广西、贵州、云南等省。以成虫啃食枝干嫩皮，幼虫钻蛀枝干危害，造成枝干千孔百洞，被害严重的树易风折枯死，影响材质及观赏价值。

寄　　　主　杨、柳、榆、刺槐、悬铃木、母生、乌桕、相思树、柑橘、核桃、苦楝、桑、女贞、樱花等。

主要形态特征　成虫黑色具金属光泽。头部和身体腹面被银白色和部分蓝灰色细毛。触角丝状，黑白相间，长约10厘米。雄虫触角超出身体4、5节，雌虫的触角稍过体长。前胸背板具尖锐粗大的侧刺突。鞘翅基部密布黑色小颗粒，每翅具大小白斑约20个，排成5行，斑点变异较大。鞘翅基部密布黑色小颗粒；老熟幼虫乳白色至淡黄色。头部褐色，长方形，中部前方较宽，后方缢入；单眼1对，棕褐色；前胸略扁，背板骨化区呈"凸"字形，"凸"字形纹上方有两个飞鸟形纹。气孔9对，深褐色。

生物学特性　在我国南方一年1代，以不同龄期幼虫在被害寄主树木木质部蛀道内越冬。翌年3月越冬幼虫继续蛀食危害。4月上旬开始化蛹，5月上旬化蛹基本结束。5月下旬成虫陆续开始羽化，6月中旬至7月上旬为羽化高峰期，羽化后成虫白天飞翔，咬食枝条嫩皮补充营养，开始交尾，7月为产卵盛期，产卵刻槽为"T"或"八"字形。每雌产卵30粒左右，喜欢把卵产在距地面10厘米以上1米以下的树干主干上，以15厘米以内为多，每一刻槽产卵1粒，产卵后分泌一种胶状物质封口。幼虫龄共6龄。初孵幼虫先在刻槽附近向下蛀食表皮和木质部之间，形成不规则的扁平虫道，虫道内充满虫粪。1～2个月以后才向木质部蛀食，并向外开通气孔，从中排出粪便，蛀道不规则，并充满木屑虫粪，11月初开始越冬。

星天牛成虫-1(徐公天提供)

星天牛成虫-2

星天牛产卵刻槽

星天牛幼虫

星天牛卵

星天牛危害状-1

星天牛幼虫蛀道(徐公天提供)

星天牛危害状-2

星天牛防治历　(以南方地区为例)

时间	虫态	防治方法	要点说明
1～6月	幼虫、老熟幼虫、蛹	采用磷化锌毒签插入排粪孔并用泥堵孔熏杀。或用50%敌敌畏乳油、40%氧化乐果乳油20～40倍液注入或用药棉沾药塞入虫孔。	堵孔时需将蛀孔中的粪便和木屑去除干净，插入毒签后用泥浆密封。
		对天牛集中在树干中上部危害的，自树干1.6～1.8米处截去，利用截头更新恢复林分。	截干一定要在春天叶芽萌动前进行。
		伐根嫁接抗性树种。	以边伐边嫁接为好，间隔较长时间嫁接前，再将伐根截去一段。
		虫害木除害处理可采取熏蒸、破板加工、水浸等方法，必须在成虫羽化前完成。	可采用磷化铝(6克/立方米)、硫酰氟(40～60克/立方米)塑料帐幕熏蒸3～7天。水浸泡需30～50天。
		保护和招引啄木鸟。提高自然控制力。	挂设木段招引大斑啄木鸟，1～1.5根木段/公顷。
7～8月	成虫、卵、初孵幼虫	6、7月是成虫羽化期，可在晴天中午前后进行人工捕杀成虫。	人工作业，要注意安全。
		7月中旬至8月上旬，利用刻槽明显的特点，锤击产卵痕和幼虫。	
		80%敌敌畏乳油或40%乐果乳油掺和适量水和黄泥，搅成稀糊状，涂刷在树干基部或距地30～60厘米以下的树干上。	在成虫活动盛期，毒杀在树干上爬行及咬破树皮产卵的成虫和初孵幼虫。
		杀虫灯诱杀成虫。	在成虫羽化前设置杀虫灯。

在天牛严重发生疫区与非发保护区之间实行严格的检疫制度，控制人为传播。

参考文献

[1] 李跃飞.几种药剂防治星天牛的比较研究 [J].安徽农业科学,2008(10): 102.
[2] 黄金水,叶剑雄,何学友.星天牛幼虫空间分布格局变动原因分析 [J].防护林科技,2000(专刊): 36-38.
[3] 叶剑雄,何学友,黄金水,等.木麻黄星天牛预测预报技术 [J].防护林科技,2000(专刊): 45-47.

（舒朝然　刘心宏　江仕贵　张孟云）

云斑天牛

Batocera horsfieldi (Hope)

分布与危害 又名云斑白条天牛。分布于上海、江苏、广东、浙江、河北、陕西、安徽、江西、湖南、湖北、福建、广东、广西、台湾、四川、云南等地。以幼虫在树干内蛀食危害，树干基部几乎被蛀空，极易折断，造成树势衰弱，严重时树干枯死，对树木材质造成严重损害。

寄　　　主 白蜡、桑、柳、乌桕、女贞、泡桐、枇杷、杨、苦楝、悬铃木、柑橘、紫薇等。

主要形态特征 成虫体黑褐色至黑色，密被灰白色和灰褐色绒毛；雄虫触角超过体长约1/3，雌虫略长于体，每节下方生有稀疏细刺；前胸背板中央有1对肾形白色或浅黄色毛斑，侧突大而尖锐。小盾片被白色绒毛。每鞘翅上有由白色或浅黄色绒毛组成的云片状斑纹，一般列成2~3纵列，以外面1列数量居多，并延至翅端部。鞘翅基部 1/4处有大小不等的瘤状颗粒，肩刺大而尖端微指向后上方。身体两侧由复眼后方至腹部末节有一条由白色绒毛组成的纵带。幼虫粗肥多皱，淡黄白色，前胸硬皮板淡棕色，略呈方形，并有大小不一的褐色颗粒，前方近中线处有2个黄白色小点，小点上各有1根刚毛。

生物学特性 上海二到三年完成1代，以幼虫和成虫在虫道内越冬。4月中旬出现成虫，进行补充营养、交尾和产卵；卵大多产于离地面1米以下的树干基部，咬一个圆形或椭圆形刻槽，产卵于其上方，每穴产卵1粒。树干周围1圈可连续产卵10~12粒。每雌虫产卵40粒左右。7月初，初孵幼虫先在韧皮部蛀成"△"状刻痕，被害部位树皮突胀、纵裂，并排出木丝状粪屑，堆积于树干基部。单株有多条幼虫蛀食，以后渐蛀入木质部，深达髓部，再转向上蛀，虫道略弯曲。老熟幼虫在虫道末端做蛹室化蛹。成虫羽化后在蛹室内生活9个月才离开树体。

云斑天牛成虫

云斑天牛危害状

云斑天牛蛀道

云斑天牛防治历　　　　　　(以上海地区为例)

时间	虫态	防治方法	要点说明
1~4月	大龄幼虫 蛹 成虫	伐除受害严重的树木或受灾严重的林带,可利用伐根嫁接毛白杨等抗性树种,快速恢复林分。	伐除的虫害木要及时除害处理。以边伐边嫁接为好。
		虫害木除害处理可采取熏蒸、破板加工、水浸等方法,必须在成虫羽化前完成。	可采用磷化铝(6克/立方米)、硫酰氟(40~60克/立方米)塑料帐幕熏蒸3~7天;水浸泡需30~50天。
		对天牛集中在树干中上部危害的,自树干1.6~1.8米处截去,利用萌芽更新恢复林分。	截干时间一定要在春天叶芽萌动前进行。
4~5月	成虫	成虫期人工捕杀。化学防治(一般在4月中上旬进行)采用8%氯氰菊酯微囊悬浮剂150~300倍常量或超低量喷干。	成虫产卵前树干涂白。
5~9月	卵、 低龄幼虫	4月下旬至5月卵或低龄幼虫期以锤击刻槽,或采用50%杀螟松乳油100~200倍喷施树干上的卵刻槽及排粪孔。	卵期和初孵幼虫期也可喷洒渗透性内吸药剂蛀虫清500~800倍液。
		成虫期羽化后产卵前发动群众人工捕杀。化学防治(一般在7月中上旬进行)采用8%氯氰菊酯微囊悬浮剂150~300倍常量或超低量喷干,或20%吡虫啉干基打孔注药(0.3毫升/厘米胸径)。	卵期要保护利用天敌跳小蜂,幼虫期要保护利用天敌跳小蜂、小茧蜂、虫花棒束孢菌和核型多角体病毒等。

对可能携带害虫活体的木材、包装板、苗木等严格加强检疫,防止人为传播扩散。注意保护和招引大斑啄木鸟和花绒寄甲等天敌。

参考文献

[1] 高文清.云斑白条天牛的防治 [J].河北林业科技,2003(4): 32.

[2] 胡斌.云斑天牛在西阳县杨树上的发生与防治 [J].植物医生,2005(3): 24-25.

[3] 钱范俊,袁俊杰,杜夕生.云斑天牛产卵刻槽在杨树树干上的分布规律 [J].中南林学院学报,1997(3): 82-85.

(舒朝然　赵恒刚　徐志华　李有忠)

青杨脊虎天牛

Xylotrechus rusticus Linnaeus

分布与危害　分布于辽宁、吉林、黑龙江省。以幼虫蛀干危害。成、过熟林被害后极易风折，严重被害木枯死。主要危害7～15年生树木。

寄　　　主　杨属、柳属、桦木属、栎属、水青冈属（山毛榉属）、椴树属、榆属多种植物。

主要形态特征　成虫体黑色，头部与前胸色较暗，头顶有倒"V"形隆起线。触角着生处较近，雄虫触角长达鞘翅基部，雌虫略短，达前胸背板后缘。前胸球状隆起，宽度略大于长度，密布不规则皱脊；背板具2条不完整的淡黄色斑纹。小盾片半圆形；鞘翅两侧近平行；内外缘末端钝圆；翅面密布细刻点，具淡黄色模糊细波纹3或4条，在波纹间无显著分散的淡色毛；基部略呈皱脊。体腹面密被淡黄色绒毛。后足腿节较粗，胫节距2个。幼虫黄白色，体生短毛，头淡黄褐色，缩入前胸内。前胸背板上有黄褐色斑纹。腹部除最末节短小外，自第一节向后逐渐变窄而伸长。

生物学特性　一年发生1代，以幼虫在木质部内越冬，翌年4月上旬越冬幼虫开始活动钻蛀危害，虫道不规则，化蛹前蛀道伸到木质部表面层，并在蛀道末端以木屑封闭。4月下旬开始化蛹，5月下旬成虫开始羽化，6月初为羽化盛期，羽化后进行交尾，6月中旬产卵，成堆状。成虫产卵时直接把产卵器插入树皮的裂缝内，几乎不在光滑的嫩枝上产卵，这也是导致主干比侧枝受害严重，下部比上部受害重的原因。6月中旬至7月上旬卵孵化，初孵幼虫即可钻蛀危害，7～8月一般在韧皮部和木质部之间危害，到8～10月全部钻蛀到木质部内取食，10月下旬停止取食，进入冬眠状态。成虫飞翔能力不强，善于爬行，一般就近、集中产卵于树干老树皮的裂缝较隐蔽处，初孵幼虫向四周扩散钻蛀危害，从而在树干上形成1～2米不等的虫害木段。该虫危害寄主的部位与林龄有关，5～7年生树木在1米以下，8～12年生树木在3米以下，12年生以上树木在4米以下区段受害较严重。

青杨脊虎天牛成虫

青杨脊虎天牛危害状

青杨脊虎天牛危害状

青杨脊虎天牛防治历

(以东北地区为例)

时　间	虫　态	防治方法	要点说明
3～4月中旬	幼虫	用2.5%敌杀死乳油100倍液干基部打孔注射（5毫升/株）；早春在树干绑缚塑料布，用磷化铝片剂密闭熏蒸树干内幼虫。	在化蛹前施药。磷化铝熏蒸时间不得超过3天。对虫害木用帐幕法处理，每立方米木材需10～20克磷化铝片剂。
5～6月上旬	成虫	在树干和大侧枝喷施8%氯氰菊酯微囊悬浮剂150～300倍，防治羽化后的成虫。	成虫羽化盛期。常量喷雾为300～500倍、超低量为100～150倍。
6～7月	初孵幼虫	3%高渗苯氧威乳油1000倍树干刷药。	在韧皮下危害尚未进入木质部的幼龄幼虫。

参考文献

[1] 萧刚柔.中国森林昆虫 [M].北京:中国林业出版社 1992.

[2] 徐公天,杨志华.中国园林害虫 [M].北京:中国林业出版社,2007.

[3] 林业部林政保护司.中国森林病虫普查名录 [M].沈阳:内部发行,1988.

[4] 国家林业局植树造林司,国家林业局森林病虫害防治总站.中国林业检疫性有害生物及检疫技术操作办法 [M].北京:中国林业出版社,2005.

（熊惠龙　杜文胜　姜海燕）

青杨楔天牛

Saperda populnea Linnaeus

分 布 与 危 害	分布于黑龙江、内蒙古、辽宁、陕西、甘肃、宁夏、青海、新疆、山东、山西、河北、河南等地。幼虫蛀食枝干，特别是枝梢部分，被害处形成纺锤状瘤，阻碍养分的正常运输，使枝梢干枯，易遭风折，或造成树干畸形，呈秃头状，影响成材。在幼树主干髓部危害，可使整株枯死。
寄　　　主	主要危害杨属、柳属植物。
主要形态特征	成虫体黑色，密布金黄色和黑色茸毛。前胸略呈梯形，其上有3条黄色线带，无侧刺突，背面平坦，两侧各具1条较宽的金黄色纵带。鞘翅满布黑色粗糙刻点，并有黄色绒毛。两鞘翅上各生有4个金黄色茸毛斑，第一对相距较近，第二对相距最远，第三对最近，第四对稍远。幼虫初孵时乳白色，中龄浅黄色，老熟时深黄色。头黄褐色，头盖缩入前胸很深。前胸背板骨化，身体背面有1条明显中线。
生 物 学 特 性	一年发生1代，以老熟幼虫在树枝的虫瘿内越冬，第二年春天开始化蛹，成虫羽化后常取食树叶边缘作为补充营养，约2～5天后交尾，成虫一生可交尾多次，交尾后约2天开始产卵。产卵前先用产卵器在枝梢上试探，然后用上颚咬成马蹄形刻槽，产卵其中，每雌平均产卵40粒左右。初孵幼虫向刻槽两边的韧皮部侵害，10～15天后，蛀入木质部，被害部位逐渐膨大，形成椭圆形虫瘿，10月上旬幼虫老熟，将蛀下的木屑堆塞在虫道末端，即为蛹室，幼虫在其内越冬。成虫在河南3月下旬、北京4月中旬、沈阳5月上旬开始出现。

青杨楔天牛成虫产卵(韩国升提供)

青杨楔天牛卵(韩国升提供)

树木单株受青杨楔天牛危害状

青杨楔天牛成虫

青杨楔天牛产卵槽 (韩国升提供)

青杨楔天牛幼虫 (韩国升提供)

青杨楔天牛防治历　　　（以东北地区为例）

时　间	虫　态	防治方法	要点说明
1～3月	幼虫	平茬复壮。	对于受青杨楔天牛严重危害的没有防治价值的2～5年生杨树幼林，可平茬复壮。
		产地检疫。	越冬期，及时开展产地检疫，特别是把好造林地复检关。剪除苗圃虫苗虫瘿集中烧毁。
4月	幼虫蛹	伐根嫁接。	对林相较好、虫害严重的过熟林、低产低效林改造时宜采取伐根嫁接，更新造林。嫁接用插穗宜选用较抗青杨天牛的新疆杨、北京0567等品种。
		营造混交林。	选抗天牛树种（品种），提倡营造混交林。
5月	成虫	树冠喷药。	在树冠、树干上喷洒8%氯氰菊酯微囊悬浮剂200～300倍液。
5月下旬至6月中旬	卵	砸卵。	人工砸马蹄形产卵痕迹，每隔7～10天一次，连续2～3次效果较好。
6～9月	幼虫	在干基打孔注射5%吡虫啉乳油。	打孔注药按每厘米胸径0.3～0.5毫升用量。
10～12月	幼虫	剪除虫瘿。	结合秋冬季修枝人工剪除带虫瘿枝条。

参考文献

[1] 李文杰,邬承先.杨树天牛综合管理 [M].北京:中国林业出版社,1992.

[2] 田立明,杨桂风,贾春丽.青杨天牛发生现状与综合治理技术 [J].防护林科技,2007(5): 129-130.

[3] 景天忠,刘宽余,李立群,等.青杨天牛发生特点及环境友好型控制策略探讨 [J].防护林科技,2006(6): 66-69.

[4] 李艳华,等.哲盟地区青杨天牛发生期预报 [J].内蒙古林业科技,1997(1): 35-38.

（赵胜国　雷银山　刘自祥）

双斑锦天牛

Acalolepta sublusca (Thomson)

分布与危害	分布于北京、天津、河北、辽宁、山东、上海、湖南、陕西、江苏、浙江、湖北、福建、江西、广东、广西、四川、贵州等地。主要以幼虫蛀食树根和干基造成植株枯死。受害初期树叶失水失绿，之后逐渐枝枯叶黄，根部腐烂，生长衰弱或枯死。成虫也造成一定的危害，其补充营养时啃食嫩梢枝干，易致嫩梢折断而枯死。成虫通过连续迁飞扩散速度较快，危害性大。
寄　　　主	主要危害大叶黄杨、卫矛等。
主要形态特征	成虫体栗褐色。头、前胸密被棕褐色绒毛，触角有稀少灰白色绒毛；雄虫触角超过体长1倍。鞘翅密被光亮淡灰色绒毛，翅基部中央具一圆形或近方形黑褐斑，肩下侧缘有一黑褐色长斑，前胸背板宽胜于长，侧刺突短小，基部粗大，胸面微皱，中央两侧散布粗刻点。小盾片近半圆形，鞘翅宽于前胸，向后显著狭窄。翅端圆形，翅面刻点细而稀。雄虫腹末节后缘平切，雌虫腹末节后缘中央微内凹。足粗壮，后足伸达第四腹节。幼虫老熟时米黄色，头部前端背面黑褐色，呈三角形。前胸背板有一长方形浅褐色斑块。前胸体节明显比其他各节大。
生物学特性	在北京一年发生1代，以幼虫在被害株根部越冬。3月上旬开始活动取食，5月下旬在蛀道中咬粗木屑做蛹室化蛹，6月中旬成虫陆续羽化，成虫咬食寄主植物嫩茎皮层补充营养，在向阳枝条顶端交尾后成虫刻槽产卵，成虫具有假死性，寿命30～50天。7月产卵，多产于离地面20厘米以下的较粗树干缝隙处或皮层下，少数产于高处，经7～10天后于7月下旬孵化，初孵幼虫先在产卵处附近皮下取食，不久后向下蛀食主干基部，在主干表面与木质部之间迂回蛀食，天气干燥或久晴可见树蔸周围，有白色木屑虫粪，潮湿或阴雨天可见褐色木屑虫粪，随虫龄增加，后逐渐蛀入木质部，咬成不规则蛀道，主要危害4年生以上的植株。

双斑锦天牛成虫(徐公天提供)

双斑锦天牛成虫羽化孔(徐公天提供)

双斑锦天牛幼虫蛀食 (徐公天提供)

双斑锦天牛幼虫根部蛀道 (徐公天提供)

双斑锦天牛危害大叶黄杨 (徐公天提供)

双斑锦天牛防治历　(以北京地区为例)

时　间	虫　态	防治方法	要点说明
3月上旬至 5月下旬	幼虫	根颈部喷洒内吸剂40%氧化乐果1000倍液。	在成虫羽化前进行。
6月中旬 至7月	成虫、 卵	可利用成虫假死性，在树下放置白色薄膜，摇树捕捉落地成虫。	在晴天的中午进行。
		8%氯氰菊酯微囊悬浮剂常量喷雾300～500倍、超低量喷雾100～150倍喷干，以树干微湿为宜，毒杀成虫。	对水生动物、蜜蜂、蚕极毒，使用时须十分注意。
		喷施布氏白僵菌高孢粉菌剂50克/公顷。	成虫羽化期应用，与化学防治一起实施效果更佳。
		向地表及干基部喷施10%吡虫啉3000倍杀初龄幼虫。	在产卵盛期和卵孵化初期进行。
8～9月	幼虫	防治方法同3月上旬至5月下旬。	

加强检疫，防止带虫苗木造林，苗木调运传播。定期除草，及时清除虫害株，减少虫源。

参考文献

[1] 余黎红, 陈国利, 刘国军. 双斑锦天牛的生物学特性及防治 [J]. 植物保护, 2007, 33(2): 108-110.
[2] 尹春初. 双斑锦天牛的生物学特性及其防治 [J]. 湖南农业科学, 2003(1): 54, 56.
[3] 徐公天, 杨志华. 中国园林害虫 [M]. 北京: 中国林业出版社, 2007.
[4] 王焱. 上海林业病虫 [M]. 上海: 上海科学技术出版社, 2007.

(邱立新　曹川健　刘自祥)

刺角天牛

Trirachys orientalis Hope

分布与危害　分布于黑龙江、辽宁、河北、天津、河南、山东、江苏、山西、安徽、江苏、上海、浙江、江西、福建、广东、海南、台湾、湖南、湖北、陕西、甘肃、四川、贵州、云南等地。以幼虫钻蛀树木主干和粗枝，有重复危害现象，造成虫道交错，蛀孔较多，一般老龄树木受害较重，严重发生可使被害树木千疮百孔，枝梢干枯，树皮剥离，整株枯死，木材失去利用价值。成虫补充营养时亦可取食寄主叶柄、叶片及小枝皮层。

寄　　　　主　杨属、柳属、榆属、槭属、刺槐、合欢、臭椿、泡桐等多种阔叶树。

主要形态特征　成虫体灰黑色，被有棕黄色及银灰色闪光的绒毛，头顶中央具纵沟；前胸两侧刺突较短，背板粗皱，中央偏后有一小块近三角形的平板，上面覆盖棕黄色绒毛，平板两侧较洼，有平行的波状横脊；鞘翅表面不平，末端平切，具明显的内、外角端刺。腹部被有稀疏绒毛，臀板一般露于鞘翅之外。末龄幼虫淡黄色至黄色，前胸背板前半部有2个"凹"字形斑纹，其间被中缝线分开，两侧各有1个近三角形的褐色斑；胸、腹背部生有褐色毛。

生物学特性　一年1代或二至三年发生1代。以幼虫及成虫越冬，多数以幼虫越冬。多数成虫羽化后取食树叶、嫩枝补充营养，1～2天后交尾、产卵，卵散产于树皮裂缝、伤口边缘、老排粪孔、羽化孔的树皮下。每雌平均产卵60粒左右。卵期7～9天。幼虫孵化后，蛀入韧皮部与木质部之间取食危害，并排出虫粪和木屑，4龄以后蛀入木质部形成坑道，次年或第三年老熟幼虫在坑道末端筑蛹室化蛹。成虫一般于4月下旬，8月中旬开始出现，羽化盛期分别为5月中旬至6月中旬，9月上旬至10月上旬。

刺角天牛成虫 (徐公天提供)

刺角天牛幼虫蛀道口 (徐公天提供)

刺角天牛防治历　　　(以华北地区为例)

时　间	虫　态	防治方法	要点说明
1~4月, 11~12月	卵、 幼虫、 蛹	伐除受害严重的树木和林带。	
		虫害木可采取熏蒸、破板加工、水浸等除害处理,必须在成虫羽化前完成。	用磷化铝(6克/立方米)、硫酰氟(40~60克/立方米)塑料帐幕熏蒸3~7天;水浸泡需30~50天。
		营造混交林,栽植引诱树法,引诱天牛成虫产卵,目的树种、非寄主树种、诱饵树种比例一般为45~50:45~50:10~0。	目的树种为银杏、河北杨、毛白杨等;非寄主树种有白蜡、法桐、五角枫、构树及针叶树等;诱饵树种为银白杨、槐树、柳树、合欢、加杨、榆树类等。
5~10月	卵、 幼虫、 成虫	以锤击刻槽,砸卵和低龄幼虫,或用50%杀螟松乳油100~200倍、40%乐果乳油200~400倍对树干上的卵刻槽及排粪孔喷施。	卵或低龄幼虫期。
5~9月		幼虫蛀入木质部后,可在蛀孔插入磷化铝毒签或磷化铝片0.3克等毒泥堵孔熏杀,或树干刮除老皮20厘米宽,微露青皮,涂刷30%氯胺磷乳油溶液,药液浓度1:1。	堵孔时需将蛀孔中的粪便和木屑去除,插入毒签后用泥浆密封。
		成虫期人工捕杀。化学防治(一般在5月下旬至7月上旬进行)采用8%氯氰菊酯微囊悬浮剂150~300倍或3%高效氯氰菊酯微囊悬浮剂600~800倍常量或超低量喷干。	

对可能携带害虫活体的木材、包装板、苗木等严格加强检疫,防止人为传播扩散。注意保护和人工造巢招引啄木鸟等天敌。

参考文献

[1] 萧刚柔.中国森林昆虫[M].北京:中国林业出版社,1992.
[2] 张执中.森林昆虫学[M].北京:农业出版社,1997.
[3] 祁城进.山东天牛志[M].济南:山东科学技术出版社,1999.
[4] 高瑞桐,陈树良.刺角天牛的初步研究[J].林业科技通讯,1986(10):9-12.
[5] 蒋三登.刺角天牛生物学特性及防治研究[J].山东林业科技,1989(3):51-55.
[6] 秦飞.树干注射施药技术及应用[J].林业科技开发,1997(1):20-21.
[7] 王长青,吉志新,周志芳.树干注射法防治梨树害虫的试验研究[J].河北农业技术师范学院学报,1999,3(1):59-62.

(曹川健　邱立新　雷银山)

薄翅锯天牛

Megopis sinica（White）

分布与危害	分布在北京、山东、河北、江西、四川等地。幼虫于枝干皮层和木质部内蛀食，隧道走向不规律，内充满粪屑，削弱树势，严重时，树干可被蛀成窝状空洞，严重影响树体生长甚至枯死。
寄　　　主	杨、柳、榆、松、杉、白蜡、桑、梧桐、油桐、法桐、海棠、苹果、枣、板栗等。
主要形态特征	成虫略扁，棕褐色。头密布刻点。触角较短。前胸前窄后宽，呈梯形。鞘翅黄褐色，上生黄色细毛；每鞘翅上各具3条纵隆线，外侧1条不甚明显；后胸及腹部腹面密被黄色绒毛。雌腹末常伸出很长的伪产卵管。幼虫体粗壮，头黄褐，前胸背板淡黄色，前宽后窄，前缘后有黄褐色横斑。有背中线。腹部步泡突光滑无瘤突。
生物学特性	北京两年发生1代，以幼虫在寄主蛀道内越冬。6～7月成虫羽化，啃食树皮补充营养，产卵于树干上，卵期20多天。孵化后的幼虫从树皮蛀入木质部，其后向上、下蛀食，危害到秋后在树内越冬。翌年春季继续危害，5月幼虫老熟，并在靠近树表做蛹室化蛹。

薄翅锯天牛雌成虫 (徐公天提供)

薄翅锯天牛雄成虫 (徐公天提供)

薄翅锯天牛成虫羽化孔 (徐公天提供)

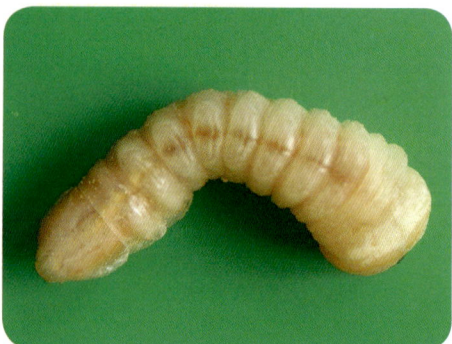

薄翅锯天牛幼虫 (徐公天提供)

薄翅锯天牛防治历　　　　　(以北京地区为例)

时　间	虫　态	防治方法	要点说明
1~5月， 10~12月	幼虫、 蛹	伐除受害严重的树木或受灾严重的林带，可利用伐根萌芽更新。	伐除的虫害木要及时除害处理。
		虫害木除害处理可采取熏蒸、破板加工、水浸等方法，必须在成虫羽化前完成。	可采用磷化铝(6克/立方米)、硫酰氟(40~60克/立方米)塑料帐幕熏蒸3~7天；水浸泡需30~50天。
		对天牛集中在树干中上部危害的，自树干1.6~1.8米处截去，利用萌芽更新恢复林分。	截干一定要在春天叶芽萌动前进行。
6~7月	蛹、 成虫	成虫期人工捕杀，并在树干上绑缚白僵菌胶环，成虫在干上爬行时触及而感病致死。成虫羽化前封闭树疤、烂洞，以阻止其在树体上产卵。	成虫羽化后产卵前捕杀方有效果。
		用8%氯氰菊酯微囊悬浮剂150~300倍常量或超低量喷干。或5%吡虫啉干基打孔注药(0.3毫升/厘米胸径)。或将磷化铝药剂塞入树洞中，密封洞口毒死害虫。	打孔注药后以泥浆封孔。
7~9月	卵、 幼虫	幼虫蛀入木质部后，可在7~9月卵或低龄幼虫期以锤击刻槽，砸卵和低龄幼虫。或采用50%杀螟松乳油100~200倍液喷施树干上的卵刻槽及排粪孔。	人工砸卵，树木过高时必须确保安全。
		树干注药，蛀孔插入毒签，或用乐果、敌敌畏水溶液注孔或磷化铝片等毒泥堵孔。	堵孔时需将蛀孔中的粪便和木屑去除干净。

对可能携带害虫活体的木材、包装板、苗木等严格加强检疫，防止人为传播扩散。注意保护和招引啄木鸟等天敌。

参考文献

[1]　王志明, 倪洪锦. 薄翅锯天牛观察及防治初报 [J]. 中国果树. 1991(1): 34-35.
[2]　立富德, 蒋贤文, 李庆钟, 等. 薄翅锯天牛在花椒树上的发生和防治 [J]. 甘肃农业科技. 1988(12): 14-16.

(舒朝然)

桑天牛

Apriona germari (Hope)

分 布 与 危 害	又名桑粒肩天牛，是我国多种林木、果树的重要害虫。除黑龙江、内蒙古、宁夏、青海、新疆外，各省、自治区、直辖市均有发生。主要以幼虫蛀食木质部，树木被害后生长不良，树势早衰，降低木材利用价值，影响果实产量。成虫喜啃食嫩梢树皮，被害伤疤呈不规则条块状，如枝条四周皮层被害，即凋萎枯死。
寄　　　　主	柳、刺槐、榆、构、朴、杨、苹果、海棠、柑橘、白蜡等，对桑、无花果、山核桃等。
主要形态特征	成虫体和鞘翅黑色，被黄褐色短毛。头顶隆起，中央有1条纵沟。上颚黑色，强大锐利。前胸近方形，背面有横的皱纹，两侧中央各具1个刺状突起。鞘翅基部密生颗粒状小黑点，老龄幼虫乳白色，头部黄褐色，前胸节特大，背板密生黄褐色短毛和赤褐色刻点，隐约可见"小"字形凹纹。
生 物 学 特 性	广东、台湾、海南一年1代，江西、浙江、江苏、湖南、湖北、河南两年1代，辽宁、河北二至三年1代。以幼虫在树干蛀道内越冬，幼虫期长达2年。第三年6月初化蛹，6月下旬羽化。成虫只有取食构树、桑、无花果等桑科植物嫩梢、枝皮补充营养，才能完成发育至产卵。多将一年生皮层咬成"川"形刻槽，卵单产于皮下刻槽内，每雌平均产卵100粒左右。孵化幼虫先在韧皮部和木质部之间向上蛀食，然后蛀入木质部，转向下蛀食，逐渐深入心材，如植株矮小，下蛀可达根际，每隔一定距离向外咬一排粪孔。在上海，6月初化蛹，6月下旬出现成虫，成虫寿命可达80天，有假死性。

桑天牛成虫 (王焱提供)

桑天牛幼虫 (韩艳丽提供)

桑天牛补充营养危害

桑天牛蛹(王焱提供)

桑天牛危害状

桑天牛蛀道

桑天牛幼虫透气排泄孔(徐公天提供)

桑天牛幼虫排屑(徐公天提供)

桑天牛防治历

(以上海地区为例)

时 间	虫 态	防治方法	要点说明
上年12~3月	幼虫	伐除受害严重的树木或受灾严重无保留价值的林带,对新发生或孤立发生区要拔点除源。	尽量避免在杨树周围栽植桑树、构树、栎树和小叶朴等桑天牛成虫补充营养树种。
		虫害木除害处理可采取熏蒸、破板加工、水浸等方法,要随时伐随时进行,必须在成虫羽化前完成。	可采用磷化铝(6克/立方米)、硫酰氟(40~60克/立方米)塑料帐幕熏蒸3~7天;水浸泡需30~50天。
4~5月	幼虫	大龄幼虫期,可在蛀孔插入毒签或磷化铝片等堵孔。	堵孔时需将蛀孔中的粪便和木屑去除干净。
6月下旬至8月上旬	成虫	成虫期人工捕杀。化学防治采用8%氯氰菊酯微囊悬浮剂150~300倍常量或超低量喷干,或5%吡虫啉乳油干基打孔注药(0.3毫升/厘米胸径)。	注药后以泥浆封孔。
7~8月	卵和初孵幼虫	卵或初孵幼虫期锤击刻槽,或对刻槽喷涂灭蛀磷(杀螟硫磷)100~200倍液。	人工砸卵树木过高时必须确保安全。

对可能携带害虫活体的木材、包装板、苗木等严格加强检疫。注意保护和招引啄木鸟等天敌。

参考文献

[1] 徐公天,杨志华.中国园林害虫 [M].北京:中国林业出版社,2007.

[2] 王焱.上海林业病虫 [M].上海:上海科学技术出版社,2007.

[3] 马兴琼.桑树主要枝干害虫的发生及防治 [J].四川蚕业,2007(3): 27.

[4] 张艳秋,刘伟.桑天牛的发生及综合防治 [J].植物医生,2002,15(4): 6-7.

(邱立新　舒朝然　姜海燕)

白杨透翅蛾

Parathrene tabaniformis Rottenberg

分布与危害	分布于北京、天津、河北、山西、内蒙古、辽宁、吉林、黑龙江、上海、江苏、安徽、山东、河南、四川、陕西、甘肃、青海、宁夏、新疆等地。主要以幼虫蛀食树干、枝条。枝梢被害后枯萎下垂，抑制顶芽生长，徒生侧枝，形成秃梢，尤其是苗木主干被害处形成瘤状虫瘿，易遭风折。
寄　　主	杨、旱柳等。
主要形态特征	成虫头和胸之间有橙色鳞片围绕，头顶有1束黄色毛簇。腹部背面有青黑色而有光泽的鳞片覆盖。中后胸肩板各有2簇橙黄色鳞片。前翅窄长，褐黑色，中室与后缘略透明。后翅全部透明。腹部青黑色，有5条橙黄色环带。雌蛾腹末有黄褐色鳞毛1束。初龄幼虫淡红色，老熟时黄白色。背面有2个深褐色刺，略向背上前方钩起。成虫羽化时，遗留下的蛹壳经久不掉。
生物学特性	该虫在华北地区一年发生1代,以幼虫在枝干虫道内越冬，翌年4月上中旬恢复取食。5月末开始化蛹，幼虫化蛹时先在距羽化孔约5毫米处吐丝把坑道封闭，并在坑道末端做圆筒形蛹室，6月初成虫开始羽化，羽化后蛹壳仍留于羽化孔处。成虫喜光，飞翔力很强，羽化当天即交尾产卵，卵量很大，卵多单产于1~2 年生幼树的叶腋、叶柄基部、伤口、树皮裂缝等处，卵期8~17天,幼虫多在组织幼嫩、易于咬破的地方蛀入树皮下，在木质部和韧皮部之间钻蛀虫道危害，被害处形成瘤状虫瘿，随着幼虫的发育钻入髓部，开凿隧道。9月下旬开始越冬。

白杨透翅蛾成虫

白杨透翅蛾侵入孔 (王焱提供)

白杨透翅蛾卵块 (王焱提供)

白杨透翅蛾低龄幼虫(王焱提供)

白杨透翅蛾蛹

白杨透翅蛾幼虫(韩福生提供)

苗木被害折断状(韩福生提供)

白杨透翅蛾成虫和羽化孔

白杨透翅蛾虫瘿(韩福生提供)

白杨透翅蛾防治历　(以北方地区为例)

时　间	虫　态	防治方法	要点说明
1～4月	幼虫	冬季幼虫休眠期及时剪除虫瘿。春季造林引进或输出苗木时，严格检验。	集中销毁虫瘿。
5～8月	幼虫、蛹	幼虫初蛀入时，发现有蛀屑或小瘤，要及时剪除或削掉；幼虫侵入后，用三硫化碳棉球塞蛀孔，孔外堵塞黏泥；树干、枝上涂抹溴氰菊酯泥浆（2.5%溴氰菊酯乳油1份，黄黏土5～10份，加适量水和成泥浆）毒杀初孵幼虫；初孵幼虫尚未钻入树干时，在树干枝干上喷洒敌敌畏500～1000倍液，每9天喷1次。	注意作业人员安全。
6～12月	幼虫、成虫	用性信息素制成诱捕器诱杀成虫，高度1.2～1.6米，每0.2公顷挂1只；成虫羽化盛期2.5%溴氰菊酯4000倍液喷雾杀成虫。秋后修剪时将虫瘿剪下烧毁。	带虫瘿、侵入孔、排泄孔和虫粪的苗木、种条要严格处理。

参考文献

[1] 谢敏.森林病虫害无公害防治技术创新与应用 [M].哈尔滨: 东北林业大学出版社, 2005.

[2] 赵姝妍.性诱剂防治白杨透翅蛾新技术推广应用 [J].黑龙江环境通报, 2005, 29(2): 52-53.

[3] 胡晓丽.白杨透翅蛾幼虫在苗圃地的分布和成虫发生期的初步研究 [J].西北林学院学报, 2006, 21(2): 100-102.

[4] 王春喜.白杨透翅蛾的生活史及防治措施的研究 [J].内蒙古林业调查设计, 2005(28): 122-123.

[5] 吴立秋,毛若智,段立祥.性诱剂诱杀白杨透翅蛾成虫的试验 [J].防护林科技.2007(4): 39-40.

（孙玉剑　李　跃　韩福生）

杨干透翅蛾

Sphecia siningensis Hsu

分布与危害　分布于青海、甘肃、陕西、山西、内蒙古等地。以幼虫蛀害8年生以上中龄杨树，在树干基部留下孔状洞穴，蛀道呈上行"L"形。危害严重时，干基部皮层翘裂，树干木质部直至髓心都被蛀空，致使整个树木枯死或从基部风折，严重破坏被害林木材质。

寄　　　主　杨树。

主要形态特征　成虫前翅狭长，后翅扇形，均比白杨透翅蛾的宽大；前、后翅均透明，缘毛深褐色。腹部具5条黄褐相间的环带。雌蛾触角棍棒状，端部尖而稍弯向后方。腹部肥大，末端尖而向下弯曲，产卵器淡黄，稍伸出。雄蛾触角栉齿状，较平直。腹部瘦小，末端长有1束密集的褐色毛丛。幼虫体圆筒形。初孵幼虫头黑色，体灰白色；老熟幼虫头深紫色，体黄白色。体表具稀疏黄褐色细毛。臀足退化，臀板后方有1个深褐色细刺。

生物学特性　三年发生1代，当年孵化的幼虫蛀入树干后，潜入皮下或木质部内越冬。翌年春季活动继续蛀食危害，至10月停止取食，第二次越冬。第三年春季又行危害。幼虫入侵后在树干内经过2年，危害时间长达22个月。成虫5～10月分两批羽化，刚羽化后在树干静止一段时间开始交尾，有较强的飞翔能力，雌虫平均产卵500粒左右，卵产在大树基部树皮开裂处。

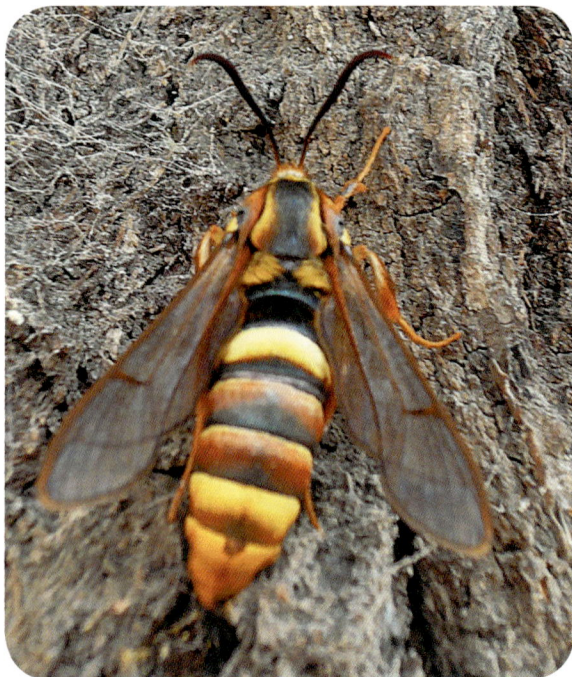

杨干透翅蛾成虫

杨干透翅蛾防治历

（以西部地区为例）

时 间	虫 态	防治方法	要点说明
1～3月，10～12月	越冬幼虫	加强水肥管理，提高树势，增强林木本身的抗虫能力。	适时施肥灌水
4～10月	幼虫、成虫	在幼虫初侵入期，在受害的干、枝上涂抹溴氰菊酯泥浆（2.5%溴氰菊酯乳油1份，黄黏土5～10份，加适量水和成泥浆）毒杀初孵幼虫，或用棉球蘸白僵菌或绿僵菌后堵塞虫孔。 在幼虫越冬前及越冬后刚出蛰时，用40%氧化乐果30倍液，或与柴油的1：20倍液涂刷虫孔或全面涂刷树干。	在幼虫不同时期采用不同的防治方法。
		成虫期：用杀虫灯进行诱杀，用性信息素诱捕成虫，采用2.5%溴氰菊酯4000倍液树干喷雾；幼虫期可用磷化铝片堵塞虫孔。	注药后以泥浆封孔。

杨干透翅蛾蛀孔及排泄物

参考文献

[1] 张占林, 巨海兰, 郭德卿. 大通杨干透翅蛾发生及防治 [J]. 青海农林科技, 2005(3): 21-22.

[2] 马建海, 马如俊, 赵生海, 等. 杨干透翅蛾生物学特性及发生规律 [J]. 西北林学院学报, 2003, 18(4): 81-83.

[3] 萧刚柔. 中国森林昆虫 [M]. 北京: 中国林业出版社, 1992.

（韩　阳　雷银山　王志勇）

杨干象

Cryptorrhynchus lapathi Linnaeus

分布与危害 分布于黑龙江、内蒙古、吉林、辽宁、河北、山西、陕西、甘肃、新疆等地，主要以幼虫在树干内钻蛀危害，造成树木风折，生长衰弱，甚至大片死亡。扩散快、危害重，是杨树毁灭性害虫。

寄　　　主 杨、柳、桤木及桦树等。

主要形态特征 成虫黑褐色或棕褐色，无光泽。全体密被灰褐色鳞片，其间散布白色鳞片形成若干不规则的横带。前胸背板两侧，鞘翅后端1/3处及腿节上的白色鳞片较密，并混杂直立的黑色鳞片簇。喙基部着生3个横列的黑色毛束。鞘翅上各着生6个黑色毛束。喙弯曲，表面密布刻点，中央具一条纵隆线。触角9节呈膝状，棕褐色。鞘翅于后端的1/3处，向后倾斜，并逐渐缢缩，形成1个三角形斜面。臀板末端雄虫为圆形，雌虫为尖形。老熟幼虫乳白色，通体疏生黄色短毛，胸腹弯曲，略呈马蹄形。头部黄褐色，前胸具1对黄色硬皮板，胸、腹部侧板及腹板隆起，胸足退化。

生物学特性 在东北地区一年1代，以初孵幼虫或卵越冬。翌年4月下旬幼虫开始活动，卵也相继孵化。6月中旬幼虫老熟化蛹，8月中旬成虫羽化交尾产卵。9月为羽化盛期，初孵幼虫侵害韧皮部，横向钻蛀坑道，从表皮有针状小孔排出黑褐色丝状物，枝干被害处增生形成"刀砍状"被害状。随着虫龄增长，幼虫钻入木质部，从树皮表面的孔中排出木丝屑。成虫羽化后，在嫩枝或叶片上取食补充营养，在枝上留下针刺状小孔，在叶背啃食叶肉成网眼状。成虫假死性强，卵产于叶痕和树皮裂缝中。产卵时咬产卵孔，每孔产1粒卵，并分泌黑色物将产卵孔塞住，每雌平均产卵44粒。成虫寿命30～40天。

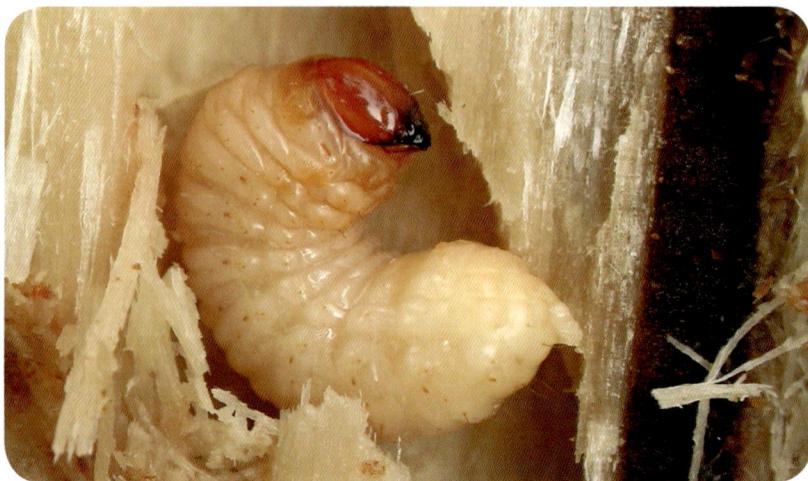

杨干象老龄幼虫蛀食(徐公天提供)

杨干象蛀孔及排泄物

杨干象成虫

杨干象危害状

杨干象幼虫蛀道刀砍状(徐公天提供)

杨干象幼虫严重蛀食杨干(徐公天提供)

杨干象防治历

(以北方地区为例)

时　间	虫　态	防治方法	要点说明
1~4月， 9~12月	幼虫	对有虫株率达50%以上已经失去防治价值的林分，应及早皆伐，清除虫源。 在4月中、下旬树液开始流动时，40%氧化乐果1份兑3份水配成药液，用毛刷在幼树树干2米高处，涂10厘米宽药环1~2圈。此法适用于3~5年生幼树。	严格检疫，及时清理虫害木并进行除害处理。
5~8月	幼虫、 蛹、 成虫	幼虫危害树木，被害处有红褐色丝状排泄物，并有树液渗出时，用40%氧化乐果1份加少量80%敌敌畏兑20份水配成药液点涂侵入孔；也可用40%氧化乐果，60%敌马合剂30倍液用毛刷或毛笔点涂幼虫排粪孔和蛀食坑道，涂药量以排出气泡为宜；也可在侵入孔，塞入磷化铝颗粒剂，然后用黏土封孔。 成虫出现期，喷洒2.5%溴氰菊酯1000倍液，5%吡虫啉1000倍液、8%氯氰菊酯微囊悬浮剂1000倍液等。 清晨时震动树枝，将震落假死成虫扑杀。	每隔7~10天喷洒一次。

参考文献

[1] 杨丽华.辽西北地区杨干象的发生规律与防治对策 [J].河北农业科技,2008(19): 38.

[2] 萧刚柔.中国森林昆虫 [M].北京:中国林业出版社,1992.

[3] 马晓光.3种杨树蛀干害虫检疫检验技术研究 [J].农业科技与装备,2008(3): 83-84.

[4] 梁宏斌.东港市常见林业病虫害种类及其防治方法 [J].辽宁林业科技,2008(3): 60-61.

[5] 艾云艳.杨干象的生物学特性及防治方法 [J].内蒙古科技与经济,2007(1). 28.

(孙玉剑　郭　瑞　高俊崇)

锈色粒肩天牛

Apriona swainsoni (Hope)

分布与危害	分布于河南、山东、福建、广西、四川、贵州、云南、江苏、湖北、浙江等地。以幼虫蛀食树干危害，造成树势衰弱，严重被害树木枯死，破坏材质。
寄　　　主	槐树、柳树、云实、黄檀、三叉蕨等植物。
主要形态特征	成虫黑褐色，体密被铁锈色绒毛。头、胸及鞘翅基部颜色较暗。前胸背板宽大于长，有不规则的粗大颗粒状突起，前后端横沟明显；两侧刺突发达，先端尖锐。中沟明显，直达头后缘。鞘翅肩角略突，无肩刺，翅端切状，内外端角刺状，缘角小刺短而钝，缝角小刺长而尖，翅基1/4密布黑褐色光滑小颗粒。翅表散布许多不规则的白色细毛斑和排列不规则的细刻点。中胸侧板、腹板和腹部各节腹面两侧各有明显的白色细毛斑。幼虫体扁圆筒形，黄白色，前胸背板黄褐色，其上密布棕色颗粒状突起，中部两侧各有一斜向凹纹。幼虫胸、腹部各有9个黄棕色椭圆形气门。
生物学特性	该虫在山东二年1代，以幼虫在枝干蛀道内越冬。4月上旬开始蛀食危害；5月上旬开始化蛹，成虫6月上旬羽化，6月中、下旬为盛期。成虫羽化后，爬至树冠，取食新梢、嫩皮补充营养。成虫不善飞翔，有假死习性。雌成虫多在径粗7厘米以上的枝干上产卵。产卵前，先用口器将缝隙底部做成产卵槽，然后将卵产于槽内，再用草绿色糊状分泌物覆盖于卵上。可多次产卵，单雌产卵量43～133粒。初孵幼虫沿春材部分横向蛀食，不久又向内蛀食。第一年蛀入木质部深可达0.5～5.5厘米，第二年4月中旬开始活动，向内蛀至髓心附近后，转而向上蛀食，然后，再向外蛀食。第三年4月上旬开始排出木丝，4月中、下旬老熟幼虫蛀食到韧皮部，这时粪便很少排出树体外，全填塞在树皮下的蛀道内。幼虫历期22个月，蛀食危害期长达13个月。

锈色粒肩天牛成虫(徐公天提供)

锈色粒肩天牛羽化咬孔(徐公天提供)

锈色粒肩天牛幼虫蛀道外部横切状 (徐公天提供)

锈色粒肩天牛成虫羽化孔 (徐公天提供)

锈色粒肩天牛危害状外观 (徐公天提供)

锈色粒肩天牛幼虫以危害树干下部为主 (徐公天提供)

锈色粒肩天牛防治历 (以山东地区为例)

时　间	虫　态	防治方法	要点说明
3月下旬至5月上旬	卵、幼虫	在主干基部打孔注药防治卵或初孵幼虫。 幼虫期向虫道内插入磷化锌毒签或磷化铝片剂熏杀。 释放天敌——花绒穴甲防治,气温在25℃左右,按虫蜂比1∶10放蜂,采用点株式放蜂法,将蜂管固定在树干上,管口朝下,或倒套在树干枝桠上,高度离地面2～3米。	在主干基部用锥形利器均匀打3个注药孔,孔深5～8毫米,斜向下与树干呈30度。然后注入10%吡虫啉、30%氯胺磷1∶5药液,施药量15～20毫升/株。
5～7月	蛹、成虫	8%氯氰菊酯微囊悬浮剂150～300倍喷干及枝叶毒杀天牛成虫;30%高效氯氰菊酯可湿性微胶囊3000～4000倍液喷洒干及枝叶。 人工捕杀天牛成虫。	保护和利用天敌。
6～7月	成虫	利用杀虫灯诱杀。	在羽化始盛期进行。杀虫灯间距70～100米。

参考文献

[1] 徐公天,杨志华.中国园林害虫 [M].北京:中国林业出版社,2007.

[2] 国家林业局植树造林司,国家林业局森林病虫害防治总站.中国林业检疫性有害生物及检疫技术操作办法 [M].北京:中国林业出版社,2005.

[3] 刘远,张浪.锈色粒肩天牛的防治试验 [J].中国森林病虫,2002,21(2):32-34.

[4] 马铁山.管氏肿腿蜂对锈色粒肩天牛的防治试验 [J].华东昆虫学报,2007,16(4):261-263.

(熊惠龙　秦绪兵)

合欢双条天牛

Xystrocera globosa (Olivier)

分布与危害	分布于东北、河北、山东、江苏、浙江、上海、四川、广东、广西、台湾等地。幼虫危害树木韧皮部及木质部，老熟幼虫蛀入边材或心材形成孔洞，轻者抑制树木正常生长、材质变坏，重则造成风折或死亡。危害部位以主干和大枝分叉处为主，直径10厘米左右大枝易受害。
寄　　　主	合欢、槐、桑和桃等。
主要形态特征	成虫体红棕色至黄棕色，头部中央具纵沟。前胸背板周围和中央以及鞘翅中央和外缘具有金属蓝或绿色条纹。足各腿节棒形。幼虫体乳白色带灰黄；前胸背板前缘有6个灰栗褐色斑点，横向排列成带状。
生物学特性	以幼虫在树干蛀道内越冬，越冬虫龄不整齐，3月中旬开始活动，3月底越冬幼虫开始危害。5月上旬幼虫老熟化蛹，5月下旬出现成虫，6月底至7月中旬为成虫羽化盛期。成虫羽化后即可交尾产卵，卵期10～15天。成虫具有趋光性。该虫幼虫、成虫持续时间很长，幼虫各龄交错。在上海地区一年发生3代，在山东省一年发生1代，部分发生2代。

合欢双条天牛成虫 (王焱提供)

合欢双条天牛幼虫 (王焱提供)

合欢双条天牛蛹(王焱提供)

合欢双条天牛卵(王焱提供)

合欢双条天牛防治历　　　(以山东地区为例)

时　间	虫　态	防治方法	要点说明
3~4月	幼虫期	幼虫孵化期树干上喷洒蛀虫清500~800倍液。	
6~7月	成虫期	设诱虫灯诱杀成虫。	利用成虫有趋光性。
		人工捕捉成虫。	适时发动群众。
		8%氯氰菊酯微囊悬浮剂150~200倍液喷干杀成虫。	
秋季到翌年春季	幼虫期	及时清除受害木,消除虫源。	是主要、根本的防治措施。

参考文献

[1]　包柏龄.双条合欢天牛初步研究 [J].山东林业科技,1980(4): 18-23.
[2]　王焱.上海林业病虫 [M].上海:上海科学技术出版社,2007: 121-122.

（赵　杰）

桃红颈天牛

Aromia bungii (Faldermann)

分布与危害 分布于全国，北京、东北、河北、河南、江苏等地危害严重。幼虫沿树干由上而下蛀食危害，在树干中蛀成弯曲无规则的孔道。蛀道可达主干地面下6～10厘米。受害严重的树干中空，树势衰弱，以致枯死。

寄　　　主 桃、杏、李、梅、樱桃、苹果及柳等。

主要形态特征 成虫有2种色型，一是身体黑色发亮和前胸棕红色的"红颈型"；一是全体黑色发亮的"黑颈型"。体黑色发亮，前胸背面大部分为光亮的棕红色或完全黑色。头黑色，腹面有许多横皱，头顶部两眼间有深凹。触角蓝紫色，基部两侧各有一叶状突起。前胸背面前后缘呈黑色并收缩下陷密布横皱；两侧各有刺突1个，背面有4个瘤突。鞘翅表面光滑，雄虫身体比雌虫小，前胸腹面密布刻点；雌虫前胸腹面有许多横皱。老熟幼虫乳白色，前胸最宽。身体前半部各节略呈扁长方形，后半部稍呈圆筒形，体两侧密生黄棕色细毛。前胸背板前半部横列4个黄褐色斑块，体侧密生黄细毛，各节有横纹。

生物学特性 一般两年(少数三年)发生1代，以幼龄幼虫(第一年)和老熟幼虫(第二年)越冬。翌年春季老熟幼虫用分泌物沾结木屑在蛀道内做室化蛹。成虫于5～8月间出现；各地成虫出现期自南至北依次推迟。福建和南方各省5月下旬为成虫羽化盛期；湖北6月上中旬成虫出现最多；成虫终见期在7月上旬。河北成虫7月上中旬为羽化盛期；山东成虫于7月上旬至8月中旬出现；北京7月中旬至8月中旬为成虫出现盛期。卵产在枝干树皮缝隙中，幼虫孵出后向下蛀食韧皮部，当年就在该皮层中越冬，次年春天幼虫恢复活动，继续向下由皮层逐渐蛀食至木质部表层，先形成短浅的椭圆形蛀道，中部凹陷，至夏天体长30毫米左右时，由蛀道中部蛀入木质部深处，入冬成长的幼虫即在此蛀道中越冬，幼虫一生钻蛀隧道全长约50～60厘米。在树干的蛀孔外及地面上常大量堆积有排出的红褐色粪屑。

桃红颈天牛成虫爬行(徐公天提供)

桃红颈天牛成虫羽化孔(徐公天提供)

桃红颈天牛幼虫排粪(徐公天提供)

桃红颈天牛幼虫危害桃干(徐公天提供)

桃 红 颈 天 牛 防 治 历

(以河北地区为例)

时 间	虫 态	防 治 方 法	要 点 说 明
5～7月	成虫	成虫12：00～13：00从树冠下到树干基部群集，可以人工捕捉，连续数天，效果最佳。	成虫出现期(5～7月)在一个果园一般10余天，并且比较整齐。
		成虫发生前，在树干和主枝上涂白涂剂防止成虫产卵。	生石灰100份，硫磺1份，食盐2份，动物油2份，水40份。
		6、7月间成虫发生盛期和幼虫刚刚孵化期，在树干上喷洒50%杀螟松乳油1000倍液或10% 吡虫啉可湿性粉剂2000倍液。	7～10天1次。连喷2～3次。
7～8月	幼虫	幼虫孵化后，经常检查枝干，发现虫粪时，即将皮下的小幼虫用铁丝钩杀或用接刀在幼虫危害部位顺树干纵割2、3道杀死幼虫。	操作时要注意安全。
		幼虫蛀入木质部新鲜虫粪排出蛀孔外时，将1粒磷化铝（0.6克片剂的1/8～1/4）塞入虫孔内或插入毒签，然后取黏泥团封堵虫孔。	堵孔时需将蛀孔中的粪便和木屑去除，后用泥浆密封。

对可能携带害虫活体的木材、包装板、苗木等严格加强检疫，防止人为传播扩散。注意保护和招引啄木鸟等天敌。

参考文献

[1] 萧刚柔.中国森林昆虫 [M].北京:中国林业出版社,1983.

[2] 骆有庆,李建光.光肩星天牛的生物学特性及发生现状 [J].植物检疫,1999,13(1): 5-7.

[3] 许志春,田海燕,陈学英,等.涂干剂防治杨树天牛成虫试验 [J].中国森林病虫,2003,22(4):17-20.

(周茂建　雷银山　曹川健)

栗山天牛

Massicus raddei (Blessig)

分布与危害	分布在上海、黑龙江、吉林、辽宁、河北、山东、陕西、江苏、浙江、湖南、安徽、湖北、山西、江西、福建、四川、贵州、云南、西藏、台湾等地。被害树冠枝条大部分干枯，树干千疮百孔，树势衰弱，风折木极多，严重被害木通常枯死，木材丧失工艺价值。被害严重的林分多分布在成过熟林，林龄一般在40～60年，树木胸径在16厘米以上。树龄越大危害越重。
寄　　　主	辽东栎、蒙古栎、麻栎、枹栎、槲树、栓皮栎、锥栗、家桑、蒙古桑、泡桐、水曲柳、苹果、梨和柑橘等。
主要形态特征	成虫灰褐色披棕黄色短毛。雄成虫稍小，触角及两复眼间的纵沟一直延伸到头顶，在头顶处深陷。雄虫触角长度约为体长的1.5倍，柄节粗大呈筒状。雌虫触角等于或略短于体长。头顶中央有1条深纵沟。复眼黑色。前胸两侧较圆有皱纹，无侧刺突，背面有许多不规则的横皱纹，鞘翅周缘有细黑边，后缘呈圆弧形，内缘角生尖刺。足细长，密生灰白色毛。幼虫乳白色，疏生细毛，头部较小，往前胸缩入，淡黄褐色。胴部13节，背板淡褐色，前半部有2个"凹"字形纹横列。
生物学特性	三年1代，以幼虫越冬。幼虫期较长，蛀食树干长达1000天左右，主要蛀食树干，幼虫在蛀道内3次越冬。当年孵化的幼虫蜕皮1～2次，到10月中旬开始越冬，11月上旬全部进入越冬状态。越冬幼虫翌年4月上旬开始活动，经过2～3次蜕皮后，11月上旬以4龄幼虫开始越冬。第三年以5～6龄老熟幼虫越冬。蛹、成虫、卵期较短，3个虫态加在一起只2个月左右，成虫需要补充营养，具有趋光、群集性和很强的飞翔能力。

栗山天牛雌成虫

栗山天牛雄成虫

栗山天牛成虫

栗山天牛幼虫及蛀道

栗山天牛蛀道

栗山天牛危害状-1

栗山天牛危害状-2

栗山天牛防治历　（以东北地区为例）

时 间	虫 态	防治方法	要点说明
1～3月，10～12月	越冬幼虫	培育混交林，逐步形成针阔混交林或阔叶混交。	混交种植红松、落叶松、云杉、胡桃楸、水曲柳等。
		对生长过密或生长势较弱、栗山天牛零星发生的林分进行抚育间伐，伐除遭栗山天牛为害的林木和生长衰弱或过密的林木。	抚育强度为天然林15%～20%，人工林10%～20%。
		对栗山天牛危害较重的中龄林、近熟林进行卫生伐。	伐除被害木，作业后实行封山育林。
4～6月	幼虫	成虫大量羽化前树干涂白。	5千克石灰、0.5千克硫磺、20千克水，混合搅拌均匀即可。
7～8月	成虫、卵	人工捕捉、灯光诱集及树干喷施8%氯氰菊酯微囊悬浮剂300～600倍液防治成虫。	人工捕捉成虫最佳时间为上午7：00～10：00、下午16：00～18：00。
9～10月	卵、幼虫	用50%敌敌畏1份、煤油1份、水20份，搅拌后涂于卵槽内。 发现有新鲜粪便排出的虫孔，用细铁丝钩出虫粪，塞入浸过80%敌敌畏的棉球。或56%磷化铝0.15克，而后用黄泥封堵虫孔。或插毒签等熏杀。或在干部注射40%乐果乳油：水为1:1的药液0.5毫升。	堵孔时需将蛀孔中的粪便和木屑去除。操作时要注意安全。

参考文献

[1] 王焱.上海林业病虫 [M].上海：上海科学技术出版社，2007.

[2] 党国军.栗山天牛发生现状及治理对策 [J].吉林林业科技，2007，36(6)：28-34.

（韩　阳　姜海燕）

芳香木蠹蛾东方亚种

Cossus cossus orientalis Gaede

分布与危害　分布于黑龙江、吉林、辽宁、内蒙古、河北、北京、天津、山东、河南、山西、陕西、宁夏、青海、甘肃等地。幼虫蛀入枝、干和根颈的木质部内危害，蛀成不规则的坑道，造成树木的机械损伤，破坏树木的生理机能，使树势减弱，形成枯梢或枝、干遇风折断，甚至整株死亡。

寄　　　主　主要为毛白杨、新疆杨、小青杨、北京杨、胡杨、欧美杨、沙兰杨、旱柳、垂柳、龙爪柳、白榆、家榆、槐树、刺槐、桦树、山荆子、白蜡、稠李、梨、桃及丁香。

主要形态特征　成虫灰褐色，粗壮。头顶毛丛和领片鲜黄色，翅基片和胸部背面土褐色，中胸前半部为深褐色，后半部白、黑、黄相间，后胸有条黑横带；前翅前缘具8条短黑纹。成虫分黄褐色和浅褐色2种色型。老熟幼虫体粗壮、扁圆筒形。头黑色，体背紫红色，腹面桃红色；前胸背板有一倒"凸"字形黑斑，黑斑中央具一白色纵纹，中胸背板具一深褐色长方形斑，后胸背斑具2个褐色圆斑。

生物学特性　该虫在宁夏、甘肃为二年1代，跨3个年度，经过2次越冬。多数以幼虫在薄茧内越冬。5月上旬成虫开始羽化。5月中旬至6月下旬为成虫羽化盛期。成虫羽化后寻觅杂草、灌木、树干等场所静状不动，成虫白天潜伏，夜间活动，以夜晚20：00～24：00活动最为频繁，交尾、产卵。交尾后即行产卵。卵多产于树冠干枝基部的树皮裂缝及旧蛀孔处。卵单粒或成堆，35～60粒为1块，无被覆物。雌虫产卵平均580粒。卵期13～21天。初孵幼虫喜群居，蛀食树干、枝韧皮部，随后进入木质部。被害枝干上常见幼虫排出的粪堆，白色或赤褐色木屑。第二年3月下旬出蛰活动，4月上旬至9月下旬。中龄幼虫常数头在一虫道内危害，此为该虫危害最严重时期。至秋末，幼虫发育到15～18龄老熟后，即陆续由排粪孔爬出，坠落地面，寻觅向阳、松软、干燥处，钻入土深33～60毫米处作薄茧越冬。第三年春在土壤里越冬后的幼虫离开越冬薄茧，重做化蛹茧。幼虫化蛹前体色由紫红色渐变为粉红色至乳白色。成虫羽化前，蛹体以刺列蠕动至地表。蛹期：雌蛹27～33天，雄蛹30～32天。成虫羽化后，蛹壳半露于地表，明显易见。

芳香木蠹蛾东方亚种危害状

芳香木蠹蛾东方亚种成虫-1

芳香木蠹蛾东方亚种防治历 （以西北地区为例）

时 间	虫 态	防治方法	要点说明
1~4月、10~12月	幼虫、蛹	清除受害严重的虫源木或受灾严重的林带。剪除被害枝梢。	伐除的虫害木要及时除害处理。加强林分抚育管理，防治机械损伤。
		虫害木除害处理可采取熏蒸、破板加工、水浸等方法，要随时伐随时进行。	可采用磷化铝(6克/立方米)、硫酰氟(40~60克/立方米)塑料帐幕熏蒸3~7天；水浸泡需30~50天。
		选用抗性树种，采取多树种配置模式营造混交林。	树种有臭椿及针叶树等。
5~8月	成虫、卵、幼虫	5月中旬至8月中旬利用黑光灯、性信息素诱杀成虫	20:00~23:00成虫羽化高峰期，连续用黑光灯或悬挂芳香木蠹蛾性信息素诱芯诱捕器进行诱杀成虫。悬挂高度1.5米，间距60~80米。
		2.5%溴氰菊酯1500~2000倍液、1.2%苦参碱·烟碱乳油800~1000倍液、10%吡虫啉乳油1500~2000倍液、Bt乳剂500~800倍液、20%除虫脲5000~8000倍液等喷雾防治初孵幼虫。	树皮裂缝及旧蛀孔处喷施药剂。
5~9月	幼虫、蛹	10%吡虫啉乳油或氯胺磷乳油100~500倍液，干基打孔注药(0.3毫升/厘米胸径)。	在干基距地面30厘米处，钻与树干成45度角、6~8厘米深斜下孔，注药后以泥浆封孔。
		将56.5%~58.5%磷化铝片剂(每片3.3克)，按每虫孔1/20片剂量填入树干或根部木蠹蛾虫孔内，或用毒签或棉团蘸药塞入虫孔，外敷黏泥。	堵孔时需将蛀孔中的粪便和木屑去除，投注药后以泥浆封孔。操作时必须确保安全。
		人工勾杀主干和较大枝条虫道的幼虫。人工挖茧。	老熟幼虫自枝干内出来准备入土越冬在地面爬行时，组织人力及时进行搜杀。
		保护和利用天敌控制危害和蔓延。树干刮除老皮，刷白涂剂。	招引啄木鸟，释放寄生蜂。保护林内的刺猬、獾等动物。

芳香木蠹蛾东方亚种成虫-2

芳香木蠹蛾东方亚种幼虫

参 考 文 献

[1] 武三安.园林植物病虫害防治[M].北京:中国林业出版社,2007.
[2] 方德齐,陈树良.蒙古木蠹蛾生物学特性的初步观察[J].山东林业科技,1985(2): 6-7.
[3] 方德齐,陈树良,李宪臣.中国木蠹蛾研究进展情况[J].陕西林业科技,1992(2): 29-35.
[4] 秦飞.树干注射施药技术及应用[J].林业科技开发,1997(1): 20-21.

（曹川健　邱立新　李　涛　李有忠）

柳蝙蛾

Phassus excrescens Butler

分布与危害　分布于辽宁、吉林、黑龙江、内蒙古、河北、山东、安徽、江西和广西等地。幼虫蛀入树干后，向下钻蛀形成坑道，坑道口常呈现环形凹陷，周围有木屑包。受害轻时树势衰弱，重时易遭风折或整株枯死。

寄　　　主　食性很杂，可危害杨、柳、榆、刺槐、银杏、板栗和桦树等200多种林木，初龄幼虫取食杂草。

主要形态特征　成虫体色变化较大，初羽化成虫由绿褐色到粉褐色，稍后变成茶褐色。触角短，线状。后翅狭小。腹部长大。前翅前缘有7枚近环状的斑纹，中央有1个深色稍带绿色的三角形斑纹，斑纹外缘有2条宽的褐色斜带。前、中足发达，爪较长，借以攀缘物体。雄蛾后足腿节背面密生橙黄色刷状长毛，雌蛾则无。幼虫头部蜕皮时红褐色，后变成深褐色，胸、腹部污白色。体具黄褐色瘤突，如毛片。

生物学特性　大多一年1代，少数二年1代，以卵在地面越冬，或以幼虫在树干基部和胸高处的髓部越冬。卵翌年4～5月孵化，初孵幼虫先取食杂草，后蛀茎危害，6～7月转移木本寄主，蛀茎危害。8月上旬开始化蛹，8月下旬羽化为成虫，9月进入盛期，成虫昼伏夜出，卵产地面，每雌可产卵2000～3000粒。

柳蝙蛾成虫(展翅)(徐公天提供)

柳蝙蛾幼虫

柳蝙蛾蛀孔及木屑

柳蝙蛾幼虫蛀孔(徐公天提供)

柳蝙蛾虫瘿

柳蝙蛾危害状(徐公天提供)

柳蝙蛾防治历　　　　　(以北方地区为例)

时　间	虫　态	防治方法	要点说明
1～3月	卵	清除园内杂草，集中深埋或烧毁。	
4～5月	幼虫	枝干涂白防止受害。及时剪除被害枝并烧毁。幼虫从地面转移上树期，20%氰戊菊酯（茶叶上禁用）2000倍液、40%甲氰菊酯1000倍液等喷洒地面树干。	幼虫地面活动期进行。
6～9月	幼虫、蛹、成虫	用磷化铝片或磷化铝毒签堵孔。	幼虫钻入树干后进行，用药后以泥封孔口。
10～12月	卵	同1～3月。	加强检疫，防止传入传出。

参考文献

[1]　萧刚柔.中国森林昆虫[M].北京:中国林业出版社,1992.
[2]　林广梅,娄福贵,王运涛,等.辽五味子主要病虫害发生与防治[J].辽宁农业科学,2007(3):100-101.

（赵铁良　刘铉基）

沙棘木蠹蛾

Holcocerus hippophaecolus Hua,Chou,Fang et Chen

分布与危害	沙棘木蠹蛾是我国三北地区的特有种，主要分布在内蒙古、辽宁、山西、陕西、宁夏、河北等地。主要寄生20年生以上的沙棘，以幼虫蛀食根茎以下及主根、大侧根韧皮部和木质部，破坏输导组织而导致树势衰弱，造成整株和成片大面积死亡。是沙棘毁灭性害虫。
寄　　　主	沙棘、沙柳、榆、山杏、沙枣等。
主要形态特征	成虫体粗壮，灰褐色。前翅灰褐色，翅面密布黑褐色条纹，亚外缘线黑色，明显，外横线以内从中室至前缘处黑褐色。后翅浅灰色，翅面无明显条纹。初孵幼虫体色为淡红色，逐渐变成红色，头部黑色，前胸背板骨化，呈褐色，生有1个黑褐色至浅色"B"形斑痕。
生物学特性	四年发生1代，以幼虫在被害沙棘根际主根和大侧根的蛀道中越冬，翌年春季开始活动继续取食危害，6月老熟幼虫爬出蛀孔入土化蛹，7月羽化出成虫并交尾产卵，7月下旬幼虫孵化，10月下旬幼虫越冬。成虫具较强趋光性，飞行迅速，夜间在20：00～24：00集中出现并交尾，平均产卵500粒，卵产在树干基部树皮裂缝和靠近根基土中，每次产15～186粒，卵期平均25天。卵孵化后初孵幼虫钻入树皮，并向下蛀食，到第二年可钻入心材危害，并将木屑虫粪从侵入孔排出。因四年1代，经48个月，13个龄期，幼虫同期大小不整齐，分为1年群、2年群，以此类推。老熟幼虫一般在树冠周围15厘米深土中做薄茧化蛹，蛹期30天左右。

沙棘木蠹蛾成虫-1

沙棘木蠹蛾成虫-2

沙棘木蠹蛾幼虫在沙棘根部危害

沙棘木蠹蛾防治历　　　　（以北方地区为例）

时　间	虫　态	防治方法	要点说明
4～10月	幼虫	9月，在沙棘树干离地面30厘米处涂毒环（杀灭菊酯），毒环宽度为4厘米。	每隔30天进行1次树干涂药，适合在沙棘种植园使用。
		在树干基部用小锄划5～10厘米深的环状沟，用40%杀螟松1000倍液、10%吡虫啉（康福多）1000倍液、2.5%溴氰菊酯2000倍液等浇根处。	浇药后将树盘还土覆回。
		喷洒1×10^{8}个/毫升孢子浓度的白僵菌悬浮液。Bt —7A制剂50倍液或36倍液喷树干下部。每公顷用量不应少于750千克。	在温度25℃、90%的相对湿度条件下，雨后湿润的天气施放。 喷洒至孢子液滴下来为止。
		注射器向排粪孔内注射高效氯氰菊酯5倍稀释液10毫升，覆土。	将地表虫粪及部分土壤清除，露出排粪孔。
4月，11月		带状间伐或皆伐挖根更新。	要连根挖除干净，就地烧毁。
5～8月	幼虫	沿干基紧贴根皮向下扎深8～10厘米的孔，施以磷化铝，每株树施药量为1.6克，踏实或覆膜。	
	成虫	沙棘木蠹蛾诱芯诱杀成虫。黑光灯诱杀。	诱芯挂在林间上风头的树上，按50米×50米范围设置诱捕器，悬挂在约1米高处。每5公顷设置一盏黑光灯，每天20：00～23：00开灯。
	卵、初孵幼虫	用2.5%敌杀死等菊酯类杀虫剂喷树根、干部及周围地面，毒杀卵及初孵幼虫。	

沙棘木蠹蛾幼龄幼虫

沙棘木蠹蛾老龄幼虫

参考文献

[1] 宗世祥,骆有庆,许志春,等. 当前沙棘木蠹蛾研究中存在的主要问题 [J]. 中国森林病虫, 2006, 25(2): 29-32.

[2] 贾峰勇,许志春,宗世祥,等. 沙棘木蠹蛾幼虫化学防治的研究 [J]. 中国森林病虫, 2004, 23(6): 16-19.

[3] 宗世祥,骆有庆,路常宽,等. 沙棘木蠹蛾生物学特性的初步研究 [J]. 林业科学, 2006(1): 79-84.

[4] 火树华. 树木学 [M]. 2版. 北京: 中国林业出版社, 1992: 354-355.

[5] 路常宽,骆有庆,李镇宇. 沙棘木蠹蛾潜在分布区预测与分析 [J]. 北京林业大学学报, 2006(2): 106-111.

[6] 王祥,许志春,张连生,等. 树干涂毒环防治下树转移沙棘木蠹蛾幼虫研究 [J]. 中国森林病虫, 2007, 26(2): 31-34.

[7] 刘晓辉,冯敏,李剑梅,等. 应用BT-7A防治沙棘木蠹蛾幼虫的试验研究 [J]. 沙棘, 2004, 17(4): 23-25.

（赵胜国　雷银山　刘自祥）

臭椿沟眶象

Eucryptorrhynchus brandti (Harold)

分布与危害　分布于河北、河南、山西、山东、辽宁、甘肃、陕西、宁夏、北京、上海、江苏、安徽、四川、黑龙江等地。该虫食性单一，主要以幼虫蛀食枝、干和根部韧皮部及木质部，成虫补充营养时亦可取食寄主叶柄、叶片及小枝皮层。被害树木轻则枝枯，重则整株死亡。

寄　　　主　臭椿及槭树、苦楝、桑、杨、柳、榆等。

主要形态特征　成虫黑色，略发光。额部比喙基部窄很多。喙的中隆线两侧无明显的沟。头部布有小刻点；前胸背板及鞘翅上密被粗大刻点。前胸前窄后阔。鞘翅坚厚，左右紧密结合。前胸几乎全部、鞘翅肩部及其端部1/4处（除翅瘤以后的部分）密被雪白鳞片，仅掺杂少数赭色鳞片，鳞片叶状。其余部分则散生白色小点。鞘翅肩部略突出。幼虫头部黄褐色，胸、腹部乳白色，每节背面两侧多皱纹。

生物学特性　一年发生1代，各期发育不整齐，以幼虫在枝、干、根部蛀道内越冬，成虫在臭椿干基周围1～50厘米深的表土中越冬。越冬成虫于翌年4月中旬开始出现，越冬幼虫于翌年4月中旬开始化蛹，成虫一般于5月初开始羽化，成虫出现盛期为5月下旬至8月上旬。成虫羽化后即可交配，雌虫需补充营养，在树干上产卵，每雌平均产卵40粒左右，卵期约10天。初孵幼虫取食干部、根部的韧皮部及形成层，以后蛀入木质部形成坑道，次年老熟幼虫在坑道末端筑蛹室化蛹。幼虫于11月中旬越冬，成虫于10月底至11月上旬越冬。

臭椿沟眶象成虫交尾(徐公天提供)

臭椿沟眶象老龄幼虫(徐公天提供)

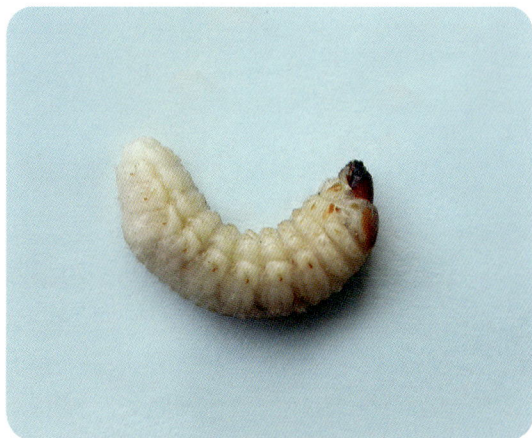
臭椿沟眶象幼虫 (徐公天提供)

臭椿沟眶象幼虫危害臭椿树干 (徐公天提供)

臭椿沟眶象防治历　　　　(以宁夏地区为例)

时 间	虫 态	防治方法	要点说明
1～4月,10～12月	幼虫、蛹、成虫	无害化处理。可采用磷化铝(6克/立方米)、硫酰氟(40～60克/立方米)帐幕熏蒸3～7天；水浸泡需30～50天。采伐的虫害木需在4月底前采取破板加工。	
		在臭椿树干或干基30～50厘米的范围内刨土杀成虫。树干1.5米以下石硫合剂涂白。	
5～9月	成虫	距树干基部60厘米处缠绕20厘米宽塑料布,使其上边与树干紧密相贴,下边呈伞形开张,树干与塑料布上涂粘虫胶和8%氯氰菊酯微囊悬浮剂100倍溶液。	定期、定时清理捕捉到的成虫。
5～8月	成虫、卵、幼虫	喷施2.5%溴氰菊酯2000～2500倍液、8%氯氰菊酯微囊悬浮剂150～300倍液等。	喷施药剂范围树叶、树干和地面杂草。
	成虫、幼虫	对蛀入树干木质部的幼虫,可在蛀孔插入磷化锌毒签或磷化铝片等毒泥堵孔。	打孔注药一般在干基部距地面30厘米处钻孔,视树木胸径大小绕干钻3～5个孔,注药后以泥浆封孔。
		20%吡虫啉干基部打孔注药(0.3毫升/厘米胸径)、50%氯胺磷乳油5～10倍液。	

参考文献

[1] 张执中.森林昆虫学 [M].北京:中国林业出版社,1997: 333-334.
[2] 武三安.园林植物病虫害防治 [M].北京:中国林业出版社,2006: 333-334.
[3] 江尧桦.臭椿沟眶象的发生与防治 [J].昆虫知识,1990,27(4): 222.
[4] 葛腾.臭椿沟眶象生物学特性初步研究 [J].中国森林病虫,2000,19(2): 17-18.
[5] 张秀玲.臭椿沟眶象的生物学特性及防治对策 [J].青海农林科技,2007,19(2): 26-27.
[6] 杨贵军.沟眶象的生物学特性及行为观察 [J].昆虫知识,2008,45(1): 65-69.

(曹川健　雷银山　葛　腾　李有忠)

烟扁角树蜂

Tremex fuscicornis (Fabricius,1787)

分布与危害　在我国南北方均有分布，主要分布于北京、黑龙江、吉林、辽宁、内蒙古、山西、河北、天津、陕西、上海、浙江、江苏、西藏、湖南、江西、福建等地；国外分布于日本，朝鲜，澳大利亚，西欧。幼虫钻蛀树干，主要危害衰弱木，大发生时也危害健康木，尤以杨树和柳树发生严重；严重发生可使被害树木千疮百孔，风折或枯死，木材失去利用价值。

寄　　　主　主要为杨、柳、榆、榉、水青冈、枫、栎、朴、桦、千金榆、梨、枫杨、杏、桃等。

主要形态特征　成虫雌、雄异型。触角中间几节，尤其是腹面，暗色至黑色。足基节、转节和中、后足的腿节黑色；中、后足胫节基半部及后足跗节基半部黄色。唇基、额至头顶中沟两侧前面黑色。前胸背板红褐色；中胸背板红褐色。腹部第二、三、八节为黄色，第四至第六节前缘黄色，其余黑色，第一节全为黑色。雄虫黑色，具金属光泽；有些个体触角基部3节红褐色；胸部与雌虫相似，但全为黑色。腹部黑色，各节呈梯形。前、中足胫节和跗节及后足第五跗节红褐色。翅淡黄褐色，透明。　幼虫圆筒状，乳白色。头部黄褐色；胸足短小不分节。腹部末端褐色。

生物学特性　在陕西关中地区一年1代，以各龄幼虫在树干内虫道中越冬。越冬幼虫翌年3月中、下旬开始活动取食，4月下旬开始化蛹，7月下旬至9月初为化蛹盛期。成虫5月下旬开始羽化出孔，8月下旬至10月中旬为羽化出孔盛期；8月下旬至10月中、下旬为产卵盛期。初孵幼虫于6月中旬开始出现，12月进入越冬期。成虫白天活动，无趋光性；具较强的飞翔能力，飞翔高度可达15米左右。成虫羽化出孔后，先经过一个飞翔过程，1天后开始交尾；交尾多为1次，少数雄成虫有多次交尾现象。雌虫交尾后1~3天开始产卵，少数当天就可产卵，卵多产在树干光滑部位或皮孔上。产卵部位很难辨认，仅留下一个直径为0.2毫米左右的小孔，剥开树皮，在木质部与韧皮部的表面可看到直径为1~2毫米的乳白色小圆斑，边缘略呈褐色，圆形或梭形。产卵量为13~28粒，平均18粒。卵经28~36天孵化。幼虫期较长，完成发育约需9~10个月，一年中均可见到不同龄的幼虫；虫龄一般为4龄，最高可达6龄，有些个体仅为3龄；老熟幼虫多在边材10~20毫米处筑室化蛹。蛹期25~35天。成虫寿命一般为7~10天，雄蜂7天，交尾后5天左右死亡，雌蜂8天，一般产卵后3天左右死亡。

烟扁角树蜂成虫-1(王焱提供)

烟扁角树蜂成虫-2(王焱提供)

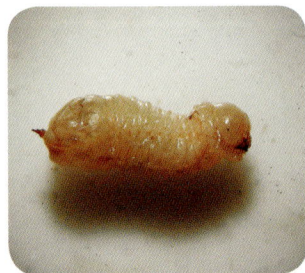

烟扁角树蜂幼虫(王焱提供)

烟扁角树蜂防治历　　　　　（以西北地区为例）

时　间	虫　态	防治方法	要点说明
1～4月	幼虫、蛹	坚持适地适树，选育抗虫品种，营造杨树、花椒混交林，加强林木的抚育和管理。	营林改造要科学规划，防止林分生态功能锐减。
		伐除并加以妥善处理虫害木，以制止扩散蔓延。虫害木除害处理可采取熏蒸、破板加工、水浸等方法，要随时除伐随时进行，必须在成虫羽化前完成。	伐除的虫害木要及时除害处理。 可采用磷化铝(6克/立方米)、硫酰氟(40～60克/立方米)塑料帐幕熏蒸3～7天；水浸泡需30～50天。
5～10月	成虫、卵、幼虫	对卵或低龄幼虫以锤击刻槽和小幼虫，或采用50%杀螟松乳油100～200倍液、40%乐果乳油200～400倍液对树干上的卵刻槽及排粪孔喷施，杀灭卵和皮下小幼虫。在成虫羽化盛期，用40%溴氰菊酯乳剂、40%氧化乐果乳剂涂干，防止该虫入侵。幼虫蛀入木质部后，可在蛀孔插入毒签，或磷化铝片等毒泥堵孔。	使用农药时，要控制好浓度，确保使用安全有效。
10～11月	卵、幼虫		堵孔时需将蛀孔中的粪便和木屑去除，插入毒签后用泥浆密封。 操作时要注意安全。
12月	幼虫	同1～4月。	

对可能携带害虫活体的木材、包装板、苗木等严格加强检疫，防止人为传播扩散。注意保护和招引灰喜鹊、伯劳等鸟类天敌；对幼虫主要天敌褐斑马尾姬蜂(*Meganhyssa parccelleus* Tosquinet)、成虫主要天敌螳螂和蜘蛛等进行输引和利用。

烟扁角树蜂在木质部危害状 (王焱提供)

烟扁角树蜂羽化孔 (王焱提供)

参考文献

[1] 何俊华, 等. 浙江蜂类志 [M]. 北京: 科学出版社, 2004: 1164.

[2] 李景刚, 张西秀, 宋敬苗, 等. 烟扁角树蜂生活史习性观察 [J]. 山东林业科技, 2005(3): 51.

[3] 萧刚柔, 等. 中国经济叶蜂志 [M]. 陕西杨陵: 天则出版社, 1991: 57-58.

[4] 萧刚柔. 中国森林昆虫 [M]. 北京: 中国林业出版社, 1992: 1158-1159.

[5] 赵振忠, 张百奎, 邢秀清. 烟角树蜂的发生规律及防治[J]. 河北农业科技, 2003(8): 19.

（盛茂领）

白蜡哈氏茎蜂

Hartigia viator (Smith)

分 布 与 危 害	北自我国东北中南部，经黄河流域、长江流域，南达广东、广西，东南至福建，西至甘肃均有分布。以初孵若虫从叶柄处蛀入髓部危害，使复叶萎蔫而死，严重时一枝上可见枯叶1～5片，致使被害部位的复叶青枯萎蔫，影响景观效果；老龄幼虫在越冬前横向啃食木质部，仅留枝条表皮（成虫羽化孔口），是白蜡的主要蛀干害虫，易导致树木风折或枯死，降低木材质量。
寄　　　　主	大叶白蜡。
主要形态特征	雌成虫黑色，有光泽，有均匀分布的细刻点；触角丝状，27节，鞭节褐色；翅透明，翅痣、翅脉黄色。雄成虫触角24～26节，其余特征同雌虫。幼虫乳白色或淡黄色，头部圆柱形，浅褐色，腹部9节，乳白色或淡黄色。
生 物 学 特 性	在北京一年发生1代，以老熟幼虫在一年生枝条髓部越冬。翌年3月下旬至4月上中旬（白蜡树萌动前后）陆续化蛹，4月中下旬（白蜡树当年生长旺盛的嫩枝条长约20厘米，弱短枝条停止生长时）羽化。

白蜡哈氏茎蜂成虫 (徐公天提供)

白蜡哈氏茎蜂幼虫在蛀食 (徐公天提供)

白蜡哈氏茎蜂幼虫蛀道（徐公天提供）

白蜡哈氏茎蜂成虫羽化孔（徐公天提供）

白蜡哈氏茎蜂防治历 （以北京地区为例）

时 间	虫 态	防治方法	要点说明
1～3月	越冬幼虫	结合冬季树木修剪，消灭越冬幼虫。一般在冬季修剪时，剪除有褐色斑点的枝条，集中烧毁，可减少越冬幼虫的数量。	结合营林、抚育措施进行。
		虫害木除害处理可采取熏蒸、破板加工、水浸等方法，要随时除伐随时进行，必须在成虫羽化前完成。	可采用磷化铝(6克/立方米)、硫酰氟(40～60克/立方米)塑料帐幕熏蒸3～7天；水浸泡需30～50天。
4月	老熟幼虫、蛹、成虫	白蜡哈氏茎蜂成虫有较强的飞翔能力，防治时应在一定的区域范围内，进行联防联治，封锁成虫的生存空间，缩小扩散范围。	最佳防治期掌握在4月上、中旬。在无风的清晨或傍晚喷施为宜。叶面与枝条喷匀。
		用10%的吡虫啉1500倍液加增效剂对叶面及枝条喷雾。	
		幼虫蛀入木质部后，可在蛀孔插入毒签，或用乐果、敌敌畏水溶液注孔或磷化铝片等毒泥堵孔。	堵孔时需将蛀孔中的粪便和木屑去除，插入毒签后用泥浆密封。
5月	成虫、卵、幼虫	成虫羽化后产卵前可使用性诱剂捕杀。幼虫孵化蛀入叶柄期，向叶部喷洒3%高渗苯氧威乳油3000倍液。	喷叶应均匀，且以叶柄处为重点。
6～12月	幼虫	越冬前同生长期的幼虫防治；越冬后同1～3月。	老龄幼虫在越冬前横向啃食木质部，仅留枝条表皮(成虫羽化孔口)，此为查找害虫的识别标记。

对可能携带害虫活体的木材、包装板、苗木等严格加强检疫，防止人为传播扩散。注意发现和保护天敌。

参 考 文 献

[1] 桂炳中, 戴明国. 白蜡哈氏茎蜂生物学特性与防治 [G]. 中国昆虫学会第八次全国会员代表大会暨2007年学术年会论文集, 2007: 551-552.

[2] 萧刚柔, 等. 中国经济叶蜂志 [M]. 陕西杨陵: 天则出版社, 1991: 65-66.

[3] 徐公天、杨志华. 中国园林害虫 [M]. 北京: 中国林业出版社, 2007: 310.

（盛茂领）

白蜡窄吉丁

Agrilus marcopoli Obenberger

分布与危害 又名花曲柳窄吉丁、梣小吉丁、花曲柳瘦小吉丁。分布于黑龙江、吉林、辽宁、河北、天津、内蒙古及山东等地。是木犀科梣属树木毁灭性蛀干害虫。以幼虫蛀入树干，在韧皮部与木质部间取食，形成"S"形虫道，虫道横向弯曲，切断输导组织，在虫口密度低时，有虫道的地方树皮死亡，虫口密度高时，虫道布满树干，造成整株树木死亡。以大叶白蜡受害最烈。

寄　　　　主 水曲柳、花曲柳、白蜡、大叶白蜡等。

主要形态特征 成虫体楔形，背面蓝绿色，腹面浅黄绿色；头扁平，顶端盾形；复眼古铜色、肾形，占大部分头部；触角锯齿状；前胸横长方形比头部稍宽，与鞘翅基部同宽；鞘翅前缘隆起成横脊，表面密布刻点，尾端圆钝，边缘有小齿突；腹部青铜色。幼虫老熟时乳白色，体扁平带状；头褐色，缩进前胸，仅现口器。

生物学特性 北京一年发生1代，以老熟幼虫在树干蛀道末端的木质部浅层内越冬。翌年4月上旬开始化蛹，4月下旬至6月下旬为成虫期，产卵期为5月下旬至7月下旬，卵散产。6月中旬最早孵化的幼虫蛀入树体，在韧皮部和木质部浅表层蛀食。幼虫蛀食部位的外部树皮裂缝稍开裂，可作为内有幼虫的识别特征。幼虫体稍大后即钻蛀到韧皮部与木质部间危害，形成不规则封闭蛀道，蛀道内堆满虫粪，造成树皮与木质部分离。幼虫约经45天即可老熟，7月下旬最早发育成熟的老熟幼虫，在木质部蛹室越冬，成虫喜光、喜温暖，有假死性，遇惊扰则假死坠也。成虫进行补充营养时，喜取食大叶白蜡、花曲柳、水曲柳树叶，将被害叶咬成不规则缺刻。

白蜡窄吉丁成虫 (徐公天提供)

白蜡窄吉丁蛹 (徐公天提供)

白蜡窄吉丁幼虫(徐公天提供)

白蜡窄吉丁幼虫蛀道(徐公天提供)

白蜡窄吉丁蛀处白蜡树皮常纵裂(徐公天提供)

白蜡窄吉丁防治历 (以天津地区为例)

时　间	虫　态	防治方法	要点说明
上年 12~3月	幼虫	清除受害严重树木。	集中烧毁。
5月中旬至 6月中旬	成虫	用10%吡虫啉可湿性粉剂3000倍液喷干封杀出孔的成虫。 成虫羽化高峰期,用1.2%烟参碱乳油1000倍或10%吡虫啉可湿性粉剂3000倍液树冠喷雾。人工震动树干,捕杀落地成虫。	封杀即将出孔的成虫必须在出孔前实施。成虫须经1周左右补充营养,抓住这段时机防治可以取得良好的效果。利用假死习性,在早晨或傍晚进行。

加强检疫,防止带虫苗木造林,苗木调运传播。定期除草,及时清除虫害株,减少虫源。注意保护天敌,如白蜡吉丁柄腹茧蜂,白蜡吉丁啮小蜂、肿腿蜂、蒲螨等天敌昆虫和啄木鸟。

参考文献

[1]　萧刚柔. 中国森林昆虫 [M]. 北京: 中国林业出版社, 1992.

[2]　徐公天, 杨志华. 中国园林害虫 [M]. 北京: 中国林业出版社, 2007.

[3]　金若忠, 栾庆书, 云丽丽. 花曲柳窄吉丁生物学调查 [J]. 辽宁林业科技, 2005(5): 22-24.

[4]　高瑞桐, 赵同海. 花曲柳窄吉丁在中国的分布与危害的调查研究 [J]. 中国造纸学报, 2004(增刊): 363-365.

(邱立新　曹川健　雷银山)

苹果蠹蛾

Cydia pomonella (L.)

分布与危害 20世纪50年代由中亚传入我国新疆，现分布新疆、甘肃地区。主要以幼虫蛀果危害，可导致果实成熟前大量脱落和腐烂，是苹果、梨、桃、核桃等果实的毁灭性害虫，严重影响着林果产品的生产和销售。

寄　　主 苹果、花红、海棠、沙梨、香梨、榅桲、山楂、野山楂、李、杏、巴旦杏、桃、核桃、石榴以及栗属、榕属（无花果属）、花楸属等。

主要形态特征 成虫通体灰褐色而带紫色光泽，雌蛾色淡，雄蛾色深。臀角处的翅斑色最深，为深褐色，有3条青铜色条纹；翅基部颜色次之，为褐色，褐色部分的外缘突出略呈三角形，其中有色较深的斜行波状纹；翅中部颜色最浅，为淡褐色。雄蛾前翅反面中区有一大黑斑，后翅正面中部有一深褐色的长毛刺，仅有1根翅缰。雌蛾前翅反面无黑斑，正面无长毛刺，有4根翅缰。卵极扁平，中央部分略隆起。初产时如一极薄蜡滴，发育到一定阶段出现一淡红色的圈，此阶段称红圈期。初孵幼虫体淡黄色，稍大变淡红色，成长后呈红色，背面色深，腹面色很浅。成长幼虫头部黄褐色，前胸盾淡黄色。

生物学特性 一年发生1～3代，以老熟幼虫在果树树干裂缝和根部周围的土壤中越冬，也有部分在堆果场、贮果库及果箱、果筐里越冬。成虫羽化后1～2天进行交尾产卵。卵多产在叶片的正面和背面，部分也可产在果实和枝条上，尤以上层的叶片和果实着卵量最多。刚孵化的幼虫，先在果面上四处爬行，寻找适当蛀入处蛀入果内。蛀入时不吞食果皮碎屑，而将其排出蛀孔外。幼虫从孵化开始至老熟脱果为止完成幼虫期所需的天数约为28.2～30.1天。非越冬的当年老熟幼虫，脱离果实后爬至树皮下，或从地上的落果中爬上树干的裂缝处和树洞里做茧化蛹，也可在地面上的其他植物残体或土缝中，以及果实内、果品运输包装箱及贮藏室等处做茧化蛹。越冬代成虫一般于4月下旬至5月上旬开始羽化。

苹果蠹蛾雌成虫　　　　　　苹果蠹蛾雄成虫　　　　　　苹果蠹蛾幼虫

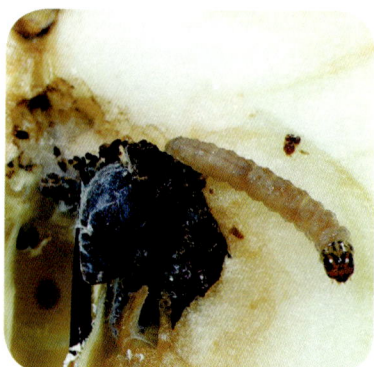

苹果蠹蛾防治历 　　（以新疆地区为例）

时　间	虫　态	防治方法	要点说明
1~3月，11~12月	越冬幼虫	刮除果树主干和主枝上的粗皮、翘皮。刮完树皮后，可用5波美度的石硫合剂涂刷，或用涂白剂涂刷。	将被刮除的树皮和越冬害虫全面收集，然后集中烧毁或深埋。
4~10月	卵、幼虫、成虫	设置苹果蠹蛾性诱芯诱杀成虫。	设置密度一般为30~60个/公顷。
		使用双管手挂式迷向信息素进行迷向法苹果蠹蛾防治。	悬挂于树冠上部1/3处稍粗且通风较好的枝条上，距地面高度不低于1.7米，一般每亩挂1~2个。
		摘除虫蛀果和收集地面上落果，并及时清除果园中的废纸箱、废木堆、废化肥袋、杂草、灌木丛等所有可能为苹果蠹蛾提供越夏越冬场所的材料。	清理下来的虫蛀果应集中深埋。
		用胡麻草或粗麻布在果树的主干及主要分枝处绑缚宽15~20厘米的草、布环，诱集苹果蠹蛾老熟幼虫，果实采收之后取下集中烧毁。	防治时，可在草、布环上喷高浓度杀虫药剂，防治效果会更好。
		将果实套袋阻止苹果蠹蛾蛀果危害。	
		2.5%溴氰菊酯乳油4000~6000倍液、3%高渗苯氧威2000~3000倍液进行喷雾防治。	每年可进行两次，每次连续喷施2~3次农药。各次喷药的时间间隔一般在7~10天左右。

对可能携带苹果蠹蛾的寄主植物及其果实进行严格检疫，防止该虫随果品、寄主植物传播扩散。

注意保护苹果蠹蛾的天敌，如鸟类、蜘蛛、步甲、寄生蜂、真菌、线虫等。还可通过释放赤眼蜂、喷施苏云金杆菌和颗粒病毒等进行防治。

苹果蠹蛾危害状-1　　苹果蠹蛾危害状-2

参考文献

[1] 国家林业局植树造林司,国家林业局森林病虫害防治总站.中国林业检疫性有害生物及检疫技术操作办法 [M].北京:中国林业出版社,2005.
[2] 秦占毅,刘生虎,岳彩霞.苹果蠹蛾在甘肃敦煌的生物学特性及综合防治技术[J].植物检疫,2007,21(3):170-171.
[3] 周昭旭,罗进仓,陈明.苹果蠹蛾的生物学特性及消长动态 [J].植物保护,2008,34(4):111-114.
[4] 闫玉兰.苹果蠹蛾的生活习性与防治技术 [J].中国农技推广,2008,24(3):49-50.
[5] 黄玉珍.苹果蠹蛾的发生与防治 [J].植保技术与推广,2000,20(5):20.

（赵宇翔）

梨小食心虫

Grapholitha molesta (Busck)

分布与危害	分布广泛，尤其在山东、山西、河北、河南、内蒙古、宁夏、甘肃、陕西、新疆、安徽等苹果、梨主产区危害严重。是果树上常见的重要害虫。以幼虫蛀食桃树新梢和梨、桃、苹果的果实进行危害。晚熟梨受害较重。枝梢被害后萎蔫枯干，影响桃树生长。虫果易腐烂脱落，造成严重减产和影响果品质量。
寄　　主	梨、桃、李、杏、苹果、樱桃等。
主要形态特征	成虫体灰褐色，无光泽，前翅灰褐色，密布白色鳞片，前翅前缘有10组白色斜纹，近外缘的淡色部分有整齐的黑斑数个。雌蛾尾端有环状鳞片，雄蛾比雌蛾略小。幼虫至老熟体黄白至粉红色，头部黄褐色，前胸背板浅黄至黄褐色，臀板黄褐至粉红色，上有深褐色斑；臀栉具4～7个刺。初孵幼虫体白色，头部、前胸背板为黑色。
生物学特性	一年发生3～4代，以老熟幼虫在树皮缝或根基附近地面处结茧越冬。越冬幼虫在翌年3月下旬和4月上旬化蛹，4月中、下旬出现第一代成虫。卵产在桃叶背面，4月下旬至5月初幼虫孵化，从新梢嫩尖部蛀入危害。当蛀食到新梢木质部较硬的部位时，转而危害另一新梢，被害新梢顶部枯死，每虫大约危害2～3个新梢。第一次害梢高峰大约在5月上旬，第二次大约在6月中下旬，第三次在7月中下旬。第一代和第二代主要危害枝梢，第三代主要危害果实。8月以后危害梨及苹果果实。被害果有小蛀入孔，孔周围微凹陷。最初幼虫在果实浅处危害，孔外排出较细虫粪，果内蛀道间果核被害处留有虫粪，9月中下旬梨小食心虫出现越冬幼虫，结茧于树皮缝中。

梨小食心虫成虫 (徐公天提供)

梨小食心虫幼虫 (徐公天提供)

梨小食心虫幼虫蛀害梨果(徐公天提供)

梨小食心虫幼虫蛀食桃嫩梢(徐公天提供)

梨小食心虫幼虫危害碧桃果实(徐公天提供)

梨小食心虫防治历　　　　(以河北地区为例)

时　间	虫　态	防治方法	要点说明
1～3月	幼虫	冬季或早春果树发芽前,细致刮除老枝干、剪锯口、根基等处的老翘皮。	集中烧毁。
4～5月		剪除受害萎蔫的新梢并烧毁。	消灭第一、二代幼虫。
5～6月		于5月底至6月初对果实进行套袋,防止幼虫蛀果危害。	
5～8月	成虫	在成虫发生高峰期,喷施90%灭多威3000倍液或1.8%阿维菌素3000倍液。	可在7～10天内连喷2次。
		在成虫发生高峰期人工释放赤眼蜂寄生虫卵。	每公顷150万头,每次30万头/公顷,分4～5次放完。
4～9月		可用糖醋液、黑光灯、性诱剂等诱杀成虫。	应准确预报,适时设置。
8～11月	幼虫	8月中、下旬在树干上绑草把,诱集越冬幼虫潜伏。	入冬后解下草把集中烧掉。

梨小食心虫有转主危害的习性,在规划建园时,避免桃、梨、杏、苹果混栽,减少相互转移交叉危害。

参考文献

[1]　萧刚柔.中国森林昆虫 [M].北京:中国林业出版社,1992.

[2]　庞艳从,程军宏,杨柏林.梨小食心虫的发生规律与防治 [J].河北林业科技,2007(2):64-66.

[3]　才淑娟.梨小食心虫发生规律及防治技术 [J].河北果树,2008 (5):42-43.

[4]　呼丽萍,高俊商.甘肃天水桃园梨小食心虫发生规律及防治试验 [J].中国果树,2007 (5):32-34.

[5]　张立国,石清花,刘祥福,等.梨树主要病虫害及综合防治技术 [J].河北果树,2008(5):43.

(郭文辉　张三亮　赫传杰)

梨卷叶象

Byctiscus betulae Linnaeus

分布与危害　又名梨卷叶象鼻虫。分布于辽宁、吉林、黑龙江、北京、河北、河南、江西等地。早春成虫出蛰危害嫩芽和嫩叶，补充营养后将叶卷成筒状。雌虫产卵产在卷叶的包囊里。幼虫孵化后在卷叶内取食危害，致使受害叶片干枯或脱落。

寄　　　主　杨、山楂、桦树、苹果和梨树等。

主要形态特征　成虫有两种类型：一型呈青蓝色，微具光泽；另一型呈豆绿色，具金属光泽。身体被稀疏而极短的绒毛，两复眼间额部深凹。复眼很大，微凸出，略呈圆形。整个头部被以细而深的刻点。触角黑色，11节，棍棒状，先端3节密生黄棕色绒毛。鞘翅表面具不规则的深刻点列，列间间隔很窄，其间密具细刻点。尾板末端圆形，密被刻点。幼虫头棕褐色，全身乳白色，微弯曲。

生物学特性　一年发生1代，以成虫在地被物或表土层中越冬，4月下旬至5月上旬越冬成虫开始出土活动，成虫具假死性，遇惊动即落下。当杨树展叶后，成虫取食嫩叶补充营养后才开始交尾产卵，产卵前先把嫩叶或嫩枝咬伤，待叶萎蔫时雌虫开始卷叶产卵，叶片的结合处用黏液粘住，卵经6～7天于6月上旬孵化出幼虫。7月上中旬老熟幼虫从卷叶钻出，潜入土中5毫米处做土窝化蛹。8月上旬羽化出成虫，成虫出土上树，啃食叶肉，补营养，食痕呈条状。8月下旬成虫潜入枯树落叶层下或表土中越冬。

梨卷叶象一型成虫

梨卷叶象二型成虫

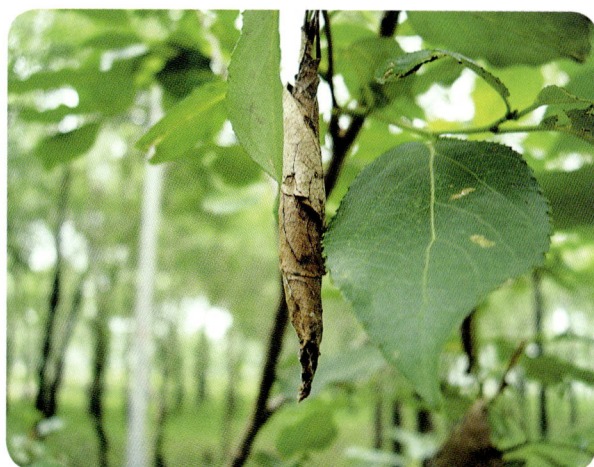

梨卷叶象危害状

梨卷叶象防治历　　　（以北方地区为例）

时　间	虫　态	防治方法	要点说明
1～4月， 9～12月	成虫	新建果园不宜用杨树造防风林。	老果园附近有杨树要与果树同时防治。
5～8月	成虫、 卵、 幼虫、 蛹	人工捕杀成虫、幼虫。	在树干下铺塑料布，震动树干捕杀落下的成虫。 在幼虫孵化盛期（6月下旬）人工摘除卷叶，并集中烧毁或挖坑深埋。
		喷施2.5％溴氰菊酯乳油1500～2000倍液等。	在成虫活动盛期或成虫羽化盛期喷施（5月下旬至6月上旬）。梨树开花期禁止用药。

参考文献

[1]　卢丽华，王树良，胡振生. 梨卷叶象甲的生物学特性及防治技术 [J]. 林业科技，2001，26(4): 57-58.

[2]　高玉江. 果树病虫害防治200问 [M]. 长春: 吉林出版集团，2007: 12.

（于治军　王志勇）

桃蛀螟

Dichocrocis punctiferalis Guenée

分布与危害	又名桃蛀野螟。分布于黑龙江、内蒙古、辽宁、河北、山西、山东、河南、陕西以及南方各省，以河北、长江流域以南的桃产区发生最为严重。以幼虫蛀食桃、李果实以及板栗总苞、幼果和成熟坚果，被害果多变色脱落或果内充满虫粪而不能食用，对产量与品质的影响甚大。
寄　　　主	板栗、桃、梨、李、杏、梅、苹果、葡萄、山楂、柿、樱桃、枣、核桃、石榴、柑橘、枇杷、龙眼、葡萄、脐橙、柚、甜橙、无花果、荔枝、杧果、木菠萝、木瓜、银杏、向日葵、高粱、玉米、大豆、扁豆、姜科、棉花、蓖麻、松、杉和圆柏等。
主要形态特征	成虫黄至橙黄色，前翅散生不规则状黑斑25～28个，胸背有7个；腹背第一和第三至第六节各有3个横列，第七节有时只有1个，第二、八节无黑点，前翅25～28个，后翅15～16个，雄第九节末端黑色，雌不明显。幼虫体色多变，老熟时灰褐或暗红褐色，前胸背板褐色，腹背面各节有毛片4个。
生物学特性	发生代数因不同地区而异，北方地区一年发生2～3代，长江流域及其以南一年发生4～5代，世代重叠严重。以老熟幼虫在树皮缝隙、僵果、落叶、贮栗场、向日葵花盘、玉米或高粱秸秆以及穗轴内越冬。具转移寄主危害习性。第一代幼虫主要危害桃、李果实，第二代继续危害，部分转移危害玉米、向日葵等，其他代主要危害板栗等其他果树及玉米、高粱等作物。成虫具强趋光性和趋化性，昼伏夜出，卵多产于枝叶茂密处的果实上以及2个或2个以上果实的紧靠处。幼虫孵化后多从果肩或果与果、果与叶相接处蛀入果内，蛀孔外常流胶并排有大量褐色虫粪。老熟幼虫在被害果梗洼处、树皮缝隙内结茧化蛹。

桃蛀螟成虫

桃蛀螟危害状-1

桃蛀螟危害状-2

桃蛀螟幼虫

桃蛀螟防治历

（以山东地区为例）

时　间	虫　态	防治方法	要点说明
1～4月	越冬幼虫	冬春刮除树干老翘皮，处理玉米、高粱、蓖麻等遗株及果园内的地被物。	清除越冬幼虫。
5～9月	成虫、卵、幼虫	果实套袋预防蛀果。	必须在越冬代成虫羽化前进行。
		幼虫发生期摘除虫果和捡拾落果。	虫果和落果应集中沤肥，消灭果内幼虫。
		合理修剪	疏去密生枝、密生果，减少产卵场所。
		幼虫孵化初期，采用苏云金杆菌30亿～45亿IU/公顷、3%高效氯氰菊酯2000～3000倍液等喷雾防治。	监测预报，确定越冬代成虫交尾产卵期，在产卵高峰期和卵孵化盛期开展防治。每隔7天喷1次，连续喷洒2次。
		成虫产卵盛期，采用3%高效氯氰菊酯2000～3000倍液等喷雾防治。	每隔15天喷洒树冠，防止成虫产卵。同时要注意对果园内外的向日葵、玉米、高粱、蓖麻等寄主作物进行喷药防治。
		成虫期，设置高压电网黑光灯、杀虫灯或糖醋液诱杀。	糖醋液（糖5克、酒5毫升、醋20毫升、水80毫升、90%晶体敌百虫1克）。
		引诱成虫产卵	散种少量玉米等引诱成虫产卵，然后集中防治或秋中烧毁。
10～12月	越冬幼虫	绑草诱集幼虫越冬	秋季采果前，于树干绑草诱集越冬幼虫，早春集中烧毁。

注意黄眶离缘姬蜂、广大腿小蜂、黄眶离缘姬蜂等天敌的保护利用。

参考文献

[1] 国家林业局森林病虫害防治总站. 林用药剂药械使用技术手册 [M]. 北京: 中国林业出版社, 2008.

[2] 王焱. 上海林业病虫 [M]. 上海: 上海科学技术出版社, 2007.

[3] 侯建刚. 桃蛀螟的防治方法 [J]. 河北农业科技, 2008(2): 29.

[4] 藕芳, 王加更, 胡洪仁. 桃蛀螟的发生与综合防治技术 [J]. 中国南方果树, 2003, 32(4), 74-75.

（柴守权　方明刚　曾智坚）

核桃举肢蛾

Atrijuglans hetaohei Yang

分布与危害	幼虫钻入核桃青皮内蛀食，受害果逐渐变黑而凹陷，故有"黑核桃"、"核桃黑"之称。分布广泛，在北京、河南、河北、陕西、山西、四川、贵州、甘肃等地均有发生，是核桃产区主要的害虫之一。以幼虫钻入核桃青皮内取食，早期钻入硬壳内的部分幼虫可蛀食种仁，有的蛀食果柄。受害后，果实逐渐变黑而凹陷，造成提前落果，有的虽然未脱落，但果仁已经变质，干缩变黑失去食用价值。严重影响核桃的产量和质量，甚至绝收。
寄　　　主	核桃、核桃楸。
主要形态特征	成虫体黑色，有金属光泽，腹面银白色。头部褐色被银灰色大鳞片；唇须银白色，细长，向上卷曲，超过头顶，末端尖；触角褐色密被白毛；前翅黑褐色，基部1/3处有椭圆形白斑，2/3处有月牙形或三角形白斑；后足粗，胫节具有环状毛刺，静止时，向侧后方上举。初孵幼虫乳白色，头部黄褐色；老熟幼虫淡黄白色，各节均有白色刚毛，头部暗褐色。蛹纺锤形，被蛹，茧扁椭圆形，淡褐色，常粘附草末或细土粒。在茧较宽的一端，有一明显的淡红色或灰白色缝线，常露于土表，为成虫羽化的出口。
生物学特性	在山西、河北一年发生1代，河南发生2代，在北京、陕西、四川每年发生1～2代。以老熟幼虫在树冠下的土内或在杂草、石缝中或树皮缝中结茧越冬。6～7月化蛹，6月下旬为盛期，蛹期约7天。6月下旬至8月上旬大量成虫出现。成虫在傍晚飞翔、交尾、产卵，一般将卵散产在两果相接的缝内或萼洼，卵期58天。幼虫7～8月危害，当果径2厘米左右时，幼虫咬破果皮钻入青皮层内，不转果危害。在果内危害期为30～45天，8～9月幼虫老熟后脱果入土化蛹。

核桃举肢蛾成虫 (王福永提供)

核桃举肢蛾茧 (王福永提供)

核桃举肢蛾危害状（王福永提供）

核桃举肢蛾幼虫危害核桃果实（王福永提供）

核桃举肢蛾防治历 （以山西地区为例）

时　间	虫　态	防治方法	要点说明
1～4月 10～12月	幼虫	晚秋或早春深翻树盘，越冬幼虫即被翻入土壤深层而不能羽化出土。	挖树盘范围为树冠投影大小，深度20厘米以上。
5～7月	成虫	采用性诱剂（诱芯）诱捕器挂在树上，诱捕雄成虫。	可作为测报手段。
6～7月	卵、幼虫、成虫	可用20%除虫脲可湿性粉剂2500倍～3000倍液、10%吡虫啉可湿性粉剂1000～2000倍液等喷雾。	产卵盛期，树冠喷药，分2～3次进行，每次喷药的间隔期为10天。
7～9月	幼虫	幼虫蛀果后大量脱落，应及时收集落果。 核桃采收后，要将树下及周围落叶、杂草等及时处理干净。	集中烧毁或深埋土中。

加强核桃树的栽培管理技术，适时浇水、施肥，适当修剪，疏除雄花。

参考文献

[1]　萧刚柔.中国森林昆虫 [M].北京：中国林业出版社，1992.

[2]　马云平.核桃举肢蛾的发生规律及防治技术 [J].山西果树，2006 (1)：51.

[3]　吴旭东，郝青云.核桃举肢蛾综合防治技术 [J].山西林业，2002 (1)：24-25.

（郭文辉　张三亮　赫传杰）

栗瘿蜂

Dryocosmus kuriphilus Yasumatsu

分布与危害　又称栗瘤蜂，分布很广，分布于河北、河南、山东、陕西、江苏、浙江、湖北、湖南、四川、云南等地。不少板栗产区猖獗成灾。以幼虫危害芽和叶片，被害芽春季长成瘤状虫瘿，使叶片畸形，小枝枯死。受害严重时，虫瘿比比皆是，很少长出新梢，不能结实，树势衰弱，枝条枯死。是影响板栗生产的主要害虫之一。

寄　　主　板栗、锥栗及茅栗。

主要形态特征　成虫体黑褐色，有金属光泽。头短而宽。触角丝状，每节着生稀疏细毛；胸部光滑，中胸背面光滑，背面近中央有2条对称的弧形沟；两对翅白色透明，翅面有细毛。前翅翅脉褐色，无翅痣。足黄褐色，有腿节距，跗节端部黑色。仅有雌虫，无雄虫。幼虫乳白色。老熟幼虫黄白色，体肥胖，略弯曲。头部稍尖。胴部可见12节，无足。

生物学特性　一年发生1代，以初孵幼虫在被害芽内越冬。翌年4月上旬栗芽萌动时开始取食危害，4月下旬形成虫瘿，被害芽不能长出枝条而逐渐膨大形成坚硬的木质化虫瘿。幼虫在虫瘿内做虫室，继续取食危害，老熟后即在虫室内化蛹。每个虫瘿内有1～5个虫室。5月中旬至6月下旬为蛹期。5月下旬至6月底为成虫羽化期。成虫咬一个圆孔从虫瘿中钻出，成虫出瘿后即可产卵，营孤雌生殖。成虫产卵在栗芽上，喜欢在枝条顶端的饱满芽上产卵，一般从顶芽开始，向下可连续5～6个芽。每个芽内产卵1～10粒，一般为2～3粒。卵期15天左右。幼虫孵化后即在芽内危害，于9月中旬开始进入越冬状态。

栗瘿蜂幼虫 (王金利提供)

栗瘿蜂虫瘿 (薛洋提供)

拔开的虫瘿 (薛洋提供)

栗瘿蜂危害状 (关玲提供)

栗瘿蜂防治历　　　　　　　　　　（以河北地区为例）

时　间	虫　态	防治方法	要点说明
4～5月	幼虫	在春季幼虫开始活动时，用30%氯胺磷乳油1：1涂树干。	每树用药20毫升。
		在新虫瘿形成期，及时剪除虫瘿及虫瘿周围的无效枝，尤其是树冠中部的无效枝。	集中销毁，消灭其中的幼虫。
		保护和利用天敌。 幼虫初孵化时，1.8%阿维菌素2000～3000倍液或每100升水加1.8%阿维菌素33～50毫升（有效浓度6～9毫升／升）喷雾。	寄生蜂有7～8种，其中以长尾小蜂为主，春季树上干瘤内都是寄生蜂的幼虫。应将干瘤放在栗园内，待天敌飞走，6月后烧掉。寄生蜂成虫发生期不喷农药。
6～7月	成虫	成虫脱瘿高峰期喷氰戊菊酯乳剂1500倍液或高效氯氰菊酯＋吡虫啉1000～1500倍液。	

参考文献

[1] 萧刚柔. 中国森林昆虫 [M]. 北京: 中国林业出版社, 1992.

[2] 江西省森防站. 森林病虫害图说 [M]. 南昌: 江西人民出版社, 1981.

[3] 刘杰柳, 吉春李, 克庆. 栗瘿蜂的生物学特性观察及综合防治 [J]. 植物检疫, 2008. 22(4): 264-265.

[4] 宋任贤. 栗瘿蜂发生与防治的研究进度 [J]. 北方果树. 2009(3): 1-2.

（周茂建　刘玉芬　徐志华）

栗实象

Curculio davidi Fairmaire

分布与危害	又称板栗象鼻虫、栗实象鼻虫，分布于辽宁、河北、山东、浙江、江苏、安徽、河南、湖北、湖南等地。初羽化成虫先取食花蜜，后以板栗的子叶和嫩树皮为食。幼虫蛀食果实，常在短期内蛀食一空，被害的栗子充满虫粪，不能食用、作种。并诱致菌类寄生，严重影响栗实产量和质量。
寄　　　主	板栗、茅栗及橡类树木。
主要形态特征	雌成虫黑色；喙黑色，有光泽，圆柱形，前端向下弯曲，略长于身体；触角从喙1/3处伸出。雄虫喙略短于身体，触角从喙1/2处伸出。鞘翅上各有1个白斑，鞘翅长为宽的1.5倍左右，生有刻点10条。前胸背板密布刻点。鞘翅前缘近基部1/3处和近翅端2/5处各有一白色横纹，斑纹均由白色鳞片组成。体腹面被有白色鳞片。幼虫镰刀形弯曲，成熟幼虫乳白色至淡黄色。头部黄褐色，口器黑褐色。体多横皱，疏生短毛。
生物学特性	二年发生1代，以老熟幼虫在土内越冬，次年继续滞育土中，直到第三年6月化蛹。成虫有补充营养的习性，出土不久即昼夜取食，用口器咬破栗苞和果皮，取食子叶。成虫喜向上攀爬，亦可短距离飞翔，多在树冠上活动，有假死性，受惊扰当即坠地假死。交尾后的雌成虫在果蒂附近咬1个产卵孔，深达种仁，产卵其中。每处产卵 1 粒，偶有 2 粒或 3 粒者。幼虫蛀食栗实，虫粪排于蛀道内。早期的被害果易脱落，后期的被害果通常不落。果实采收时未老熟的幼虫仍在种子内取食，危害期30多天，直至老熟后脱果。脱果幼虫的入土深度因土壤疏松程度而有所不同。土质疏松，入土较深；反之则浅。一般在6～10厘米范围内，最深的可达15厘米。

栗实象成虫

栗实象幼虫

栗实象危害的果实

栗实象侵出孔

栗实象防治历 （以西南地区为例）

时　间	虫　态	防治方法	要点说明
6月	蛹	地面喷洒40%毒死蜱乳油1000倍液，杀死初出土成虫。在地面覆盖地膜，阻止成虫出土危害。	
7～10月	成虫	用0.9%齐螨素或5%吡虫啉乳油5倍或10倍液打孔注射。	打孔注药一般在干基部距地面30厘米处钻孔，钻头与树干成45度角，钻6～8厘米深的斜向下孔。视树木胸径大小绕干钻3～5个孔，注药后用泥浆封孔。
		春季萌芽前喷5波美度硫合剂，萌芽后用1%齐螨素1800倍液或5%吡虫啉乳油1000倍液进行树冠喷施。	在6～7月虫害高峰期每隔半月喷1次，共喷药2～3次。
		在栗园内点放敌马烟剂熏杀成虫。	在晴朗无风的傍晚，每10天点放1次，连续熏杀2～3次。
		利用成虫假死性，捕杀成虫。	清晨露水未干时，轻击树枝捕杀落地假死成虫。
9月	幼虫	用50～55℃热水浸泡栗实15～30分钟，杀死各龄幼虫。将新脱粒的栗实放在密闭条件下（容器、封闭室或塑料帐篷内）熏蒸。	用56%磷化铝片剂按21克/立方米用量处理24小时。
10～12月	越冬幼虫	清除栗园内的枯枝落叶、栗苞和杂草，并集中烧毁。	秋季进行。
		对栗园进行深翻改土，冻死越冬幼虫。	冬季进行。耕翻深度15厘米左右即可。

参考文献

[1] 丁向阳.栗实象鼻虫的发生及综合防治技术 [J].四川林业科技,2004,25(4): 43-46.
[2] 萧刚柔.中国森林昆虫 [M].北京:中国林业出版社,1992.
[3] 孙国山,梁勇.豫南山区栗实象鼻虫的综合防治技术 [J].北方果树,2007(2): 28.
[4] 屈顶柱,黄应成,张宜仁.栗实象甲生物学特性及综合防治技术研究 [J].陕西林业科技,2009(1): 71-73.
[5] 徐义.栗实象无公害防治 [J].新农业,2008(8): 31.

（韩　阳）

枣实蝇

Carpomya vesuviana Costa

分布与危害 是我国2007年发现的新入侵有害生物，目前仅分布于新疆吐鲁番地区的鄯善县、托克逊县、吐鲁番市。该虫以幼虫蛀食果肉进行危害，不蛀食枣核和种仁，危害时果面可形成斑点和虫孔，内部蛀食后形成蛀道，并引起落果，导致果实提早成熟和腐烂。

寄　　　主 枣属植物。

主要形态特征 成虫体黄色。胸部裂合线具4条白色或黄色斑纹，胸部盾片为黄色或红黄色，中间具3个黑褐色的细窄条纹，两侧各有4个黑色斑点；横缝中后部有2个近椭圆形黑色大斑点，近后缘的中央于两小盾片前鬃之间有一褐色圆形大斑点；横缝后另有2个近似叉形的白黄色斑纹。翅透明，具4个黄色至黄褐色横带，横带的部分边缘带有灰褐色。幼虫蛆形，白色或黄色。第三至第七腹节腹面具条痕，第八腹节具数对大瘤突。前气门具20～23个指状突。后气门裂大，长为宽的4～5倍。

生物学特性 年发生代数因地区不同而不同，一般6～10代不等，世代重叠，以蛹在寄主植物根部周围的土壤中越冬，也可在堆果场、贮果库以及麻袋、塑料袋等包装材料中以及干枣内化蛹越冬。成虫多在09：00～14：00羽化，白天交配、产卵，晚间在树上歇息，成虫将卵产于表皮下，卵为单产，平均每雌成虫可产19～22粒卵，因枣果种类不同，大小不一，每果一般可产1～6粒卵，甚至更多。幼虫孵化后蛀食果肉并向中间蛀食，1～2龄幼虫是危害枣果的主要龄期。幼虫一般在树冠垂直投影范围内的土壤中化蛹，此外还可在麻袋、塑料袋等包装材料以及干枣内化蛹。

枣实蝇成虫及被害果

枣实蝇被害果内部幼虫危害状

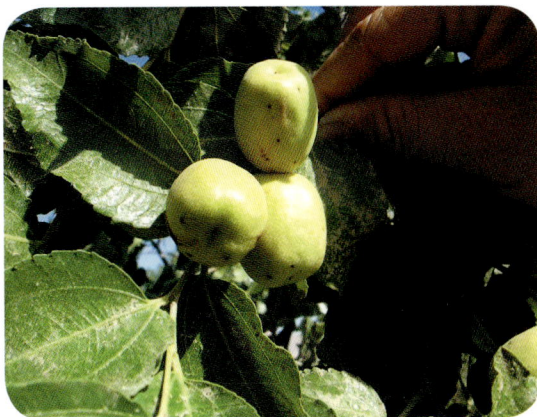
枣实蝇危害状

枣实蝇防治历 （以新疆地区为例）

时 间	虫 态	防治方法	要点说明
1～3月， 11～12月	越冬蛹	定期翻晒树下及周围的土壤或在树下撒毒土。	
4～10月	卵、 幼虫、 成虫	使用诱捕器、色板等诱杀枣实蝇成虫。	引诱剂可选用糖醋液、甲基丁香酚或引诱剂＋马拉硫磷，诱捕器的设置密度一般为15～30个/公顷；发生较重的地方，可增加设置诱捕器的数量。
		覆盖地膜阻止羽化成虫飞出。	注意定期检查地膜是否破裂，并及时修补。
		在果树结果期间，应及时捡拾落果，摘除树上虫害果。	收集的枣果应集中销毁。

可通过施放枣实蝇的天敌茧蜂和寄生蜂进行生物防治。

对枣实蝇危害严重的枣园可采取嫁接换头和向枣树喷洒落花素的方式进行停产休园，停产休园应持续2年以上。

参考文献

[1] 国家林业局森林病虫害防治总站.中国林业有害生物概况 [M].北京: 中国林业出版社,2008.

[2] 国家林业局植树造林司,国家林业局森林病虫害防治总站.中国林业检疫性有害生物及检疫技术操作办法 [M].北京: 中国林业出版社,2005.

[3] 张润志,汪兴鉴,阿地力·沙塔尔.检疫性害虫枣实蝇的鉴定与入侵威胁 [J].昆虫知识,2007,44(6): 928-930.

[4] 阿地力·沙塔尔,何善勇,田呈明,等.枣实蝇在吐鲁番地区的发生及蛹的分布规律 [J].植物检疫,2008,22 (5): 295-297.

[5] 吴佳教,陈乃中.*Carpomya*属检疫性实蝇 [J].植物检疫,2008,22(1): 32-34.

（赵宇翔）

食芽象甲

Scythropus yasumatsui Kono et Morinoto

分布与危害	主要分布于北京、河南、河北、陕西、山西、甘肃、辽宁、江苏等地，是枣树上出现最早的叶部害虫之一。以成虫取食枣树的嫩芽，严重时能将嫩芽全部吃光，长时间不能正常萌发，枣农俗称"迷芽"，造成2次发芽，大量消耗树体营养，导致枣树开花结果推迟。幼叶展开后，成虫继而食害嫩叶，将叶片咬成半圆形或锯齿形缺刻，大发生时能吃光全树的嫩芽，从而削弱树势，推迟生长发育，严重降低枣果的产量和品质。幼虫在土中还危害植物的地下根系。
寄　　　主	枣、苹果、梨、核桃、杨树、泡桐、桑、棉、大豆等，以枣受害较重。
主要形态特征	成虫灰白色，雄虫色较深，喙粗。头部背面两复眼之间凹陷。触角肘状，棕褐色，头宽喙短，喙宽略大于长，前胸背板棕灰色，鞘翅弧形，每侧各有细纵沟10条，两沟之间有黑色鳞毛，鞘翅背面有模糊的褐色晕斑，腹面银灰色。后翅膜质，能飞。足腿节无齿，爪合生。幼虫弯纺锤形，无足，前胸背板淡黄色，胴部乳白色，头部褐色。
生物学特性	在黄河流域每年发生1代，以幼虫在地下越冬。一般4月上旬化蛹。4月中、下旬枣树萌芽时，成虫出土，群集树梢啃吃嫩芽，枣芽受害后尖端光秃，呈灰色。幼叶展开后，成虫将叶片咬食成半圆形或缺刻。5月中旬气温较低时，该虫在中午前后危害最凶。成虫有假死性，早晨和晚上不活泼，隐藏在枣股基部或树杈处不动，受惊后则落地假死。白天气温较高时，成虫落至半空又飞起来，或落地后又飞起上树。成虫寿命为70天左右。4月下旬至5月上旬，成虫交尾产卵。卵产在枣吊上或根部土壤内。5月中旬开始孵化，幼虫落地入土，在土层内以植物根系为食，生长发育。

食芽象甲成虫(苗振旺提供)

食芽象甲危害状-1 (苗振旺提供)

食芽象甲危害状-2 (苗振旺提供)

食芽象甲防治历　　　　　(以黄河流域为例)

时　间	虫　态	防治方法	要点说明
1~4月	老熟幼虫、蛹	春季成虫出土前，在树干基部外半径为1米范围内的地下，浇灌50%辛硫磷150~200倍液，也可在树干周围挖5厘米左右深的环状浅沟，在沟内撒西维因药粉，毒杀出土的成虫。	需要根据当年的物候条件，掌握好成虫羽化期。
4~5月	成虫、卵、幼虫	4月下旬成虫开始出土上树时，可用残效期长的触杀剂，高浓度溶液喷洒。或在树干基部60~90厘米范围内撒药粉，以干基部为施药重点，毒杀上树成虫效果好且省工，可撒4%二嗪磷粉剂等，每株成树撒150~250克药粉。 0.26%苦参碱水剂600倍，1.8%阿维菌素乳油100倍喷雾。 早、晚震落捕杀成虫，树下铺塑料布以便搜集成虫。	干高1.5米范围内为施药重点，应喷成淋洗状态。 不同药剂、剂型应注意施药方式，以确保施药效果。

结合防治地下害虫进行药剂处理土壤，毒杀幼虫有一定效果。以秋季进行处理为好。

参考文献

[1] 宋金凤. 枣区育苗枣飞象的防治试验 [J]. 林业实用技术, 2004(6)：29.

[2] 胡维平, 梁廷康. 枣飞象的预测预报及防治 [J]. 山西农业, 2008, 14(1): 41.

[3] 田光合. 药草绳防治枣飞象技术研究 [J]. 河南林业科技, 1991(2): 10.

[4] 毕群. 食芽象甲的生活习性及防治 [J/OL]. [2006-04-19]. http://www.zaowang.cn.

（盛茂领）

红棕象甲

Rhynchophorus ferrugineus (Oliver)

分布与危害	又称锈色棕榈象、椰子隐喙象。目前该虫除海南省分布较广外，广东、广西、福建、上海等地均为局部发生危害。寄主受害后，叶片发黄，后期从基部折断，严重时叶片脱落仅剩树干，直至死亡。是危害棕榈科植物的重要害虫。在海南，椰树遍布全岛，椰果和槟榔的收入占当地农民收入的80%以上，红棕象甲的危害对地方经济发展造成了很大的影响。该虫许多寄主同时也是城市绿化的名贵树种。
寄 主	椰树、椰枣、海枣、台湾海枣、银海枣、西谷椰子、桃榔、油棕、糖棕、王棕、槟榔、假槟榔、酒瓶椰子、西谷椰子、三角椰子、甘蔗等。
主要形态特征	成虫体红褐色，背面具2排黑斑，排列成前后2行，前排3个或5个，中间1个较大，两侧的较小，后排3个，均较大；鞘翅短，每排鞘上具6条纵沟。幼虫乳白色，无足，呈弯曲状，老熟幼虫头部黄褐色，腹部末端扁平，周缘具刚毛。
生物学特性	该虫一年发生2～3代，发育不整齐，世代重叠。一年中有两个明显的成虫出现期，即6月和11月。雌虫通常在幼树上产卵，在树冠基部幼嫩松软的组织上蛀洞后产卵，有时也产卵于叶柄的裂缝、组织暴露或由犀甲等害虫造成损伤的部位。卵散产，一处一粒，每雌一生可产卵162～350粒。幼虫孵出后即向四周钻蛀取食柔软组织的汁液，并不断向深层钻蛀，形成纵横交错的蛀道，取食后剩余的纤维被咬断并遗留在虫道的周围。该虫危害幼树时，从树干的受伤部位或裂缝侵入，也可从根际处侵入。危害老树时一般从树冠受伤部位侵入，造成生长点迅速坏死，危害极大。老熟幼虫用植株纤维结成长椭圆形茧，成茧后进入预蛹阶段。而后蜕皮化蛹，蛹期8～20天。成虫羽化后，在茧内停留4～7天，直至性成熟才破茧而出。

红棕象甲成虫

红棕象甲幼虫 (徐公天提供)

红棕象甲蛹

红棕象甲危害树梢　　　　红棕象甲危害干基部　　　　红棕象甲成虫及危害状　　　　红棕象甲茧

红棕象甲防治历　　　　(以海南地区为例)

时　间	虫　态	防治方法	要点说明
1～3月	幼虫 成虫	幼虫期，在被害寄主主干上人工钻1～2个孔选用80%敌敌畏乳油50倍液，采用吊瓶滴灌的方法将药液慢慢输入寄主体内。	
		涂药防治。	树冠受害，可在植株叶腋处填放吡虫啉与沙子的拌和物；在伤口和裂缝处涂抹煤焦油或氯丹等。
		根部施内吸性杀虫剂防治。	对于高大的受害植株，挖出1条营养根并斜割切口再放入装有10毫升内吸性杀虫剂原液的玻璃瓶内，瓶口斜向上，并用棉花把瓶口塞牢。
7～8月	幼虫、蛹、成虫	幼虫孵化后至蛀入前，40%乐斯本乳油1500倍液，或阿维菌素1500倍液喷淋。 生物防治。	喷洒、虫孔注入质型多角体病毒可感染包括成虫在内的各个虫态。 应用斯氏线虫和异小杆线虫注孔。 利用下盾螨寄生蛹和成虫。

在产地检疫中，发现疫情，应销毁受害致死的树木。

参考文献

[1] 赵养昌，陈元清.中国经济昆虫志(第二十册)(鞘翅目象虫科) [M].北京：科学出版社，1980.
[2] 张润志，任立，孙江华，等.椰子大害虫——锈色棕榈象及其近缘种的鉴别 [J].中国森林病虫，2003，22(2)：3-6.
[3] 刘奎，彭正强，符悦冠.红棕象甲研究进展 [J].热带农业科学，2002，22(2)：70-77.
[4] 伍有声，董担林，刘东明，等.棕榈植物红棕象甲发生调查初报 [J].广东园林，1998(1)：38-38.
[5] 吴坤宏，余法升.红棕象甲的初步调查研究 [J].热带林业，2001，29(3)：141-144.
[6] 覃伟权，赵辉，韩超文.红棕象甲在海南发生危害规律及其防治 [J].云南热作科技，2002，25 (4)：29-30.

(周茂建　李　涛)

蔗扁蛾

Opogona sacchari (Bojer)

分布与危害	分布于北京、河北、辽宁、上海、浙江、福建、山东、山西、广东、广西、海南、新疆等地。严重危害观赏植物及多种农作物，以幼虫钻蛀危害，主要蛀食茎部皮层，亦蛀食根部。受害树皮变褐色，植株萎蔫失绿，生长停止，甚至死亡。以危害巴西木、发财树最重。
寄　　　主	龙舌兰科、天南星科、苏铁科、凤梨科、番木瓜科、豆科、芭蕉科、棕榈科和禾本科等14科50多种植物，主要为巴西木、发财树、散尾葵、鱼尾葵、国王椰子、印度橡树、鹅掌柴、棕榈等观赏性植物，甘蔗、香蕉、甘薯、玉米农作物。
主要形态特征	成虫体黄灰色，具强金属光泽，腹面色淡。头部鳞片大而光滑，头顶的鳞片色暗且向后平覆，额区鳞片则向前弯覆，二者之间由1横条蓬松的竖毛分开。触角细长呈纤毛状，长达前翅的2/3，梗节粗长稍弯。前翅有2个明显的黑褐色斑点和许多断续的褐纹，雄蛾斑纹多连成较完整的纵条斑。老熟幼虫头部呈暗红褐色，体上具大型毛片。
生物学特性	一年发生3～5代，以幼虫或蛹在土中越冬，该虫在北方不能在室外越冬，翌年幼虫上树危害。成虫在午夜羽化，爬行迅速，形如蜚蠊，多半在傍晚到午夜活动，可做短距离的飞行或跳跃，白天多在寄主树皮缝或叶边静伏，以花蜜补充营养。雌成虫可和多个雄成虫连续交尾，连续产卵可持续5天左右，每雌产卵数从数十至数百不等。初孵幼虫从卵壳顶部咬一孔爬出，稍事休息后返身取食卵壳，随后吐丝下垂，很快钻入树皮下危害，破坏全部输导组织，受害部位只剩下表皮和木质部。少数幼虫从伤口可蛀入木质部，造成空心。幼虫有食土的习性。

蔗扁蛾成虫

蔗扁蛾幼虫 (徐公天提供)

蔗扁蛾危害状

蔗扁蛾幼虫危害巴西木主干(徐公天提供)

蔗扁蛾幼虫危害榕树主干(徐公天提供)

蔗扁蛾防治历

(以中南地区为例)

时间	虫态	防治方法	要点说明
1～3月 12月	越冬幼虫	应加强产地检疫和调运检疫,严禁从疫情发生区调运苗木,同时加强对调入苗木的复检。 在花木种植前,用20%氰戊菊酯(限用)2500倍液浸泡5分钟,晾干后再植入。	1～12月均适宜,将有疫情的有虫植株集中烧毁或深埋,或者用20%菊杀乳油涂刷树干。
4～5月 11月	蛹、成虫	应用杀虫灯诱杀成虫。	成虫产卵前诱杀方有效。每个花圃装置1～2只杀虫灯。
6月	幼虫、蛹	10%吡虫啉可湿性粉剂700倍液或1.8%阿维菌素乳油1500倍液喷雾。	幼虫期防治2～3次。
7～10月	成虫、幼虫、蛹	在盆钵表土中撒施1:200倍液敌百虫毒土。	

参 考 文 献

[1] 鞠瑞亭,杜予州,于淦军,等.蔗扁蛾生物学特性及幼虫耐寒性初步研究 [J].昆虫知识,2003,40(37):255-258.

[2] 景竹兰.蔗扁蛾在山西的发生及控制 [J].植物检疫,2004,18(4):244-245.

[3] 周大方,夏建平,夏建美.蔗扁蛾的发生与综合治理 [J].中国农村科技,2006(8):18.

[4] 沈幼莲,劳冲,冯林国.慈溪市蔗扁蛾生物学特性及防治 [J].浙江林学院学报,2008,25(3):367-370.

(牟文彬)

双钩异翅长蠹

Heterobostrychus aequalis (Waterhouse)

分布与危害 分布于上海、湖北、广东、广西、海南、贵州、云南、台湾及香港等地。是全国林业检疫性有害生物，是毁灭性木材害虫，寄主范围广，食性杂，钻蛀能力很强，国内主要以成虫和幼虫危害木（竹、藤）材及其制品。

寄　　　主 白格、黑格、合欢、楹树、凤凰木、黄桐、橄榄、海南苹婆、黄藤、杧果、翻白叶、柳安、翅果麻、厚皮树、银合欢、黄檀、柚木、榆绿木、洋椿、榄仁树、大沙叶、黄牛木、山荔枝、箣竹、小叶胭脂、桑、紫檀、橡胶属、木棉属、白腾属、琼楠属等。除危害上述寄主植物外，还可危害多种竹材、藤材、人造板以及建筑材料等。

主要形态特征 成虫体圆柱形，赤褐色。头部黑色，具细粒状突起，头额前端横向隆起，头背中央具1条纵向脊线。上唇甚短，前缘密布金黄色长毛。触角锤状部3节，其长度超过触角全长的1/2。前胸背板前缘呈弧状凹入，两侧各有1个较大的齿状突起。鞘翅刻点条状排列，近圆而深凹，有光泽。鞘翅两侧缘自基缘向后几乎平行延伸，至后部1/4处急剧收尾呈明显斜面。斜面的两侧，雄虫有2对钩状突起，上面的1对较大，呈强钩状；下面1对较小。雌虫两侧的突起仅有微隆起的瘤粒无尖钩形成。幼虫：乳白色，体肥胖，体壁多褶皱。老熟幼虫背面中央有1条白色中线，穿越整个头背。胸部特别粗大。胸部正面观，中央明显具1条白色而略下陷的中线，其轮廓形似一根钉。侧面观，胸部中间明显有1个浅黄白色的骨化片，形似茶匙状。

生物学特性 钻蛀性害虫，几乎终身在木材等寄主内部生活，仅在成虫交尾、产卵时在外部活动。在海南一年完成2～3代。以老熟幼虫、成虫在寄主内越冬，越冬幼虫于3月中、下旬化蛹，3月下旬至4月下旬大量羽化。第一代成虫在6月下旬至7月上旬出现，完成1代需要100天左右。但第二代有部分幼虫期延长，以老熟幼虫或成虫过冬，第二代的最后一批成虫延续到第二年的3月中下旬，和第三代成虫期重叠。第三代自10月上旬开始以幼虫越冬，第二年3月中旬化蛹，3月下旬羽化，部分幼虫可延续到4～5月化蛹，成虫期和当年第一代重叠。成虫喜在傍晚至夜间活动，稍有趋光性。钻蛀性强，在环境不适时，无论是尼龙薄膜，还是窗架的玻璃胶均可被其蛀穿。初孵化的幼虫在木材的导管中取食，以后逐渐向外扩展，形成纵向排列的幼虫坑道，蛀入木质部深度可达5～7厘米。常有数条坑道并列，或互相交错。幼虫的排泄物及蛀屑均为极细的粉末，紧密堆积于坑道内不排出，造成木制品被害。

双钩异翅长蠹蛹室
(王金利提供)

双钩异翅长蠹羽化的成虫 (王金利提供)

双钩异翅长蠹羽化孔
(王金利提供)

双钩异翅长蠹蛀道
(王金利提供)

双钩异翅长蠹成虫-1
(王金利提供)

双钩异翅长蠹成虫-2
(王金利提供)

双钩异翅长蠹成虫腹面
(王金利提供)

双钩异翅长蠹防治历

(以广东地区为例)

时间	虫态	防治方法	要点说明
1～12月	成虫、幼虫、蛹	使用斯氏线虫与长蠹，以120：1的比例防治老熟幼虫和蛹。	5天以上的时间有较好的防治效果。
		93℃的条件下处理10～20分钟。	
		水浸木材。	需要处理1个月以上的时间。
		用库房或帐幕熏蒸处理，20～25℃条件下用溴甲烷40克/立方米24小时熏蒸处理，或用磷化铝20克/立方米72小时熏蒸处理。在25℃以上条件下用硫酰氟20～40克/立方米熏蒸20～22小时。	对于大批量木材及其制品、集装箱运载的藤料及其制品或木质包装箱采用此处理。
		销毁处理。	严重发生虫害的木质包装箱和木垫板要进行销毁处理。

应加强检疫检验和除害处理。

参 考 文 献

[1] 施振华，谭淑清. 双钩异翅长蠹生物学特性及用防腐剂TWP防治试验 [J]. 林业科学研究，1992, 5(6): 665-670.

[2] 国家林业局森林病虫害防治总站. 中国林业有害生物概况 [M]. 北京: 中国林业出版社，2008.

[3] 国家林业局植树造林司，国家林业局森林病虫害防治总站. 中国林业检疫性有害生物及检疫技术操作办 [M]. 北京: 中国林业出版社，2005.

[4] Woodruff R E, Fasulo T R. An Oriental Wood Borer, *Heterobostrychus aequalis* (Waterhouse) [R]. Institute of Food and Agricultueal Sciences, University of Florida. 2006.

[5] 陈志麟. 双钩异翅长蠹———一种应引起重视的危险性害虫 [J]. 植物检疫，1990, 4(4): 264-267.

[6] 黄可辉，郭琼霞，姚向荣. 双钩异翅长蠹 *Heterobostrychus aequalis* 生物学特性与检疫防治研究 [J]. 武夷科学，2004(20): 93-97.

[6] 乐海洋，李冠雄，余国权，等. 硫酰氟熏杀双钩异翅长蠹等害虫试验初报 [J]. 植物检疫，1997(2): 91-92.

[8] 林阳武. 双钩异翅长蠹和双棘长蠹两种害虫的检疫处理 [J]. 江西农业科技，2004(9): 8-9.

[9] 胡学难，梁广勤，吴侍教，等. 斯氏线虫感染双钩异翅长蠹的致死中量与致死中时间 [J]. 检验检疫科学，2003, 13(5): 7-8.

(赵 杰 郑 华)

大竹象

Cyrtotrachelus longimanus Fabricius

分布与危害	又名竹直锥大象，分布于浙江、福建、台湾、江西、湖南、广东、广西、四川、贵州、云南等地。成虫在笋外啄食笋肉，幼虫在笋中取食笋肉，造成大量退笋、畸形竹和断头竹。笋梢发黄干枯，危害轻者造成成竹断梢，多数被害竹笋不能生长而死亡。能成竹者，竹秆上多有虫孔，凹陷，节间缩短，竹材僵硬，利用价值下降。
寄　　主	主要危害青皮竹、粉箪竹、撑蒿竹、水竹、绿竹、崖州竹、山竹等丛生竹竹笋。
主要形态特征	成虫体为橙黄色。前胸背板后缘中央有1个黑色斑，为不规则圆形；鞘翅臀角钝圆。前足腿节、胫节与中、后足腿节、胫节等长，前足胫节内侧棕色毛短而稀。初孵幼虫全身乳白色，取食后体乳黄色，头壳淡黄褐色，体节不明显。老熟幼虫体长淡黄色，头黄褐色，口器黑色，前胸背板有一定程度骨化，背板上有1个黄色大斑，体上有1条隐约可见的灰白色背线。
生物学特性	一年1代，以成虫在土下蛹室越冬。在浙江6月中、下旬成虫出土，7月下旬至8月上旬出土最盛，9月下旬结束，6月下旬至9月下旬产卵，6月下旬至10月幼虫取食，7月中旬至11月上旬化蛹，7月下旬至11月中下旬羽化成虫开始越冬。在翌年日均气温24~25℃时，成虫开始出土，气温变化直接影响成虫出土的迟早。出土后飞向竹笋啄食笋肉补充营养。成虫飞翔能力强，但在竹林中只作短距离飞行，飞行有嗡嗡声，成虫有假死性。成虫补充营养后，即可交尾，雌成虫在未产过卵的竹笋上产卵，一般1株竹笋上只产卵1粒。初孵幼虫，先向上取食，直到笋梢，再向下取食。幼虫蛀道中充满虫粪，笋梢发黄干枯，被蛀食部位变软。

大竹象成虫

大 竹 象 防 治 历　　　　　　(以浙江地区为例)

时间	虫态	防治方法	要点说明
7月下旬至8月上旬	成虫	人工捕杀成虫。	利用成虫假死性,在清晨或傍晚不甚活动时,人工捕捉,集中消灭。
		出笋盛期,8%氯氰菊酯微囊悬浮剂喷干,常量喷雾300~500倍,超低量喷雾100~150倍。	对水生动物、蜜蜂、蚕极毒,使用时须注意安全。
8月上旬至10月上旬	幼虫	及时除去被蛀笋,消灭笋内幼虫。	
		40%氧化乐果乳油3~5倍液涂刷产卵孔或用40%氧化乐果乳油300倍液于危害部位注孔。	在幼虫出现盛期进行。。
		40%氧化乐果5倍液或废机油等于树干上涂20厘米宽毒环,杀死下树幼虫。	在幼虫下树越冬期进行。

竹象的危害与竹种关系密切,大竹象只危害1~2厘米的竹笋,出笋早的多被危害。栽培管理也与危害有关,一般成片竹笋被害率高,单丛被害率低。管理较好的竹林,竹笋被害率轻。

参 考 文 献

[1]　萧刚柔.中国森林昆虫 [M].北京:中国林业出版社,1992.

　　　　　　　　　　　　　　　　　　　　　　　　　　　(邱立新　姜海燕)

一字竹象

Otidognathus davidis Fairmaire

分布与危害　又名竹笋象，分布于江苏、浙江、安徽、福建、江西、湖南、陕西等省。主要以成虫补充营养时将笋咬成许多小孔，幼虫取食笋肉、钻蛀竹笋的方式进行危害，致使笋节间缩短，被害处生长畸形，竹材僵脆，易被风折枝断梢成断头竹，不能利用，严重危害时甚至导致整株枯萎死亡，极大地影响着我国竹类资源的安全。

寄　　　主　刚竹属、箬竹属、苦竹属、唐竹属、南丰竹属、茶杆竹属和单竹亚属的30多个竹种。

主要形态特征　成虫体棱形，雌虫呈乳白色或淡黄色；雄虫呈赤褐色。喙黑色，雌虫喙细长，表面光滑；雄虫喙上方有2列刺状突起。头黑色。前胸背板后缘弯曲成弓形，中间有1个棱形黑色长斑。鞘翅上各具9条由黑点组成的纵沟。初孵幼虫呈乳白色，背线白色，体柔软透明。老熟幼虫呈米黄色，头赤褐色，口器黑色，体多皱褶，背线淡黄色，气门不明显，尾部有淡黄色突起。

生物学特性　在小笋竹林中一年1代，在大小年明显的毛竹林中二年1代，以成虫在地下8～15厘米深的土室中越冬。越冬成虫于翌年4月上、中旬出土，群集于笋的中上部刺吸笋肉进行危害，且在笋表留下长10厘米左右的纵向食孔线。成虫多在白天活动，且活动多集中在午后，具假死性。成虫于4月中旬开始交尾、产卵。产卵时，雌虫在笋上头向下咬产卵穴，再调转头产卵，每孔产卵1粒，1株笋上最多产卵80粒。成虫多将卵产于最下一盘枝节到笋梢之间，1头雌虫可产卵15～25粒，最多可产80粒。幼虫共5龄，以取食笋肉为营养，幼虫阶段约经20天老熟，然后老熟幼虫咬破笋箨落地入土化蛹，蛹期约30天。7月以成虫在土中越夏过冬。

一字竹象成虫

一字竹象幼虫

一字竹象防治历

（以浙江地区为例）

时间	虫态	防治方法	要点说明
1～3月，11～12月	越冬成虫	全面深翻松土，改变成虫越冬环境，杀死地下越冬成虫。	深翻松土应在20厘米以上。深挖时，应将林地中树脑、竹蔸、老竹鞭挖除。
4～10月	成虫、幼虫	利用成虫行动迟缓、有假死性的特点，采取人工捕捉的方式防治。	宜在发生程度中等以下、竹笋高2米内的竹林中进行。
		根据多在笋尖取食的习性，采取笋尖套袋的方式。	用塑料薄膜筒袋，在竹笋长到1.5米左右高度时，套在笋尖上，保护笋梢部位。
		用40%氧化乐果加1倍水稀释，用注射器在离地面20～30厘米处注入笋内，每株用量2毫升杀死补充营养的成虫及取食竹笋的幼虫。	宜选在竹笋长到1.5米时进行。使用时要注意防治时间，宜早不宜迟。
		可选20%氰戊菊酯50～100倍液喷洒竹笋。	宜在竹笋长到1～2米时进行，视虫口密度的大小喷药1～3次。

对可能携带一字竹象的寄主植物及其产品进行严格检疫，防止该虫传播扩散。

采取营林措施，保留一定比例的阔叶树种，为天敌营造适生的环境，以提高竹林自身抗病虫能力。

一字竹象危害状

参考文献

[1] 国家林业局森林病虫害防治总站.中国林业有害生物概况 [M].北京:中国林业出版社,2008.
[2] 吴智敏,洪小平,吕俊锋,等.一字竹象甲综合防治技术研究 [J].丽水林业科技,2004(1): 47-49.
[3] 章秋林,吴智敏,洪小平,等.推广竹腔注射技术防治一字竹象甲试验小结 [J].江西林业科技,2003,10(5):49-51.
[4] 蔡富春,牟建军,吴马陆,等.龙泉市毛竹主要害虫综合治理技术初步研究 [J].世界农业,2008(5): 155-156.
[5] 蔡富春,殷声毅,王建隆,等.营林措施对毛竹一字竹象甲危害的影响与防治效益 [J].林业实用技术,2009(2): 30-31.
[6] 蔡富春,牟建军,汪和燕.毛竹一字竹象甲成虫的生物学特性观察 [J].现代农业科技,2008(11): 115-117.

（赵宇翔）

梳角窃蠹

Ptilinus fuscus Geoffroy

分布与危害	也称梳栉窃蠹。分布于辽宁、吉林、河北、陕西、河南、山东、安徽、上海、浙江、湖南、湖北、四川、云南、贵州、甘肃、青海、广西、广东等地。此虫只成虫有短暂树干外活动，其他虫态都是在干材内部度过，且钻蛀很深，孔道毗连交错，充塞极细的蛀粉。除钻蛀居室木材外，还能危害活立木的枯朽枝、干部。该虫在甘肃发生危害严重，当地群众用杨木盖房3～5年后就遭危害，10年左右因虫蛀严重常造成梁断屋塌，危及群众生命安全。
寄　　主	云杉、杨、柳及干材制品，尤以青杨受害最重，还危害皮货、布匹、纸张、烟草、麻绳及甘草、葛根等中药材。如云杉木与杨、柳木混用时，云杉木轻度受害。
主要形态特征	成虫为小型、黑色、下口式甲虫，被污黄色微毛。雌虫触角锯齿状，雄虫为发达的梳状，第十一节栉长约相当于其后3～4干节的总长。前胸背板圆，凸起，密布刻粒，中央有1条细凹线中部具小齿列，齿列中央略为切缺。鞘翅着点刻，约可见4条纵行刻纹。各足胫节、跗节红褐色；前中足胫节端部外侧各有横向齿突1枚。幼虫乳白色，无腹足。
生物学特性	二年发生1代。成虫羽化后，即凿孔或由老蛀孔中爬出，在木材表面活动，或作近距离飞翔，易捕捉。出孔不久就交尾，交尾后，雌成虫蛀入干材，蛀孔圆形，孔径2～3毫米，孔深约5～16毫米。每雌孕卵40～50粒，雌成虫产卵后就死在蛀道中。外出的成虫，日间活动。雌成虫平均寿命16～27天。成虫在西宁北郊，每年5月底6月初始见，6月中旬至7月初盛发。

梳角窃蠹危害状

梳角窃蠹皮下危害状

梳角窃蠹羽化孔

梳角窃蠹雄成虫

梳角窃蠹幼虫

梳角窃蠹成虫

梳角窃蠹防治历　　　　　　　　（以甘肃地区为例）

时间	虫态	防治方法	要点说明
6月上旬至7月下旬	成虫	对室内危害，80%敌敌畏乳剂200～400倍液喷雾，每间房屋每次用药3～5升；或每隔7天喷洒10%氯氰菊酯1000倍液，90%敌百虫1000倍液。 成虫出现期早晚震动树干，人工捕捉落下假死成虫。	在成虫出现的始末期，连续喷药5～7次，可毒杀绝大部分的成虫。
8月下旬至第三年度的5月上旬	幼虫	对有虫木段，清除灰尘，注射和涂抹木材防蛀液原液。对直径大的木材，先注射药液，两个注射孔间可间隔几个虫孔，然后用毛刷沾上药液在木材表面均匀涂刷3遍，待药液充分渗透到木材内再重复第二遍。	刚孵化的小幼虫在边材约10毫米处取食，可不用注射，只涂抹防蛀液，对小幼虫毒杀效果显著，是小幼虫最佳防治时机，还可兼防成虫。
全年	幼虫、蛹、	涂木材防蛀膜。	在木材使用前将木材涂刷，防成虫产卵及受危害，又可防腐。

被害严重带活体树木立即清除。严格实施检疫，经处理后方可使用。

参考文献

[1] 萧刚柔.中国森林昆虫 [M].北京:中国林业出版社,1992.

[2] 王锡信,赵岷阳,朱宗琪,等.梳角窃蠹生物学特性及防治技术研究 [J].甘肃林业科技,2001,26(3): 10-15.

[3] 王锡信.梳角窃蠹的防治研究 [J].林业科学研究,2000,13(2): 209-212.

（韩国升　邱立新　曹川健）

松突圆蚧

Hemiberlesia pitysophila Takagi

分布与危害　分布在福建、江西、广东和广西。主要危害松树的针叶、嫩梢和球果，且分泌蜡质，以雌虫群栖于寄主的叶鞘内或者针叶、嫩梢、球果上吸食汁液，致使针叶和嫩梢生长受到抑制，被害处变色发黑、缢缩或者腐烂，针叶枯黄，受害严重时针叶脱落，新抽枝条变短、变黄，甚至导致松林大面积枯死，对松林构成严重威胁。被列为林业检疫性有害生物。

寄　　　主　主要危害马尾松、黑松、晚松、光松、湿地松、火炬松、卵果松、展叶松、短叶松、卡锡松、南亚松、本种加勒比松、巴哈马加勒比松等松属植物。

主要形态特征　雌虫体宽梨形，淡黄色。触角疣状，生有1根刚毛。口器发达，跗肢全退化。介壳有3圈明显的轮纹。虫体除臀板外均为膜质，臀板较宽，中臀角突出，顶端圆形。初孵若虫卵圆形，淡黄色，1对单眼，单眼着生于触角下方侧边。触角4节，第四节较长，约为基部3节之和的3倍，整节有轮纹。口器发达。足发达，转节上有1根较长的刚毛，并附冠毛和爪冠毛各1对。腹面体缘有1列刚毛。

生物学特性　在广东省一年发生4～5代，以4代为主，初孵若虫出现的高峰期为3月中旬至4月中旬，6月初至6月中旬，7月底至8月上旬，9月底至11月中旬。3月中旬至4月中旬为第一代若虫出现的高峰期，以后各代依次为：6月初至6月中旬，7月底至8月中旬，9月底至11月中旬。世代重叠，任何一个时间都可见到各虫态的不同发育阶段，无明显越冬现象，越冬种群中以2龄若虫为主。松突圆蚧传播扩散速度非常迅速，雌蚧虫的生命力强，即使在砍伐后的枝叶中晒10天，存活率仍达70%以上，可借人为运输，动物、雨水传播，所以远距离传播几率大。

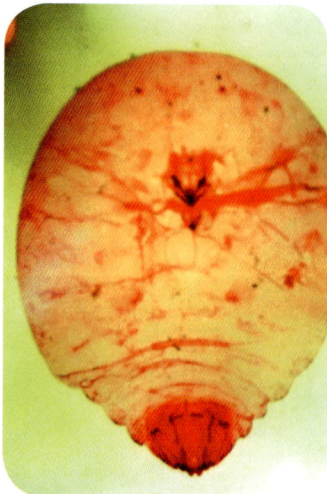

松突圆蚧雌成虫

被害松针

松突圆蚧防治历　　(以广东地区为例)

时间	虫态	防治方法	要点说明
1～12月	成虫、卵、若虫、蛹	适当进行修枝间伐，保持冠高比为2：5，侧枝保留6轮以上。	修剪下的带蚧枝条要集中销毁。
		毒死蜱与扑虱灵复配（11：20）400～800倍液、啶虫脒与吡虫啉复配（1：1）3000倍液等林间喷雾。	可在10～11月飞机喷洒或在4～5月地面喷洒松脂柴油乳剂。
		注干：在树干基部向下45度打一孔，孔深约为胸径的1/2，注药后用黏土封住孔口。涂干：在树干距地面高约1.5米处，绕树干刮一个宽约20厘米的环带，环带仅刮除粗皮，在环带内喷药。	注干与涂干：药剂组合40％杀扑磷乳油（1：5）+40％毒死蜱乳油（1：5）+40％氧乐果乳油（1：2.5）混合。
		花角蚜小蜂 *Coccobius azumai* 为松突圆蚧专性寄生蜂，可产卵寄生和摄食刺死松突圆蚧雌蚧。采用林间小片繁殖种蜂、人工挂放种蜂枝条的办法放蜂定居成功率高。	放蜂区每600米距离设一放蜂点，选取松突圆蚧雌蚧虫口密度每针束大于0.7头以上的松树用人工挂1把种蜂枝条。
		保护和利用当地寄生蜂。种类主要有友恩蚜小蜂和黄蚜小蜂。方法与外引蜂基本相同。	在发生区不施用或少用化学药物，对显花类植物采取保护措施和增植措施可发挥本土寄生蜂的作用。

在疫区或疫情发生区内的苗木、盆景或特殊用苗及松属植物的枝条、针叶和鲜球果等严禁调出。砍伐的原木或枝丫一律就地作薪炭材、纸浆材使用，或就地销毁。原木调运要剥皮。

松林被害状

参 考 文 献

[1] 萧刚柔.中国森林昆虫[M].北京:中国林业出版社,1992:298-230.
[2] 唐启粮.调整松林密度控制清源山松突圆蚧危害的试验[J].福建林业科技,2005,32(1):48-51.
[3] 黄衍庆.间伐修枝措施对松突圆蚧的控制效果[J].华东昆虫学报,2005,14(4):379-382.
[4] 柯玉铸.纵带间伐套种相思树控制松突圆蚧的研究[J].中国森林病虫,2008,27(2):19-21.
[5] 朱建雄.松突圆蚧防治研究最新进展[J].林业科技,1999,24(1):31-33.
[6] 黄振裕.松突圆蚧化学防治技术研究[J].南京林业大学学报(自然科学版),2006,30(5):119-122.

(李　娟)

湿地松粉蚧

Oracella acuta (Lobdell) Ferris

分布与危害　又名火炬松粉蚧。分布在广东、广西、福建、湖南等地。以若虫刺吸树液危害湿地松松梢、嫩枝及球果。造成松针针叶基部大量流脂、变色坏死，继而脱离，严重被害树木针叶全部脱落，嫩梢枯萎，受害株的新梢呈丛枝、短化，普遍引发煤污病，严重影响树木正常生长。

寄　　主　湿地松、火炬松、萌芽松、长叶松、矮松、裂果沙松、黑松、加勒比松和马尾松等松属植物。

主要形态特征　雄成虫粉红色，触角基部和复眼朱红色。中胸大，呈黄色。第七腹节两侧各具1条0.7毫米长的白色蜡丝。有翅型雄虫具1对白色的翅，翅软弱，翅脉简单。雌成虫浅红色，梨形。在蜡包中，成虫腹部向后尖削。复眼明显，呈半球状。口针长度约为体长的1.5倍。1个较大的脐斑横跨在腹面第三、四腹节交界的中线处。若虫椭圆形至不对称椭圆形，浅黄至粉红色。足3对。中龄若虫体上分泌白色粒状蜡质物，腹末有3条白色蜡丝；大龄若虫固定生活，分泌蜡质形成蜡包覆盖虫体。

生物学特性　该虫在广东省一年3～4代，以3代为主，世代重叠，以初龄若虫在上一代雌虫的蜡包内越冬，或以中龄若虫在针叶基部及叶鞘内越冬。没有明显的越冬阶段，但冬季发育迟缓。初孵若虫聚集在雌成虫的蜡包内或在较隐蔽的嫩梢上、针叶中、球果上聚集生活，随气流被动扩散，自然扩散距离一般为17千米，最远可达22千米。部分初孵若虫在较隐蔽的嫩梢、针叶束或球果上聚集生活。一年有2个扩散高峰（4月中旬至5月中旬，9月中旬至10月下旬），中龄幼虫爬向嫩梢取食，高龄幼虫开始分泌蜡质并形成蜡包。雄虫分有翅型和无翅型，有蛹期；雌虫无蛹期。雌成虫在蜡包内产卵，产卵期长达20～40天。

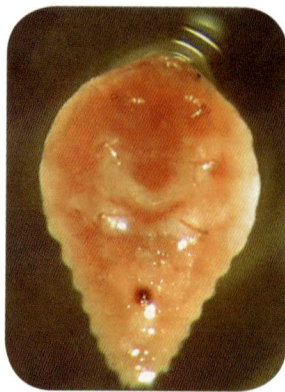
湿地松粉蚧若虫

湿地松受害后长势衰弱

湿地松粉蚧防治历　　　（以广东地区为例）

时间	虫态	防治方法	要点说明
1~3月，11~12月	卵、越冬若虫、1龄若虫、2龄若虫、成虫	加强林区经营管理。	及时间伐，发现有虫枝立即剪除，集中烧毁。
		禁止带有此虫材料外运；禁止非疫情发生区到疫区采集、调运带有该虫植物。	进行严格检疫。
		对带虫原木及小径材、薪炭材、干果进行熏蒸处理。	采用溴甲烷20~30克/立方米，熏蒸24小时。
4~10月	卵、1龄若虫、2龄若虫、成虫	在湿地松粉蚧发生高峰期，喷洒1×10^9个/毫升浓度的蜡蚧轮枝菌孢子液或2×10^9个/毫升浓度的芽枝状枝孢霉孢子液2~3次。	每次喷洒间隔期为6天。
		4月下旬至5月上旬，在林间释放人工饲养孟氏隐唇瓢虫、圆斑弯叶毛瓢虫。	可按照益害比2：5比例，释放密度不宜太大。
		释放寄生性天敌，粉蚜长索跳小蜂或引进的火炬松短索跳小蜂、迪氏跳小蜂等。	
		5、6月份，对重度发生区，用40%氧化乐果乳油5倍液环刮树皮涂抹。	涂抹前用刀刮去树冠基部的木栓层，环刮长度10厘米。用毛刷将氧化乐果乳油5倍液涂抹到环刮部位，并用吸水性强的纸环包涂抹部位，然后再把药剂浇到吸水纸上，最后用黑色塑料薄膜包裹。

严格检疫，禁止疫区苗木、原木等向非疫区调运，对必须外运的原木、小径材等需经除害处理，经检查无此虫时，方可外运。

湿地松粉蚧在松针叶鞘部的危害状

参考文献

[1] 梁承丰.中国南方主要林木病虫害测报与防治 [M].北京: 中国林业出版社, 2003.

[2] 赵玉梅, 汤才, 蓝翠钰.蜡蚧轮枝菌对湿地松粉蚧的控制作用研究 [J].山东农业大学学报 (自然科学版), 2008, 39(2): 183-187.

[3] 汤历, 赵玉梅, 汤才, 等.圆斑弯叶毛瓢虫对湿地松粉蚧捕食作用研究 [J].昆虫天敌, 2005, 27(1): 27-31.

（于治军）

日本松干蚧

Matsucoccus matsumurae (Kuwana)

分布与危害	分布在辽宁、山东、江苏、安徽、浙江、上海、吉林等地。以若虫刺吸危害树木枝干,幼树受害后,垂枝软化、树干弯曲。受害树木则生长不良、树势衰弱、针叶枯黄、芽梢枯萎,进而树皮增厚、硬化、卷曲翘裂。一般以5~15年生树木受害最重。连续多年严重危害,可致树木死亡。
寄 主	油松、赤松、马尾松,其次是黑松、垂枝赤松、黄山松、黄松、琉球松、偃松及黑云杉等。
主要形态特征	雌成虫无翅,卵圆形,橙褐色。体节不明显,腹部末端钝圆,有一纵裂"∧"形生殖孔。雄成虫胸部特别发达,呈黑色。前翅发达,后翅退化成平衡棒。腹部9节,第七节背面隆起,生有十余根分泌白色蜡丝的管状线。初孵若虫橙黄色,形体极小,体长仅0.26~0.34毫米,2龄若虫为无肢若虫,触角和足全部消失。虫体周围有长的白色蜡丝。雌雄分化显著,雌若虫较大,长约1.8毫米,圆珠形或扁圆形,橙褐色;雄若虫较小,长约1毫米,椭圆形,褐色或黑褐色。
生物学特性	该虫一年2代,以1龄寄生若虫越冬(或越夏)。各代的发生时期因气候不同而有差异,南方早春气温回升早,越冬代1龄寄生若虫发育成2龄无肢若虫的时期早,越冬代成虫期比北方早1个多月。北方秋季气温下降的早,第二代1龄寄生若虫进入越冬期比南方亦早。日本松干蚧雌雄异型。雄成虫一般交尾后即死亡;雌成虫一般能活5~14天。卵期为11.8~15.5天。若虫孵出后,通常活动1~2天后,即潜入树皮缝隙、翘裂皮下和叶腋等处。1龄寄生若虫蜕皮后,触角和足等附肢全部消失,雌雄分化,虫体迅速增大。2龄无肢雄若虫蜕皮后为3龄雄若虫。

日本松干蚧雄成虫(徐公天提供)

日本松干蚧雌成虫开始分泌蜡丝
形成卵囊(徐公天提供)

日本松干蚧无肢若虫(徐公天提供)

日本松干蚧固定若虫

日本松干蚧2龄若虫

日本松干蚧茧(徐公天提供)

日本松干蚧防治历　　　　　　(以辽宁地区为例)

时间	虫态	防治方法	要点说明
1~4月	越冬代若虫	进行卫生伐及修枝,清除林内严重受害木、濒死木和被害后极度弯曲下垂的枝条及树冠下萌生的无培养价值的幼树。	改变林内卫生状况,增强树势。
		引进抗虫树种。红松、华山松、落叶松、樟子松或白皮松等树种。	可栽植一些非寄主树种,有目的地形成混交林。
		疫木除害处理可采取熏蒸、烘烤、焚烧等方法。必须在成虫羽化前完成。	可采用溴甲烷(20克/立方米)在20℃下密封熏蒸24小时,或在烘干窑内密封加温至70℃烘烤6小时。
5~6月	越冬代若虫、雄虫蛹、越冬代成虫、越夏代卵	用40%氧化乐果乳油,在树干基部实施打孔注药或涂抹。或50%杀螟松乳油200~300倍液喷洒。	小树(胸径10~15厘米)打1个孔,中树(胸径15厘米左右)打2个孔,大树(胸径35~45厘米)打3个孔。涂抹时刮去表皮,露出韧皮部,环宽8~10厘米)。
		人工助迁瓢虫,保护利用大草蛉、牯岭草蛉、益蛉、盲蛇蛉、蚂蚁等捕食性天敌。	捕食性天敌可分1~2次林间释放,按$1.5×10^4~2.0×10^4$头/公顷。
7月	越夏代卵、越夏代若虫、	同1~4月。	
8~9月	越夏代若虫、雄虫蛹、越夏代成虫、越冬代卵	同5~6月。	
10~12月	越冬代卵、越冬代若虫	同1~4月。	

严格检疫,禁止疫区苗木、原木等向非疫区调运,对必须外运的原木、小径材等需经除害处理,经检查方可外运。

日本松干蚧危害造成油松枝条下垂(徐公天提供)

被害状

日本松干蚧树皮卷曲翘裂

参考文献

[1] 张永忠,王永昌,薛中官.日本松干蚧生物学特性的观察与防治 [J].江苏林业科技,2001,28(3): 33-34.

[2] 蔡元才,黄培发,张福生.辽宁省日本松干蚧工程治理实践 [J].辽宁林业科技,2002(2): 29-31.

[3] 高峻崇,山广茂,任力伟,等.日本松干蚧防治技术综述 [J].吉林林业科技,2003,32(2): 16-19.

(于治军　姜海燕)

中华松梢蚧

Sonsaucoccus sinensis (Chen)

分 布 与 危 害	又名中华松针蚧。分布于辽宁、安徽、山东、河南、重庆、四川、贵州、云南、陕西、甘肃等地。若虫以口针刺入松针组织，吸取汁液，致使松针枯黄，提早脱落，新梢不易抽出，枝条萎蔫枯死。严重发生时成片的松林像火烧一样，严重地影响松树的生长发育。
寄 主	主要为马尾松、油松和黑松。
主要形态特征	雌成虫倒卵形，橙褐色，体壁柔韧而有弹性，体外被黑色革质蜡壳包围，触角9节，念珠状。雄虫蜡壳与雌虫蜡壳相似，但较小。触角6～8节，基部2节常合并，彼此难以区分。复眼紫褐色，大而突出；胸部膨大，胸足细长；前翅发达，膜质半透明，翅面具羽状纹；后翅退化成平衡棒，端部有钩状刺3～7根。腹部9节，第八节背上生有1个管状簇，分泌白色蜡丝10～12根，腹部末端有个钩状交尾器。
生物学特性	在河南、陕西等地一年发生1代。以若虫在寄主枝条、针叶上越冬。成虫发生在4月下旬至7月上旬，盛期为5月中旬至6月中旬。卵发生在5月中旬至7月中旬。初孵若虫出现在5月下旬至7月上旬，盛期在6月至7月中旬。6月上旬至翌年5月上旬为寄生危害期。3月下旬至4月中旬1龄寄生若虫发育为无肢若虫，雌雄明显分化，4月中旬至5月中旬出现3龄若虫。一般春季干旱少雨发生严重，海拔在800～1300米林分危害较重，阳坡重于阴坡。

中华松梢蚧危害状-1(张改香提供)

中华松梢蚧雄茧(张改香提供)

中华松梢蚧雄成虫-1 (张改香提供)

中华松梢蚧雄成虫-2 (张改香提供)

中华松梢蚧3龄雄若虫 (张改香提供)

中华松梢蚧雌成虫 (张改香提供)

中华松梢蚧危害状-2 (张改香提供)

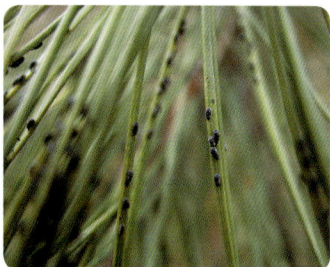
中华松梢蚧3龄雌若虫 (张改香提供)

中华松梢蚧防治历
(以陕西地区为例)

时间	虫态	防治方法	要点说明
1~4月上旬，10~12月	若虫越冬态	早春树液开始流动前，用5波美度石硫合剂或5%~6%蒽油乳剂喷杀越冬蚧。	在油松林周边营造华山松隔离带。
4月中旬至5月上旬	若虫、蛹、成虫		
5月中旬至6月上旬	成虫、卵、初孵若虫、1龄寄生若虫	雄虫羽化盛期喷烟防治。	敌马烟剂15千克/公顷；或用战蚧等药剂与柴油1：10配比喷烟。
6月中旬至7月中旬		用20%吡虫啉可溶性液剂5000倍液、2.5%溴氰菊酯3000倍液、2.5%蚧虱速杀乳油1000倍液等喷杀初孵若虫。	初孵若虫期是防治的最佳时期。
7月下旬至9月下旬	1龄寄生若虫	37%万虫清乳油800倍液进行喷雾防治。	

注意保护天敌昆虫，在树干基部埋草皮或杂草引诱七星瓢虫等天敌成虫越冬。

严格检疫，杜绝带虫苗木进山栽植。对外运枝条、针叶和球果，可采用溴甲烷熏蒸处理，用药量20~30克／立方米，熏蒸24小时。

参考文献

[1] 萧刚柔.中国森林昆虫 [M].北京:中国林业出版社,1992: 253-255.

[2] 孙宁,张康.中华松梢蚧的危害及防治 [J].陕西林业,2008(4): 38.

[3] 黄维正.河南省林业补充检疫性有害生物及其防治技术 [J].植物检疫,2006(5): 308-310.

(李 娟)

落叶松球蚜

Adelges laricis Vallot

分布与危害　分布于陕西、青海、内蒙古、黑龙江、吉林、辽宁、山东、新疆等地。该虫危害两类寄主树种，第一寄主为云杉，在枝梢端部取食并产生大量的虫瘿危害；第二寄主为落叶松，以侨蚜刺吸落叶松针叶及嫩枝汁液，并产生大量白色丝状分泌物，造成枝条霉污而干枯，严重影响树木生长。

寄　　　主　云杉、落叶松。

主要形态特征　干母，卵橘红色，外被白色絮状分泌物。越冬若虫棕黑至黑色。体表被有蜡孔分泌出的小玻璃棒状短而竖起的6列整齐的分泌物。蜡孔群中央为一大而略隆起的套环状圆形蜡孔，在它的周围略倾斜分布着小的双边的蜡孔，一般有6个。触角3节，第三节特别长，约占整个触角长度的3/4。瘿蚜，为干母所产的孤雌卵发育而成。孵化前暗褐色。若虫1龄时体表没有分泌物，从2龄起，体表出现白色粉状蜡质分泌物。4龄若虫紫褐色。伪干母，孵化前完全没有分泌物，骨化程度特别强。性母，具翅，常见于落叶松新叶的反面。卵表面被1层粉状蜡层，一端具丝状物，彼此相连。若虫初孵至2龄，体表无分泌物，3龄呈棕褐色，有光泽，4龄体色更淡，胸部两侧具有明显的翅芽，背面有6纵列疣。侨蚜，由伪干母的卵发育而成，无翅。初孵若虫体暗褐色。自2龄起，体表出现白色分泌物，3龄后，体完全被分泌物盖住。成虫外观呈一绿豆大小的"棉花团"。性蚜，卵黄绿色。雌虫橘红色，雄虫色泽暗，触角和足较长。

生物学特性　是一种多态型球蚜，包括干母、伪干母、瘿蚜、侨蚜和性母等主要虫型。它完成全部生活史需经2年。在第一寄主上以干母若虫在云杉冬芽上越冬，在第二寄主上以伪干母若虫在落叶松冬芽腋和枝条皮缝中越冬。在云杉芽苞周围固定的越冬干母若虫，翌年3月下旬开始吸食云杉树液，5月上旬出现干母成虫，虫体被有蜡丝，在身体周围产卵，产卵位置在冬芽腋处，中旬开始孵化，5月下旬为孵化盛期。若虫爬行至云杉侧枝芽针叶基部危害，受干母刺激后的侧枝膨大形成虫瘿，至6月下旬虫瘿开始开裂。具翅芽的若蚜爬出瘿室，在周围的针叶和小枝上蜕皮羽化形成有翅瘿蚜，迁飞至落叶松在针叶上营孤雌产卵，瘿蚜所产卵于7月中旬开始孵化为伪干母若蚜，初孵若蚜，不具分泌物，寄生在新梢皮缝中，至7月下旬便开始停育，处于越夏越冬状态。翌年3月中旬，越冬伪干母若蚜开始活动，经3次蜕皮至4月上旬出现伪干母成虫，同期进行孤雌产卵，4月下旬开始孵化，5月上旬为孵化盛期。在伪干母所产卵堆中，孵化出的一部分若蚜于5月中旬羽化成具翅的性母成虫，于5月下旬至6月上旬迁回至云杉上。每年可发生5代。

落叶松球蚜在云杉上的危害状

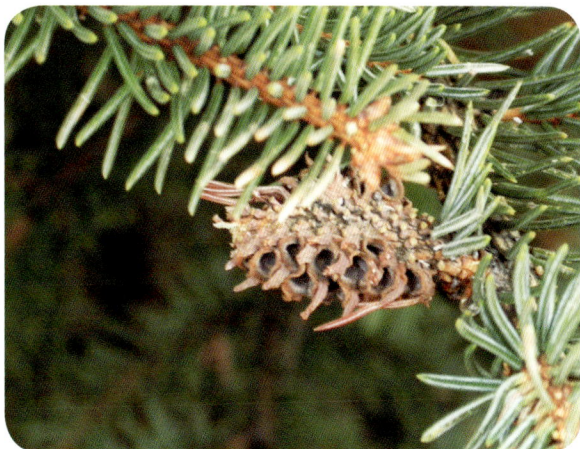
落叶松球蚜危害状（关玲提供）

落叶松球蚜防治历　（以北方地区为例）

时间	虫态	防治方法	要点说明
1～3月， 9～12月	越冬干母、 若虫、 越冬伪干母 若虫	造林时注意树种的合理搭配，避免云杉和落叶松混交和同地、同圃育苗。	结合幼林抚育及时清除林内杂草，保持林内卫生。
3～8月	瘿蚜、 侨蚜、 性母	3月下旬至4月上旬，在落叶松上用2.5%溴氰菊酯、5%氯氰菊酯2000倍液喷施杀卵。	
		6月下旬至7月上旬，人工剪除虫瘿，集中烧毁。在瘿蚜迁飞期内喷洒10%吡虫啉可湿性粉剂2000倍液。	抓住云杉侧枝受干母刺激膨大形成虫瘿的有利时机，在瘿蚜迁飞至落叶松之前进行。
		5月中旬至6月上旬，在第一代侨蚜和第二代侨蚜孵化盛期可喷洒1%苦参碱可溶性液剂1000倍液。郁闭度较大的林分，可以喷施敌敌畏插管烟剂。	喷施烟剂宜在早晚形成逆温层时进行，要注意防火安全。

注意对瓢虫、食蚜蝇等天敌的保护。

参考文献

[1] 张连生.北方园林植物常见病虫害防治手册 [M].北京:中国林业出版社,2007.
[2] 赵文杰,毛浩龙,袁士云,等.落叶松球蚜生物学特性及防治试验研究 [J].甘肃林业科技,1994(2): 32-34.
[3] 徐公天、杨志华.中国园林害虫 [M].北京:中国林业出版社,2007.

（李计顺　孙玉剑　郭　瑞　杨启青）

草履蚧

Drosicha corpulenta (Kuwana)

分布与危害	分布于北京、辽宁、河南、河北、安徽、四川、山东、山西、陕西、甘肃、宁夏、内蒙古等地。危害树种广泛，若虫和雌成虫常成堆聚集在芽腋、嫩梢、叶片和枝上，吮吸树木汁液危害，致使林木发芽推迟、树势衰弱、枝梢枯萎，造成植株生长不良，早期落叶，受害严重林分成段、成片死亡。
寄　　主	杨树、泡桐、悬铃木、白蜡、柳树、刺槐、核桃、枣树、柿树、梨树、苹果树、桑树、碧桃、月季、柑橘等。
主要形态特征	雌成虫背面棕褐色，腹面黄褐色，被一层霜状蜡粉。体扁，沿身体边缘分节较明显，呈草鞋底状。雄成虫紫红色，复眼较突出，翅淡黑色，触角黑色，丝状，共10节，除第一节和第二节外，通常各节环生3圈细长毛。若虫刚孵化时为棕黑色，腹面较淡，触角为棕灰色，唯第三节为淡黄色，比较明显，除体型较雌成虫稍小、颜色较深外，其余皆相似。
生物学特性	一年发生1代，以卵和若虫在寄主植物附近的泥土中、石块下越冬，极少数在树干翘皮缝隙下越冬，翌年2～3月中旬孵化，若虫孵化后留在卵囊内，2月中旬后，随气温升高，若虫开始出土上树危害，爬到嫩枝、幼芽靠口针刺吸树液，严重时引起煤污病发生，4月上、中旬为危害盛期。1龄若虫末期，虫体分泌大量白色蜡粉，若虫经第二次蜕皮后变为雌虫，4月下旬，雄虫开始在树皮裂缝及翘皮下化蛹，5月上旬，雄虫羽化后和雌虫交配，5月中旬为交尾盛期。交配后的雌虫在5月下旬由树干爬到树根附近疏松的泥土中产卵，卵在土中度夏越冬，长达8个月之久，翌年2、3月孵化。

草履蚧雌成虫

草履蚧雄成虫和若虫

草履蚧若虫

草履蚧危害状

草履蚧防治历　　　　　　　　（以安徽地区为例）

时间	虫态	防治方法	要点说明
1月	越冬卵	夏季和冬季，结合翻树盘、施基肥等，对草履蚧发生地块，动员群众翻土晒卵和冻卵。	把林下杂草或枯落物集中烧掉，减少虫卵量。
2~4月	若虫、蛹	设置隔离环阻止若虫上树。一是涂毒环，在树干70厘米左右处，用废机油（黏稠度要大）和敌杀死按15：1的比例混合涂20厘米宽的隔离环。二是利用胶带表面光滑不利于若虫爬行，背面发黏可以粘住若虫的特点，缠透明胶带，同时每天及时组织人力消灭环下若虫。	毒环一定要涂均匀，树皮裂缝也要涂上，不能给若虫留下任何通道，发现漏涂的树皮裂缝要及时补涂。采用白色透明、表面光滑的胶带，在未缠胶带前，刮除老树皮，用土或用麦糠与水合成的泥巴将裂缝抹平。
		在孵化盛期，清理林下隐藏若虫的枯叶、枯草并焚烧。	焚烧时要注意防火。
		若虫上树后用4.5%高效氯氰菊酯1000倍高压喷雾防治，同时喷洒地面。每7~15天喷1次，共至少喷3次。	
5~6月	成虫	在成虫下树产卵过程中，组织人工集中消灭地面与树体上成虫。	成虫多在树干周围40厘米表土内、裂缝、枯落物下产卵。
		采用40%乐果乳油原液涂抹树干，或用菊酯类农药3000~4000倍液均匀喷洒树体与地面。	对发生区以外500米范围内也要喷药预防。
7~12月	越冬卵	同1月。	

严禁从发生区调进未经检疫合格的各种苗木造林，发现有虫应及时处理。

参考文献

[1] 孙洪亮. 草履蚧发生规律及防治方法 [J]. 安徽农学通报. 2007, 13(11): 227.

[2] 任德珠. 杨树草履蚧的综合防治 [J]. 安徽林业, 2006(1): 41.

[3] 付振. 淮北地区草履蚧生物学特性及综合防治措施 [J]. 植保技术与推广, 2003, 23(1): 25-26.

[4] 郑四洪. 草履蚧危害特点及防治方法 [J]. 农技服务. 2008, 25(8): 68.

（于治军　李有忠　郭同斌）

扁平球坚蚧

Parthenolecanium corni Bouche

分布与危害　又名东方盔蚧、褐盔蜡蚧、水木坚蚧、刺槐蚧、糖槭蚧。主要分布在山东、山西、河北、陕西、新疆等地。以若虫、成虫危害枝叶和果实，在内蒙古赤峰等地区大多危害山杏经济林，造成生长衰弱，山杏果实减产或绝收。

寄　　　主　桃、杏、李、樱桃、苹果、梨、葡萄、山楂、枣、刺槐、榆树、柳树、糖槭等。

主要形态特征　雌虫成熟后体背隆起，椭圆形，头盔状；红褐色，背中央有4列断续的凹陷，中间2列凹陷较大，背边缘有排列规则的横列皱褶；臀裂明显。体背近边缘处周生15～19个双筒腺，分泌透明蜡丝呈放射状。雄虫体红褐色，前翅透明土黄色，腹末有2根细长的蜡丝。1龄若虫扁平椭圆形，淡黄色，腹末有2根白色细长的尾毛。2龄幼虫体背缘内方共有12个突起蜡腺，分泌出放射状排列的长蜡丝；臀裂明显。

生物学特性　一年发生2代，以2龄若虫在枝干裂缝、老皮下以及叶痕、花芽基部等处越冬，第二年3月中下旬开始活动，爬到枝条上寻找适宜的场所固着危害，绝大多数选择1～2年生直枝条，3年以上枝条很少寄生。4月上旬虫体开始膨大，并逐渐硬化变为成虫、5月上旬开始产卵于介壳内。每雌一般产卵1000～1600粒，卵黄白色，卵期7～10天，5月上旬为产卵盛期，5月下旬到6月初为孵化盛期，小若虫爬到叶背及叶柄群居危害，受害严重的树皮缝周围一片红色。6月中下旬迁回枝条上固定取食，7月中下旬若虫陆续羽化为成虫并产卵。8月上、中旬第二代若虫孵化，分散到树上危害，9月下旬随着天气渐凉，转移到树皮裂缝、翘皮等处陆续越冬。

扁平球坚蚧成虫-1(魏东晨提供)　　　　扁平球坚蚧成虫-2(魏东晨提供)

扁平球坚蚧雌成虫 (王信祥提供)

扁平球坚蚧卵 (王信祥提供)

扁平球坚蚧若虫 (王信祥提供)

扁平球坚蚧危害状 (魏东晨提供)

扁平球坚蚧防治历

(以华北地区为例)

时间	虫态	防治方法	要点说明
1～5月	越冬若虫	发芽前用3～50波美度石硫合剂均匀喷施一遍。	防治前，要人工刮除老翘皮，露出介壳虫体，同时喷药仔细周到。
		在绝大多数的若虫出蛰时，使用300～500倍液的菊酯类杀虫剂。其中300倍液来福灵的效果显著。	此次用药是春季防治的关键期。
6月	低龄若虫	喷施2.5%氯氟氰菊酯乳油2500～3000倍液或1.8%阿维菌素乳油3000～4000倍液。	5月中下旬第一代卵孵化盛期施药有利，扁平球坚蚧只有若虫期可以活动，此时体表背蜡层较薄，到成虫期药剂不能渗透蚧壳。
8月		第二代卵孵化盛期即8月份喷施药液。	

对可能携带害虫活体的苗木等严格加强检疫，防止人为传播扩散。

参考文献

[1] 王记侠, 王洪亮, 张新杰, 等. 葡萄东方盔蚧的生物掌特性及防治 [J]. 北方园艺, 2008(6): 204-205.

[2] 郭焕敬. 东方盔蚧的生物学特性及防治 [J]. 北方果树, 2001(1): 11-12.

[3] 陈冬亚, 陈汉杰, 张金勇, 等. 葡萄树东方盔蚧的发生与防治技术 [J]. 果农之友, 2003(7): 34.

(崔永三 刘玉芬 徐志华)

苹果绵蚜

Eriosoma lanigerum (Hausmann)

分布与危害	原产于美国，后传播到欧洲及世界各地。分布于山东、辽宁、云南、江苏、河北、天津和西藏等地，是我国部分省、自治区、直辖市的补充检疫对象。群集寄主危害，喜于植物嫩梢、叶腋、嫩芽、根、果实梗洼及萼洼等处吸取汁液危害。叶柄被害后变成黑褐色，叶片早落。果实受害后发育不良，易脱落。侧根受害形成肿瘤后不再生须根，并逐渐腐烂。使树体衰弱，严重时甚至导致树木干枯死亡。对产量、质量影响很大。
寄　　　主	苹果、梨、山楂、花楸、李、桑、榆、山荆子、海棠、花红等植物。
主要形态特征	无翅孤雌蚜体卵圆形，头部无额瘤，腹部膨大，黄褐色至赤褐色，背面有大量白色绵状长蜡毛，复眼暗红色，触角6节。有翅孤雌蚜体椭圆形，头胸黑色，腹部橄榄绿色，全身被白粉，腹部有少量白色长蜡丝，触角6节。有性蚜触角5节。若虫分有翅与无翅两型。
生物学特性	在我国不同地区年发生的代数差别较大，如在华东地区一年可发生12~18代，西藏每年可发生7~23代。以1、2龄若虫在树干粗皮裂缝、病疤边缘、剪锯口等处越冬。春季苹果树液开始流动，蚜虫活动加剧。5月上旬，越冬若蚜成长为成蚜，开始胎生第一代若蚜，多在原处危害。5月中、下旬至6月中旬是全年繁殖盛期，这时1龄若虫四处扩散，危害1年生枝、叶腋。7~8月受高温和寄生蜂影响，蚜虫数量急剧下降。9月上、中旬至10月，绵蚜数量逐渐增加，出现第二次危害盛期，并且产生的大量有翅胎生蚜，有利于绵蚜的近距离传播。到11月中旬，若蚜进入越冬状态。

被害后的瘤状枝条

被害小枝

苹果根蘖被害状-1

苹果根蘖被害状-2

正在孤雌生殖

苹果绵蚜若虫

苹果绵蚜无翅成虫

苹果绵蚜防治历 （以河北地区为例）

时间	虫态	防治方法	要点说明
1～4月，11～12月	越冬若虫	冬末春初，结合冬剪，彻底清除潜伏在枝干、伤疤、剪锯口、粗皮裂缝中的越冬幼虫；结合翻树盘，消灭隐蔽在根际表层的越冬若虫。	清除的杂草、虫枝等要及时烧毁。
5～10月	成蚜 若蚜 胎生蚜	5～6月在绵蚜第一次危害盛期，1.8%阿维菌素乳油3000～6000倍液、48%毒死蜱乳油2000～4000倍液，10%吡虫啉可湿性粉剂1000～2000倍液等喷雾防治。	绵蚜防治时间应选择在绵蚜繁殖迁移之前，即苹果发芽之前。
		7～8月是天敌繁殖和活动的时期，宜采用涂环或涂根的方法防治。涂环在离地面50厘米左右的主干处刮一道5～10厘米（视树的胸径而定）的环，用40%氧化乐果5～10倍液、10%吡虫啉乳油30～50倍液涂抹，然后用塑料布包扎捆绑。	
		9～10月的防治同5～6月。	喷药时连树干、树枝一起喷，重点树疤、剪锯口、缝隙、新梢、短果枝等处，发生严重时用药灌根。

苹果绵蚜主要借带虫苗木和接穗做远距离传播扩散。（1）建立苗木繁育基地，供应健康苗木和接穗；（2）禁止疫区苗木外运；（3）对从国外进境的苗木、接穗和果实按国家有关规定进行检疫处理。

参考文献

[1] 张强，罗万春.苹果绵蚜发生危害特点及防治对策 [J].昆虫知识，2002，39(5)：340-342.
[2] 张福芹、陈翠英、刘振东.苹果绵蚜的综合防治技术 [J].河北林业科技，2002(4)：27-28.
[3] 张强、李慧冬、罗万春.22%毒死蜱·吡虫啉乳油防治苹果绵蚜效果好 [J].农药，2002，41(2)：22.21.
[4] 于江南、陈卫民、徐毅.等.伊犁河谷苹果绵蚜的生物学特性及防治 [J].新疆农业科学，2008，45(2)：298-301.

（李计顺 孙玉剑 郭 瑞）

梨圆蚧

Quadraspidiotus perniciosus (Comstock)

分布与危害   梨圆蚧又名梨笠圆盾蚧，是危险性果树害虫。目前其分布几乎遍及全国。以若虫和雌成虫群集固着在寄主枝干、叶柄、叶背、果实上刺吸危害，轻者造成树势衰弱，发芽推迟，果实萎缩，重者整株枯死。

寄　　　主   梨、苹果、桃、梅、葡萄、枣、柿、樱桃、柑橘等。

主要形态特征   雌成虫圆形，隆起，活体蟹青色，死体灰白、灰褐（夏型）或黑色（冬型），蚧壳表面有轮纹。壳点2个，位于介壳中心，黄或淡黄色。虫体心脏形，黄色，前宽后狭，臀叶2对。雄成虫介壳椭圆形（夏型）或圆形（冬型），色泽与质地同雌介壳，壳点1个。初孵若虫椭圆形、淡黄色，眼、触角、足俱全，能爬行，口针比身体长，弯曲于腹面，腹末有2根长毛，2龄开始分泌介壳。眼、触角、足及尾毛均退化消失。3龄雌雄可分开，雌虫介壳变圆，雄虫介壳变长。

生物学特性   一年发生2～3代，以1～2龄若虫在黑色圆形介壳下于10月后在寄主枝干上越冬。越冬代若虫于第二年春季树液流动时（3月下旬至4月初）开始取食危害。5月上、中旬出现成虫，并以胎生方式繁殖。5月底至6月初第一代初龄若虫大量出现，初龄若虫至雌虫成熟约50天，7月底至8月初第二代初龄若虫大量出现，9月中、下旬第三代初龄若虫大量出现，世代重叠现象严重。

苹果被害状-1（卢绪利提供）

雌成虫介壳及虫体

梨圆蚧固定若虫（张润志提供）

苹果果实被害状-2（王金利提供）

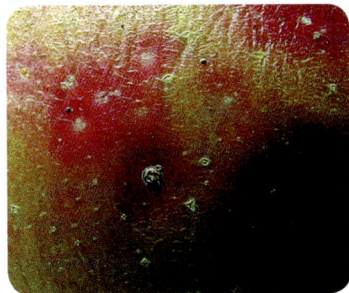

苹果果实被害状(凹)(王金利提供)

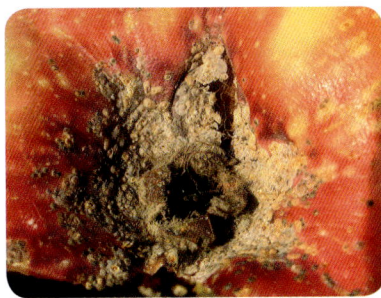

梨圆蚧群集芽注(王金利提供)

枝干被害状(刘襄提供)

梨圆蚧防治历　　(以新疆地区为例)

时间	虫态	防治方法	要点说明
1～4月，8～12月	若虫	结合冬季修剪剪除虫枝或用清洁球刷除1～2年生枝上的越冬若虫。或早春用氧化乐果与废柴油按1：5配成原液，全树涂刷。	发生较轻的果树，可采用此方法。
		喷施2～5波美度的石硫合剂、2.5%氯氟氰菊酯2000倍液,杀死越冬蚧虫。或在越冬雌成虫虫体膨大前，在距地面50厘米处钻一孔洞，深度达髓部，注入40%氧化乐果或10%吡虫啉可湿性粉剂5倍液2～3毫升。	在刮树皮清园后喷施药剂，越冬期的防治非常重要。打孔注射适合于发生严重5年生以上果园。
		第一代若虫高峰期喷施5%S-氰戊菊酯3000～4000倍液。	可结合果树喷叶面肥和坐果剂，将药剂混加在肥液中进行喷施。
5～6月	若虫	速扑蚧（高渗氧化乐果）2000倍喷雾。	可结合防治果树桃小食心虫等其他害虫同时进行。
7月	若虫	第三代高峰期喷施95%溶敌乳油1000倍液或卵螨蚧虫杀2000倍液喷雾。	此时已接近收获期，应尽可能选用无公害生物农药，减轻农药残毒。

参考文献

[1] 萧刚柔.中国森林昆虫[M].北京:中国林业出版社,1992.

[2] 杨文娟,蒋杰,蒋国栋.梨圆蚧在库尔勒香梨上的发生及防治[J].植物保护,2008,7(4):5-46.

[3] 刘永杰,万新.梨圆蚧在新疆库尔勒地区的发生与防治[J].落叶果树,2002(4):53-55.

[4] 王木森,刘培英,梁宏伟,林科.梨圆蚧的防治技术[J].新疆农垦科技,2001(1):9-11.

[5] 毛占晶.果树介壳虫发生及无公害综合防治[J].特种经济动植物,2009,12(5):49-50.

[6] 杨文娟,蒋杰,蒋国栋.梨圆蚧在库尔勒香梨上的发生及防治[J].农村科技,2008(8):45.

（郭文辉　张三亮　赫传杰）

梨冠网蝽

Stephanitis nashi Esaki et Takeya

分布与危害 又名梨网蝽、梨花网蝽、梨军配虫，是梨树主要害虫之一，分布于全国各地。主要吸食树叶汁液并产生大量分泌物覆盖于叶表，被害叶干枯脱落，受害严重的梨树返青返花、次年无果。不仅影响当年梨产量和品质，而且对次年的产量影响极大。

寄　　　主 梨、苹果、海棠、李、桃、山楂等。

主要形态特征 成虫体扁平，暗褐色，具黑斑纹。头刺5枚，前端3枚。鼎立向前斜伸，两复眼内侧各1枚；触角第一节长为宽的3倍；前胸背板黑，头兜上具大网室，中脊及头兜中部具大黑斑；两侧与前翅均有网状花纹，静止时两翅重叠，中间黑褐色斑纹呈"x"形。老龄若虫体形似成虫，头、胸、腹部有刺突，共5龄，3龄后长出翅芽。

生物学特性 在武汉地区一年发生4～5代，以成虫、若虫群集于较嫩的叶背危害，被害处堆积黄褐色排泄物，叶面呈现苍白色小斑，严重时呈黄褐色锈斑。以成虫在枯枝落叶、枯老裂皮缝、杂草及根际土石缝中越冬。翌年5月上旬越冬成虫开始活动，5月中旬产卵，成虫将卵产于叶背组织中，若虫活动能力较弱，孵化后多集中于叶背叶脉两侧危害，且多在叶脉中段，蜕皮时旧壳能长时间悬挂叶背面不脱落。6月初出现第一代若虫，若虫期共15天。6月中下旬出现第一代成虫，第二代若虫盛发期7月上旬，从第二代若虫开始世代重叠。第二代成虫7月中下旬出现，第二代若虫盛期8月上旬，第三代成虫8月中下旬出现，第三代若虫盛期9月上旬，第四代成虫9月中下旬出现，第四代若虫盛期10月上旬，10月底成虫陆续越冬。成虫怕光，多隐匿在叶背面，夜间具有趋光性，遇惊后纷纷飞去。对梨、樱桃有较强的选择性，并且在不同的寄主上单雌产卵量也有明显的差别，在梨树、樱桃树上多的达160粒以上。

梨冠网蝽成虫 (徐公天提供)

梨冠网蝽成虫翅上黑斑 (徐公天提供)

梨冠网蝽各龄若虫 (徐公天提供)

梨冠网蝽老龄若虫 (徐公天提供)

梨冠网蝽刺吸海棠叶 (徐公天提供)

梨冠网蝽危害状 (徐公天提供)

梨冠网蝽防治历　　　　　(以武汉地区为例)

时间	虫态	防治方法	要点说明
上年12～2月	越冬态	冬季清园，翻耕，清除杂草、落叶，破坏害虫越冬场所，消灭越冬虫源。	在越冬期进行。
3月	越冬态	越冬成虫出蛰前，刮除粗皮，树干涂抹30倍石硫合剂。防治越冬成虫。	在越冬期进行。
6月初至9月	成虫、卵、若虫	苏维士（0.1%阿维菌素＋100亿活芽孢／克苏云金杆菌）可湿性粉剂1500倍液、10%吡虫啉可湿性粉剂5000倍液等喷雾。	若虫发生高峰期为重点防治期，喷雾要均匀喷布于植株叶片正反两面。
10月初	成虫	树干上绑干草诱集越冬成虫，冬季解下草把集中烧毁。	在诱杀过程中应注意保护天敌

若虫期用药比成虫期用药效果好，若虫耐药性差，药液附着性好，见效快。成虫耐药性强，药液附着性差。

参考文献

[1] 徐公天, 杨志华. 中国园林害虫 [M]. 北京：中国林业出版社, 2007.

[2] 王焱. 上海林业病虫 [M]. 上海：上海科学技术出版社, 2007.

[3] 孙学海. 梨网蝽在樱桃上的发生规律与综合防治措施 [J]. 现代园艺, 2007(10): 29-30.

[4] 吴迅. 几种药剂对梨网蝽的药效试验 [J]. 湖南农业科学, 2002(3): 51, 58.

[5] 李晓刚, 金陵, 杨青松, 等. 几种生物农药田间防治梨网蝽药效试验 [J]. 江苏农业科学, 2006(5): 60-61.

[6] 刘先琴, 秦仲麟, 李先明. 梨网蝽的发生规律及防治技术 [J]. 湖北植保, 2000(6): 26-27.

（邱立新　牛敬生　邱　强）

枣大球蚧

Eulecanium gigantea (Shinji)

分布与危害	又称瘤坚大球蚧、枣球蜡蚧。分布于山西、辽宁、安徽、山东、宁夏、新疆等地。主要以雌成虫、若虫于枝干上刺吸汁液造成危害。寄主被害后，导致大量落果、减产，并使树木生长衰弱，枝条干枯，严重的整株死亡，直接影响林果产量和质量，对枣业发展构成威胁。
寄　　　主	主要危害枣属、核桃属、苹果属、梨属、李属、栗属、榆属、杨属、柳属、蔷薇属、槭属、槐树、刺槐、扁桃（巴旦杏）、文冠果、黄槟榔青、紫薇、华北珍珠梅等。
主要形态特征	雄成虫头部黑褐色，前胸及腹部黄褐色，中、后胸红棕色。触角丝状，共10节，均具长毛。前翅发达，透明无色，呈菜刀状，有1个两分叉的翅脉；后翅退化为平衡棒。尾部有锥状交配器和2根白色的蜡丝。雌成虫背面红褐色，带有整齐的黑灰色斑纹，色斑由1条中纵带、2条锯齿状缘带以及两带之间的8个斑点组成。前翅发达，透明无色，呈菜刀状，有1个两分叉的翅脉；后翅退化为平衡棒。尾部有锥状交配器和2根白色的蜡丝。卵长椭圆形，初为浅黄色，孵化前为紫红色，被有白色蜡粉。若虫长椭圆形。1龄寄生若虫黄褐色，被有很薄的白色介壳，背中线有1块环状隆起的纵条斑；2龄若虫背部有2个或3个环状壳点。
生物学特性	一年发生1代。以2龄若虫固定在1～2年生枝条上越冬，翌春4月越冬若虫开始活动。4月中、下旬危害最烈，4月底至5月初羽化，5月上旬出现卵，10头雌成虫产卵量统计为8000～9000粒。5月底至6月初若虫大量发生，若虫6～9月份在叶面刺吸危害，若虫主要沿枣叶3条基脉两侧固定取食，尤以中脉两侧分布最多，若虫出壳在枣树盛花期，6月中旬若虫变为暗棕红色，披少量蜡粉，9月中旬开始陆续由叶、果转向1～2年生枝上，寻找适当的部位固定越冬，10月中旬转移结束。

枣大球蚧若虫

枣大球蚧成虫

枣大球蚧防治历　　　　　　　（以西北地区为例）

时间	虫态	防治方法	要点说明
1～3月、10下旬至12月	若虫	把好产地检疫关。苗圃苗木在初孵若虫期时，可喷洒15%吡虫啉微胶囊胶悬剂2000倍液。	禁止带虫苗木、幼树、接穗出圃或向非发生区调运。
		3月下旬，结合树木修剪整形，剪除枯死枝条，集中烧毁，并可对树干喷雾石硫合剂3～5波美度防治越冬若虫。	休眠期防治2龄越冬若虫，可达到预防性效果，控制产卵量。
		树体萌动后，在主干或主枝上刮除15～20厘米宽的老皮，用40%氧化乐果乳油稀释3～5倍液涂抹并用塑料薄膜包扎，3天后再涂1次，7天后解膜。	此法经济有效，对环境影响较小。
4～5月	若虫、蛹、成虫、卵、	喷雾防治雌成虫。	2.5%敌杀死、20%灭扫利乳油2000倍液。
		4月下旬雌成虫膨大产卵时人工摘除，集中深埋或烧毁。	用硬物刺破雌虫介壳杀死。
6～9月上旬	卵、若虫	枣树花期正是若虫孵化期，可用5%S-氰戊菊酯4000倍液喷雾。	此时初孵若虫容易杀灭。
9月中旬至10月中旬		卵孵化盛期，可使用2.5%溴氰菊酯1000倍液喷雾。	一种药剂尽量不重复使用。

注意保护和利用天敌。黑缘红瓢虫和红点唇瓢虫及某些寄生蜂对枣大球蚧有较强的控制作用。

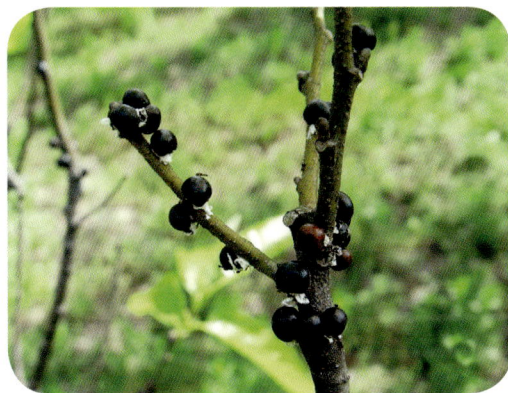

枣大球蚧危害枝条

参考文献

[1] 国家林业局森林病虫害防治总站.中国林业有害生物概况 [M].北京：中国林业出版社，2008.

[2] 国家林业局植树造林司，国家林业局森林病虫害防治总站.中国检疫性有害生物及检疫技术操作办法 [M].北京：中国林业出版社，2005.

[3] 李占文，贾文军，等.枣大球蚧生物学特性及防治研究 [J].宁夏农林科技，2002(4)：25-29.

[4] 席勇.枣大球蚧的发生和综合防治 [J].植物检疫，1997,11(6)：340-341.

（李　娟　王志勇）

大青叶蝉

Cicadella viridis (Linnaeus)

分布与危害　又名大绿浮尘子、青叶蝉、大绿叶蝉等。分布除西藏不详外，其他各省区均有发生。以甘肃、宁夏、内蒙古、新疆、河南、河北、山东、山西、江苏等地发生量较大，危害较严重。成虫和若虫群集幼嫩枝叶，吸取汁液，影响生长削弱树势。成虫在树枝、干表皮下产卵，常使树木表皮剥离，枝梢枯死，对苗木和幼树危害很大。

寄　　　主　主要危害杨、柳、刺槐、榆、桑、枣、竹、臭椿、核桃、圆柏、梧桐、构树、扁柏、沙枣、桃、李、苹果、梨等39科66属的木本和草本植物。

主要形态特征　成虫雄体较雌略小，青绿色。头部前视三角形，黄褐色，左右各具1个小黑斑，单眼2个红色，单眼间有2个多角形黑斑。前翅革质，绿色微带青蓝，端部色淡近半透明；前翅反面、后翅和腹背均黑色，腹部两侧和腹面橙黄色。足黄白至橙黄色。若虫与成虫相似，共5龄，初龄灰白色；2龄淡灰微带黄绿色；3龄灰黄绿色，胸腹背面有4条褐色纵纹，出现翅芽；4、5龄同3龄。

生物学特性　在北方一年3代，以卵在枝条表皮内越冬。翌年4月间孵化，初孵若虫常十多只或数十只群集在一片叶背上。随后逐渐移到低矮作物如玉米、蔬菜、杂草上危害。第一代成虫发生于5月下旬，7～8月为第二代成虫发生期，9～11月出现第三代成虫。世代重叠。9月中旬雌成虫陆续迁回林木上产卵，10月下旬为产卵盛期，并以卵越冬。产卵时以产卵器刺破表面，呈一"月牙"形伤口，每处产卵10粒左右，每雌产卵50多粒。成虫、若虫均善跳跃，成虫有强趋光性。

大青叶蝉成虫(徐公天提供)

大青叶蝉卵粒(徐公天提供)

大青叶蝉成虫在杨干上的产卵痕 (徐公天提供)

大青叶蝉若虫 (王信祥提供)

大青叶蝉危害状 (王信祥提供)

大青叶蝉防治历

（以东北地区为例）

时间	虫态	防治方法	要点说明
1～3月，11～12月	越冬卵	清除杂草，剪除有产卵痕的枝条。越冬卵量较大，用木棍挤压卵痕。	集中销毁。
4月		造林苗木栽植后树干上涂白。健康苗木造林，造林后搞好抚育除草。	用生石灰10份，硫磺粉1份，食盐0.2份，调成涂白剂。
5月	第一代若虫、成虫	1.2%苦参碱·烟碱乳油1000倍液、2.5%的溴氰菊酯可湿性粉剂2000倍喷雾防治。	若虫喷粉效果更佳。
		灯光诱杀。	1盏 / 公顷。
6～8月	第二代卵、幼虫、成虫	夏季卵盛期，除草灭卵。8月下旬清除林地、果园里的杂草，可减少迁入的成虫数量。7月份若虫和成虫期用捕虫网采集若虫和成虫，直接烧毁。	
		50%叶蝉散（扑灭威）可湿性粉剂1000倍液、20%氰戊菊酯乳油2000倍液、25%噻嗪酮可湿性粉剂1500～2000倍液等喷雾。	每隔10天左右喷一遍药。
9月	第三代卵、幼虫、成虫	同6～8月。	
10月	越冬卵	人工刮除刻槽中虫卵捕杀。	

对苗木的调出调入，必须严格进行检疫。注意保护和利用绒螨、华姬猎蝽、蜘蛛、寄生蜂等各类天敌。

参考文献

[1] 胡景平. 大青叶蝉对幼龄果树的危害规律及防治方法 [J]. 现代农业科技，2007(17): 100.

[2] 李延海，狄志林. 杨树大青叶蝉的发生与防治 [J]. 现代化农业，2008(7): 6.

[3] 王凤英，李绪选，张闯令. 大青叶蝉习性观察及防治措施 [J]. 辽宁农业科学，2007(3): 112.

[4] 金格斯，金恩斯，古丽努尔，等. 大青叶蝉在新疆阿勒泰发生危害调查及防治 [J]. 昆虫知识，2007,44(3) : 434-435.

（孙德莹 李 跃 王信祥）

斑衣蜡蝉

Lycorma delicatula (White)

分布与危害	又称红娘子、臭皮蜡蝉、椿皮蜡蝉、斑蜡蝉等。全国分布，主要以若虫、成虫群集树干、嫩茎吸食汁液危害，所刺伤口常流出树液，其排泄物散落枝叶上，诱发煤污病，使枝干变黑，树皮干枯，或嫩梢萎缩、畸形，影响光合作用，从而削弱树势。嫩叶受害则造成穿孔，受害严重时叶片破裂，枝条枯死。严重影响植株的生长和发育。
寄　　　主	椿树（特别喜欢臭椿）、槐树、合欢、樱、梅、珍珠梅、海棠、桃、葡萄、女贞、桂花、香椿、香樟、悬铃木、红叶李、紫藤、法桐、碧桃、扶桑、石楠、苦楝、楸、黄杨、油茶、榆、竹、漆树、枫、栎、石榴等。
主要形态特征	成虫头小，前翅长卵形，基部2/3淡褐色，上有黑斑点10～20个，端部1/3黑色，脉纹白色；后翅扇形，膜质，基部一半鲜红色，具有7～8个黑斑；翅中有倒三角形白区，翅端及脉纹黑色。体翅表面附有白色蜡粉。若虫体形似成虫，体扁平，头尖长，足长，初孵时白色，后变为黑色；体有许多小白斑，1～3龄为黑色斑点，4龄体背呈红色，具有黑白相间的斑点；具明显的翅芽于体侧。
生物学特性	一年发生1代。以卵在树干枝蔓分杈处越冬。翌年4～5月陆续孵化，5月上旬为盛孵期，若虫期约60天。羽化期为6月下旬至7月。8月开始交尾产卵，多产在枝杈处的阴面，卵块呈片状，一般每块卵有40～50粒，多时可达百余粒，卵块排列整齐，覆盖蜡粉。成虫寿命达4个月，危害至10月下旬陆续死亡。成、若虫均具有群栖性，飞翔力较弱，但善于跳跃，受惊扰即跳离。

斑衣蜡蝉成虫(徐公天提供)

斑衣蜡蝉卵块覆盖分泌物(徐公天提供)

斑衣蜡蝉尚未孵化的卵块(徐公天提供)

斑衣蜡蝉2龄若虫(徐公天提供)

斑衣蜡蝉4龄若虫(徐公天提供)

斑衣蜡蝉成虫群集树干(徐公天提供)

斑衣蜡蝉若虫群集危害(徐公天提供)

斑衣蜡蝉刺吸地锦叶失绿(徐公天提供)

斑衣蜡蝉防治历　　(以北方地区为例)

时间	虫态	防治方法	要点说明
1~3月，11~12月	越冬卵	结合冬季修剪，刮除树干上的卵块。	集中销毁。
4~5月	幼虫	1.2%苦参碱·烟碱乳油1000倍液、5%吡虫啉乳油3000~4000倍液、5%啶虫脒乳油5000~6000倍液等喷雾防治。	若虫初孵化，此时龄期小，抗药性不强，是防治的最佳时期。
6~10月	成虫	1.2%苦参碱·烟碱乳油1000倍液、5%吡虫啉乳油3000~4000倍液、5%啶虫脒乳油5000~6000倍液等喷雾防治。	10~15天喷布1次，连续喷2~3次。
		产卵期由于成虫行动迟缓，人工捕捉。	
10月	越冬卵	人工刮除虫卵、修剪除虫枝、铲除卵块。或37%万虫清乳油800倍液进行喷雾防治。	

对苗木的调出调入，必须严格进行检疫。注意保护和利用螯蜂、平腹小蜂等各类天敌。

参考文献

[1] 何华平，龚林忠，顾霞，等.斑衣蜡蝉在武汉地区葡萄上的发生规律与防治措施 [J].果农之友，2007(3)：46.
[2] 邢作山，孔德生，刘秀才.斑衣蜡蝉的发生规律与防治技术 [J].中国植保导刊，2000(5)：16.

(孙德莹　叶学斌　郭良红)

皂角幽木虱

Euphalerus robinae (Shinji)

分布与危害	又名皂荚幽木虱。分布于北京、陕西、贵州、辽宁。以成虫和若虫吸食皂角汁液。若虫危害嫩叶形成"豆角状"虫苞，新梢受害后畸形、萎蔫、干枯，对生长影响极大。
寄　　　主	皂角。
主要形态特征	成虫粗壮，被短毛；初羽化时体黄白色，以后渐变黑褐色；复眼大，紫红色，向头侧突出呈椭圆形。头顶黄褐色，两侧各有一凹陷褐斑；中胸前盾片有褐斑1对，盾片上有褐斑2对。前翅近半透明，翅痣宽短，翅脉黄白色，有黑褐斑，翅面上散生褐色小点；后翅透明，缘脉褐色；足腿节发达，黑褐色，胫节黄褐色，端部有4个黑刺，基附节黄褐色，有2个黑刺；雌虫腹部末端尖，产卵瓣上密被白色刚毛；雄虫腹末钝圆，交尾器弯向背面；5龄若虫黄绿色，斑色加深；复眼红褐色，翅芽大。
生物学特性	在辽宁一年发生4代，以成虫越冬。翌年4月上旬开始活动，补充营养15天左右，中旬将卵产在叶柄的沟槽内及叶脉旁，越冬代成虫产卵于当年生小枝的皮缝里。每雌产卵387～552粒，卵期19～20天。5月上旬若虫孵化，若虫期20～21天。成虫第一代5月下旬出现，第二代7月上旬，第三代8月中旬出现，第四代成虫9月下旬羽化后，不再交尾产卵，在树干基部皮缝中越冬。

皂角幽木虱寄生荚果(徐公天提供)

皂角幽木虱成虫(徐公天提供)

皂角幽木虱寄生叶 (徐公天提供)

皂角幽木虱造成皂荚卷叶 (徐公天提供)

皂角幽木虱防治历　　　(以辽宁地区为例)

时间	虫态	防治方法	要点说明
初春	卵	喷洒3～5波美度石硫合剂杀死越冬虫卵。	
4～5月	若虫	40%氧化乐果乳油10倍液打孔注药,防治若虫;向嫩叶喷洒3%高渗苯氧威乳油3000倍液或1.2%苦参碱·烟碱乳油1000倍液。	若虫期短,抓住施药时机。
6～7月,8～9月	成虫	悬挂黄色粘胶板诱杀成虫。	

注意保护异色瓢虫、啮小蜂、褐蛉等天敌。

参考文献

[1]　徐公天,杨志华.中国园林害虫 [M].中国林业出版社,2007: 185-186.

[2]　李艳杰.北陵公园木虱种类危害特点及防治方法初报 [J].辽宁林业科技,2002(增刊): 25.

(任浩章　姜海燕)

红火蚁

Solenopsis invicta Buren

分 布 与 危 害	原产于南美洲的巴拉圭和巴拿马运河一带，1999年后相继入侵我国的台湾、香港和广东、广西、湖南等省（自治区）。该虫是一种杂食性土栖类的有害蚁类，可取食植物的种子、果实、幼芽、嫩茎与根系，影响植物的生长与收成；可捕食土栖动物、破坏土壤微生态；可叮咬家禽家畜，造成禽畜的受伤与死亡；可损坏灌溉系统，破坏户外和居家附近的电讯设施，破坏农林等行业的公共设施，并且能够攻击人类，危害公共卫生安全，是一种危害面广、危害程度严重的外来入侵性害虫。
寄 主	粮食作物、草本和木本植物、人类、家禽、牲畜及其他动物。
主要形态特征	体色红棕色至深棕色，唇基内缘中央有一明显的齿。经卵、幼虫、蛹发育为成虫，成熟蚁巢中有蚁后、雄蚁、兵蚁和工蚁，婚飞期还有具翅膀的雌雄繁殖蚁。成虫体长3～6毫米，头部的蜕裂线呈倒"Y"形，大颚具4齿，中胸侧板有刻纹或表面粗糙，头部宽度小于腹部宽。工蚁头部近正方形，腹部棕褐色，第二、三节腹背中央常有近圆形的淡色斑纹，触角10节，鞭节端部2节膨大呈棒状。兵蚁体橘红色，腹部背板深褐色。生殖型有翅雄蚁体黑色，着生翅2对，头部细小，触角丝状，胸部发达，前胸背板显著隆起；生殖型有翅雌蚁头及胸部棕褐色，腹部黑褐色，翅2对，触角膝状，胸部发达。
生物学特性	社会性昆虫，包括有翅的雄蚁、有翅的雌蚁、蚁后及职蚁（工蚁及兵蚁）有翅型个体。红火蚁没有特定的婚飞期（交配期），雌雄蚁会飞到约90～300米的空中进行婚飞配对与交尾，雄蚁在交尾过后即死亡，完成交尾的雌蚁寻觅筑新巢的地点,专事产卵繁衍后代，蚁后每天约产1500～5000个卵，平均每年约产4500只生殖雌蚁。新建立蚁巢在开始的几个月里不十分明显，成熟蚁巢会堆出高约10～30厘米，直径约30～50厘米的蚁丘，但新形成蚁巢约在4～9个月后才会成熟而出现明显小土丘状的蚁丘。红火蚁蚁巢多分布在池塘、河流、沟渠旁边和一些开阔且阳光充足的地方。在城市里的绿化带，每个成熟蚁巢约有5万～50万头红火蚁，公园和高尔夫球场等也是红火蚁喜欢的地方。

红火蚁工蚁蛹　　　　红火蚁兵蚁卵　　　　　工蚁　　　　　　　兵蚁　　　　　　红火蚁卵

工蚁和兵蚁蛹

红火蚁兵蚁蛹

红火蚁工蚁和兵蚁卵

红火蚁攻击黄粉虫

红火蚁蚁巢

有翅雄蚁

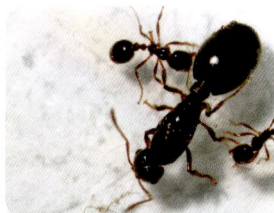

红火蚁蚁后（大）

有翅雌蚁

红火蚁防治历　　　　　（以广东地区为例）

时　间	虫　态	防治方法	要点说明
1～12月	卵、幼虫、蛹、成虫	采用二阶段化学处理法。即在入侵红火蚁觅食区散布含低毒药剂或生长调节剂的饵剂，约10～14天后再以触杀性的水剂或粉剂、颗粒剂直接处理可见的独立蚁丘。	一般每年的4～5月和9～10月处理2次。 常用的饵剂有赐诺杀、芬普尼和百利普芬，使用的触杀性杀虫剂有百灭宁、赛灭宁、第灭宁、芬化利、加保利、安丹。
		热水浇灌。1个蚁巢用4～8升滚烫的热水浇灌。	
		用肥皂水浸泡。把蚁巢挖掘出来并用肥皂水进行浸泡处理。	

(1) 对可能携带红火蚁的植物种子、草皮、苗木、盆栽等园艺产品、栽培介质、原木和木质包装、集装箱箱体或货物包装等传播介质行严格检疫，防止该虫传播扩散。检疫中一旦发现该虫应就地集中进行熏蒸或热处理。

(2) 可通过引入小芽孢真菌 *Thelohania solenopsea* 和火蚁寄生蚤蝇 *Psuedacteon tricuspis* 进行红火蚁的生物防治。

(3) 积极保护和利用自然界的蜻蜓 *Anax parthenope*、蜘蛛类、甲虫和鱼类等生物以及利用红火蚁自身相互攻击来制约该虫种群数量的快速增长，达到防治的目的。

参考文献

[1] 国家林业局森林病虫害防治总站.中国林业有害生物概况 [M].北京: 中国林业出版社, 2008.
[2] 李德山, 李建光.红火蚁生物学特性及其防治 [J].植物检疫, 2005, 19(2): 93-95.
[3] 张润志, 任立, 刘宁.严防危险性害虫红火蚁入侵 [J].昆虫知识, 2005, 42(1): 6-10.
[4] 薛大勇, 李红梅, 韩红香, 等.红火蚁在中国的分布区预测 [J].昆虫知识, 2005, 42(1): 57-60.
[5] 陈乃中, 施宗伟, 张生芳.红火蚁的发生及有关检疫的研究与实践 [J].植物检疫, 2005, 19(2): 90-93.

（胡学兵）

斑喙丽金龟

Adoretus tenuimaculatus Waterhouse

分布与危害　又名茶色金龟子。分布于广东、福建、浙江、江苏、江西、安徽、湖南、湖北、广西、四川、云南、河北、山东、河南、山西、辽宁等地，成虫主要危害寄主植物的叶片，被害叶片多呈锯齿状孔洞，幼虫主要危害植株根部。

寄　　　主　刺槐、梧桐、油桐、栎类、板栗、茶、核桃、柿子、枣、苹果、梨、桉树、乌桕、黄檀、杨、柳、木槿、杏、棉花、大豆、向日葵等。

主要形态特征　成虫长椭圆形，茶褐色，全身密生黄褐色鳞毛。唇基半圆形，前缘上卷，上唇下方中部向下延长似喙。前胸背板侧缘弧形外突。小盾片三角形。鞘翅有4条纵线，并夹杂有较明显的灰白色毛斑。腹面栗褐色，具黄白色鳞毛。前足胫节外缘具3齿，后足胫节外缘具齿突1个。幼虫乳白色，头部黄褐色，肛腹片有21～35根散生的刺毛。

生物学特性　一年发生2代，以幼虫在土中越冬。4月下旬至5月上旬老熟幼虫开始化蛹，5月中、下旬出现成虫，6月为越冬代成虫盛发期，并陆续交尾产卵，6月中旬至7月中旬为第一代幼虫期，7月下旬至8月初化蛹，8月为新1代成虫盛发期，8月中旬产卵，8月中下旬幼虫孵化，10月下旬开始越冬。成虫白天很少活动，多潜伏于土块等隐蔽处，傍晚取食，喜食嫩梢和叶片。成虫可取食多种植物，食量较大，有假死和群集危害习性，在短时间内可将叶片吃光，只留叶脉，呈丝络状。产卵场所以菜园、丘陵黄土或黏壤性质的田埂内为最多。遇天气干旱，入土较深，化蛹前先筑1个土室，化蛹深度一般为10～15厘米。

斑喙丽金龟成虫

斑喙丽金龟防治历 （以河北地区为例）

时间	虫态	防治方法	要点说明
1~4月	越冬幼虫	深翻耕，使用充分腐熟的厩肥作底肥，及时清除杂草。	做好越冬虫口调查对全年的防治至关重要。
4~5月	老熟幼虫、蛹	结合果园耕作和施有机肥，捡杀幼虫和蛹。	
5~6月	成虫、卵、幼虫、蛹	成虫活动时期进行水坑诱杀或组织人力捕杀。 40%毒死蜱乳油150毫升拌细土15~20千克，撒施防治出土成虫。 成虫盛发期树上喷洒20%甲氰菊酯乳油1500倍液以及其他菊酯类药剂。	在防治该虫时要加强联防联治，防止其转移危害，除重点做好苗圃、果园发生范围的防治外，还应做好周围其他树木和农作物的联合防治。
7~9月	幼虫、蛹、成虫	播种前用50%辛硫磷乳油3750毫升/公顷加水10倍稀释后，喷洒在25~30千克的细土上，拌匀后施于苗床上将药翻入土中；用40%毒死蜱乳油150~200毫升，加水200千克，或用苏云金杆菌或灭幼脲Ⅲ号1500倍液，或1.2%苦参碱·烟碱乳油500~800倍液浇灌根部防治幼虫。	
10~12月	越冬幼虫	同1~4月防治措施。	其他防治措施可参照铜绿丽金龟防治方法。

参考文献

[1] 王焱.上海林业病虫 [M].上海:上海科学技术出版社,2007.

（闫　峻　牛敬生　徐志华）

大云斑鳃金龟

Polyphylla laticollis Lewis

分 布 与 危 害　又名云斑鳃金龟、大云斑金龟、宽云斑金龟，分布于全国各地。幼虫主要危害寄主植物根部，可将须根吃光，并啃食韧皮部及边材，啃成凹坑，甚至啃成一周，使苗木凋萎枯死。成虫啃食幼芽和嫩叶，危害树木的生长。

寄　　　　主　松、杉、杨、柳、榆、槐等。

主要形态特征　成虫型大，棕色，全身覆盖白色短毛组成的云斑；触角10节，其中腮叶部7节，雄虫腮叶部特大，呈波状弯曲，雌虫则甚短小；前胸背板有不均匀白毛，宽短，前足胫节外缘具2齿。幼虫蛴螬型，白色，头部黄褐色，第七、八腹节气门大小近于相等。

生物学特性　一般四年1代，以幼虫越冬，当春季土深20厘米处土温升至11～15℃时幼虫开始活动，最后一次越冬老熟幼虫于5月下旬在距地表约10厘米处土室中化蛹。6月中、下旬出现成虫，7月中旬为产卵盛期，并开始有新一代1龄幼虫出现。当年以1龄幼虫越冬，第二年以2龄幼虫越冬，第三年以3龄幼虫越冬，第四年5月下旬开始化蛹，6月中、下旬见成虫，6月下旬开始产卵，完成1代。成虫发生于7～8月，白天多静伏不动，少数可在白天或傍晚飞行，但不取食，夜间进行取食求偶，多在草丛中交配，雄虫常作鸣声引诱雌虫交配，故有"读书郎"之称。大云斑鳃金龟是金龟类成虫中在一年里出现最晚的一种。成虫雄性趋光性强烈，雌虫甚微。成虫喜欢在砂壤、沿河沙地、林间空地产卵，卵产于土内10～30厘米深处，十余粒至数十粒。3～4周后孵出幼虫，初孵幼虫多栖于沿河沙地、林间砂壤土中，以腐殖质及杂草须根为食。

大云斑鳃金龟成虫-1

大云斑鳃金龟成虫-2（靳爱荣提供）

大云斑鳃金龟防治历　　　　　　　　　（以华北地区为例）

时间	虫态	防治方法	要点说明
1～5月中旬	越冬幼虫	春季深翻耕，杀死其中幼虫。施肥要使用充分腐熟的厩肥作底肥。	春、秋季节的精耕细作可以达到较好的防治效果。
5月下旬至6月中旬	蛹、幼虫	50%辛硫磷乳油每公顷3750～7500克加水10倍喷于25～30千克细土上拌匀制成毒土，撒于地面，随即浅锄。	
6月中旬至7月上旬	成虫、卵、幼虫	成虫盛发期，于傍晚喷洒40%毒死蜱乳油1500～2000倍液、50%辛硫磷1000～1500倍液等。	水坑诱杀法要点：在成虫发生期，在果树或苗圃行间挖一个长80厘米、宽60厘米、深30厘米的坑，坑内铺上不漏水的塑料布，做成一个人工防渗水坑，坑内倒满清水。根据金龟子喜光的特性，诱入水坑捕杀。在无风、闷热的夜晚诱杀效果较佳。
7月中旬至9月中旬	幼虫、成虫	也可喷洒绿僵菌、白僵菌杀灭幼虫。黑光灯诱杀或水坑诱杀（6～9月）成虫。成虫活动盛期人工捕杀。	
9月下旬至12月	越冬幼虫	加强田间管理，秋季深翻耕，及时清除杂草和适时灌水，杀死幼虫。	

注意对瓢虫、食蚜蝇等天敌的保护。其他防治措施可参照东北大黑鳃金龟防治方法。

参考文献

[1]　迟德富，严善春.城市绿地植物虫害及其防治[M].北京:中国林业出版社,2001.

（闫　峻　牛敬生　徐志华）

铜绿丽金龟

Anomala corpulenta Motschulsky

分布与危害　又名铜绿异丽金龟。除西藏、新疆尚未发现外，全国各地均有分布。成虫取食芽、叶片成不规则的缺刻或孔洞，发生严重时，林木叶片常在几天内被食光，仅留叶柄或粗脉。幼虫危害林木根系及农作物的地下部分，影响幼苗、幼树成活和正常生长。

寄　　　主　榆、杨、柳、松、枫、柏、核桃、板栗、油茶、海棠、葡萄、苹果、梨、桃、杏、柑橘等多种林木和果树，以及十字花科、茄科、瓜类、豆类等农作物。

主要形态特征　成虫体头、前胸背板、小盾片和鞘翅铜绿色，有闪光。头、前胸背板及鞘翅两侧为红铜色。体、翅密被刻点。两鞘翅各有3条明显纵肋。老幼虫头黄褐色，体乳白色，皱褶多，体呈"C"形。肛腹片后部覆毛区中间有2列长刺，15～18根，大部分彼此相交；长刺周围有钩毛群。

生物学特性　一般一年发生1代，以3龄幼虫在土中越冬，翌年4～5月开始化蛹。以浙西北地区为例，成虫初见期一般发生在5月上中旬，早发生年份可在4月出现，迟发生年则在5月下旬。成虫出土不久就交尾产卵，卵粒多散产于果树下的土壤内或大田作物根系附近。产卵期一般在5～7月，卵孵化盛期在6～8月，10月开始幼虫入深土层越冬。翌年3～4月幼虫上迁至土表开始取食植物根系。成虫食性杂、食量大、群集危害，有假死性和强烈的趋光性，白天隐伏，黄昏时分出土活动。幼虫主要危害植物根系，一般在傍晚或清晨从土中较深处爬到表层取食，啃食皮层或根系，使寄主植物叶子枯萎，甚至整株枯死。

铜绿丽金龟成虫-1

铜绿丽金龟危害状

铜绿丽金龟成虫-2

铜绿丽金龟防治历 （以浙西北地区为例）

时间	虫态	防治方法	要点说明
1～4月	越冬幼虫	及时清除杂草和适时灌水。使用充分腐熟的厩肥作底肥。	在厩肥腐熟期间掺入农药，可预防金龟子卵和幼虫孳生。
4～5月	蛹	果园耕作和施有机肥时，捡杀幼虫和蛹。	
5～8月	成虫、卵、幼虫	黑光灯诱杀成虫是有效的防治方法； 于清晨或傍晚振树捕杀落地假死的成虫； 用糖醋液或酸菜汤拌锯末诱杀成虫； 5～7月成虫出土时，地面喷洒50%辛硫磷乳油300倍液、25%辛硫磷微胶囊剂300倍液或48%毒死蜱乳剂600倍液；	糖醋配方为：糖5份，醋20份，白酒2份，水80份。 施药适应期以低龄幼虫期为主，施药方法以施到土下10厘米左右为好，需浇水以更好地发挥药效。
9～10月	幼虫	成虫盛发期往树冠上喷洒20%甲氰菊酯乳油1500倍液； 用苏云金杆菌400倍或灭幼脲1500倍液，或1.2%苦参碱·烟碱乳油500～800倍液防治幼虫。	
10～12月	越冬幼虫	在10月上旬前（4月下旬后）翻耕果园，50%辛硫磷乳油250～4500毫升/公顷，结合灌水施入土中，有良好的灭虫效果。	秋季幼虫尚在浅土层活动，适当深耕苗圃，将虫体翻出，捡出集中杀死。

其他防治措施可参照东北大黑鳃金龟防治方法。

参考文献

[1] 赵敏,陈建明,陈群,等.浙西北桐庐地区金龟子发生规律与田间药效试验[J].浙江农业学报,2007,19(5):378-381.

（闫 峻 柳建定 赵恒刚 邱 强）

小青花金龟

Oxycetonia jucunda Faldermann

分布与危害	又名小青花潜。分布全国各地。食性杂，常群集危害，成虫取食寄主的花蕾、花，严重时可将花瓣、雄蕊、雌蕊吃光，致使只开花不结果，幼虫在土中食嫩苗和幼根。
寄　　　主	榆、栎、枫、梨、杏、桃、板栗、苹果、柑橘、山楂、玫瑰、蔷薇、丁香、月季、翠菊、萱草、秋葵、胡萝卜和葱等林木、果树、花卉及农作物。
主要形态特征	成虫背面暗绿或绿色至古铜微红及黑褐色，变化大，多为绿色或暗绿色；胸腹部腹面，密生许多黄褐色短毛；头黑褐色，头顶多毛；前胸背板被淡色长毛；前翅有黄白、铜锈色花斑，鞘翅外缘有白斑3个，近缝肋一侧有成行排列的小白斑3个；臀板白斑2对。老龄幼虫头部褐色，胴部乳白色，各节多皱褶。
生物学特性	一般一年发生1代，以成虫在土内过冬。翌年4、5月成虫出土活动，苹果、梨等开花季节，正是成虫活动盛期。成虫白天活动，以群栖危害，春季危害花器、幼芽和嫩叶，中午常几头或几十头在植物上取食，其他时间在花朵或土壤里潜伏，危害造成花蕾、花冠和花蕊破烂不全。秋季常群集危害果实，近成熟的伤果上常有数头群集危害。成虫飞翔力较强，有假死习性。如遇风雨天气，则栖息在花中，不大活动，日落后飞回土中潜伏。成虫取食时并交配，喜在落叶、草地、草堆等有机物腐殖质处产卵，或散产于土中。卵期约20天。幼虫在土中食嫩苗和幼根，直至秋季化蛹。羽化后就地越冬。

小青花金龟成虫-1 (徐公天提供)

小青花金龟成虫-2

小青花金龟成虫-3

小青花金龟防治历　(以河北廊坊为例)

时间	虫态	防治方法	要点说明
1～3月	越冬成虫	勿施未腐熟的有机肥；冬季翻耕，将越冬虫体翻至土表冻死。人工震落捕杀大量成虫。成虫喜在花器或伤果上群集危害，可用捕虫网捕捉成虫集中杀死。 苗圃放养鸡鸭，保护利用步甲、刺猬、杜鹃、喜鹊、青蛙、寄生蜂等天敌。	苗木、花卉种植地不得堆放粪肥和垃圾，以减少虫源孳生。 做好成虫出土前的虫情调查。
4～6月	成虫、卵	用75%辛硫磷1000～1500倍液喷洒地面以杀死成虫。将吃过的西瓜皮残瓤涂抹上敌百虫药液，置于苗圃间步道沟中，毒杀成虫。约每7米放置1块，瓜瓤朝上，隔2～4天换瓜皮1次。	
5月中旬至9月上旬	卵、幼虫、蛹	用5%辛硫磷颗粒剂，掺细土200倍撒于地面，或翻入地下，防治幼虫。 或用75%辛硫磷1000～1500倍液打洞淋灌花木根部，防治幼虫。 适时灌水，淹杀幼虫。	秋季幼虫尚在浅土层活动，适当深耕苗圃，破坏其生活环境，将虫体翻出，捡出灭杀。
8月下旬至12月	蛹、越冬成虫	加强秋冬季圃地管理，适时翻耕杀灭成虫，降低虫源。	

其他防治措施可参照东北大黑鳃金龟防治方法。

参考文献

[1] 李素娟,刘爱芝,武予清,等.河南省主要金龟子(蛴螬)种类分布、危害特点及综合防治技术 [J].河南农业科学,2003(7): 32-34.

（闫　峻　任卫红　徐志华）

东北大黑鳃金龟

Holotrichia diomphalia Bates

分布与危害	在辽宁、吉林、黑龙江、内蒙古、河北、甘肃发生较为普遍。主要是幼虫（蛴螬）取食苗木的根茎和种子，导致苗床出苗缺苗，苗木呈团、块状枯萎、死亡。
寄　　　主	松、落叶松、杨、柳、榆、桑、李、胡桃、刺槐、山楂、苹果等多种苗木、草坪草及多种农作物。
主要形态特征	成虫黑色或黑褐色，具光泽。触角黄褐色或赤褐色。触角10节，棒状部3节组成，雄虫棒状部明显长于后6节之和。前胸背板上有许多刻点，鞘翅各具纵肋4条。肩疣突位于由里向外数第二纵肋基部的外方。前足胫节外侧具齿3个，内侧有距1根。雄虫前臀节腹板中央有显著的三角形凹坑；雌虫前臀节腹板中央无三角形凹坑，但具横向棱形隆起骨片。老熟幼虫黄褐色，前顶刚毛每侧3根，呈纵列。
生物学特性	一般二年完成1代，以成虫及幼虫在地下越冬。越冬成虫4月下旬至5月中旬开始出土，5月中下旬至6月上、中旬为出土盛期，7月上、中旬为产卵盛期，成虫末期可延至8月下旬。成虫昼伏夜出，晚上出土、取食、交尾。一般17：00后成虫开始出土活动。成虫有趋光性，但雌虫趋光性很弱。卵一般散产于表土中，平均产卵量为100粒左右，7月中下旬为孵化盛期。初孵幼虫先取食土中腐殖质，后取食植物地下部分。幼虫3龄，当10厘米深土温降至12℃以下时，即下迁至0.5～1.5米处做土室越冬。越冬幼虫翌年4月上旬开始上迁，4月下旬10厘米深处土温达10℃以上时，幼虫全部上迁至耕作层危害。6月下旬老熟幼虫陆续下迁至30～50厘米深处营土室化蛹。蛹期平均22～25天。成虫羽化后当年不出土，直到第二年4～5月才出土。此虫有大小年之分，隔年成虫发生量大，隔年春季幼虫危害严重。

东北大黑鳃金龟成虫

东北大黑鳃金龟危害状

东北大黑鳃金龟幼虫

东北大黑鳃金龟防治历　　　　（以东北地区为例）

时间	虫态	防治方法	要点说明
9月中旬至4月中旬	越冬成虫、越冬幼虫	冬季翻耕, 翻出幼虫或成虫冻死或集中灭杀; 及时清除杂草和适时灌水; 使用充分腐熟的厩肥作底肥。	土壤耕翻深度要在20厘米以上。 在厩肥腐熟期间掺入农药。
4月下旬至6月上旬	成虫、幼虫	黑光灯诱杀成虫; 在苗圃周围栽植金龟子喜食的杨树植物诱杀成虫;	每公顷用白僵菌或绿僵菌原孢粉60~75千克, 日本金龟芽孢杆菌为每公顷10亿活孢子／克的菌粉1500克, 施菌方法与土壤处理施药方法相同。
6月中旬至7月上旬	成虫、卵、幼虫	在成虫产卵前设蒿草沤肥堆或其他厩肥堆诱虫产卵, 集中捕杀;	
7月中旬至9月中旬	幼虫、成虫	40%氧化乐果乳油、50%杀螟松乳油2000倍液喷洒幼苗或幼树; 用1.2%苦参碱·烟碱乳油500~800倍液, 在发生期每7~10天灌根1次, 连续灌根2~3次防治幼虫; 用50%辛硫磷乳油、25%辛硫磷微胶囊缓释剂进行种子处理。	

参考文献

[1] 迟德富, 严善春. 城市绿地植物虫害及其防治 [M]. 北京: 中国林业出版社, 2001.

[2] 顾耘, 王思芳, 张迎春. 东北与华北大黑鳃金龟分类地位的研究 [J]. 昆虫分类学报, 2002, 24(3): 180-185.

[3] 杨维宇. 成虫抚顺地区森林病虫害综合防治技术 [M]. 沈阳: 辽宁科学技术出版社, 2003.

（闫　峻）

苹毛丽金龟

Proagopertha lucidula Faldermann

分布与危害　又名长毛金龟子。分布于黑龙江、吉林、辽宁、内蒙古、山西、河北、北京、河南、山东、江苏、浙江、江西、上海、陕西、甘肃、四川、贵州等地。成虫主要危害寄主植物的花和嫩芽，幼虫危害苗木的根部。

寄　　　主　杨、柳、榆、刺槐、桃、梨、苹果、海棠、山楂、丁香、樱花、芍药、牡丹等。

主要形态特征　成虫茶褐色，有光泽，除鞘翅外，通体密被淡褐色绒毛，胸腹面毛长而密，腹两侧有黄白色毛丛。老龄幼虫头黄褐色，胸、腹乳白色，体弯曲，末端膨大，胸足3对，腹足退化。

生物学特性　一般一年发生1代，以成虫在土壤中越冬。在山东地区，3月下旬至4月上旬成虫开始出土，此时正是果树萌芽和花蕾初现到初花期，果树受害最为严重。成虫白天活动，从早晨7：00开始到日落前均可危害，成虫具有较强的假死性。成虫常群集危害，喜食花、嫩叶和未成熟的果实。在4月上旬气温较高时进行交尾，4月中旬末（苹果盛花期）开始入土产卵，4月下旬为产卵盛期，卵多产在有机质丰富的树木或果树根部附近的疏松表土层中。5月底至6月上旬为孵化幼虫孵化盛期。幼虫危害寄主根部，3龄后即开始下移至20～30厘米的土层筑土室化蛹，8月下旬为化蛹盛期。9月上旬成虫羽化并在蛹室中越冬。

苹毛丽金龟成虫(徐公天提供)

苹毛丽金龟成虫取食花粉(徐公天提供)

苹毛丽金龟成虫危害梨花状

苹毛丽金龟成虫取食-1

苹毛丽金龟防治历

(以山东地区为例)

时间	虫态	防治方法	要点说明
1～3月	越冬幼虫	结合耕作，翻出成虫捕杀	
3月下旬至4月中旬	成虫	利用成虫假死性，早、晚敲树震虫，集中消灭。	
4月下旬至5月中旬	卵 成虫	果树萌芽前，树冠下撒施75%辛硫磷颗粒剂，每株0.1千克耙松表土与药剂混合。在成虫发生期，成虫落地潜入土中会中毒死亡。	
5月底至8月中旬	幼虫 成虫	在果树现蕾至花苞未放时，在树上喷2.5%溴氰菊酯乳油，或50%氯氰菊酯乳油2000～2500倍液，或48%毒死蜱乳油4000倍液。	
8月中旬至9月上旬	蛹	结合果园的耕作管理，深翻土地清除蛹和越冬幼虫。	秋季幼虫尚在浅土层活动，适当深耕苗圃，将虫体翻出，捡出灭杀。
9月上旬至12月	越冬成虫		

其他防治措施可参照东北大黑鳃金龟和铜绿丽金龟防治方法。

参考文献

[1] 孟庆杰, 王光金. 沂蒙山区苹毛金龟子危害特点及防治技术 [J]. 北方园艺, 2008(1): 215-216.

(闫　峻)

黑绒鳃金龟

Maladera orientalis Motschulsky

分布与危害	又名天鹅绒金龟子、东方金龟子。全国各地普遍发生。幼虫取食苗木及幼林的根系，可致未生出真叶的幼苗死亡，引起大面积实生苗育苗失败。成虫取食寄主幼芽和嫩叶，影响幼树正常生长。
寄　　　主	杨、柳、榆、桃、梨、梅、苹果、海棠、丁香、樱花、芍药、牡丹、月季、石榴、红叶李等140多种阔叶树叶片及落叶松针叶。
主要形态特征	成虫略呈卵圆形，背面隆起。全体黑褐色，被灰色或紫色绒毛，有光泽。触角黑色，9～10节，柄节膨大，上生3～5根较长刚毛。两鞘翅上各有9条纵纹，侧缘具刺毛。前胫节有2个齿，后胫节细长。老熟幼虫头部前顶毛每侧1根，额中毛每侧1根。臀节腹面钩状毛区的前缘呈双峰状；刺毛列有20～23根锥状刺组成弧形横带，位于腹毛区近后缘处。
生物学特性	一般一年发生1代，以成虫在土中越冬，越冬深度为20～30厘米。3月中下旬，土层解冻后成虫逐步向上移动，到4月中旬日平均气温达10℃以上时，开始出土活动，在1天中15：00～16：00开始出土，20：00以后又逐渐入土潜伏。出土后先在地埂路边杂草上取食，到5月上旬，开始飞翔，多食杨树、苹果豆类、胡麻等幼苗及嫩芽、嫩叶，一般从地边到地中间逐步取食。5月中旬是成虫危害、交配的盛期，5月下旬开始产卵，产卵期可延至7月上旬。雌虫产卵于10～20厘米的土壤中，卵散产或10余粒集于一处。幼虫6月中旬开始孵化，幼虫3龄，7月下旬老熟幼虫在20～30厘米深的土壤中化蛹。8月下旬成虫羽化，成虫羽化后直接潜伏土中越冬。成虫有假死性和趋光性，飞翔能力强。

黑绒鳃金龟成虫-2（安建会提供）

黑绒鳃金龟成虫-3

黑绒鳃金龟成虫-1

黑绒鳃金龟危害状 (慕晓华提供)

黑绒鳃金龟防治历　　(以宁夏地区为例)

时间	虫态	防治方法	要点说明
上年9～4月中旬	越冬成虫	翻耕出成虫冻杀。	集中销毁。
4月中旬至6月下旬	成虫 卵 幼虫	利用毒饵诱杀，取杨、柳嫩枝或白菜、菠菜等用40%氧化乐果乳油或辛硫磷乳油30～50倍液浸泡，分散撒入地内，诱杀成虫。进行灯光诱杀和人工捕杀；在果树及苗木行间、地头，见缝点种豆类、甜菜吸引金龟子取食。	黑绒鳃金龟有多种天敌，如益鸟、青蛙、刺猬、步行虫等捕食性天敌；大斑土蜂、臀钩土蜂、金龟长咏寄绳、线虫和白僵菌、绿僵菌等寄生生物。
6月下旬至8月下旬	幼虫、蛹	播种前用50%辛硫磷乳油3750毫升/公顷，加水10倍稀释，喷洒在25～30千克的细土上，拌匀施于苗床上，然后浅锄，将药翻入土中。 使用充分腐熟的厩肥作底肥，及时清除杂草，于11月前后冬灌或5月上中旬灌水均可减轻危害。 苗木生长期用50%辛硫磷乳油或40%氧化乐果乳油稀释1000倍灌根。 人工捕捉。幼虫随地温升降而垂直移动，一般在夏季清晨或黄昏由深处爬到表层，咬食苗木近地的茎部、主根、侧根。可在新鲜被害植株下深挖，找到幼虫集中处理。	黑绒鳃金龟幼虫防治是控制其危害的重要环节。一般年份，1、2龄幼虫多集中于10厘米左右浅土层活动，幼虫防治主要是抓住1、2龄期。幼虫防治适期=成虫出土高峰期+产卵前期（15～20天）+卵期（17～22天）。

参考文献

[1] 迟德富，严善春.城市绿地植物虫害及其防治 [M].北京：中国林业出版社，2001.

[2] 李文强，洪波，贺达汉.黑绒鳃金龟种群发生及测报技术的研究 [J].宁夏农学院学报，2001，22(2): 5-9.

[3] 韩国君，张文忠，韩国辉，等.黑绒鳃金龟生物学特性研究 [J].吉林林业科技，2002，31(6): 15-16.

（闫　峻　白如云　任卫红　徐志华）

明亮长脚金龟

Hoplia spectabilis Medvedev

分布与危害 分布于青海省。以成虫危害灌木林叶部，将叶片咬成缺刻或空洞，轻则造成叶片枯黄、花萎黄，使树木生长势下降，重则导致林木死亡。危害沙棘最重，金露梅次之，水柏柳最轻。

寄　　　主 沙棘、红柳、水柏柳、金露梅、狼毒、委陵菜等。

主要形态特征 体长7～9毫米。头部、前胸背板黑色，翅鞘棕褐色。前胸背板四周着生较密集的银绿色鳞毛；鞘翅着生银绿色鳞毛，在下半段形成两条波浪状横带。体腹具金绿色鳞毛。足黑褐色，雄虫较雌虫修长。

生物学特性 一年发生1代，以2～3龄幼虫在离地表60厘米以下的土内越冬。翌年春季，幼虫上移到10～20厘米内表土层，取食牧草根、茎。5月下旬至6月上旬，老熟幼虫开始陆续化蛹羽化为成虫。6月初开始出土，大量取食沙棘等灌木叶片。成虫羽化后即可交尾，成虫危害期达40天。7月上旬成虫开始产卵，7月底至8月中旬为产卵盛期，一般为6～11粒，卵聚产，多产在植物根际附近或林中空地的砂壤土中，9月中旬卵孵化，幼虫发育不整齐，初孵化幼虫在10～20厘米的土层内活动。10月中、下旬幼虫垂直迁移到60厘米以下土层内越冬。成虫具假死性，飞翔能力很强。每日的活动危害期集中在中午前后，群聚于树上啃食嫩芽、幼叶和花朵。

明亮长脚金龟成虫

明亮长脚金龟卵

明亮长脚金龟幼虫和蛹

明亮长脚金龟危害状-1

明亮长脚金龟危害状-2

明亮长脚金龟危害状-3

明亮长脚金龟子幼虫-1　　　　　明亮长脚金龟子幼虫-2　　　　　明亮长脚金龟子蛹

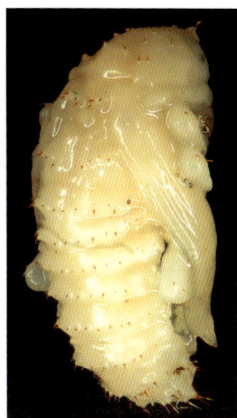

明亮长脚金龟防治历　　　　（以青海地区为例）

时间	虫态	防治方法	要点说明
1～5月，10～12月	越冬幼虫	使用充分腐熟的厩肥作底肥，及时清除杂草。	集中销毁。
6月上旬	越冬幼虫、蛹、成虫	做好越冬虫口调查和虫情动态监测。	黑绒鳃金龟有多种天敌，如益鸟、青蛙、刺猬、步行虫等捕食性天敌；大斑土蜂、臀钩土蜂、金龟长咏寄绳、线虫和白僵菌、绿僵菌等寄生生物。
6月中旬至8月	成虫、卵	用8%氯氰菊酯微囊悬浮剂200倍液、1.2%苦参碱·烟碱乳油800倍液、1%苦参碱可溶性液剂1000倍液、4.5%高效氯氰菊酯1500倍液等进行喷雾防治。利用红色、黄色十字板诱捕器可有效诱捕成虫。保护鸟类等天敌。	6月中旬到7月中旬为金龟子主要危害时期，应适时组织防治。
9月	卵、幼虫	结合圃地的林间耕作管理适当深耕，可清除幼虫	

其他防治措施可参照苹毛丽金龟防治方法。该虫仅在青海部分地区分布，应防止其传播、扩散。

参考文献

[1]　朱占祥，马寿，祁宝.天峻县布哈河两岸灌木丛虫害调查 [J].甘肃草业，2006，15(4): 54-55.

[2]　周嘉熹，等.西北森林害虫及防治 [M].西安:陕西科学技术出版社，1993.

[3]　孟庆杰，王光全.沂蒙山区苹毛金龟子危害特点及防治技术 [J].北方园艺，2008(1): 215-216.

（闫　峻　杨启青　李　硕）

东方蝼蛄

Gryllotalpa orientalis Burmeister

分布与危害   广泛分布全国各地，是苗圃地常见的主要地下害虫。以成虫或若虫咬食根部及靠近地面的幼根茎，使之呈不整齐的丝状残缺；也常食害新播和刚发芽的种子。还在土壤表层开掘纵横交错的隧道，使幼苗须根与土壤脱离，枯萎而死，造成缺苗断垄。

寄　　　主   松、柏、榆、槐、茶、柑橘、桑、海棠、樱花、梨、竹、草坪草等多种植物。

主要形态特征   成虫茶褐或灰褐色，腹部色较浅，全身密布细毛。前翅达到腹部中央，后翅超过腹部末端。后足胫节背面内侧有3～4个距。腹部末端有较长的尾须1对。前足为开掘足。初孵若虫乳白色，随虫体长大，体色变深，2～3龄后体色与成虫相似。

生物学特性   一般为一至三年发生1代，以成虫和若虫在土中越冬。翌年3月开始活动，咬食根部。越冬若虫于5、6月间羽化为成虫，7月交尾、产卵，喜欢在潮湿土中20～30厘米深处产卵，卵经2～3周孵化为若虫，若虫6龄，4个月羽化为成虫，一般在10月下旬入土越冬，有些发育晚的则以若虫越冬。蝼蛄昼伏夜出，具强趋光性和趋化性。蝼蛄对香、甜味的物质趋性强，对未腐熟的马粪、有机肥等也有一定的趋性。蝼蛄多集中在沿河两岸、池塘和沟渠附近产卵。初孵若虫有群集性，3～6天后分散危害。蝼蛄一年中有两次在土中上升和下移过程，分别在春、秋出现两次危害高峰。一般来说，春季气温达8℃时开始外出活动；秋季气温低于8℃时停止活动。秋末和冬季温度过低及夏季温度过高，均潜入深土层。

东方蝼蛄成虫

东方蝼蛄防治历　　　　　(以陕西西安地区为例)

时间	虫态	防治方法	要点说明
上年10月下旬至3月中旬	越冬成虫、越冬若虫	采取深翻土地，清除杂草。合理施用充分腐熟的有机肥等措施。	深翻要掌握越冬土层深度。
4月中、下旬	成虫、若虫	药剂拌种：50%辛硫磷乳油拌种。 毒饵诱杀：配制辛硫磷毒谷毒杀。	先将15千克谷物加适量水，煮成半熟，稍晾干。再用辛硫磷乳油或微胶囊缓释剂0.5千克，加水0.5千克与15千克煮好晾干的谷物混匀，育苗时随种子(种条)撒施或傍晚将毒饵均匀撒在苗床上。
5月上旬至6月中旬	成虫、若虫	用灯光诱杀。 食物诱杀：马粪、鲜草。	在晴朗无风闷热天夜间进行。 在苗圃步道间，每隔20米左右挖一小坑，将马粪或带水的鲜草放入坑内诱集，若加上杀虫剂效果更好，次日清晨可到坑内集中捕杀。
6月下旬至9月下旬	成虫、卵、若虫、成虫	人工防治：夏季挖出的蝼蛄和卵粒集中处理。	该时期为产卵和越夏阶段，是人工挖窝毁卵、消灭若虫的适期。

参考文献

[1]　萧刚柔. 中国森林昆虫 [M]. 北京: 中国林业出版社, 1992.
[2]　周嘉熹, 等. 西北森林害虫及防治 [M]. 西安: 陕西科学技术出版社, 1993.

(闫　峻　李有忠)

棕背䶄

Clethrionomys rufocanus (Sundevall.)

分布与危害	分布于黑龙江、吉林、辽宁、内蒙古、河北、山西、四川、湖北、陕西、甘肃、宁夏、新疆等地。冬季到早春是危害期，啃食树皮，造成树干基部环剥、树木死亡，春季也刨食松树的种子，影响森林更新。
寄　　主	樟子松、红松、落叶松、油松、赤松、黑松、椴树、榆树、杨树、蒙古栎、桦树、柳树、黄波罗、水曲柳、刺龙芽、胡枝子等针、阔叶树。
主要形态特征	体长90～110毫米，背毛红棕色，但自颈部到头顶部的棕色区较狭窄，体侧毛浅淡，呈白色。第三臼齿内有3个突角。
生物学特性	典型的林栖种类，在大、小兴安岭、长白山区，华北和新疆阿尔泰山区主要栖息在针叶林、针阔混交林中，为优势种。在次生阔叶林中也普遍存在。全年数量季节消长为单峰型，8月数量最高。每年5～6月为繁殖盛期，8月以后繁殖减慢。数量年度变化明显，同地块不同年份相同日期调查数量差距可达4倍。昼夜均活动，不冬眠，冬季在雪被下活动。

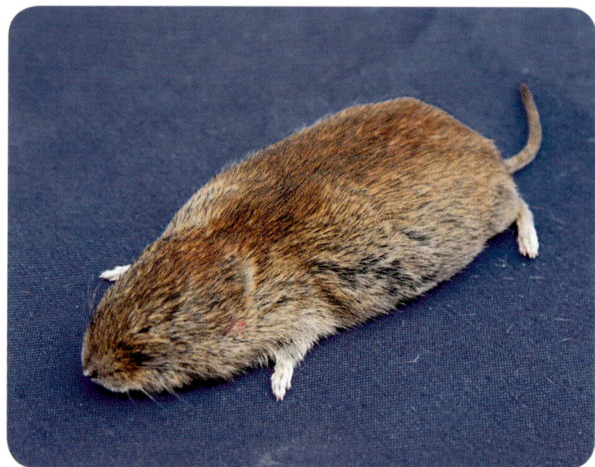

棕背䶄成鼠

棕背䶄危害状

棕背䶄防治历　　　　　　　　　　（以东北地区为例）

时间	防治方法	要点说明
3～4月	造林前，使用环保型雌性抗生育药剂莪术醇饵剂或对雌雄两性同时作用的植物性抗生育药剂，用药量2.5～3.0千克/公顷。	投药时间在4月中旬鼠类进入繁殖期前。
4～5月	造林时，用P-1拒避剂浸润苗木茎干部位，施药后直接造林。种子直播造林须用P-1拒避剂浸种或拌种处理，然后造林。	1吨药剂处理600公顷造林苗。应用其他林木保护剂喷涂处理林木幼苗、幼树时，必须在休眠期内使用。
4～6月 7～8月	春季和夏季，使用中号铁板夹，诱饵使用白瓜子，布夹600～900夹日/公顷。	危害面积小，零散发生的林地可采用捕鼠夹捕打。
9～10月	秋季，可采取溴敌隆毒饵5～10克/袋，以5米×10米等距离投放，用药量1.5千克/公顷。	害鼠密度高、发生集中连片、危害面积大时。
1～12月	全年，利用硬质塑料套管或矿泉水瓶自制的套管套在幼树茎干部，防止害鼠啃咬。保护生境内天敌动物。	
	棕背䶄危害期在冬季和早春。	

参考文献

[1] 杨春文，金建丽.棕背䶄研究 [M].北京：科学出版社，2003：95-112.
[2] 陈荣海，等.鼠类生态学及其防治 [M].长春：东北师范大学出版社，1991.
[3] 王祖望，张知彬.鼠害治理的理论与实践 [M].北京：科学出版社，1996：367-377.
[4] 杨春文，陈荣海，张春美，等.大林姬鼠、棕背䶄对环境湿度选择的研究 [J].牡丹江师范学院学报，1992(2)：19-21.
[5] 张春美，郝忍，杨春文，等.棕背䶄的食性和种群年龄组成研究初报 [J].森林病虫通讯，1995(1)：19-20.
[6] 杨春文，张春美，张广臣，等.长白山林区棕背䶄种群数量分布及变动的研究 [J] 森林病虫通讯，1996(3)：9-11.
[7] 张春美，汤吉民，倪田雨，等.棕背䶄种群繁殖和抗生育药剂的作用 [J].森林病虫通讯，1996(1)：4-6.
[8] 金建丽，张春美，杨春文.棕背䶄昼夜活动节律的研究 [J].应用生态学报，2003(6)：1019-1022.
[9] 金建丽，张春美，杨春文.棕背䶄生长指标的主成分分析 [J].中国森林病虫，2003(2)：14-16.

（张春美）

达乌尔鼠兔

Ochotona daurica Pallas

分布与危害	分布于内蒙古、河北、山西、陕西、甘肃、青海、西藏等地。主要危害幼树和固沙植物。主要取食植物绿色部分及茎和根。春季主要取食各种植物幼苗造成危害。鼠兔还挖掘洞穴破坏大片牧草，引致草原沙化。
寄　　　主	主要为油松、落叶松、云杉、侧柏、柠条、沙棘、山杏、榆树、杨树等。
主要形态特征	体长12.5~19厘米，耳长1.5~2.2厘米，体重110~150克。全身黄褐色，杂有黑色毛。
生物学特性	典型的草原动物，栖息于沙质、半沙质山坡和草原上，以生有蒿草的草地上常见。栖息地区植物较矮，有少量的灌木丛，在阳坡草甸草原中，以莎草科植物为主的草原上为多。营群栖穴居生活，洞群多建于锦鸡儿和芨草丛下。洞穴有夏穴和冬穴2种，夏穴结构简单，多数只有1个洞口，无仓库。冬穴构造复杂，有3~6个洞口，圆形或椭圆形，直径5~9厘米，洞道中有1~2个窝，2~3个仓库。洞口附近常有许多圆形粪便，鲜粪草黄色，陈粪褐灰色。有冬季储草习性，昼夜活动，冬季不冬眠，在雪被下活动，晴天无风时亦在雪面上活动。繁殖期4~10月，6月为繁殖高峰期。一年繁殖2次，每次产仔5~6只。天敌动物主要是艾虎、银鼠、香鼠、黄鼬、猛禽和蛇类等。

达乌尔鼠兔危害状-1

达乌尔鼠兔危害状-2

达乌尔鼠兔

达乌尔鼠兔防治历　　　　　　（以西北地区为例）

时间	防治方法	要点说明
3～4	繁殖前用抗生育药剂防治，使用环保型雌性抗生育药剂0.2%莪术醇饵剂或使用对雄性抗生育的贝奥不育灭鼠剂。4月前按棋盘式投药，用药量2.5～3.0千克/公顷。	
3～4月	造林时用P-1拒避剂浸润苗木茎干部位。幼林地林木萌动前，使用P-1拒避剂与水1：2稀释后幼树喷雾。	
3、4月或9、10月	春季和秋季，用大隆毒饵防治，按0.01%～0.02%原药浓度配制，用药量1.5千克/公顷。0.01%的溴敌隆毒饵每洞投2克。	春季防治为好。 寻找洞口投药为好。
5～10月	活动时期用器械捕杀，在林地用大号铁板鼠夹布防，按10米×10米距离布放，每公顷放100夹，视鼠兔密度决定布放夹日，每月600～900夹日，以百夹日捕获率在3%以下为止。	5～10月连续捕捉。
1～12月	全年：保护和招引蛇类、猞猁、狸、豹猫、鼬科动物和犬科动物等天敌。设置招鹰架或招鹰塔，招引猛禽栖息停留，2个/公顷。	立杆高2.5～4.0米，横杆长1米。地形平坦、视野开阔的立杆2.5～3.0米，丘陵、坡地立杆高4米。

达乌尔鼠兔危害在冬季至春季。

参考文献

[1] 张三亮.达乌尔鼠兔综合防治技术 [J].林业实用技术，2005(5): 31-33.
[2] 王明春、韩崇选、杨学军，等.达乌尔鼠兔的危害及药物防治 [J].西北林学院学报，2003, 18(4): 104-106.
[3] 阎锡海、高云芳、延安近郊达乌尔鼠兔种群数量与危害的调查 [J].西北大学学报(自然科学版)，1999, 29(6): 601-604.
[4] 钟文勤、周庆强、孙崇路.内蒙古草场鼠害的基本特征及其生态对策 [J].兽类学报，1985, 5(4): 241-249.

（张春美）

大沙鼠

Rhombomys opimus (Lichtenstein)

分 布 与 危 害	分布于内蒙古、宁夏、甘肃、新疆等地。主要危害沙漠植物的枝梢，被害部位形成刀削状的伤口，常啃咬树皮、树根、枝梢和幼苗，造成固沙植物成片死亡。
寄　　　　　主	梭梭、高梭梭、白梭梭、柽柳、白刺、盐爪爪、花棒、毛条、柠条、沙枣、杨树、琵琶柴、沙拐枣、猪毛菜等。
主要形态特征	体长大于150毫米。耳短小，短于后腿长的1/2，耳壳前缘列生长毛。爪锐利。尾粗大，近于体长，上被密毛，尾末端形成毛管状黑色"毛束"。背部呈暗黄褐色，因杂有黑色毛尖的毛而有较明显的黑色；腹毛毛尖污白色；尾毛锈红色。
生 物 学 特 性	是典型的荒漠种类，生活在灌木、半灌木固定的沙丘或沙地。在梭梭、柽柳丛等沙漠植物的生境中分布较多，在内蒙古多集聚于白刺、盐爪爪丛生的生境中。在新疆大沙鼠栖息在平原黏土荒漠类型。繁殖期4～9月，寿命可达3～4年。洞道分支多，分上、下2层或3层，每层间距60～70厘米以上。每个洞穴有1～2个巢室，巢内垫有细软的乱草，如植物叶、梭梭细枝、沙拐枣的茎皮和驼毛等。大沙鼠是白日活动的鼠类，而且范围比较大。夏季，以清晨和傍晚活动最为频繁，冬季，活动主要集中在温暖的中午时分，活动时间短。每年有2次储粮，第一次在仲夏，第二次在秋季。贮藏仓库中，每库约1千克，最多1个洞系贮粮20～40千克。

大沙鼠-1

大沙鼠-2

林木被大沙鼠危害状

大沙鼠危害的梭梭枝条

大沙鼠鼠洞-1

大沙鼠鼠洞-2

大沙鼠防治历 (以内蒙古地区为例)

时间	防治方法	要点说明
1～12月	全年：竖立招鹰架、招鹰塔招引天敌猛禽栖息停留，控制效果好。每平方千米设6～8个。 林地堆石堆、柴草堆提供天敌栖息场所。 利用硬质塑料套管或矿泉水瓶自制的套管套在幼树茎干部。	立杆高4米，横杆60～100厘米，用三角形架支撑。地形平坦、视野开阔处的立杆高度可适当降低，丘陵、坡地立杆高度不变。 石堆长宽1米，高0.5米，柴草堆2米见方。数量可根据取材来源方便程度设定。 布设不受时间限制。
2～4月	繁殖前选择0.2%莪术醇抗生育药剂，用药量3.0～3.5千克/公顷。	投药时间在4月中旬鼠类进入繁殖期前。
4月	开始活动时用C-肉毒素1毫升、水80毫升、胡萝卜饵料1000克配成药剂，4月中旬采用药饵投放在洞口附近5～10厘米。每堆投饵量10～20克。	不连续使用和只限于洞口投药防治。注意对鸟类具高毒性。 禁止在大风天和流动沙丘、半流动沙丘中投药。
上年11月至4月	树木休眠期：应用其他林木保护药剂喷涂处理林木幼苗、幼树时，必须在休眠期内使用。	防治时考虑水源条件。

参考文献

[1] 俞家荷.大沙鼠对库尔班通古特沙漠草地的破坏作用及其防治 [J].草业科学，1985，2(1)：54-56.

[2] 萨仁，罗丽荣，王燕.阿拉善盟荒漠草地大沙鼠发生及危害现状的研究 [J].内蒙古草业，1996(3/4)：29-31.

[3] 赵天飙，张忠兵，李新民，等.大沙鼠洞群空间分布格局的研究 [J].兽类学报，1997，17(4)：303-305.

[4] 王晓虎，富林，常海军，等.C-肉毒素防治梭梭林大沙鼠试验 [J].中国森林病虫，2002(3)：11-12.

[5] 赵中和，赵坚，王文祥，等.内蒙古西部梭梭林大沙鼠的防治 [J].植物保护，2003，29(4)：38-39.

（张春美）

中华鼢鼠

Myospalax fontanieri (Milne-Edwards.)

指名亚种（Myospalax fontanieri fontanieri）
甘肃亚种（Myospalax fontanieri cansus）

分布与危害	分布于北京、河北、山西、陕西、内蒙古、甘肃、宁夏、青海、河南、湖北、四川等地。以植物的地下部分为食，粮食、蔬菜、杂草、果树及林木均遭受危害。
寄　　　主	油松、华山松、落叶松、樟子松、冷杉、云杉、侧柏、刺槐、杨树、柳树、漆树、桑树、银杏、白桦、白榆、苹果、山杏、山楂、杜仲、紫穗槐等百余种植物。
主要形态特征	体粗壮呈圆筒形，体长200～250毫米。头宽扁，四肢较短，前肢粗壮有力，具有镰刀状的锐爪。耳壳退化，眼特别小。尾巴长40～85毫米，被有稀疏的短毛。体毛细密而柔软，背部多呈锈红色。唇周围略呈白色，额部中央有1个白色斑点。
生物学特性	主要栖息荒地、林地、丘陵、山坡地区。终生地下生活。地表有圆形土丘，地下洞道窝巢范围庞大，采食穴道距地面6～10厘米，常常是边挖洞、边取食、边弃洞。独居，仅在繁殖期雌雄同居，两者洞道相互沟通。繁殖期在2～7月，年产1胎，每胎1～5只。3～4月是鼢鼠对苗木根系的暴食期，9、10月作物成熟期和野草枯黄期，鼢鼠进行频繁的贮粮活动，仓库中储存马铃薯、红薯、萝卜、豆类、谷穗和杂草的肥大根茎等。不冬眠，1～2月还啃食杂草和树根。

中华鼢鼠

中华鼢鼠危害状

中华鼢鼠防治历 　　　　　　　　　（以西北地区为例）

时间	防治方法	要点说明
3～4	造林时进行春灌，可有效杀灭鼢鼠。造林时应用P-1拒避剂、防啃剂蘸根或使用多效抗旱驱鼠剂蘸浆处理苗木根部。	
5～8月	活动期幼林地防治可采用P-1拒避剂灌根方法，在树根10厘米处，用尖锐的木棍向下扎1个深15厘米的小洞，将50毫升药液灌入洞中，盖土封闭洞口。	药剂与水按1：2稀释后使用，每株1洞灌根。
3、4月或9、10月	春防和秋防：使用0.02%溴敌隆原药拌当归、党参洞道内投药，每洞10克。	投药时戴手套，用加长漏斗从孔插入鼠洞道内，把毒饵从漏斗中投入洞内。
5～9月	活动高峰时采用地弓地箭、弓形夹防治，就地取材，自制地弓、地箭安装在有效洞道上杀灭。	
	发现有效洞后，将鼠洞重新掘开，露出洞口，持锹在洞口后方等待鼢鼠再次封洞，用锹截断其后路，再用锹将鼠与土掘到地面，然后捉住。	该办法必须由捕鼠经验丰富的人员操作。

参考文献

[1] 韩崇选,杨学军,王明春,等.农林啮齿动物灾害环境修复与安全诊断 [M].陕西杨陵：西北农林科技大学出版社,2004,186-187.
[2] 胡忠朗,王廷正.黄土高原林区鼢鼠综合管理研究 [M].陕西杨陵：西北大学出版社,1995.
[3] 韩崇选,等.鼠类的危害与可持续控制技术研究 [J].西北林学院学报,2003,18(1): 49-52.
[4] 胡忠朗,等.我国林区鼢鼠防治研究现状及今后防治意见 [J].陕西林业科技,1994(2): 47-45.
[5] 韩崇选,等.林区鼢鼠的综合管理研究 [J].西北林学院学报,2002,17(3): 53-57.
[6] 杨学军,韩崇选,王明春,等.林区鼠害的无公害治理与生态环境保护对策 [J].陕西林业科技,2003(3): 54-57.
[7] 杨学军,韩崇选,王明春,等.林业生态措施在鼠害控制中的应用 [J].西北林学院学报,2001,16(3): 76-79.
[8] 杨学军,韩崇选,王明春,等.生物措施在林业鼠害治理中的应用 [J].西北林学院学报,2002,17(3): 58-62.

（张春美　梁丽珺）

阿尔泰鼢鼠

Myospalax myospalax (Laxmann.)

阿尔泰鼢鼠东北亚种（*Myospalax myospalax psilurus* Milne-Edwards.）

分布与危害	又名东北鼢鼠。分布于黑龙江、吉林、辽宁、内蒙古、河北、河南、山东、安徽等地。主要以地下植物鲜嫩的根、茎为食，其次是植物的绿色部分，在林业上危害樟子松及苗圃地幼苗。
寄　　　主	樟子松，喜食苦买菜、茵陈蒿、马铃薯、葱、细叶胡枝子等。
主要形态特征	外形肥大，吻钝，耳壳退化隐于毛被下方。眼极小，尾甚短，几乎裸露或具稀疏短白毛。前肢爪极发达，尤以第三趾爪最长。体毛细柔而富光泽，夏毛浅棕灰色，吻端污白，吻周淡褐色，眼以上部分为浅红棕灰色。头额中央有1个纯白色毛构成的白斑。
生物学特性	栖息在土质松软的平原地区，草原、林间空地、河谷滩地及丘陵等生境。洞道庞大复杂，功能齐全，距地面1米，洞道、仓库内堆放6千克节节草、鲜嫩的苦菜、老米口袋和龙须菜，另一仓库有5千克新花生。早春3～4月开始活动，5～6月繁殖活动频繁。9～10月是采食、储粮、扩大洞道准备越冬阶段，直到地表地冻才不见活动。在初春和秋季气温低的季节，多在午间活动。在繁殖季节和高温季节日间活动时间加长。在日出前或日落后偶尔会到地面采食。一年只有1个繁殖高峰，在5～6月，孕鼠怀胎数1～9只，多为2～4只。

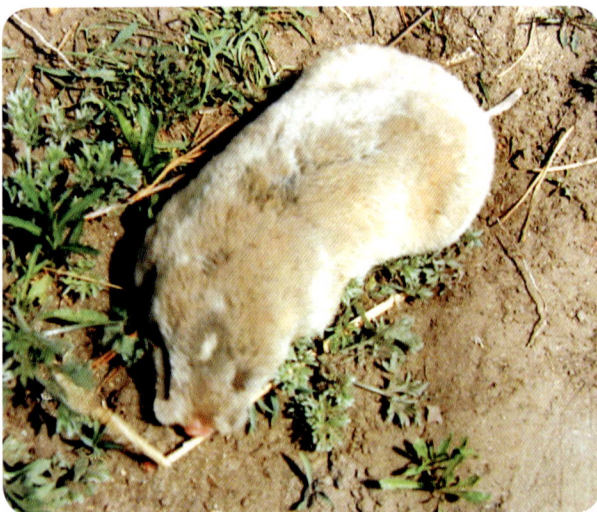

阿尔泰鼢鼠

阿尔泰鼢鼠鼠洞

阿尔泰鼢鼠防治历 （以东北地区为例）

时间	防治方法	要点说明
4月	刚刚活动时在林地使用"鼢鼠灵"药剂，或用0.02%溴敌隆和马铃薯、用淀粉做黏合剂配制的毒饵防治。	用加长漏斗从孔插入鼠洞道内，把毒饵投入洞内。
5~6月	春季造林时应用P-1拒避剂等林木保护药剂蘸根或使用多效抗旱驱鼠剂蘸浆处理。	预防鼢鼠危害。
	幼林地防治可采用P-1拒避剂灌根，药剂与水按1：2稀释后使用，在树根10厘米处，用尖锐的木棍向下扎1个深15厘米的小洞，将50毫升药液灌入洞中，盖土封闭洞口。	每株树一洞灌根。
5~9月	活动高峰时布设地弓、地箭防治，采用当地现有材料，自制地弓、地箭安装在有效洞道上杀灭。	
	发现有效洞后，将鼠洞重新掘开，露出洞口，持锹在洞口后方等待鼢鼠再次封洞，用锹截断其后路，再用锹将鼠与土掘到地面，然后捉住。	该办法必须由捕鼠经验丰富的人员操作。
9月	秋翻：防治地块翻地，翻地可以使鼠密度下降，同时降低林木的被害程度。	适用于幼林地、苗圃、种子园。

危害期在4~6月和9~10月，注意保护鼬科动物和狐狸等天敌。

参考文献

[1] 韩崇选,杨学军,王明春,等.农林啮齿动物灾害环境修复与安全诊断 [M].陕西杨陵:西北农林科技大学出版社,2004: 278-303.
[2] 刘仁华,东北鼢鼠研究 [M].哈尔滨:黑龙江科学技术出版社,1997.
[3] 刘仁华,刘炳友,赵秀成,等.林区鼢鼠鼠害的主要特征及其生态控制对策 [J],兽类学报,1997,17(4): 272-278.
[4] 刘仁华,陈曦,迟树恒.在樟子松人工林和种子园中防治东北鼢鼠的试验 [J],兽类学报,1991,11(2): 152-153.

（张春美）

蒙古兔（草兔）

Lepus capensis Linnaeus

分布与危害	草兔别名蒙古兔。分布于黑龙江、吉林、辽宁、内蒙古、甘肃、宁夏、陕西、山西、河北、河南、北京、湖北、四川等地。危害各种幼树的树皮、树叶、嫩梢和枝干，咬断嫩枝伤口斜面极为完整。以啃食树皮和咬断幼树枝干受害最重。
寄　　主	主要为刺槐、侧柏、油松、山桃、山杏、仁用杏、枣、梨等。
主要形态特征	体长约450毫米，尾长约90毫米，体重一般在2千克以上。耳甚长，有窄的黑尖，向前折超过鼻端。尾连端毛略等于后足长。全身背部为沙黄色，杂有黑色。头部颜色较深，鼻部两侧面颊部各有一圆形浅色毛圈，眼周围有白色窄环。耳内侧有稀疏的白毛。腹毛纯白色。臀部沙灰色。颈下及四肢外侧均为浅棕黄色。尾背面中间为黑褐色，两边白色，尾腹面为纯白色。冬季毛发长而蓬松，有细长的白色针毛，伸出毛被外方；夏季毛色略深，为淡棕色。
生物学特性	无固定的巢穴，白天多在较隐蔽的地方挖临时藏身的卧穴。这种窝仅是深入地面10厘米的凹陷，常因人畜惊扰而迁移。产仔时一般选择灌丛下或草间隐蔽较好的地方垫草筑巢。植食性，取食种类广泛，包括青草、树苗、嫩枝、树皮以及农作物、蔬菜、种子等。繁殖季节长，冬末交配，早春即开始产仔。年产约2～3窝，在长江流域可达4～6窝，每窝产2～6仔。白天在卧穴中休息，人畜惊扰时逃跑。夜间活动，有一定的路线（俗称兔子道），通常是每天固定行走的活动路线。天敌动物多，主要为鹰隼猛禽、狼、狐狸和猫科动物等。

蒙古兔

蒙古兔危害状

蒙古兔（草兔）防治历 （以西北地区为例）

时间	防治方法	要点说明
4～5月	造林时用P-1拒避剂药液浸润苗木茎干，预防野兔危害。	野兔和鼢鼠混合发生区，用P-1拒避剂可预防两类害兽危害。
5月，9月	春季和秋季用灵缇犬（格力犬）捕捉，以4只1组进行围捕，由坡上向下追捕野兔，成功率高。	以秋季集中狩猎效果更好。
4月，11月	造林前，幼林地林木萌动前，使用P-1拒避剂与水1∶2喷雾或药液1∶1涂刷树干。	刚入冬时可以操作，造林前时机最好。
5月，11月	春季和冬季用自行制作钢（铁）丝索套，单个索套和多个索套，布设在野兔经常行走的固定路线（兔子道）上捕捉。	寻找野兔行走路线依靠经验，野兔常以沟壑和侵蚀沟为道路，冬季落雪后寻找野兔踪迹更准确、高效。
10月	越冬前，对1～2生新植侧柏和刺槐苗等进行高培土、树干基部捆绑木条、塑料布、金属网或用带刺植物覆盖树体保护。	简单有效。
1～12月	全年：小流域内拉电网，环形封闭布设在兔道上，根据野兔活动高峰在傍晚至清晨这段时间，傍晚开始供电，清晨收回。	使用汽车12伏特电瓶，加装1个升压装置，升压至5000伏瞬间电压，电网可铺设5000米，需要限时、限地、限量地猎杀并由专业技术人员操作。注意巡视和安全。
	使用弓形踏板夹布设在兔道上，待野兔取食诱饵时踏翻铁夹捕杀。	诱饵用胡萝卜、水果、新鲜绿色植物等。
	保护和人工繁殖利用天敌。	包括金雕、草原雕、狼、狐狸、黄鼬、蛇等。

野兔危害期在冬季和早春

参考文献

[1] 田宏,潘华,刘婷婷.灵缇犬在兔害无公害防治中的应用 [J].中国森林病虫,2008(1): 43-44.
[2] 杨静莉,张春美,李继光,等.兔害防治措施及评价 [J].中国森林病虫,2004(3): 30-32.
[3] 李莉,李健康.新造中幼林地兔害及防治技术探讨 [J].陕西林业科技,2003(4): 70-71.
[4] 张耀,申世永.陕北榆林幼林地野兔危害调查与防治对策 [J].防护林科技,2003(4): 71-73.

（张春美）

紫茎泽兰

Eupatorium adenophorum Spreng

分布与危害 属于菊科泽兰属的多年生丛生状草本植物，俗称亚热带飞机草、解放草、败马草、黑颈草、霸王草、臭草，是一种世界性恶性有毒、有害杂草。该草自20世纪50年代初从中缅边境传入我国云南南部，目前在我国的云南、贵州、四川、重庆、西藏、湖南、湖北、广西、台湾等地发生，并仍在向东向北扩散危害。该草生长迅速，传播速度快，可侵占宜林荒山、影响林木生长、抑制树种天然更新和森林恢复以及导致幼树衰弱和材质变劣，甚至死亡。此外，该草还可引起动物和昆虫拒食现象，以及动物的过敏、烂蹄发炎、"反胃"、"胀肚"现象，也可通过释放特殊气味影响人畜活动。

主要形态特征 植株、茎及叶柄紫色，被腺状短绒毛。叶对生，卵状三角形，边缘具粗锯齿。头状花序，直径可达6毫米，排成伞房状，总苞片三四层，小花白色。株高1～2.5米。有性或无性繁殖，每株可年产五棱形黑褐色瘦果1万粒左右，借冠毛随风传播。

生物学特性 紫茎泽兰的花期为11月至翌年4月，结果期3～4月，主要以种子繁殖，在茎秆下部也能产生气生根，当地上部分被割除弃于地面时，气生根伸入土内形成新植株；地上部分被拔除后，在根上也能产生不定芽，形成新的地上枝。11月下旬开始孕蕾，12月下旬现蕾，2月中旬始花，新枝萌发从连续降雨的5月开始，5～9月为生长旺期，其中以高温高湿的7、8两月最快，植株平均每月增高量10厘米以上，11月花芽分化，株高增长速度下降，一株紫茎泽兰可产3万～5万粒种子，种子细小，以风传为主，也可随移动物体附着传播；该草分布的海拔高度范围大约为330～3000米，寿命一般为13～14年。

紫茎泽兰生长状-1

紫茎泽兰小枝

紫茎泽兰生长状-2

紫茎泽兰果

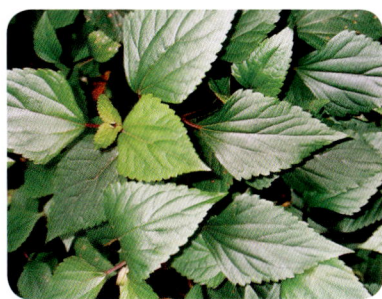
紫茎泽兰叶片

紫茎泽兰防治历　　　(以云南地区为例)

时间	防治方法	要点说明
1～4月，12月	采取人工挖除和翻犁等进行防治。	人工挖除时，应注意皮肤接触会引起过敏，吸入其花粉后会引起腹泻、气喘等症状。 在防除后应立即种植高大植被，以遮荫的方法抑制其生长。
	在紫茎泽兰开花时，用5%的氯酸钠溶液、10%的草甘膦水剂或2，4-D加敌草隆兑水进行叶面喷雾。	
5～11月	在紫茎泽兰生长旺盛时，用0.6%～0.8%的2，4-D胺盐和0.3%～0.6%的2，4-D与2，4，5-T混合酯液喷杀。	
引入和释放泽兰实蝇，此外，还可引入澳洲锦天牛、泽兰尾孢菌、飞机草菌绒孢菌、链格孢菌进行生物防治紫茎泽兰。		在引入天敌时，应充分考虑引入天敌的选择性和安全性，防止天敌转换寄主的风险。
栽植马尾松、桉树、皇竹草、王草等植物，通过替代控制防治紫茎泽兰。		尽可能使用本地树种。
通过大规模收购紫茎泽兰并加以安全利用，制成牲畜可食用的优质天然饲料，提取紫茎泽兰化学成份制成害虫驱杀剂或草酸。		

参考文献

[1]　国家林业局森林病虫害防治总站.中国林业有害生物概况 [M].北京:中国林业出版社,2008.
[2]　赵国晶,马云萍.云南省紫茎泽兰的分布与危害的调查研究 [J].杂草学报,1989,3(2): 37-40.
[3]　刘志磊,徐海根,丁晖.外来入侵植物紫茎泽兰对昆明地区土壤动物群落的影响 [J].生态与农村环境学报,2006,22(2): 31-35.
[4]　于兴军,于丹,马克平.不同生境条件下紫茎泽兰化感作用的变化与入侵力关系的研究 [J].植物生态学报,2004,28(6): 773-780.
[5]　彭少麟,向言词.植物外来种入侵及其对生态系统的影响 [J].生态学报,1999,19(4): 560-568.
[6]　陈永霞.紫茎泽兰的危害与开发利用 [J].草业与畜牧,2009(3): 44-46.
[7]　陈永霞.紫茎泽兰侵占性机理研究概况 [J].草业与畜牧,2009(1): 5-7.

（赵宇翔）

薇甘菊

Mikania micrantha H. B. K.

分布与危害	目前主要分布于我国的广东、海南、四川、云南等地。薇甘菊为菊科假泽兰属多年生草质藤本植物，是世界十大有害杂草之一，被称为"植物杀手"，是在我国危害最严重的外来入侵害草之一。该草生长迅速，花期长，种子易于传播，可快速覆盖生境，并能通过竞争作用和"他感作用"抑制其他植物的生长，危害性极大，且扩散蔓延速度极快。
主要形态特征	为攀缘状草本，多分枝，茎圆柱状，有时管状，具棱；叶薄，淡绿色，卵心形或戟形，渐尖；叶柄细长，通常被毛，基部具环状物，有时形成狭长的近膜质的托叶。圆锥花序顶生或侧生，花冠白色，细长管状，长1.5～1.7毫米，喉部钟状，隆起1毫米，具长小齿，弯曲。瘦果黑色，长1.7毫米，表面分散有粒状突起物，冠毛新鲜时呈白色。
生物学特性	薇甘菊从花蕾到盛花约5天，开花后5天完成授粉，再过5～7天种子成熟，然后种子散布开始新一轮传播，所以生活周期很短。开花数量很大，0.25平方米面积内可有头状花序20535～50297个，合小花82140～201188朵。薇甘菊瘦果细小，长椭圆形，亮黑色，具5"脊"，先端（底部）一圈冠毛25～35条，长2.5～3.0毫米，种子细小，长1.2～2.2毫米，宽0.2～0.5毫米，每籽粒不过0.1毫克，可随风飘流迁移到遥远之地。其种子乘风传播扩散是薇甘菊广泛入侵的重要原因。此外，薇甘菊茎上的节点极易生根，进行无性繁殖。薇甘菊幼苗初期生长缓慢，在1个月内苗高仅为11厘米，单株叶面积0.33平方厘米，但随着苗龄的增长，其生长随之加快，其茎节极易出根，伸入土壤吸取营养，薇甘菊一个节1天生长近20厘米。

薇甘菊危害状

薇甘菊花序

薇甘菊叶片形状

薇甘菊种子

薇甘菊根系

薇甘菊防治历
（以广东地区为例）

时间	防治方法	要点说明
4～10月	70%嘧磺隆粉剂5～10克和2.5克洗衣粉，溶于1千克水中，再加15～20千克水稀释，搅拌均匀，可喷洒100平方米。 2～3个月后，在林中的空地上或树林不太密集的地方,人工种植速生的乡土阔叶树种, 如山乌桕、山苍子、黄桐等, 尽快将"林中空隙"郁闭起来，从而达到防治薇甘菊的目的。	沼泽地、溪沟、小溪流及其他阴湿区域中的薇甘菊，一般不宜使用70%嘧磺隆粉剂进行防除，防止污染农田、菜地、水源地等。
	采取人工切茎的方法,每隔3周切茎1次, 连续切茎3次。	应先择在夏季和秋季。切茎高度以20厘米以下为宜，薇甘菊切茎后不可散置地面，切茎后，也不必将蔓藤拉下，任其在树上干枯即可。此外，也可将切下的蔓茎先集中堆放，待晒干后烧掉，或堆放后上面予以覆盖，以遮荫方式减少阳光照射，防止长出新生蔓茎，以避免再度萌发造成更大的危害。

(1) 对薇甘菊发生地调出的植物及其产品，以及运输使用的交通工具应进行严格检疫，特别是对发生地苗圃、育苗地等调出的苗木及其繁殖材料应加强检疫，严防该草的传播扩散。

(2) 引入蓟马、椿象、紫红短须螨、灯蛾、绵蚜、桑粉介壳虫、象鼻虫等天敌进行生物防治，也可引入锈菌、尾孢菌等进行菌病生物防治。

(3) 引入菟丝子或种植凤凰木、幌伞枫等树种抑制薇甘菊生长，达到控制的目的。

参考文献

[1] 国家林业局森林病虫害防治总站.中国林业有害生物概况 [M].北京:中国林业出版社,2008.
[2] 国家林业局植物造林司,国家林业局森林病虫害防治总站.中国林业检疫性有害生物及检疫技术操作办法 [M].北京:中国林业出版社,2005.
[3] 周海燕, 黄业进.薇甘菊综合开发和利用的研究进展 [J].农业科技与信息,2009(03): 46-48.
[4] 林翠新,廖庆文,曾丽梅.薇甘菊的研究综述 [J].广西林业科学,2003,32(2): 60-65.
[5] 冯惠玲,曹洪麟,梁晓东,等.薇甘菊在广东的分布和危害 [J].热带亚热带植物学报,2002,10(3): 263-270.
[6] 张炜银,王伯荪,廖文波,等.外域恶性杂草薇甘菊研究进展 [J].应用生态学报,2002,13(12): 1685-1688.

（赵宇翔　陈沐荣）

飞机草

Eupatorium odoratum L.

分布与危害　又名香泽兰。分布海南、广东、台湾、广西、云南、贵州、四川、香港、澳门等地。该草是一种有毒、繁殖力强、生长快、生态适应性广的恶性杂草。与周围植物争阳光、争肥料，直至其他植物死亡，从而对生物多样性构成严重威胁。被世界各国列为重要的检疫性杂草。危害多种作物，并侵犯牧场。当高度达15厘米或更高时，就能明显地影响其他草本植物的生长，并能产生化感物质，抑制邻近植物的生长，还能使昆虫拒食。叶有毒，含香豆素。用叶擦皮肤会引起红肿、起泡，误食嫩叶会引起头晕、呕吐，还能引起家畜和鱼类中毒，并是叶斑病原的中间寄主。

主要形态特征　植株高达3～7米，根茎粗壮，茎直立，分枝伸展。叶对生，卵状三角形，先端短渐尖，边缘有锯齿，有明显的三脉，两面粗糙，被柔毛及红褐色腺点，挤碎后有刺激性的气味。头状花序排成伞房状，总苞圆柱状，长1厘米，总苞片3～4层。花冠管状，淡黄色，柱头粉红色。瘦果狭线形，有棱，长5毫米，棱上有短硬毛。冠毛污白色，有糙毛。

生物学特性　飞机草属丛生型的多年生草本或亚灌木，兼有有性生殖和无性生殖方式，每株可产种子3万～5万粒，依靠匍匐枝进行无性繁殖，10天就可以形成一新的植株；种子的休眠期很短，在土壤中不能长久存活。花期2次，4～5月及9～12月，果熟季节恰值干燥多风，种子细小而轻，千粒重仅为0.05克左右，故扩散、蔓延迅速，并因瘦果具毛易粘附其他物体而被长距离传播，迅速蔓延。飞机草生长繁茂，密集成丛，通常以成片的单优植物群落出现，能通过遮荫作用排挤本地物种。

飞机草叶片

飞机草花序

飞机草植株

飞机草防治历　　　　　　　　　　（以海南地区为例）

时间	发育阶段	防治方法	要点说明
1月	种子	严格进行杂草检疫制度：精选播种材料，严禁输入输出，减少生态环境中飞机草种子侵入。	
		在荒地上造纯林、乔灌草结合，在裸地上人工种植下繁草植物，在公共区域种植绿化草本植物。	减少飞机草种子传播落地机会。
2～3月，6～8月	幼苗、草	对刚刚传入、定居、未大面积扩散的地区，实施人工拔除措施。对于入侵面积较大的地区，用大型机械设备，如推土机等机械措施。	人工拔除要彻底，火烧清理拔除的植株，压实土壤。大型机械设备将飞机草的主要根系推到土壤表面，集中在一起，之后用火烧，不保留任何剩余部分。
		使用生物防治措施，如放飞泽兰灯蛾、香泽兰瘿实蝇和安娴珍蝶等。	阻碍飞机草的生长，削弱飞机草的长势。
4～5月，9～12月	草、花、种子	人工拔除和机械铲除。	在飞机草开花尚未结籽前进行。
		在种子成熟前，每公顷用12000～15000毫克10%的草甘膦水剂，兑水375～450千克均匀喷雾。或每公顷用1500毫升20%的百草枯水剂，兑水450～600千克均匀喷雾。	至少使用2次。

　　严禁带有飞机草种子的繁殖材料及带有残根、残茎的土壤调运。在调运检疫和复检时，若发现飞机草活体植物、种子、地下茎，应将其全部集中烧毁。

参考文献

[1]　张建华, 范志伟, 沈奕德, 等. 外来杂草飞机草的特性及防治措施 [J]. 广西热带农业, 2008, 3: 26-28.
[2]　刘金海, 黄必志, 罗富成, 等. 飞机草的危害及防治措施简介 [J]. 草业科学, 2006, 10: 73-77.
[3]　杨逢建. 有害入侵植物飞机草入侵机理与控制研究 [D]. 博士学位论文, 2003.

（于治军）

金钟藤

Merremia boisiana(Gagnep.)van Ooststr.

分布与危害	金钟藤又名多花山猪菜，自20世纪90年代入侵我国以来，目前已扩散至广东、广西、海南、云南等地。该草具有极强的生命力，蔓延生长和攀爬生长速度很快，可严重阻碍树木生长，最终导致树木死亡，还可缠绕果树及农作物，严重影响果树及农作物的生长，导致减产减收，甚至颗粒无收，危害性极大，且扩散蔓延速度极快。
寄　　　主	林地中生长的所有乔木和灌木。
主要形态特征	植株为多年生缠绕大藤本。叶片宽大健壮，与番薯叶相似。花为伞房状聚伞花序，花朵呈黄色、钟状。
生物学特性	金钟藤属于耐荫、喜湿植物，多生长于山腰以下等低海拔蔽荫环境。该草攀爬、蔓延速度快，每天达0.5～0.8厘米，个别条件适宜的月份每天可超过1厘米。金钟藤依靠其发达的茎叶攀爬高大的乔木，可很快达到树冠，继而枝叶疯长，将整株树木包围起来，树木因无法进行光合作用最终枯死，幼树被强制拉伸而枝干变形无法成活。同时，金钟藤也可以不依靠树木，直接通过其茎在地面伸出不定芽向水平方向蔓延，其势头无法抵挡，在林区形成铺天盖地的"绿毯"，严重阻碍其他植物的光合作用等生理活动，直至将其杀死。

金钟藤花序

金钟藤危害状

金钟藤叶片

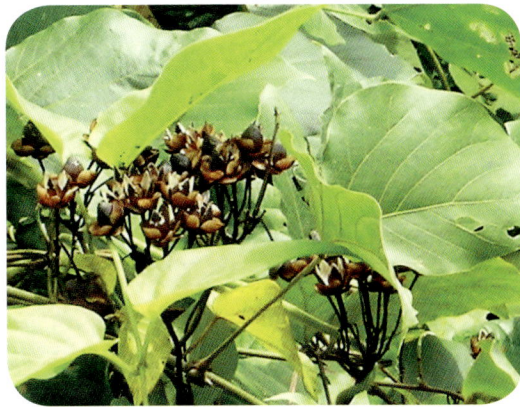

金钟藤种子

金钟藤防治历 （以广东地区为例）

时间	防治方法	要点说明
4～10月	用草甘磷和2,4-D 丁酯或用苯甲酸盐水剂喷洒金钟藤。并在林中的空地上或树木不太密集的地方，人工种植速生的乡土树种，从而达到防治的目的。	药剂防治时应注意用药安全，防止对环境、水源等造成污染。使用的药物包装袋集中销毁，沾过药的用具、容器及其清洗水，禁止乱倒、乱扔，防止污染农田、菜地、水源地等。
	采取人工防治的方法，组织人员对危害地的金钟藤进行清除，清除时，先把主茎斩断，再挖根；对在地面的金钟藤先清理藤茎，再查找到根部并挖出晒干。	人工防治的时间应在金钟藤种子成熟前进行，防止种子再次繁殖。对部分已成熟的种子，应先行人工摘除，再进行人工清除。

(1) 对金钟藤发生地调出的植物及其产品，以及运输使用的交通工具应进行严格检疫，严防该草的传播扩散。

(2) 保护和引入金钟藤的天敌，抑制其生长，同时引种能抑制其生长的植物进行替代防治。

(3) 采取安全利用的方式，将金钟藤用作饲料或利用该草提取有用的化学物质，以达到防治的目的。

参考文献

[1] 国家林业局森林病虫害防治总站. 中国林业有害生物概况 [M]. 北京: 中国林业出版社, 2008.

[2] 吴林芳, 梁永勤, 陈康, 等. 金钟藤在海南的危害与防治 [J]. 广东林业科技, 2007(1): 83-86.

[3] 王伯荪, 丘华兴, 廖文波, 等. 金钟藤分类考证及补充描述 [J]. 广西植物, 2007(4): 527-536.

[4] 孙东磊, 申建梅, 万树青, 等. 金钟藤的危害与利用 [J]. 中国野生植物资源, 2006(1) : 32-34.

[5] 陆旭, 钟镇奎, 林明生, 等. 苯甲酸盐水剂防除金钟藤试验研究 [J]. 广东林业科技, 2006(3): 40-42.

[6] 李鸣光, 成秀媛, 刘斌, 等. 金钟藤的快速生长和强吮合能力 [J]. 中山大学学报(自然科学版), 2006(3): 70-72.

[7] 叶有华, 周凯, 刘爱君, 等. 金钟藤的年轮生长量与气候因子的相互关系 [J]. 生态环境, 2006(6): 1250-1253.

[8] 李玲, 徐志防, 韦霄, 等. 金钟藤和葛藤在干旱与复水条件下的生理比较 [J]. 广西植物, 2008(6): 806-810.

[9] 练琚蒱, 曹洪麟, 王志高, 等. 金钟藤入侵危害的群落学特征初探 [J]. 广西植物, 2007(3): 482-486, 492.

（胡学兵）

云杉矮槲寄生

Arceuthobium sichuanense (H.S.Kiu)

分布与危害 分布于青海、西藏、甘肃、四川、云南等地。云杉矮槲寄生首先从云杉的最下端枝条开始寄生，然后逐渐向顶端蔓延，直至寄生全株。云杉受到寄生后，寄生部位呈纺锤形肿大，并疯狂生长，形成丛枝。丛枝下垂披散，颜色发黑，主枝不明显，各小枝细而节间缩短，薄壁组织发达，而机械组织发育不良，因而脆弱易断。云杉针叶初次遭受侵染到产生整株大面积丛枝需要5年左右。受其侵害的大树常出现丛生疯枝，在疯枝上萌生出许多云杉寄生植株。丛生枝逐年增大，汲取营养，增加了云杉的水分消耗并降低其叶水分，破坏了云杉的营养平衡和呼吸，使云杉树体营养被剥夺，畸形生长。严重感染的树木，树冠的大部甚至整个树冠均被取代，直至整株呈扫帚状，最后导致云杉枯死。

寄　　　主 云杉属；在青海寄生青海云杉、紫果云杉和川西云杉。

主要形态特征 为多年生种子植物，一般寄生在云杉侧枝上。云杉矮槲寄生雌雄异株，茎高20～60毫米，深绿色，圆柱形，密集直立生长。茎有分节，3～4节，节间长3～4毫米，直径1～2毫米，呈"丫"形交叉对生。叶鳞片状，无柄，对生。花小，黄绿色，雄花直径1.5～2毫米，萼片3枚。果实为浆果，橄榄色，外层有一层胶质透明的鞘包围，种子内有胚和胚乳。

生物学特性 当矮槲寄生的果实成熟后，花梗伸长，果实内部液压增大，当果实与花梗分开时，种子就以24米/秒左右的速度弹射出去，粘到物体表面。大多数种子在空中的自由弹射距离是10米，水平距离仅仅2～4米。由于树冠密度、树叶排列以及矮槲寄生位置的不同，树冠对种子的拦截率有很大的不同，大约只有40%的种子能落到树冠上，而落在树冠上的种子有60%～80%会发生再侵染。弹射传播只对短距离的传播有效，并且需要寄生活寄主，所以矮槲寄生植物在树林中呈聚集发生，同时外界条件，如树和树冠的密度、垂直树冠的分布和林地树种的组成等也是影响传播的主要因素。从林型上看矮槲寄生很容易在纯林内传播，很少在混交林内传播，并且大量的矮槲寄生植物在树木分布不规则的林地里经常呈空间自相关分布。种子长距离的传播主要依靠鸟类和野兽。在青海，云杉矮槲寄生的花期是5～6月，花期长15天左右。果成熟期为7～9月，种子成熟弹射期8～9月。

云杉矮槲寄生状-1（马建海提供）

云杉矮槲寄生状-2（马建海提供）

云杉矮槲寄生开花（马建海提供）

云杉矮槲寄生种子（马建海提供）

云杉矮槲寄生危害状

云杉矮槲寄生防治历　　　　　（以青海地区为例）

时间	发育阶段	防治方法	要点说明
1～4月	生长期	对危害重度以上的云杉受害木，采取伐除措施；对危害中度以下的云杉，采取修枝措施。	采伐更新要以混交林营林改造为目标，提高林分抗逆能力。伐根分别在5～6月用触杀性药物喷雾处理，对采取修枝措施的修枝刀口用泥封口，防止小蠹虫侵害。
5～6月	花期	选用1：400的40%乙烯利喷雾防治。	喷施植物激素，抑制开花或者使花提前凋落不能结果，从而切断其传播。在花期成熟前喷雾防治效果最佳。
7～8月	果期	选用1：400的40%乙烯利喷雾防治喷施植物激素，促使果实提前脱落，达到切断其传播的目的。在果实成熟前喷雾防治效果最佳。	至少使用2次。
9～12月	生长期	同1～4月。	

严禁带有飞机草种子的繁殖材料及带有残根、残茎的土壤调运。在调运检疫和复检时，若发现飞机草活体植物、种子、地下茎，应将其全部集中烧毁。

参考文献

[1]　吴征镒. Flora of China 5 [M]. 北京: 科学出版社, 2003: 240-245.

[2]　马建海, 淮稳霞, 赵丰钰. 云杉矮槲寄生——危害青海云杉的寄生植物 [J]. 中国森林病虫, 2007, 26(1): 19-21.

[3]　周在豹, 许志春, 田呈明, 等. 促使云杉矮槲寄生果实提前脱落药剂筛选 [J]. 中国森林病虫, 2007, 26(4): 39-41.

（马建海　赵丰钰）

加拿大一枝黄花

Solidago canadensis L.

分布与危害	分布于河北、上海、江苏、浙江、安徽、福建、江西、山东、河南、湖南、陕西、甘肃、新疆等地。该草具有极强的繁殖能力，传播速度快，生长优势明显，生态适应性广阔，与周围植物争阳光、争肥料，欺占直至其他植物死亡，从而对生物多样性构成严重威胁。扰乱生态平衡。如入侵农田，会使农作物产量和质量急剧下降。加拿大一枝黄花的花粉还易诱发老人和孩子过敏性哮喘和过敏性鼻炎。
主要形态特征	为菊科多年生草本植物，具1年生地上茎和多年生地下横走的根状茎，植株高0.3~2.5米，茎杆粗壮，中下部直径可达2厘米，下部一般无分枝，常呈紫黑色，密生短梗毛。叶互生，椭圆形、顶渐尖，基部楔形，近无柄，长12~20厘米，宽1~3.5厘米，大都呈三出脉，边缘具不明显锯齿，纸质，两面具短糙毛。植株上部长有大量米粒状黄色小花。
生物学特性	是多年生的根茎植物，以种子和地下根茎繁殖。每年3月底至4月初开始萌发。10月开花，花由无数小型头状花组成，11月种子成熟，每株可形成2万~20万粒种子。一般加拿大一枝黄花的种子发芽率为50%左右，种子可由风传播，或由动物携带传播。加拿大一枝黄花根系非常发达，每株植株地下有5~14条根状茎，以根茎为中心向四周辐射伸展生长，其上有多个分枝，顶端有芽，芽可直接萌发成独立的植株，具极强的繁殖能力。加拿大一枝黄花基本以丛生为主，连接成片，排挤其他植物。

加拿大一枝黄花植株

加拿大一枝黄花花穗

加拿大一枝黄花成片植株

加拿大一枝黄花防治历　　(以华中地区为例)

时间	发育阶段	防治方法	要点说明
1～3月,12月	种子	及时复耕或种植树苗、草坪等绿化植物,抑制加拿大一枝黄花的再生。	荒杂地带加强管理。
3～5月	幼苗	使用10%草甘膦50倍液或20%百草枯150倍液对草喷雾。	该花地下根茎开始生长前,连续使用3次,每次间隔20～30天。
6～9月	草	应以割杀为主,手工拔除和化学除草为辅。用"草甘膦"和"一把火"(20%百草枯水剂)在开花以前混合喷洒。人工割杀后萌发的植株,也可用上述化学方法防治。	割杀和拔除的植株要集中销毁。
10～11月	花、种子	人工铲除。在盛花期之前进行花穗剪除并短截或砍除植株等处理。	在种子成熟前,组织人员及时将植株连根铲除,并集中销毁,做到斩草除根。

严禁带有加拿大一枝黄花种子的繁殖材料及带有残根、残茎的土壤调运,禁止利用该杂草作观赏植物种植或者作为砧木嫁接花卉。在调运检疫和复检时,若发现加拿大一枝黄花活体植物、种子、地下茎,应将其全部集中烧毁。

参考文献

[1] 熊战之,郭小山,陈香华,等.加拿大一枝黄花的发生、危害及防治方法 [J],上海农业科技,2006(3): 120.
[2] 蔡明乾.武汉市加拿大一枝黄花发生现状及治理对策 [J].湖北林业科技,2007(4): 59-61.
[3] 王存华,马来宝,朱兆庆,等.加拿大一枝黄花生物学特性观察及防除对策 [J].安徽农学通报,2006, 12(3): 95.
[4] 徐绍清,沈幼莲,毛嘉正.加拿大一枝黄花的流行和实用防治技术 [J].农林科学苑,2008(23): 326-327.

(于治军)

索引 INDEX

中文名称—拉丁学名索引

病 害

鼠（兔）害

有害植物

拉丁学名—中文名称索引

虫 害

病 害

鼠（兔）害

有害植物

寄主—有害生物索引

T

W

X